D+B
DESIGN+BRANDS FAIR
国际建筑装饰设计+选材博览会

国际建筑装饰设计+选材博览会〈D+B博览会〉主题评选
JINTANGPRIZE金堂奖
2010 CHINA-DESIGNER 中国室内设计年度评选
CHINA INTERIOR DESIGN AWARDS 2010

设计创造价值

——为百万设计师呐喊，向千万业主传播！

中国林业出版社

设计创造价值

题 记：

2002 年 China-Designer 网站成立伊始，我就希望能与广大设计师会员共同提出设计行业的价值主张，刻画设计行业的使命与方向。06 至 07 年间，“设计创造价值”的网络专栏策划上线；08 至 09 年间，我们策划举办了“设计创造价值”为主题的“中国最具商业价值 50 强”作品竞赛活动。

几年来，在一些设计师仍旧热衷于向业主炫耀各种风格之际，一批重市场、懂服务、擅策划的精英设计师，已经敏锐觉察到设计本质上是挖掘业主需求、提升物业价值的手段，风格不是目的，只不过是披在设计手段上的外衣；设计成功与否不靠圈内的自说自话，而是在工程竣工后的市场天平上，才能称出设计智慧的真正斤两。

鉴于此，在“**金堂奖·2010 CHINA-DESIGNER 中国室内设计年度评选**”中，以“设计创造价值”为评选主题，以全新模式进行评选，并由广州国际设计周执行总监张宏毅先生约请设计周首席顾问、丹麦斯堪的纳维亚品牌设计机构首席执行官、丹麦第一品牌巨擘约翰·亚当·林伯先生（Johan Adam Linneball）题词：Design is Value.

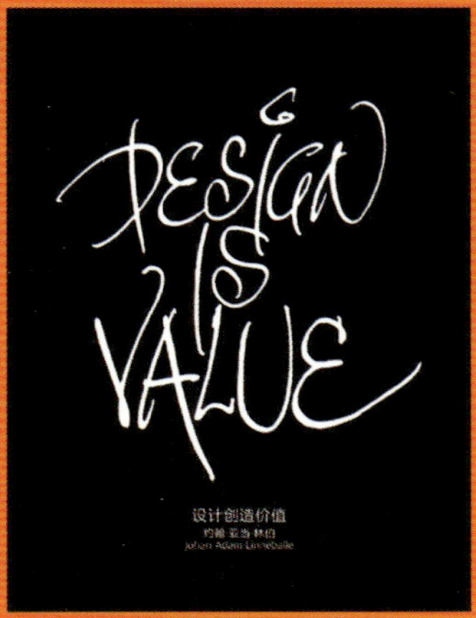

2010 年 6 月 18 日，在“**金堂奖·2010 CHINA-DESIGNER 中国室内设计年度评选**”启动仪式暨网站成立八周年庆典上，我以“设计创造价值”为题向来宾致辞，希望能借助所有人的努力，网聚百万设计师的力量，展现“设计创造价值”年度辉煌，揭示设计智慧的巨大价值，聚焦国内外市场的瞩目，令中国设计师成为倍受尊敬的社会主流精英人群。

致 辞：

“设计创造价值”是千万业主的需求。

每位业主都渴望获得商业成功、居住惬意、城市品位。从签订设计合同之日起，设计师的一笔一画，不再是抒发自我好恶的涂鸦；图纸上的一砖一瓦，寄托着业主的投资心血和美好梦想，承载着绿色低碳的社会责任，镌刻着古今中外的文化风貌……2009年中国建筑装饰行业产值突破2万亿元，在全国GDP约占比7%，其中室内设计产值达到近千亿元——冰冷的数字背后，燃烧着业主对设计创造提升物业价值的热切期盼。

“设计创造价值”是百万设计师的使命。

“安得广厦千万间，大庇天下寒士俱欢颜，风雨不动安如山。”伴随中国经济的强势崛起与史无前例的城市化进程，杜甫1300年前的理想正在变成现实，而“天下寒士”的需求早已不是遮风避雨那么简单。丰富的家居生活、多元的商业环境、复杂的公共空间，对室内设计提出了新的挑战。但只要设计师秉承“设计创造价值”的使命感，就能够用经济的投资、恰当的手法、环保的选材、多元的文化，令家含美情、美音、美景、美味、美物，家境如仙境；让酒店、商场、办公、餐饮、娱乐空间活力四射；使交通、文博、教育、医疗公共空间充满人性关怀。

空间、材料、光影、文化，在设计师的手中演绎出视觉之美、听觉之韵、嗅觉之雅、触觉之润、味觉之妙，塑造出关照人性、容含乾坤、通达四海的和谐意境，令业主的快乐感受流淌自五感、滋养于心灵……创造生活价值、提升商业价值、贡献城市价值是百万设计师的天职和使命。

“设计创造价值”是全脑思维与科学方法的结晶。

中国室内设计将终结设计师个人偏好挂帅的自恋时代，走进“文理兼通”的新纪元。“理”是指对客户需求与市场状况的调研和逻辑分析；“文”是指以“理”为基础的创新创意，设计创作进入“全脑思维时代”。

从挖掘客户需求到调研竞争状况，从策划项目定位到计算投资回报，从创新空间环境到科学恰当选材，从绘制设计详图到监理工程实施，从收集客户反馈到反思项目得失……物业价值的创造并非从天而降，也不是主案设计师一己之力可以完成，而是依靠设计团队“文理兼通”的思维方式和科学周密的工作流程，以及业主、施工企业和材料设备厂商各方的协作配合才能得以实现。

设计是国家的脸面，“设计创造价值”是人人参与的伟大事业。

一件成功作品展现一个人的成功，千百件成功作品汇聚一个行业的成就，放射出设计智慧的璀璨光芒与巨大价值，聚焦国内外市场的瞩目，令中国设计师成为倍受尊敬的社会主流精英人群。

为此，2010年起，依托广州国际设计周平台，作为“国际建筑装饰设计＋选材博览会”（D+B博览会）的评选项目，众多行业主流机构每年将以“设计创造价值”为主题，共同举办“金堂奖”年度室内设计评选公益活动：将参评作品创新分为“最具商业价值、最具生活价值、最具城市价值”三大门类，通过业主、专家、广大设计师的网络投票，评选出酒店、办公、购物、住宅公寓、公共空间等十个分项的年度优秀作品，以及年度设计人物和设计机构，汇聚成为业主寻找年度最佳设计服务机构的“金堂搜索”，展现“设计创造价值”的年度辉煌，利用网络、报刊、书籍、展览，对获奖作品和人物机构进行全方位宣传。

设计师登陆 www.china-designer.com，即可免费报名参与“金堂奖”年度公益评选，奉献精彩作品，进入“金堂搜索”，汇聚行业成就。让我们网聚每位设计师的智慧和力量，以互联网时代新的服务和商业模式，整合业主机构、产品厂商、媒体、展会、院校、政府、国际机构等各方资源，共同缔造“设计创造价值”的辉煌伟业——

使千万业主获得更大的设计增值回报；

为百万设计师营造更良好的生存环境；

令城乡环境更加和谐优美；

让设计成为国家的脸面；

向社会注入“为他人创造价值”的新设计观、新价值观、新文化观；

为百万设计师呐喊，

向千万业主传播！

（在中国建筑与室内设计师网八周年庆典上的致辞）

谢海涛

“金堂奖”发起人

“D＋B博览会”策展人

中国建筑与室内设计师网董事长

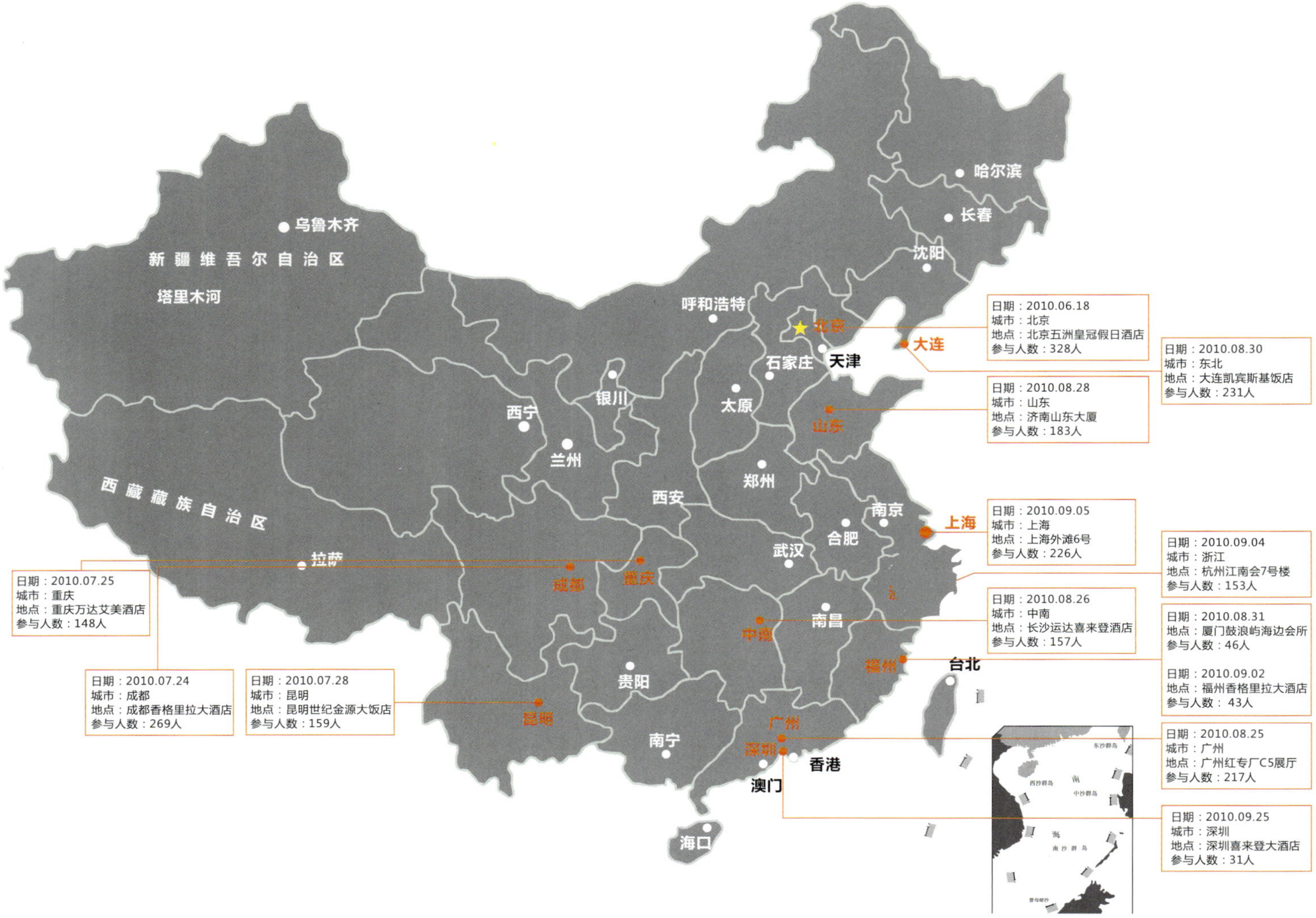

公元 2010 年，中国室内设计业界站在了一个崭新时空坐标的原点。

中国室内设计的身后，是世界第二大经济体的坚实后盾，中国室内设计的面前，是全球 15 亿华语人口的广袤市场。当中国建筑装饰行业年产值迎来突破 2 万亿元的繁华似锦之时，中国室内设计业界诞生了一次超越自我的理性审视。

大整合的胸怀：

七大机构合力打造的全新模式，以互联网开放、创新、服务的新思维，汇聚年度优秀竣工作品，创造出业主搜索设计服务的便捷引擎，在各类奖项林立的竞争迷局中，一举脱颖而出。

大投入的手笔：

“金堂奖”的全国巡回推广，以 3 个月、13 个城市、逾两千名各地精英设计师到场，百余家媒体争相报道，引领了行业价值观和社会生活方式的风尚。

大勇气的举措：

“公开、公平、公正”的评选方式，由 10 位知名甲方、10 位行业专家、10 位业内翘楚组成的评审委员会，会同 china-designer 23 万设计师会员在线投票，在 1823 套年度竣工参评项目中评选出 348 套年度优秀设计作品。

大智慧的使命：

“设计创造价值”的全新主题，以“最具商业价值、最具生活价值、最具城市价值”三大颠覆传统分类模式，以需求、风格、布局、选材、运营为考量，在产业链的价值上盘点了 2010 中国室内设计业界的年度辉煌。

中国室内设计刚刚完成了从设计小国到设计大国的飞跃，正站在从设计大国向设计强国迈进的十字路上。中国室内设计的年度盘点需要创造与其行业经济体量相吻合的影响力：千百件成功作品的智慧和力量，必将汇聚一个行业的话语权，共同缔造“设计创造价值”的辉煌伟业：

为百万设计师呐喊，
向千万业主传播！

Projects of the Most Commercial Value

最具商业价值作品

A GOOD DESIGN OF THE YEAR HOTEL
年度优秀酒店空间

B GOOD DESIGN OF THE YEAR OFFICE
年度优秀办公空间

C

GOOD DESIGN OF THE YEAR RETAIL
年度优秀购物空间

D

GOOD DESIGN OF THE YEAR RESTURANT
年度优秀餐饮空间

E

GOOD DESIGN OF THE YEAR ENTERTAINMENT SPACE
年度优秀娱乐空间

F
GOOD DESIGN OF THE YEAR LEISURE SPACE
年度优秀休闲空间

G
GOOD DESIGN OF THE YEAR SHOW FLAT& SALES OFFICE
年度优秀样板间／售楼处

Projects of the Most Life Value
最具生活价值作品

H GOOD DESIGN OF THE YEAR APARTMENTS
年度优秀住宅公寓

I GOOD DESIGN OF THE YEAR VILLA
年度优秀别墅

Projects of the Most City Value
最具城市价值作品

J GOOD DESIGN OF THE PUBLIC SPACE
年度优秀公共空间

国际建筑装饰设计+选材博览会<D+B博览会>主题评选
JINTANGPRIZE金堂奖
2010 CHINA-DESIGNER 中国室内设计年度评选
CHINA INTERIOR DESIGN AWARDS 2010

设计创造价值

——为百万设计师呐喊，向千万业主传播！

中国林业出版社

湯物臣 · 肯文設計事務所™
InspirationStudio Design Co.,Ltd.

罗卓毅 *Luo Zhuoyi*
Beijing Shunjingyuan Resort & Spa
北京顺景园•温泉休闲度假中心

程兴东 *Cheng Xingdong*
Dongguan Regercy Hotel
东莞翙盈国际大酒店

徐捷媛 *Xu Jieyuan*
ChangLong Hotel II
长隆酒店二期

梁景华 *Patrick Leung*
Hainan Perfume Bay Narada Resort & Spa
海南香水湾君澜海景别墅酒店

赵加范 *Zhao Jiafan*
Haerbin Free Space Time Hotel
哈尔滨自由空间计时主题旅馆

曾承焜 *Zeng Chengkun*
Suzhou Soul Hotel
苏州苏哥利酒店

曾 莹 *Zeng Ying*
Jiaxing Moon River Inn Hotel
嘉兴月河客栈

王楷钧 *Wang Kaijun*
Sanhe Boutique Hotel
重庆三合精品酒店

曾帜辉 *Zeng Zhihui*
Sanjiang Peninsula Hotel
三江半岛大酒店

刘延斌 *Liu Yanbin*
Changchun Songyuan Hotel
长春松苑宾馆新楼

GOOD DESIGN OF THE YEAR HOTEL

A 年度优秀酒店空间

胡若愚 *Hu Ruoyu*
Chengdu Yuanshitan Apartment Hotel
成都原石滩公寓式酒店

李雷夫 *Li Leifu*
Foshan Aoyi Hotel
佛山澳逸商务酒店

吴庆耀 *Wu Qingyao*
Sanqingshan International Resort
三清山国际度假酒店

温金昊 *Wen Jinhao*
Suzhou Zhongyin Crowne Plaza Hotel
苏州中茵皇冠假日酒店

王志俊 *Wang Zhijun*
Taiyuan Yunding International Hotel
太原云顶国际酒店

曾冠伟 *Zeng Guanwei*
Xiamen U Space Designer Hotel
厦门U空间设计师酒店

贺光宇 *He Guangyu*
Xuzhou Xiaonanhu Gloria Resort
徐州小南湖凯莱度假酒店

梁爱勇 *Liang Aiyong*
Yangzhou Jinling Hotel
扬州金陵大饭店

庞 斌 *Pang Bin*
Zhangjiajie Samantha Resort & Spa
张家界盛美达度假酒店

品祺设计
Pioneer Design

曾卓中 *Zeng Zhuozhong*
Longmen Dipai Spa Hotel
龙门地派温泉酒店

甄健生 *Zhen Jiansheng*
Chongqing Shengjie Apartment Hote
重庆盛捷酒店式公寓

水平綫空間設計
北京 深圳 香港

琚 宾 *Ju Bin*
Sanya Perfume Bay Resort Hotel
海南三亚香水湾一号

舒剑平 *Shu Jianping*
Langfang Arcadia International Hotel
廊坊阿尔卡迪亚国际酒店

李俊瑞 *Li Junrui*
Shandong Nanjiao Hotel
山东南郊宾馆

刘长东 *Liu Changdong*
Changzhou Fudu Qingfengyuan Hotel
常州富都青枫苑宾馆

陈 萍 *Chen Ping*
Guangzhou Baiyun Lakeside Hotel
Nanhu Tourism Center
广东南湖旅游中心酒店

Beijing Shunjingyuan Resort & Spa
北京顺景园·温泉休闲度假中心

Project Name_Beijing Shunjingyuan Resort & Spa
Chief Designer_Luo Zhuoyi
Project Team_Xie yingkai
Location_Dongcheng District Bejing
Project Area_100,000sqm
Cost_500,000,000RMB

项目名称_北京顺景园•温泉休闲度假中心
主案设计_罗卓毅
设计团队_谢英凯
项目地点_北京 东城
项目面积_10万平方米
投资金额_5亿元

湯物臣 · 肯文設計事務所™
InspirationStudio Design Co.,Ltd.

主案设计：罗卓毅 *Luo Zhuoyi*

博客：http:// 158266.china-designer.com
奖项：
2010年“全国优秀设计机构奖”
2009年 “中国最具影响力的室内设计企业”
“中国十大室内设计团队－金羊奖”
2008年入选“中国最具影响力的室内设计企业十强”
2007年被评为“年度广州最具竞争力创意企业30强”
“会所设计十大最具品牌价值”等
项目：
广东德庆盘龙峡天堂度假区（AAAA）
广东花都王子山休闲生态度假区（AAAAA）
北京顺景园•温泉休闲度假酒店（全球最大SPA度假温泉酒店并被录入英国吉尼斯世界纪录大全）
西安1+1园林式酒吧
西安滚石新天地KTV
北京蓝黛俱乐部等
北京蓝黛俱乐部
西安滚石新天地KTV
广东德庆盘龙峡旅游度假酒店

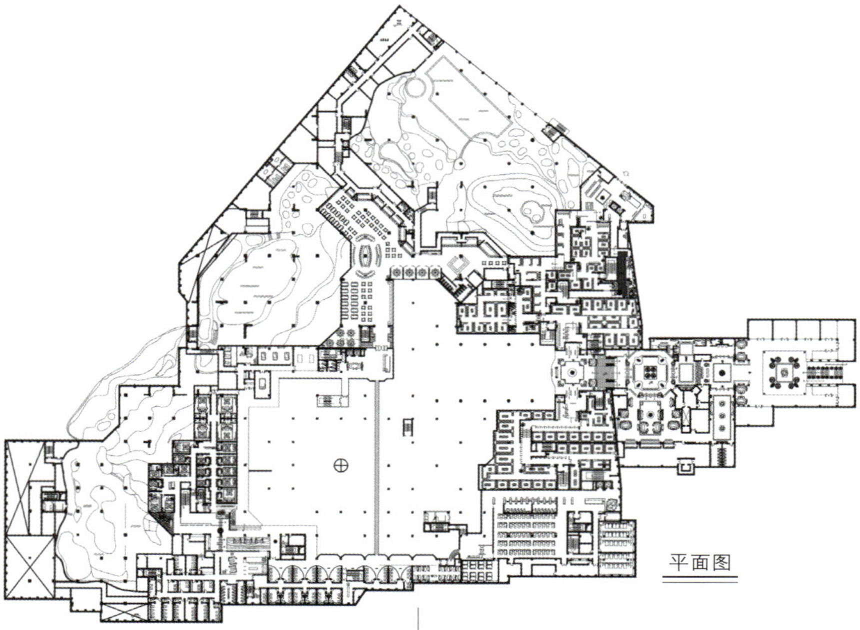

平面图

A 项目定位 Design Proposition

北京顺景园•温泉休闲度假中心占地约10万平方米，作为全国最大的室内温泉、桑拿水上休闲度假中心。

B 环境风格 Creativity & Aesthetics

纵观各个区域，设计风格都统一为简约时尚却又严谨细致，充分体现了人性关注。

C 空间布局 Space Planning

北京顺景园•温泉休闲度假中心分为综合层温泉贵宾会所、负一层及负二层水世界浴区和负一层桑拿配套区等不同区域。

D 设计选材 Materials & Cost Effectiveness

同时运用不同的块面作对比，营造一种低调奢华的典雅格调，流露出舒适生活的高尚情怀，含蓄而富有活力。

E 使用效果 Fidelity to Client

估计人流量约为每日3000～5000人，并于2009年加载英国吉尼斯世界纪录大全，成为全球最大的SPA度假温泉酒店。

Dongguan Regercy Hotel
东莞翔盈国际大酒店

Project Name_Dongguan Regercy Hotel
Chief Designer_Cheng Xingdong
Location_Dongguan Guangdong
Project Area_6,200sqm
Cost_8,060,000RMB

项目名称_东莞翔盈国际大酒店
主案设计_程兴东
项目地点_广东 东莞
项目面积_6200平方米
投资金额_806万元

程兴东 *Cheng Xingdong*

博客：http:// 349590.china-designer.com
公司：深圳市广田建筑装饰设计研究院
职位：设计二所所长

职称：

中国建筑装饰协会“高级室内建筑师”
中国建筑学会室内设计分会（CIID）高级建筑师
“全国杰出的中青年室内建筑师”称号
深圳室内设计师协会理事

奖项：

中国饭店金马奖“中国酒店设计领军人物”
“全国十佳酒店设计师”称号
2008年度深圳市最佳设计师称号
世界酒店五洲钻石奖“最佳设计师”称号
第四届中外酒店白金奖“十大白金设计师”
获第四届文博会创意设计展银奖
获第七届中国国际室内设计双年展 最佳设计奖
获中国国际创意设计博览会麒麟奖
获中国国际创意设计博览会鲲鹏奖

项目：

最高人民检察院新办公大楼
北京北方国际大酒店
天津天狮国际健康
江苏镇江锦绣皇宫大酒店
深圳华强高新发展大厦公共部分
江苏常州亚泰大酒店
云南西双版纳新城大酒店
四川省泸州大酒店
山东文登倪氏海泰大酒店
安徽九华山龙溪山庄大酒店等

A 项目定位 Design Proposition

实际上，产品定位就是要设法建立一种竞争优势，以使酒店在目标市场上吸引更多的顾客。

B 环境风格 Creativity & Aesthetics

让我们以创新为动力，独立考虑结合自身特点的智能化酒店方案，制定符合本土情况的管理办法，直至发展、壮大我们中国的酒店集团。

C 空间布局 Space Planning

客房合理的功能布局，首先是服务区域的划分要合理。酒店一般分客房区、餐饮区、公共活动区、会议和展览区、健身娱乐区、行政后勤区。这些区域既要划分明确，又要有机联系。

D 设计选材 Materials & Cost Effectiveness

新型智能化酒店发展能够提供如人工智能对技术温度，光线的自动调节，宽带上网、远程网络预定等个性化服务。

E 使用效果 Fidelity to Client

翔盈国际酒店以欧式的装饰风格与典雅豪华的客房、园林式的环境、精媲的设施、优质的服务、便捷的交通吸引着众多的游客。

一层平面图

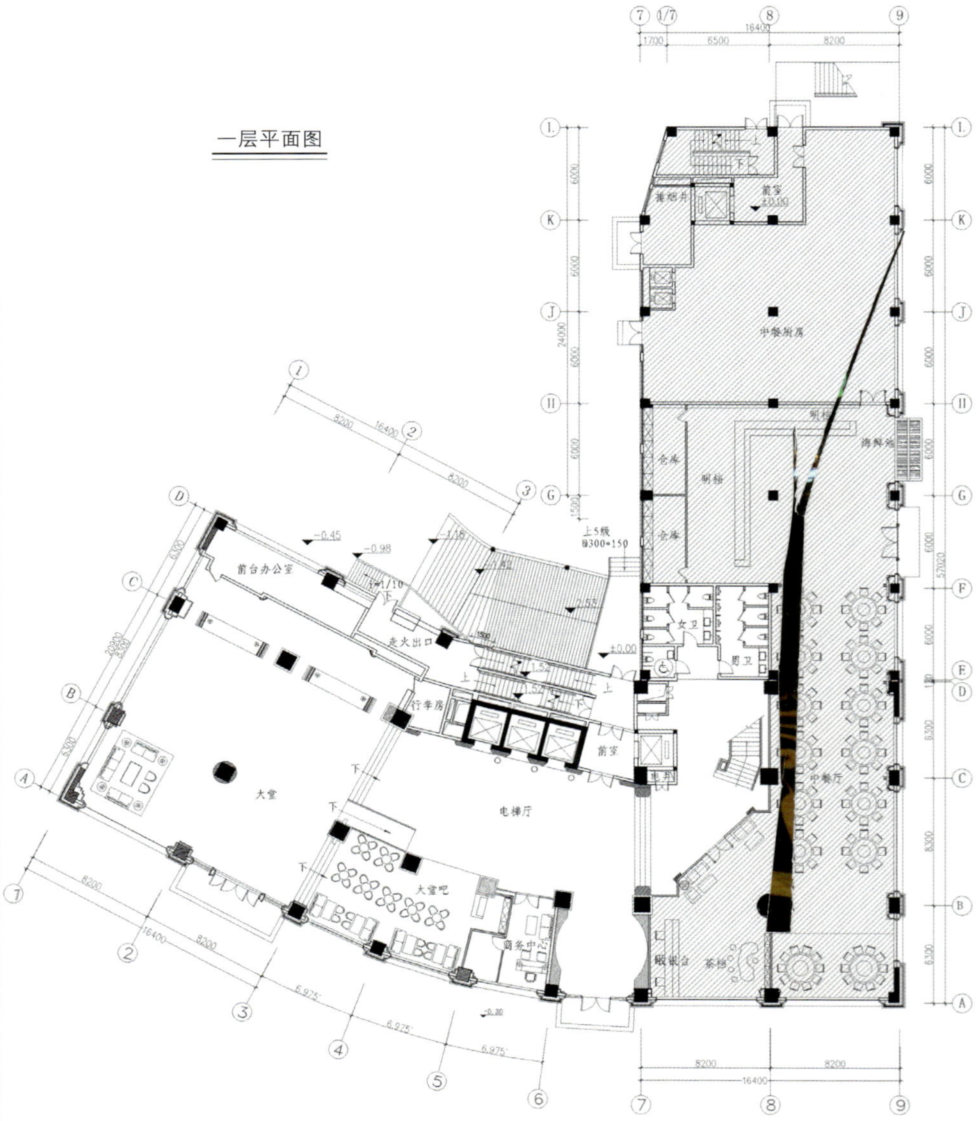

多媒体

Guangzhou Baiyun Lakeside Hotel Nanhu Tourism Center

广东南湖旅游中心酒店

Project Name_Guangzhou Baiyun Lakeside Hotel Nanhu Tourism Center
Chief Designer_Chen Ping
Location_Guangzhou Guangdong
Project Area_1,200sqm
Cost_120,000,000RMB

项目名称_广东南湖旅游中心酒店
主案设计_陈萍
项目地点_广东 广州
项目面积_1200平方米
投资金额_1.2亿元

集美组 NEWSDAYS
广州集美组装饰工程有限公司

主案设计：陈 萍 *Chen Ping*

博客：http:// 491722.china-designer.com
职位：高级设计师
职称：
中级环境艺术设计师
中国建筑学会室内设计分会 会员
项目：
烟台文化广场（大剧院、京剧院、少年宫）
江门动漫商业产业基地项目
白云宾馆9－13层室内设计及水电设计
广东粤旅集团办公楼（首至二层、六至七层）改造设计
白云宾馆多功能宴会厅室内设计
广州大学城雅乐轩酒店室内设计
白云城市酒店首层大堂区域装修项目设计
郑州美景菩提售楼部
二套别墅样板房室内设计等

A 项目定位 Design Proposition

将现代主义的设计原则与东方的传统发生相互影响，部分通过观察，部分通过直觉——来创造一种“合”的意境。

B 环境风格 Creativity & Aesthetics

现代（中西方的“合”）：我们的设计是现代的，一种经过传统过滤的现代，主要体现在工艺上。

C 空间布局 Space Planning

东方（天人之“合”）：对于东方我们有着特殊的理解，其中包含精神层面和地域特性，从精神层面上说，空间尺度是我们“斤斤计较”的，轮廓及室内线条都充满东方韵味。从地域特性来说，空间感十足，它立于南湖之畔，气韵统一，气势浑然。

D 设计选材 Materials & Cost Effectiveness

环境与环保（人与自然的“合”）：设计秉承对环境的绝对尊重，无论基于对基地的考量，还是为求得与环境统一，各种技术工艺都是为可持续发展而设计。

E 使用效果 Fidelity to Client

很多顾客反馈来到这个酒店就感觉到了家一样，很温馨很舒适。

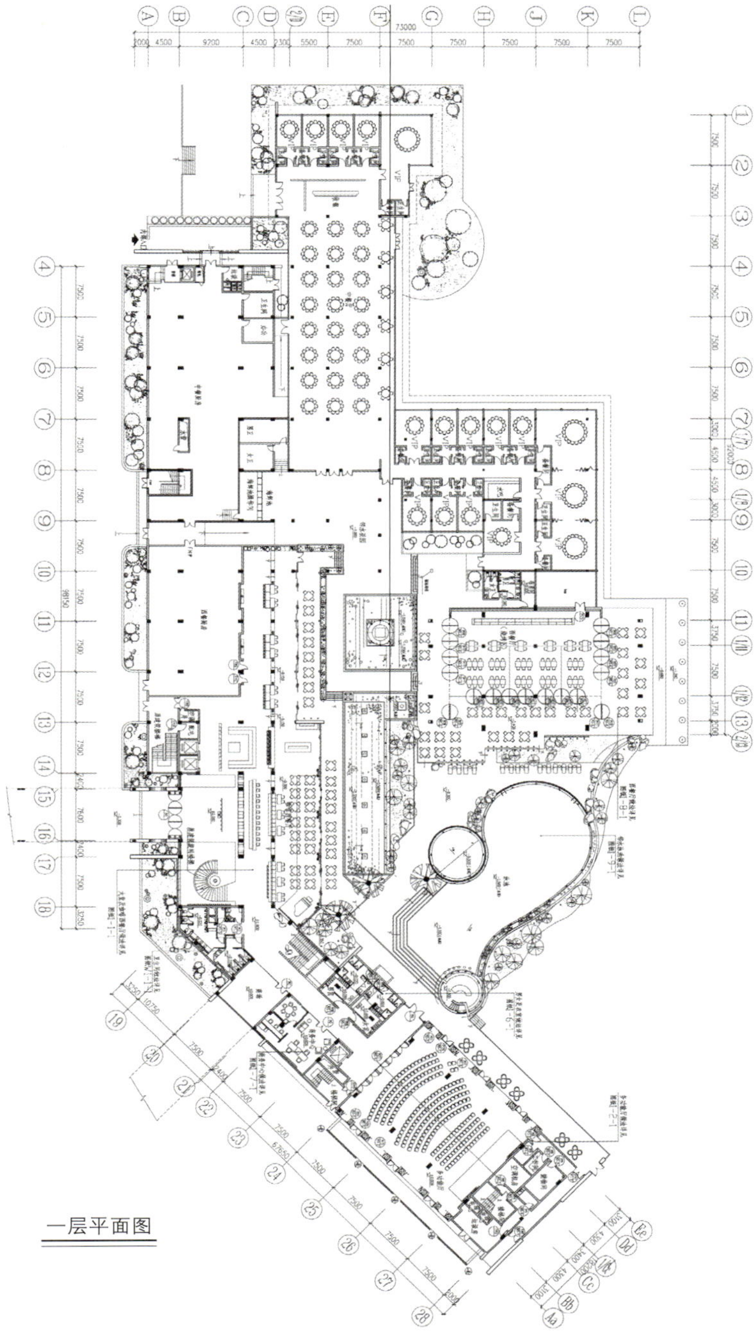

一层平面图

ChangLong Hotel II
长隆酒店二期

Project Name_ChangLong Hotel II
Chief Designer_Xu Jieyuan
Location_Guangzhou Guangdong
Project Area_20,000sqm
Cost_6,000,000RMB

项目名称_长隆酒店二期
主案设计_徐婕媛
项目地点_广东 广州
项目面积_2万平方米
投资金额_600万元

集美组
NEWSDAYS
广州集美组装饰工程有限公司

主案设计：徐婕媛 *Xu Jieyuan*

博客：http:// 491729.china-designer.com
职位：高级设计师
职称：广东省工商联室内设计师工会 会员
项目：
珠海宝胜园酒楼
东莞蓝山锦湾别墅样板房
东莞御景湾改造项目
广东胜利宾馆
广州长隆酒店二期扩建工程
香江野生动物世界水上餐厅改造

A 项目定位 Design Proposition

五星级新长隆酒店，以岭南地域、丛林、动物、城堡这4个概念强调项目的独特主题。

B 环境风格 Creativity & Aesthetics

圆形的结构着重于体现"天圆地方"的传统宇宙观；岭南"土楼"的密集性、向心性在大堂中得到转化和升华；结合色彩鲜艳的图腾柱阵，粗犷的材质，光线，烟雾共同构筑一种崇高而神秘的原始感。

C 空间布局 Space Planning

室内设计以自然的材质本色带出整个空间的气派。立面以特制陶砖的立体拼接，重现棕榈树干的粗犷机理。天花与地面以鸟与植物为背景，意喻百鸟归巢的盛大场景。

D 设计选材 Materials & Cost Effectiveness

客房内运用本土的材料、独特的工艺阐述出一个个动物、自然与人的精彩故事，营造出粗犷自然而又轻松舒适的度假空间，使客房成为每一位客人难以忘怀的一次休闲体验。

E 使用效果 Fidelity to Client

效果显著，回报率高，客户非常满意。

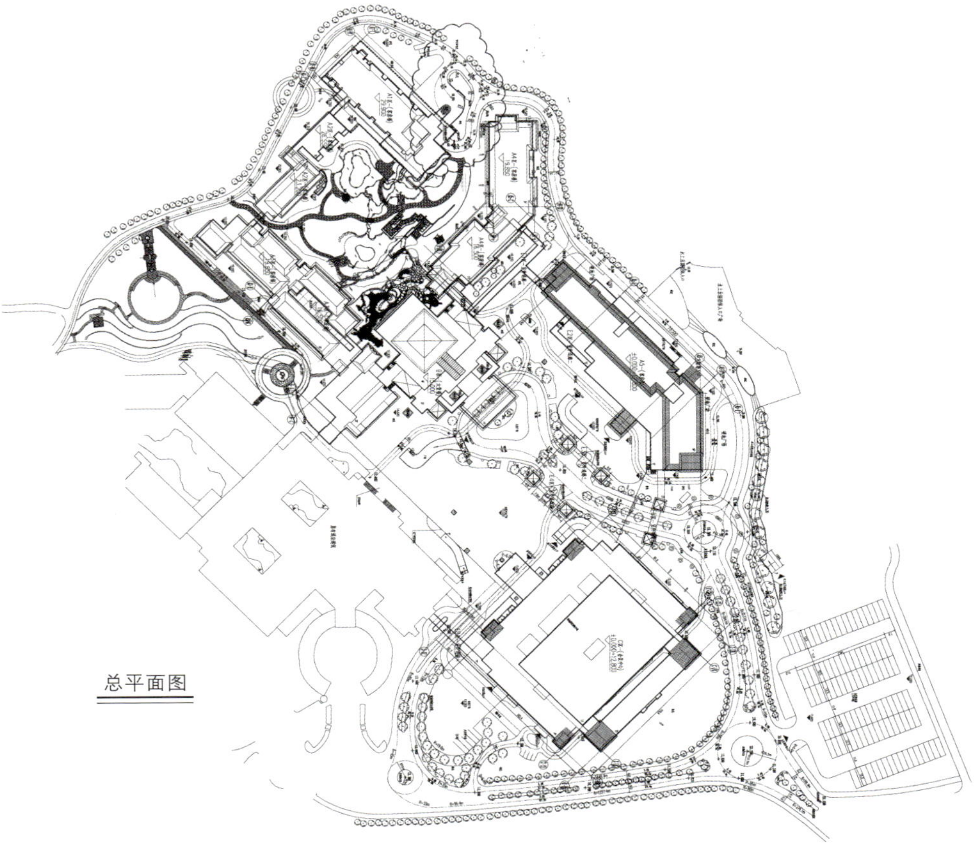

总平面图

Haerbin Free Space Time Hotel

哈尔滨自由空间计时主题旅馆

Project Name_Haerbin Free Space Time Hotel
Chief Designer_Zhao Jiafan
Location_Haerbin Heilongjiang
Project Area_550sqm
Cost_580,000RMB

项目名称_哈尔滨自由空间计时主题旅馆
主案设计_赵加范
项目地点_黑龙江 哈尔滨
项目面积_550平方米
投资金额_58万元

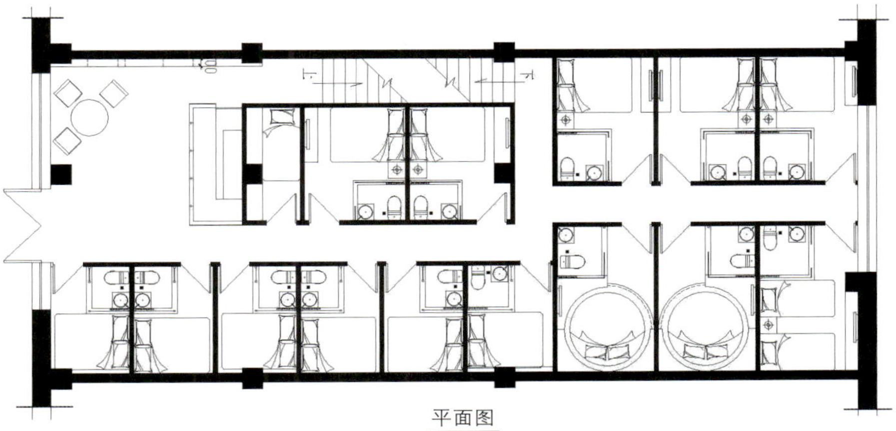

平面图

赵加范 *Zhao Jiafan*

博客： http:// 50747.china-designer.com
公司： 哈尔滨大凡室内设计顾问有限公司
职位： 主任设计师
项目：

华润集团办公楼设计
绥化市政府办公楼整体室内设计
抚远县政府办公楼设计
哈尔滨金太阳索非亚室内外设计
哈尔滨大商美食广场设计
黑河天一洗浴广场整体设计
哈尔滨老鼎丰道外总店 爱建分店设计
港龙地产经纬360售楼处设计
盟科官邸售楼处设计
自由空间计时主题旅馆整体设计
百佳成快捷宾馆公共空间设计

A 项目定位 Design Proposition

自由空间主题旅馆是一家以计时为主的时尚型主题旅馆，房间的面积平均在10平方米左右，但是客房各具特色，让客人的每次入住都有全新的体验。

B 环境风格 Creativity & Aesthetics

本案设计主要特点在于44间客房44种不同的设计风，介于甲方造价要求，采用了各种风格的彩绘图案。

C 空间布局 Space Planning

本案在布局上的设计，主要在实用基础上实现的是房间数量的最大化，透明的卫生间以及镜片的大量应用在感官上有效的拓展了空间。

D 设计选材 Materials & Cost Effectiveness

用材主要以灰色的水泥板、彩绘画、清玻璃和各种颜色的镜片，既降低成本又能达到预期的效果。

E 使用效果 Fidelity to Client

本案由于计费方式经济科学，除基础价外和网吧收费基本相同，因此受到广大年轻一族的喜爱。

TIME HOTEL

Sanya Perfume Bay Resort Hotel
海南三亚香水湾一号

Project Name_Sanya Perfume Bay Resort Hotel
Chief Designer_Ju Bin
Location_Lingshui Hainan
Project Area_94,000sqm
Cost_4,500,000,000RMB

项目名称_海南三亚香水湾一号
主案设计_琚宾
项目地点_海南 陵水香水湾
项目面积_94000平方米
投资金额_45亿元

水 平 綫 空 間 設 計
| 北京 | 深圳 | 香港 |

主案设计：琚 宾 *Ju Bin*

博客： http://481336.china-designer.com

奖项：

2010年中国（上海）国际建筑室内设计节"最佳酒店设计奖"

2010年中国（上海）国际建筑室内设计节"最佳材料运用奖"

2009年中国（上海）国际建筑室内设计节"创新设计最佳奖"

2008年中国（上海）国际建筑室内设计节"最佳照明设计奖"

2008年首届石材设计与艺术大赛概念设计大奖

2007年中国室内设计大奖赛，文教，医疗工程类一等奖

2007年美国室内设计-INTERIOR DESIGN China酒店设计奖

项目：

美伦酒店公寓、伍兹公寓、花园城五期、科技大厦2期、鲸山九期、合肥金色名郡、苏州胥江府、大梅沙京基喜来登度假酒店－陈氏会所、三亚凤凰岛、三亚香水湾一号；北海北部湾一号、成都牧马山、成都城南逸家、成都四海逸家、北京有憬阁餐厅、北京富邦国际酒店、郑州香格里拉大酒店等

A 项目定位 Design Proposition

对于建筑的亲海性，以及对自然的尊重，对室内设计原材料的探索，科技性与智能化的融入，都是我们思考和研究的课题。

B 环境风格 Creativity & Aesthetics

传统建筑形态与构件下的现代室内空间。突出建筑的传统性与室内设计的现代性。在建筑上运用商周时期的建筑构建与现代室内设计的结合。

C 空间布局 Space Planning

我们用"海上四合院"来定义香水湾一号。让建筑敞开怀抱融入自然。整个建筑与周边环境海天一色。在这里，左手大海，右手群山，自然于一掌之外。

D 设计选材 Materials & Cost Effectiveness

我们提取并保留了中国商周时期的建筑语言，同时对商周青铜器与商周服饰的设计语言重新解读提取，将这些元素运用到室内及家居设计中，材料的使用上，采用古朴自然的木材和石材等天然材料。

E 使用效果 Fidelity to Client

高级的私人别墅度假酒店将成为享誉国内外的集度假、旅游、休闲的标杆型项目。

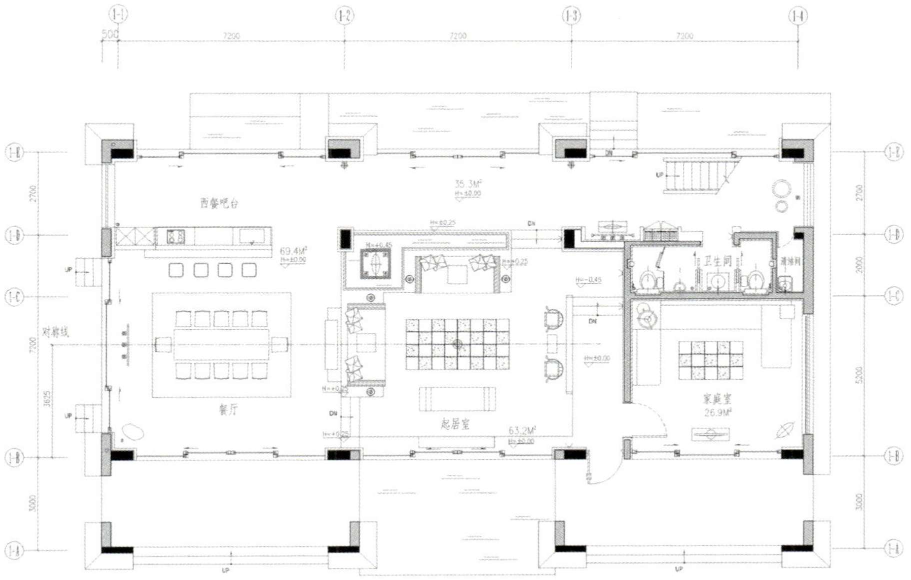

一层平面图

Project Name_Jiaxing Moon River Inn Hotel
Chief Designer_Zeng Ying
Location_Jiaxing Zhejiang
Project Area_1,200sqm
Cost_12,000,000RMB

项目名称_嘉兴月河客栈
主案设计_曾莹
项目地点_浙江 嘉兴
项目面积_1200平方米
投资金额_1200万元

Jiaxing Moon River Inn Hotel

嘉兴月河客栈

集美组 NEWSDAYS
广州集美组装饰工程有限公司

主案设计：曾 莹 *Zeng Ying*

博客： http:// 491738.china-designer.com
职位： 高级设计师
职称：
IDA国际设计师协会 会员
中国建筑学会室内设计分会 会员
项目：
迎宾馆白云楼首、二层室内装修改造工程设计
广州珠江新城保利中心6号楼
月岛项目A栋室内设计
卡森海南博鳌亚洲湾酒店室内装饰设计
海南万通公司土福湾喜来登酒店室内设计
湘家荡国际会议中心投标设计
广东迎宾馆白云楼3-8层客房楼装修改造工程设计
方圆大厦4层酒膳室内设计
保利6号楼顶层会所

A 项目定位 Design Proposition
在月河客栈的设计中，我们通过对当地建构手法的研究与继承，化凡为雅，营造出极具江南水乡风情并富有现代气息的主题体验空间。

B 环境风格 Creativity & Aesthetics
A区商务高级单床房化凡为雅——稻姿凝诗。

C 空间布局 Space Planning
B区普通标准双床房喻形于意——穗光陆离。

D 设计选材 Materials & Cost Effectiveness
传统装饰纹样的抽象简化以及本土化材料的解析运用，有机的将禾香、庶市、文风、泽国，这些极具民风意向的主题融入室内空间，揉古释今。

E 使用效果 Fidelity to Client
赢得了客户的好评，吸引很多顾客来光顾。

Longmen Dipai Spa Hotel
龙门地派温泉酒店

Project Name_Longmen Dipai Spa Hotel
Chief Designer_Zeng Zhuozhong
Location_Guangzhou Guangdong
Project Area_1,000sqm
Cost_10,000,000RMB

项目名称_龙门地派温泉酒店
主案设计_曾卓中
项目地点_广东 广州
项目面积_1000平方米
投资金额_1000万元

品祺设计
Pioneer Design

广州品祺装饰设计工程有限公司

主案设计：曾卓中 *Zeng Zhuozhong*

博客：http:// 485667.china-designer.com
奖项：

2009年荣获中国建筑装饰协会的"照明周刊杯"中国照明应用设计大赛广州赛区优胜奖——获奖项目：成都万家灯火量贩式KTV

2008年金羊奖-2008年度中国十大商业空间设计师——获奖项目：银色假日水疗会所

第七届中国国际室内设计双年展优秀奖——获奖项目：银色假日水疗会所

2008首届国际建筑景观室内设计大奖，会所工程设计组别银奖——获奖项目：银色假日水疗会所

A 项目定位 Design Proposition

从广州到地派温泉酒店，不到2个小时的车程。沿途秀美的自然风景，簇拥着我们驱车前往。车在森林中蜿蜿蜒蜒的山路上穿梭，才体会到真正亲近大自然的乐趣。而目的地——龙门地派温泉生态度假酒店，就隐藏在其中。

B 环境风格 Creativity & Aesthetics

地派温泉完全融于大自然。地派青山绿水的美，是天然偶成的佳作，地派温泉酒店就是画龙点睛的神来之笔。

C 空间布局 Space Planning

来到龙门地派温泉酒店，就是要多用一两日的时间，让自己隐身在这山水之间。任心如翠竹般坦然，携三两好友循着清溪而上，到山林中间与大自然为伴。山水间弥漫的是宁静和淡泊，那么一定要放慢你的脚步去聆听山涧的潺潺溪水。当我们逐渐进入酒店的温泉区域后，就让大自然的山水泼墨，为我们徐徐展开这幅最灵动的画卷吧。

D 设计选材 Materials & Cost Effectiveness

作品从室内装饰到艺术品，都是统一规划，统一设计的。因此有一个自始至终的原则和统一的风格，它的总体设计精致而独到，将中式禅意风格和现代酒店的气质相融合。

E 使用效果 Fidelity to Client

非常满意，吸引大量顾客体验。

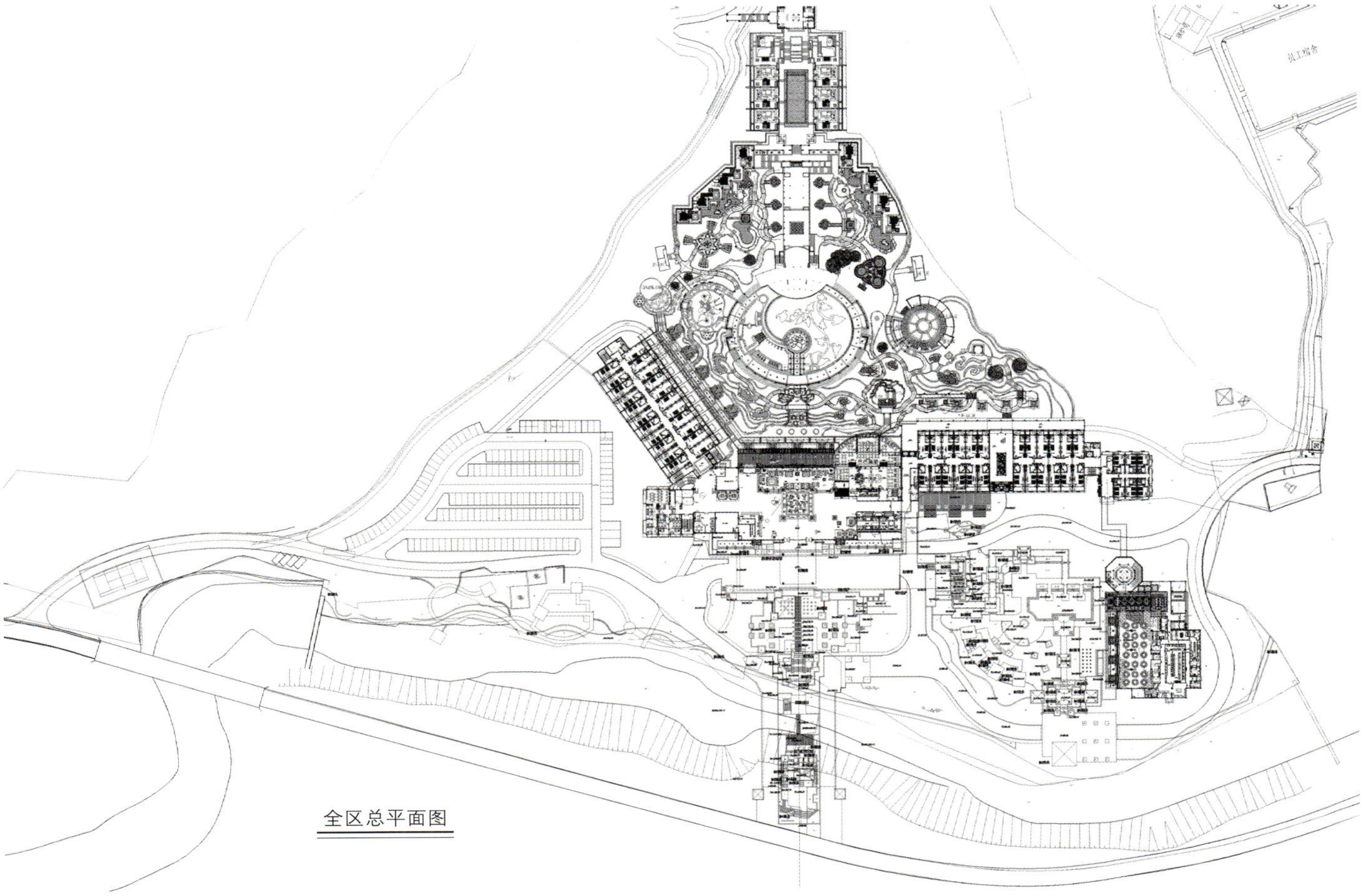

全区总平面图

Shizuishan Grand Hyatt Hotel

石嘴山君悦酒店

Project Name_Shizuishan Grand Hyatt Hotel
Chief Designer_Luo Zhuoyi
Project Team_Xie Yingkai
Location_Shizuishan Ningxia
Project Area_4,500sqm
Cost_28,000,000RMB

项目名称_石嘴山君悦酒店
主案设计_罗卓毅
设计团队_谢英凯
项目地点_宁夏 石嘴山
项目面积_4500平方米
投资金额_2800万元

湯物臣 · 肯文設計事務所™
InspirationStudio Design Co.,Ltd.

主案设计：罗卓毅 *Luo Zhuoyi*

博客：http:// 158266.china-designer.com
奖项：
2010年“全国优秀设计机构奖”
2009年“中国最具影响力的室内设计企业”
“中国十大室内设计团队－金羊奖”
2008年入选“中国最具影响力的室内设计企业十强”
2007年被评为“年度广州最具竞争力创意企业30强”
“会所设计十大最具品牌价值”等
项目：
广东德庆盘龙峡天堂度假区（AAAA）
广东花都王子山休闲生态度假区（AAAAA）
北京顺景园•温泉休闲度假酒店（全球最大SPA度假温泉酒店并被录入英国吉尼斯世界纪录大全）
西安1+1园林式酒吧
西安滚石新天地KTV
北京蓝黛俱乐部等
北京蓝黛俱乐部
西安滚石新天地KTV
广东德庆盘龙峡旅游度假酒店

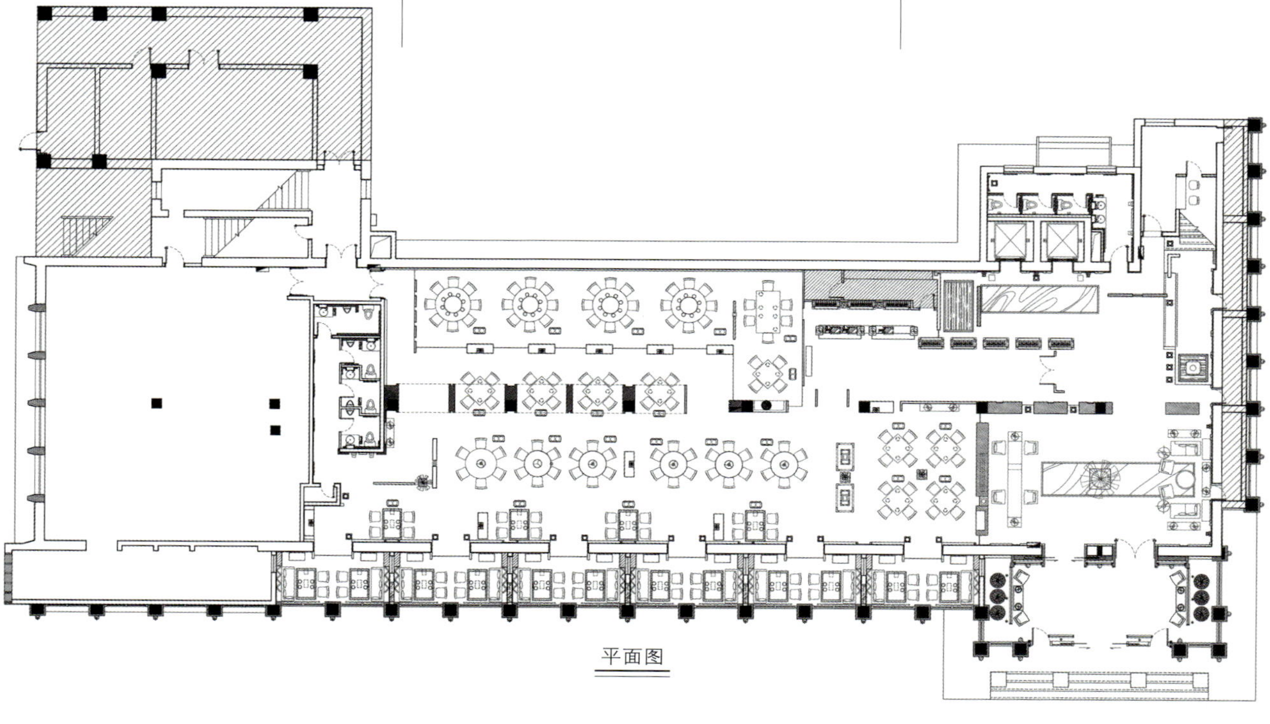

平面图

A 项目定位 Design Proposition

项目地块前有优良的市政园林，因此我们尽量利用周边环境，引景入室。

B 环境风格 Creativity & Aesthetics

人在景中，景随人动，室内空间造型装饰以高级灰结合现代中式为主，同时加入更多人性化的空间功能考虑，让酒店的空间散发从内到外的流光溢彩、雍容华贵。

C 空间布局 Space Planning

在打造金碧辉煌、气派非凡的主题中式餐饮酒店时，无不强调客人得以在小空间中见大感觉，大空间中见小感觉的丰沛体验，这只为道出那非一般的传统诠释，满溢浓郁温馨的高品位居家主义。四楼客房的功能也不再仅仅为客人提供完善的服务和舒适的休息环境，它所扮演的角色变得更多元化，成为人们工作、娱乐和社交的场所之一。空间得到扩大化利用，既独立亦可相互呼应。

D 设计选材 Materials & Cost Effectiveness

考虑到影响建筑的各种优劣势，设计采用了迂回、曲径通幽的语言，形成先抑后扬的空间节奏，藉以间或出现的简约古器，这种中式气派的张扬便显得更合情理了。

E 使用效果 Fidelity to Client

强调“家的感觉”和使用者的舒适欢愉，指user-friendly，即把人性化带入酒店房间的每一个部分，令其使用方便，让每位客人轻松掌握所有设施的使用，成功体现酒店的气氛和品位。

Changchun Songyuan Hotel

长春松苑宾馆新楼

Project Name_Changchun Songyuan Hotel
Chief Designer_Liu Yanbin
Project Team_Yang Ding / Nie Baoshun
Location_Changchun Jilin
Project Area_13,000sqm
Cost_110,000,000RMB

项目名称_长春松苑宾馆新楼
主案设计_刘延斌
设计团队_杨丁 / 聂宝顺
项目地点_吉林 长春
项目面积_13000平方米
投资金额_1.1亿元

刘延斌 *Liu Yanbin*

博客：http:// 490265.china-designer.com
公司：南京测建装饰设计顾问有限公司
职位：设计总监
职称：
中国建筑学会室内设计分会 会员
南京金陵旅馆干部学院特聘高级酒店室内 设计顾问
奖项：
获中国（上海）国际建筑及室内设计节2007年度优秀建筑及室内设计作品展览〝金外滩最佳饰品搭配提名奖〞
获〝2007' INTERIOR DESIGN China 酒店设计提名奖〞
设计作品收录2006、2007、2008中国室内设计年鉴〝金羊奖〞2007年度中国十大设计师（东部区）
获2005年〝华耐杯〞中国室内设计大奖赛二等奖

A 项目定位 Design Proposition

松苑宾馆三号楼的客源以高端商务客人和政务接待为主。在设计策划及市场定位上突出了以上两点。

B 环境风格 Creativity & Aesthetics

吉林松苑宾馆是位于长春市中心的一家园林式酒店，其院内绿树如茵、景色怡人。

C 空间布局 Space Planning

由于三号楼在建筑设计的过程中室内设计就已经介入其中，所以在二次空间的分割组合和空间高度安排上预先做了精心的策划及安排，做到了动线合理、物尽其用，且极其富有特色。

D 设计选材 Materials & Cost Effectiveness

松苑宾馆三号楼的室内设计其独特之处在于运用了传统的设计元素，通过现代的装饰手法，以体现吉林的地域文化。

E 使用效果 Fidelity to Client

获得了各方一致的高度评价。由于其设计理念和硬件环境在当地众多的酒店中显得非常突出，甚至出现了一房难求的景象。

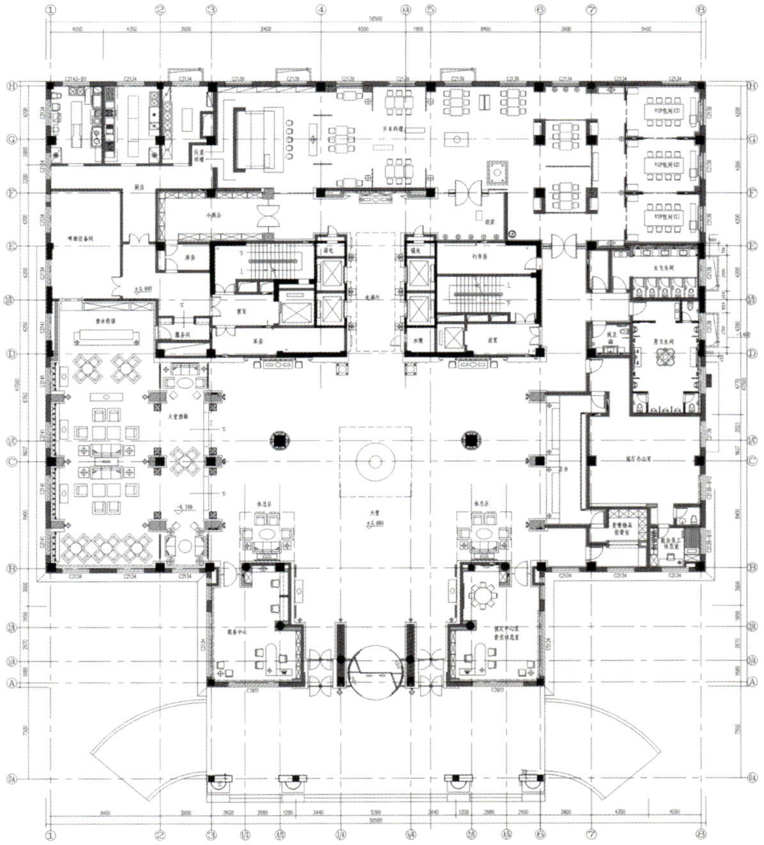

一层平面图

Chengdu Yuanshitan Apartment Hotel

成都原石滩公寓式酒店

Project Name_Chengdu Yuanshitan Apartment Hotel
Chief Designer_Hu Ruoyu
Project Team_Fan Shaoqin / Lin Xiao
Location_Chengdu Sichuan
Project Area_1,750sqm
Cost_12,000,000RMB

项目名称_成都原石滩公寓式酒店
主案设计_胡若愚
设计团队_范少琴 / 林霄
项目地点_四川 成都
项目面积_1750平方米
投资金额_1200万元

胡若愚 *Hu Ruoyu*

博客：http:// 485347.china-designer.com
公司：厦门喜玛拉雅设计装修有限公司
职位：总经理
职称：国家注册建筑师
奖项：
在央视及建设部国家六部委合办的设计大赛中获优胜奖

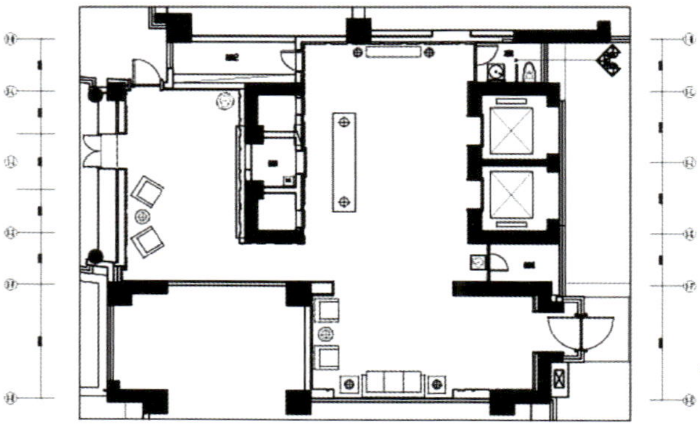

平面图

A 项目定位 Design Proposition

酒店大堂力求在原建筑的狭长闭塞空间内营造休闲自然而又低调奢华的现代美式风格。

B 环境风格 Creativity & Aesthetics

墙面除了大理石自然面与光面的质感组合外，还采用了不规则凹凸的松木饰面，同时也掩蔽了各种规格的检修门。

C 空间布局 Space Planning

视觉冲击强烈的地面拼花贯穿大堂，奢华之中透着几分霸气。而冲砂面的木梁构成坡顶，鹿角灯垂吊，是对美式休闲风格的进一步阐释；公寓延续大堂的调性，尤其凸显的是卫浴空间的闲适和大气。

D 设计选材 Materials & Cost Effectiveness

等候区为NATUZZI老牛皮沙发组合，对应的是背景皮草硬包。信报箱和门套采用硬朗、时尚的黑钢与原石、原木、皮草的材质形成对比，略显庄严。

E 使用效果 Fidelity to Client

吸引大量各户，回报率高。

澳逸酒店
AOYI HOTEL

Foshan Aoyi Hotel
佛山澳逸商务酒店

Project Name_Foshan Aoyi Hotel
Chief Designer_Li Leifu
Location_Foshan Guangdong
Project Area_3,500sqm
Cost_5,000,000RMB

项目名称_佛山澳逸商务酒店
主案设计_李雷夫
项目地点_广东 佛山
项目面积_3500平方米
投资金额_500万元

李雷夫 *Li Leifu*

博客： http:// 489725.china-designer.com
公司： 建方博思设计事务所
职位： 设计总监

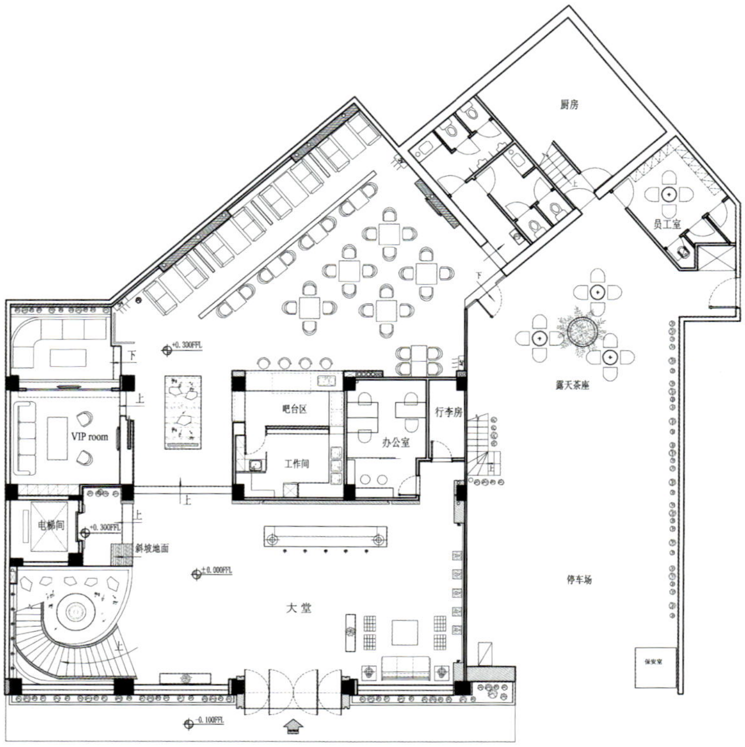

一层平面图

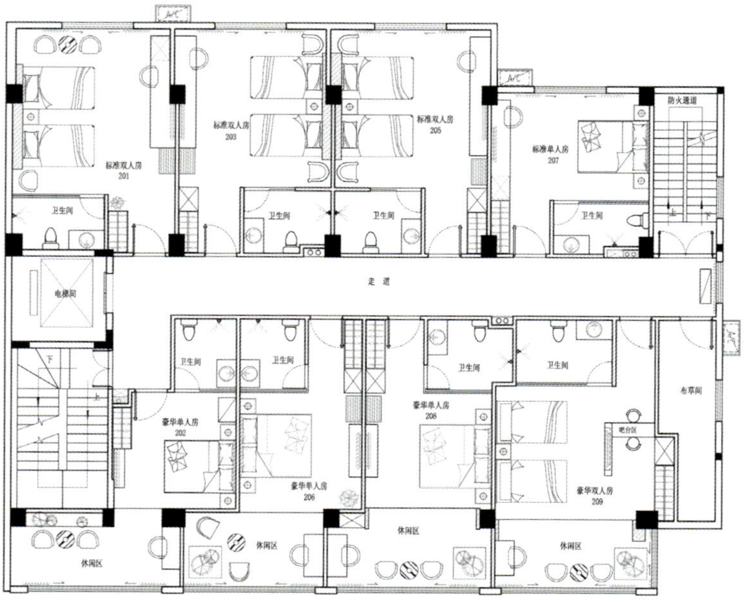

二层平面图

A 项目定位 Design Proposition

本案定位为体现本土陶文化特点的经济型商务酒店，不但为商务人士提供舒适的居住环境，同时通过内部陶艺摆设及服务等细节，向客人展示石湾陶文化，宣传石湾陶文化。

B 环境风格 Creativity & Aesthetics

本案围绕“陶文化”主题，将其延伸至整个酒店的内部空间之中，力求从细节中体现出“南国陶都”的文化特点。

C 空间布局 Space Planning

本案最特别之处在于酒店顶楼客房的设计。由于顶层客房有部分为加建改造而成，没有窗户，为此设计师大胆采用“开天窗”的方式，为客房引入自然天光，既满足了采光需求，也可在夜晚躺在床上透过天窗欣赏美丽的夜空，平添一份浪漫，为客人带来一份特别的宁静和快乐。

D 设计选材 Materials & Cost Effectiveness

设计选材体现陶文化主题，充分利用地利优势，定做了众多手工烧制的陶土制品，本土材料，本土窑纯手工烧制，独一无二。

E 使用效果 Fidelity to Client

酒店运营后，已成为该区域范围内的标杆，品牌的影响力开始形成。

Sanjiang Peninsula Hotel
三江半岛大酒店

Project Name_Sanjiang Peninsula Hotel
Chief Designer_Zeng Zhihui
Project Team_Gaoyingbiao / Feng Wangcheng
Location_Lincang Yunnan
Project Area_29,000sqm
Cost_60,000,000RMB

项目名称_三江半岛大酒店
主案设计_曾帜辉
设计团队_高瀛标 / 冯旺成
项目地点_云南 临沧
项目面积_29000平方米
投资金额_6000万元

安高（ANG）装饰设计有限公司

主案设计：曾帜辉 *Zeng Zhihui*

博客： http:// 524352.china-designer.com
职位： 总经理
奖项：
2008年12月获"第七届中国国际室内设计双年展优秀奖"
项目：
云南三江半岛酒店
南海V酒店
龙御国际酒店
CORAL酒店等

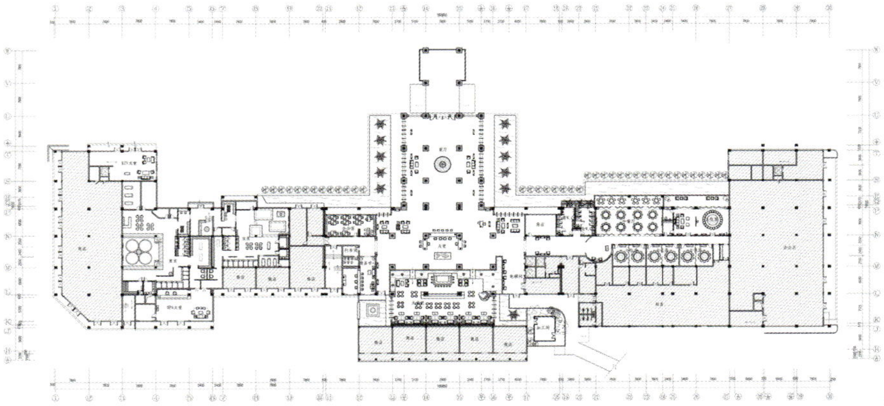

平面图

A 项目定位 Design Proposition

根据当地缺少旅游度假酒店的现象，我们将其定位为旅游度假酒店，并增加多种会议功能，满足当地企业的会议需求，同时增加酒店的入住率。

B 环境风格 Creativity & Aesthetics

我们采用了东南亚的设计风格，并且将公共区域的墙全部做成转轴门。这样既可以将户外的风景借入室内，还可以加强空气的流通（这样公共区域可以不装空调）。

C 空间布局 Space Planning

项目的空间布局设计，我们考虑尽量使各个功能区间不会产生太大的影响。所以我们将客房放在主楼，水疗、KTV等娱乐空间放在左侧的附楼，餐饮、宴会设在右侧的附楼。

D 设计选材 Materials & Cost Effectiveness

由于当地气候环境问题，我们尽量采用不会变形的材料。如：大理石、砂岩、竹编、草编等。

E 使用效果 Fidelity to Client

项目出来后，在当地引起了很大的反响，当地电视台也进行了采访报道。

Sanqingshan International Resort
三清山国际度假酒店

Project Name_Sanqingshan International Resort
Chief Designer_Wu Qingyao
Project Team_Sun Xiaoling / Xu Mingzhen
Location_Shangrao Jiangxi
Project Area_39,608sqm
Cost_360,000,000RMB

项目名称_三清山国际度假酒店
主案设计_吴庆耀
设计团队_孙晓玲 / 徐明震
项目地点_江西 上饶
项目面积_39608平方米
投资金额_3.6亿元

吴庆耀 *Wu Qingyao*

博客： http://479597.china-designer.com
公司： 纳森（北京）装饰设计有限公司
职位： 设计总监
项目：

北京长白山国际酒店
天津胜利宾馆
承德佳佳商务酒店
福州西湖大酒店
江西三清山国际度假酒店
江西婺源大酒店
厦门海悦大酒店
呼和浩特宜居酒店
青岛平度圆中方大酒店

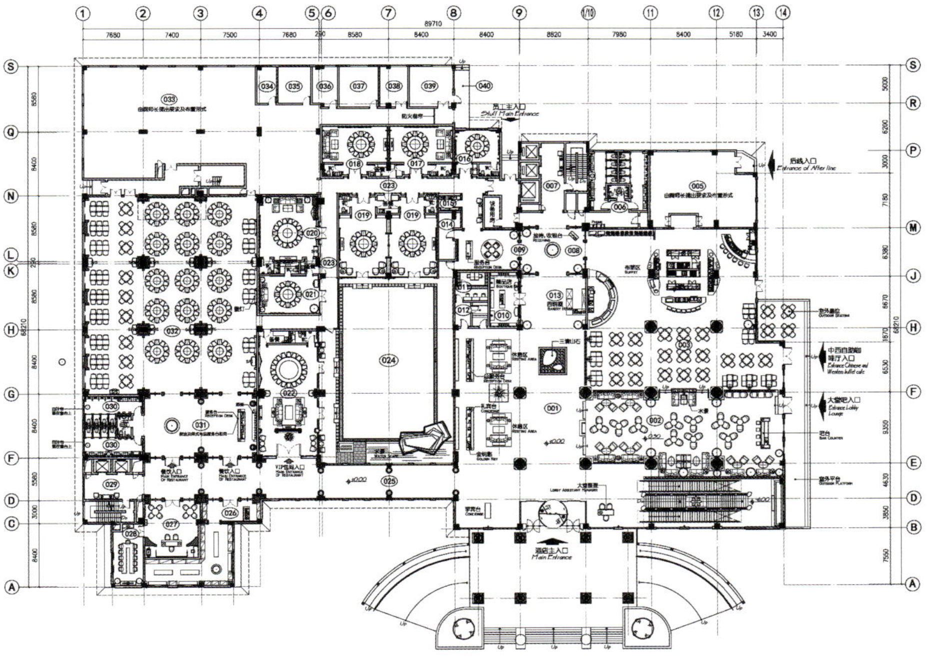

一层平面图

A 项目定位 Design Proposition

三清山国际度假酒店位于风景秀丽的江西省上饶市三清山南山，按五星级标准设计，是一座集住宿、餐饮、会议、健身、水疗等项目功能为一体的综合性度假酒店。

B 环境风格 Creativity & Aesthetics

酒店设计的主题是“绿色山林 生态度假”，由此选择出“林，木，叶，鸟”4个形态元素作为酒店室内设计的贯穿题材，体现在标示和艺术品中，这些元素增加了酒店的趣味性和观赏性，让住店客人为之一乐，倍感亲切。

C 空间布局 Space Planning

按功能划分各区域，布局清晰，明朗大气。

D 设计选材 Materials & Cost Effectiveness

将林“木”元素引进来，所谓“取三清山之木，画三清山之容”与地面上的“叶”型图案相互呼应，增加了酒店的文化价值。

E 使用效果 Fidelity to Client

酒店不仅给集团公司带来极大的经济利润，还提升了集团的品牌效益。

Suzhou Soul Hotel

苏州苏哥利酒店

广州市承焜装饰工程有限公司

Project Name_Suzhou Soul Hotel
Chief Designer_Zeng Chengkun
Project Team_Han Song / Zeng Fanchang
Location_Suzhou Jiangsu
Project Area_30,000sqm
Cost_200,000,000RMB

项目名称_苏州苏哥利酒店
主案设计_曾承焜
设计团队_韩松 / 曾凡昌
项目地点_江苏 苏州
项目面积_30000平方米
投资金额_2亿元

主案设计：曾承焜 *Zeng Chengkun*

博客：http:// 471561.china-designer.com
职位：策划总监
职称：首届" 金羊杯" 中国玻璃艺术作品大赛 专家评委
奖项：
2009年度羊城十大优秀室内设计师金羊奖
2009年度中国百杰室内设计师金羊奖
2009年度中国室内空间环境艺术设计大赛优秀奖

A 项目定位 Design Proposition

项目定位为国际个性化设计酒店，酒店的设计理念就是〝奇迹〞。

B 环境风格 Creativity & Aesthetics

踏入酒店， 酒店LOGO的睡莲图案贯穿酒店内外，而酒店各处的设计也无不体现了时代发展的步伐，新与旧的对撞、融合。浓烈的色彩对比给人震撼的感觉。

C 空间布局 Space Planning

客房的设计充满特色：紫色墙面和白色床品，加上黑色的家具简约而不失时尚，浴室和房间之间用玻璃隔断。

D 设计选材 Materials & Cost Effectiveness

采用富于张力的生动色彩、充满质感的新颖材料及太空时代的装潢布置，彰显中国现代全方位发展过程的〝奇迹〞。另外整个酒店的幕墙玻璃均运用了中国毛笔字的图形，在虚实对比中传递中国元素。

E 使用效果 Fidelity to Client

酒店独特匠心的设计吸引世界各地的游客光顾，且皆给予高度评价。

Suzhou Zhongyin Crowne Plaza Hotel
苏州中茵皇冠假日酒店

Project Name_Suzhou Zhongyin Crowne Plaza Hotel
Chief Designer_Wen Jinhao
Location_Suzhou Jiangsu
Project Area_50,000sqm
Cost_380,000,000RMB

项目名称_ 苏州中茵皇冠假日酒店
主案设计_温金昊
项目地点_江苏 苏州
项目面积_50000平方米
投资金额_3.8亿元

温金昊 *Wen Jinhao*

博客： http:// 163474.china-designer.com
公司： 北京花旗建设发展有限公司
职位： 高级设计师
项目：
西安绿地假日酒店
北京新云南皇冠假日酒店
北京方恒假日酒店
苏州中茵皇冠假日酒店
昆山中茵皇冠假日酒店
石家庄万象天成假日酒店
岳阳格兰云天酒店等

A 项目定位 Design Proposition

本作品是一个洲际集团旗下的五星皇冠酒店，从建筑外形看，它的设计原型是一艘豪华邮轮，停靠在金鸡湖畔的码头上，室内设计也沿用了这个设计感觉。

B 环境风格 Creativity & Aesthetics

在酒店的B1层是水天一色的室内、外游泳池，还有独立的游艇码头。

C 空间布局 Space Planning

整个酒店一共分为两个部分，一部分是码头，也就是大堂，在整个1500平方米的大堂空间，设计了一个渔人码头茶吧，风格都是以码头为设计题材。第二部分是登上邮轮后的大堂吧及客房部分，这个部分的设计元素都来自于豪华邮轮。

D 设计选材 Materials & Cost Effectiveness

在大堂的码头部分采用的材料多为室外用的防腐木，铸铁和有肌理的大理石。大堂吧及客房部分采用的材料都以做工精致的酸枝木聚酯亮光漆，皮革饰面以及装配感强烈的弧形板。

E 使用效果 Fidelity to Client

本酒店在开业以来受到多家媒体关注，备受商务客人青睐。

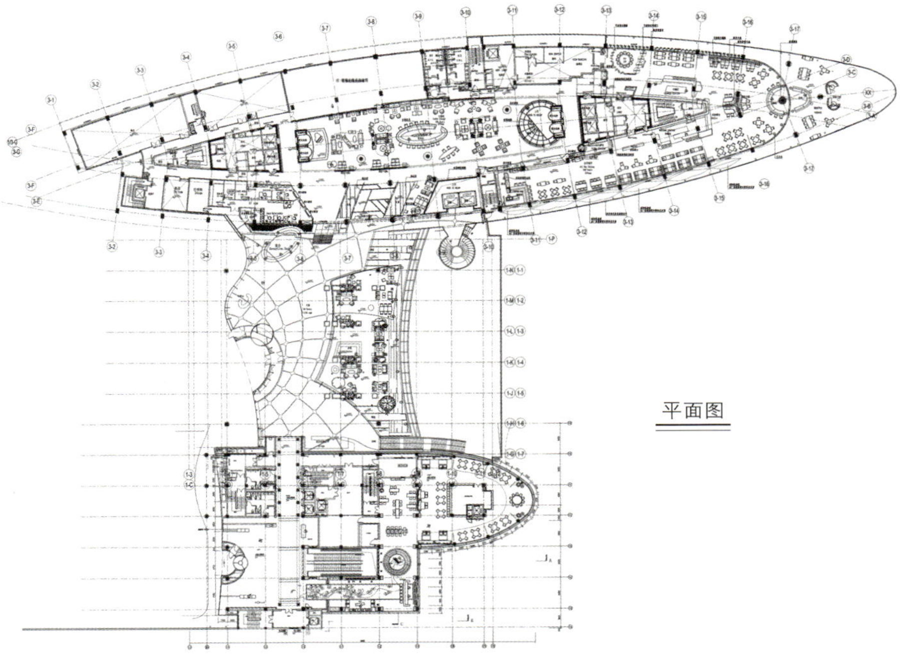

平面图

Taiyuan Yunding International Hotel
太原云顶国际酒店

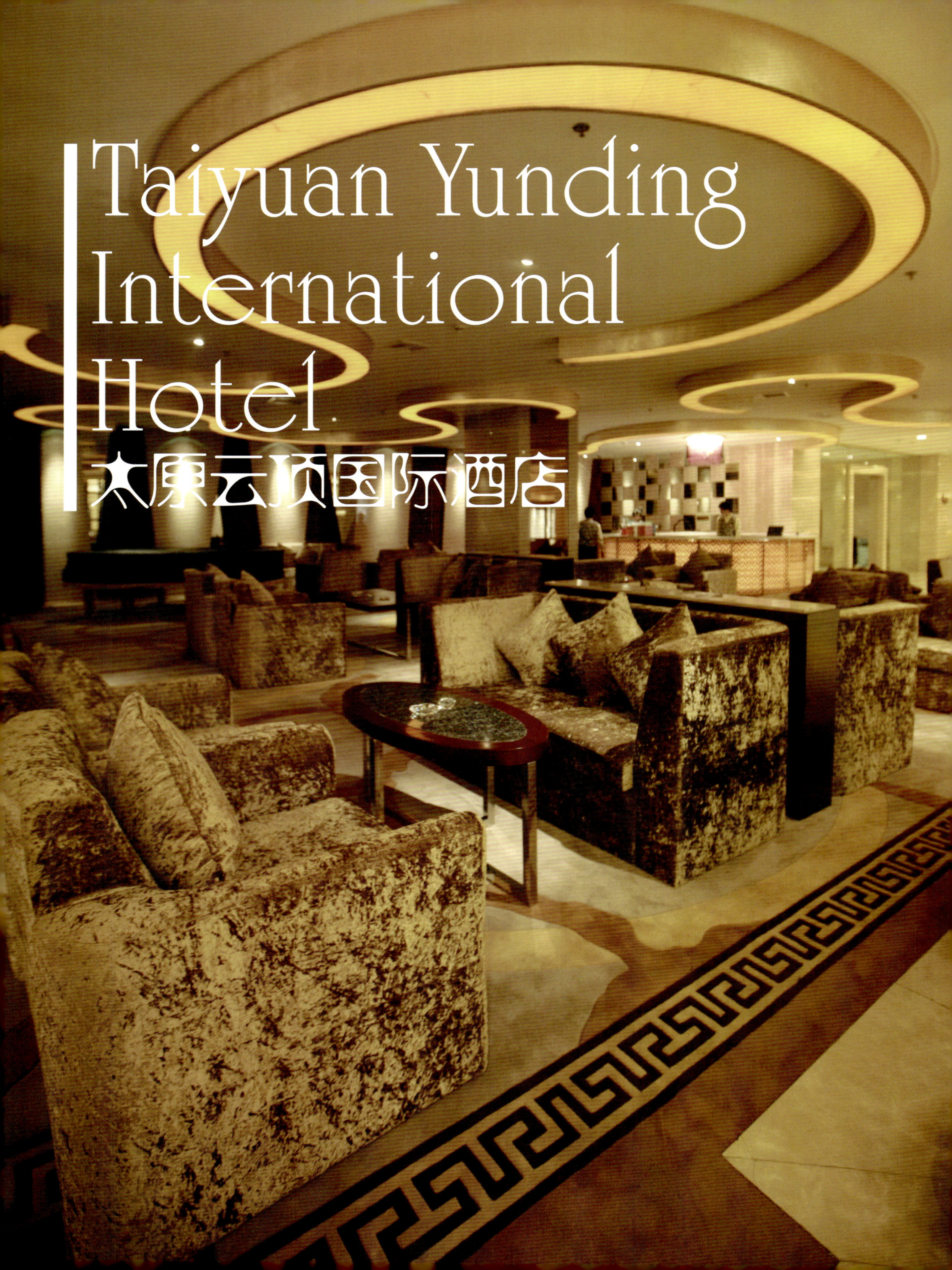

Project Name_Taiyuan Yunding International Hotel
Chief Designer_Wang Zhijun
Location_Taiyuan Shanxi
Project Area_45,000sqm
Cost_120,000,000RMB

项目名称_太原云顶国际酒店
主案设计_王志俊
项目地点_山西 太原
项目面积_45000平方米
投资金额_1.2亿元

王志俊 *Wang Zhijun*

博客： http:// 486915.china-designer.com
公司： 山西大学设计艺术研究所
职位： 副所长
职称：
中国建筑学会室内设计学会山西委员会 理事
山西省建筑装饰协会设计委员会 委员
中国设计师协会（香港）会员
奖项：
2006年获山西省室内装饰行业培育人才园丁奖
2009年获第十一届全国美术作品展览暨首届〝中国美术奖•创作奖〞银奖
全国室内设计大赛优秀奖
山西省室内设计大赛 一等奖、二等奖
项目：
山西文化遗产旅游区空间环境图形设计研究
山西涤纶厂保护性规划改造项目：太原瓦窑创意产业园区整体设计方案等

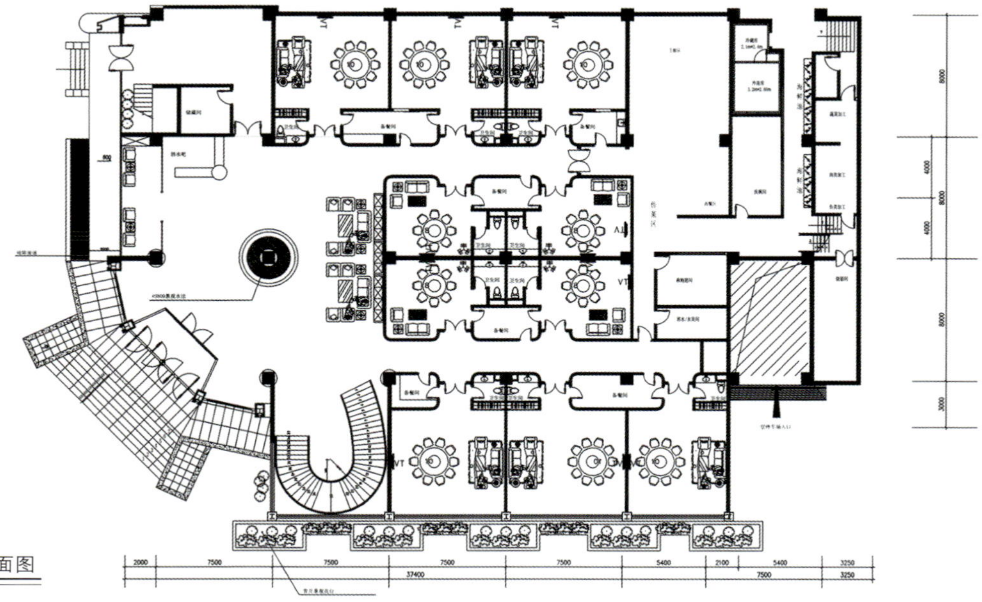

平面图

A 项目定位 Design Proposition

山西云顶国际酒店位于太原市北大街，客房总数320间，另有云顶王府贵宾楼、云顶音乐会所、室内游泳馆、SPA、宴会厅、西餐厅、同声传译会议等，集住宿、餐饮、商务、会议、休闲等功能。

B 环境风格 Creativity & Aesthetics

在整体设计上注重体现山西地方特色融合国际先进酒店设计概念及人文空间理念，注重空间功能的完整性、独立性及其与相关公共空间的衔接，力图创造人性、科学、便捷、动静有序的空间氛围。

C 空间布局 Space Planning

在空间视觉的表达上，运用材质对比、元素融合、空间色彩基调等配以合理陈设及红木家具等，将具有地域特色的建筑构件在相应空间环节中体现，与酒店空间环境相互映照，整体呈现出和谐人性健康的空间环境。

D 设计选材 Materials & Cost Effectiveness

将具有现代简约气息的环保装饰材料、地域性建筑材料、室内景观等环节在相应空间中相互对映、相互对话，让光临过的人留下深刻的印象。

E 使用效果 Fidelity to Client

功能完善，空间表达准确，运营情况良好。光临过的宾客都会介绍朋友来这里品尝奢华的气息。

Xiamen U Space Designer Hotel
厦门U空间设计师酒店

Project Name_Xiamen U Space Designer Hotel
Chief Designer_Zeng Guanwei
Location_Xiamen Fujian
Project Area_900sqm
Cost_2,500,000RMB

项目名称_厦门U空间设计师酒店
主案设计_曾冠伟
项目地点_福建 厦门
项目面积_900平方米
投资金额_250万元

曾冠伟 *Zeng Guanwei*

博客：http:// 482513.china-designer.com
公司：U空间室内设计师国际联盟
职位：副主席
项目：

厦门U空间设计师会所
厦门皇家艾美酒店（深化设计）
厦门福隆体育公园（国家乒乓球队南方训练基地）
福州西湖大酒店（行政酒廊、接见厅、总统套房改造）
福建人民大会堂（地区议事厅）
武夷山茶苑大酒店
厦门尚帅汽车旅馆
厦门东方巴黎
东方明珠
东方丽景售楼部样板房
厦门翠丰温泉度假公寓样板房及厦门巴厘•香墅
云海山庄
凤凰山庄
华景别墅
福州金桥花园等众多豪宅设计等

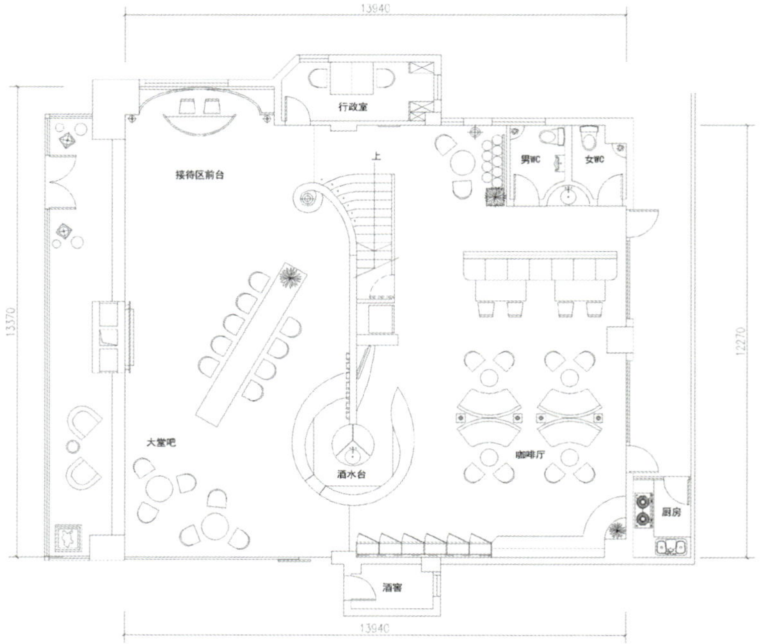

一层平面图

A 项目定位 Design Proposition

这是“U空间设计师国际联盟”为设计师和材料商提供服务的公寓式精品酒店。不对外营业，酒店采用的材料由二十多个品牌以联盟方式提供。

B 环境风格 Creativity & Aesthetics

本酒店由厦门顶级别墅社区“巴厘•香墅”内一幢双拼别墅改造而成。社区内充满巴厘岛风情的亚热带园林气息，就是酒店的优美环境。

C 空间布局 Space Planning

本酒店的空间布局特点就是通透，以及功能上的灵活多变。大堂、酒吧、咖啡厅采用全开放布置。利于联盟设计师举办各种活动的互动沟通。

D 设计选材 Materials & Cost Effectiveness

值得一提的是设计师挑选了全球10个有代表性的城市作为房间的名称，并将这些城市的风光照片集锦特制成黑白墙纸放进一个房间，就象去了一个国家。

E 使用效果 Fidelity to Client

本酒店主要是“U空间”杂志的广告收入，投入运营后广获设计师及材料商的好评。

Xuzhou Xiaonanhu Gloria Resort

徐州小南湖凯莱度假酒店

Project Name_Xuzhou Xiaonanhu Gloria Resort
Chief Designer_He Guangyu
Project Team_Liu Zhupeng / Jin Zhexiu / Qu Yong / Jia Haiyan / Chi Kai / Cao Shanna / Lu Di / Zhang Yi / Du Chunliang / Ma Qing
Location_Xuzhou Jiangsu
Project Area_12,000sqm
Cost_90,000,000RMB

项目名称_徐州小南湖凯莱度假酒店
主案设计_贺光宇
设计团队_刘珠鹏 / 金哲秀 / 屈勇 / 贾海燕 / 迟凯 / 曹姗娜 / 卢迪 / 张祎 / 杜春亮 / 马青
项目地点_江苏 徐州
项目面积_12000平方米
投资金额_9000万元

LBY 丽贝亚集团 LIBEIYA GROUP
北京丽贝亚建筑装饰工程有限公司

主案设计：贺光宇 *He Guangyu*

博客：http:// 479790.china-designer.com
职位：设计研究院副院长、设计五所所长
职称：资深室内建筑师
奖项：
2007年“航天三院展示中心”获北京市建筑装饰工程优秀设计奖
2007年“上海德餐厅”获北京市建筑装饰工程优秀设计奖
2008年“净雅浮乐汇商务会馆（实例）”获第七届中国室内设计双年展银奖
2008年“图兰多国际健康休闲俱乐部”获优秀创意设计作品奖
2009年“徐州南湖别院酒店”获中国室内设计大奖赛三等奖
2009年“北京净雅自助餐系列西餐厅类”获2009年度中国饭店业设计装饰大赛金堂奖铜奖
2009年“梨花小镇商务旅馆经济型酒店类”获2009年度中国饭店业设计装饰大赛金堂奖银奖
项目：
重庆国际会展中心展馆装饰
上海德餐厅
唐海国际专家服务中心装饰设计
朝阳市九隆新居综合楼室内装饰装修
千禧龙花园三期酒店
青岛银海净雅酒店室内装修改造
徐州南湖别院酒店
常州中航大酒店

A 项目定位 Design Proposition

项目地块位于徐州人都喜欢的小南湖公园，规划及景观做得好，湖水被有意而为的几个水湾引入建筑的深处。

B 环境风格 Creativity & Aesthetics

主要界面全部向水湾展开形成亲水的建筑形态，与环境很自然美好地契合；建筑空间精巧细腻，层次富于变化，体量和尺度掌控恰当；这里与城市的距离刚刚好，风景是城市中没有的。客人在室内休憩、就餐、凭窗感受自然景致，赏心悦目、心性怡然。

C 空间布局 Space Planning

气质是江南韵味，形式一定是有新意的——将园林风情中提炼出的自然神韵运用到室内空间布局中，形成清晰的室内外空间的界面，限定出室内和室外空间的距离感。

D 设计选材 Materials & Cost Effectiveness

木质材料是整体设计中运用最多的，与整体的设计效果相呼应。

E 使用效果 Fidelity to Client

酒店功能的细腻规划和环境氛围的独特经营吸引大量顾客光临。

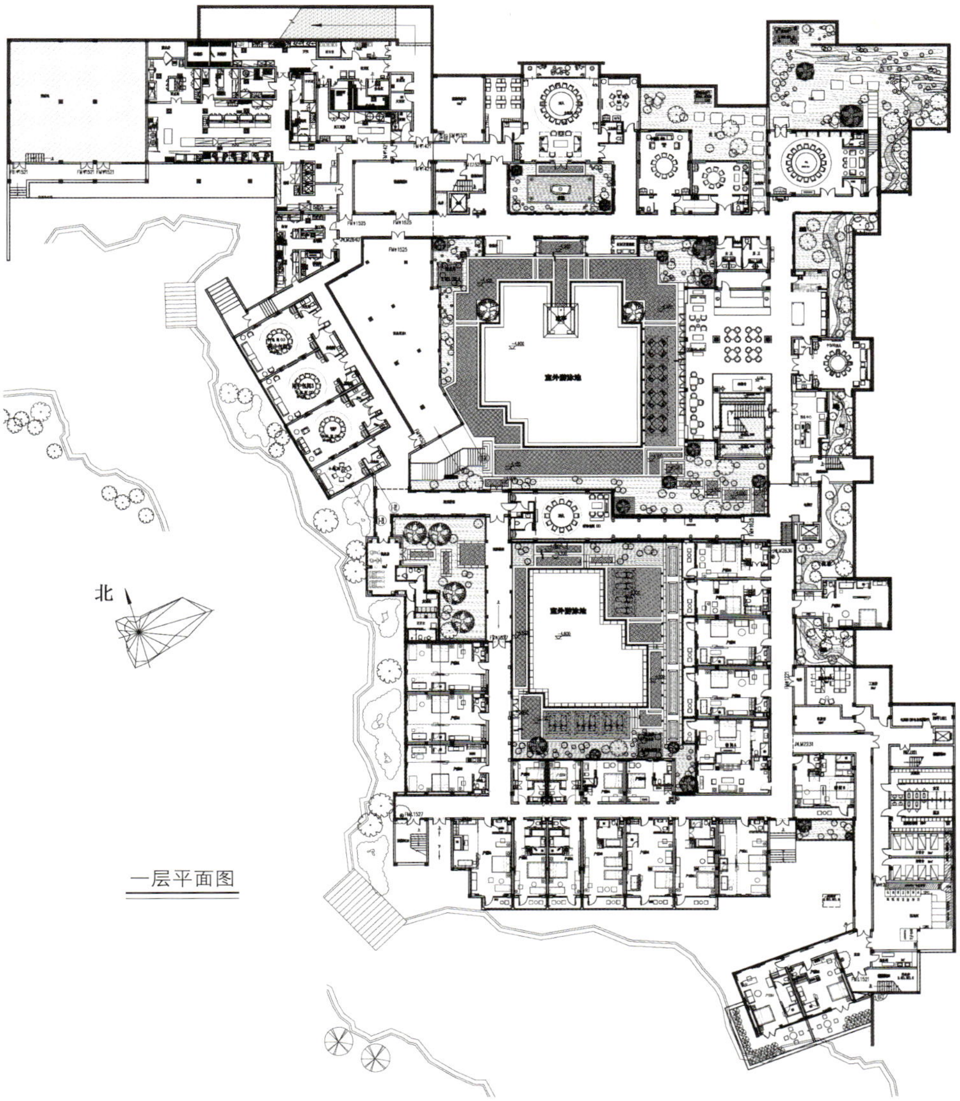

一层平面图

Yangzhou Jinling Hotel

扬州金陵大饭店

Project Name_Yangzhou Jinling Hotel
Chief Designer_Liang Aiyong
Project Team_Bai Puhe / Chen Xuegang / Ge Yuliang / Xu Qin
Location_Yangzhou Jiangsu
Project Area_40,000sqm
Cost_90,000,000RMB

项目名称_扬州金陵大饭店
主案设计_梁爱勇
设计团队_白普鹤 / 陈雪刚 / 葛余良 / 许琴
项目地点_江苏 扬州
项目面积_40000平方米
投资金额_9000万元

梁爱勇 *Liang Aiyong*

博客：http:// 205748.china-designer.com
公司：苏州金螳螂建筑装饰股份有限公司
职位：第六设计分院五所所长
职称：高级室内建筑师
奖项：
扬州沿山河会所1#楼、2#楼——获10年届中国国际空间环境艺术设计大赛优秀奖
淮安红喜会馆及婚礼教堂——获10年届中国国际空间环境艺术设计大赛优秀奖
太仓上海广场——获09年室内空间环境艺术大奖赛二等奖
姜堰宾馆——获09年室内空间环境艺术大奖赛三等奖
扬州金陵大饭店（五星）——获08年中国室内设计大奖赛佳作奖
安徽新闻中心（五星）——获2007年江苏省第六届室内装饰设计大赛优秀奖
黄山国际大酒店（五星）——获2007年江苏省第六届室内装饰设计大赛优秀奖
项目：
扬州双桥商务广场
徐州经济开发区科技大厦
扬州公安局大楼
苏州工业园区独墅湖高教区游泳馆
中国建设银行苏州分行
中国工商银行杭州高新支行
南京地铁指挥中心
济南国际机场等

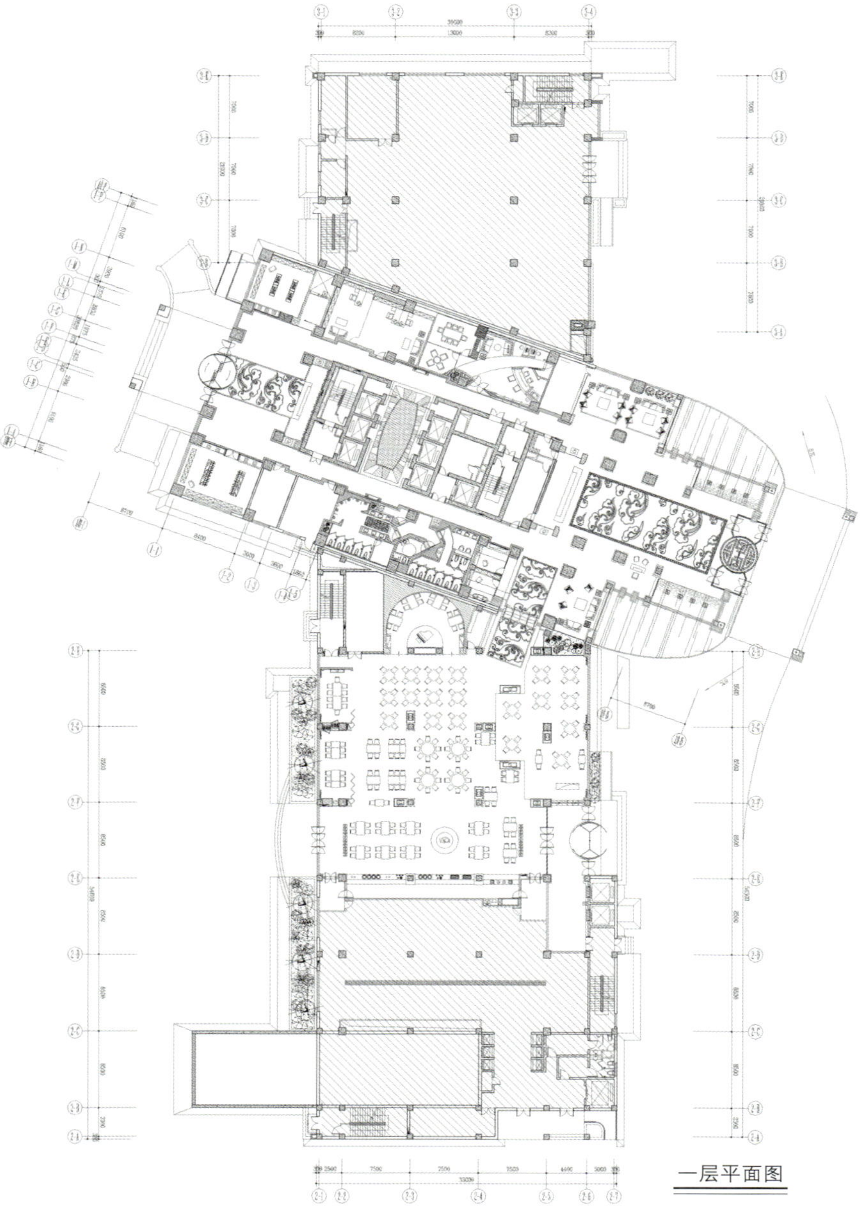

一层平面图

A 项目定位 Design Proposition

从明清扬州盐商豪宅走出的金陵大酒店，为人们提供了一种更具有维扬特色的栖息休养、经商会晤之地，定位为高档商旅酒店。

B 环境风格 Creativity & Aesthetics

是华丽还是朴素，是内敛还是张扬，是厚重还是轻巧，是简洁还是繁琐等，对于大多数人来说，能感受到的是其"北秀南雄"的风格，这一点是恰如其分的。

C 空间布局 Space Planning

流线清晰、灵动，空间布间服从风格。

D 设计选材 Materials & Cost Effectiveness

浅色石材与深色木饰面强烈的比对，力求营造汉唐风的韵味，大量镜面的使用，使空间更灵动现代。

E 使用效果 Fidelity to Client

客户、业主反应比较好，经营效果也比较理想，入座率较高。

Zhangjiajie Samantha Resort & Spa
张家界
盛美达度假酒店

庞 斌 *Pang Bin*

博客：http:// 488830.china-designer.com
公司：庞氏室内设计（香港）有限公司
职位：设计总监
职称：中国注册高级设计师
奖项：
2008年获得IDA酒店设计类金奖
2009年羊城十大优秀设计师
2009年中国百杰优秀设计师
2009年中国室内空间环境艺术设计大赛酒店设计类优秀奖
2010年中国国际空间环境艺术设计大赛"筑巢奖"
项目：
广东惠州洲际皇冠假日酒店 （五星级）
广东化州星河国际大酒店（五星级）
张家界盛美达度假酒店（五星级）
广州佛山三水华南酒店（四星级）
广东英伦假日酒店（四星级）
广东肇庆悦凯国际酒店.CLJD（四星级）
广东佛山中恒国际酒店.CLJD（四星级）等

Project Name_Zhangjiajie Samantha Resort & Spa
Chief Designer_Pang Bin
Location_Zhangjiajie Hunan
Project Area_11,600sqm
Cost_300,000,000RMB

项目名称_张家界盛美达度假酒店
主案设计_庞斌
项目地点_湖南 张家界
项目面积_11600平方米
投资金额_3亿元

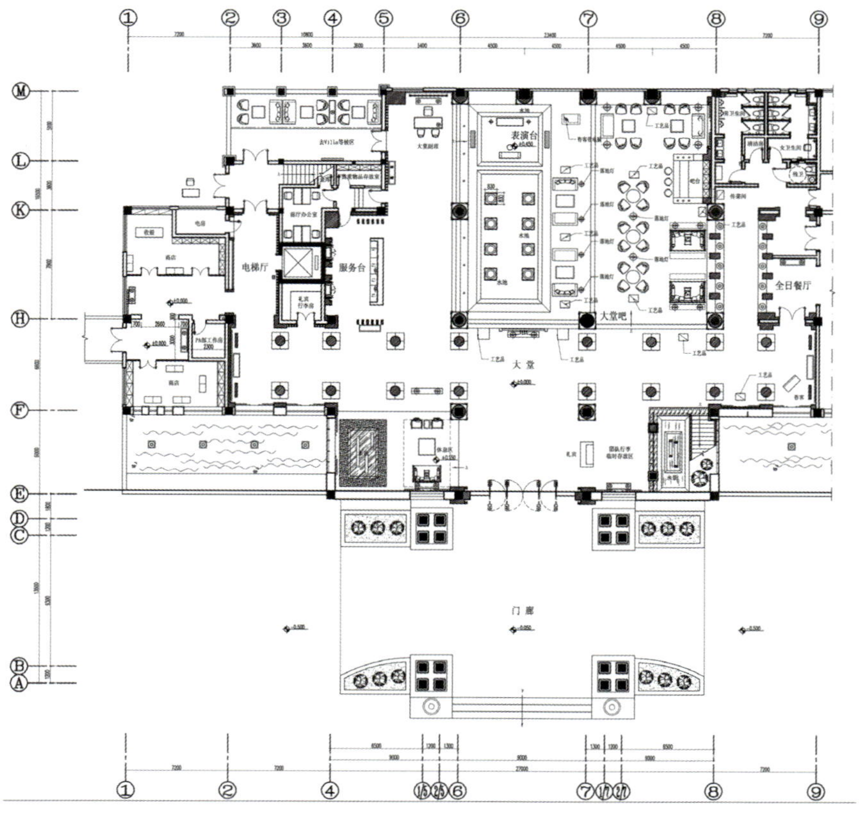

一层大堂平面图

A 项目定位 Design Proposition

张家界盛美达度假酒店依托奇绝天下的自然山水魅力和少数民族的文化底蕴，依靠飞速增长的高端客源市场，紧紧把握张家界旅游市场需求。

B 环境风格 Creativity & Aesthetics

在环境风格的设计上，排除了度假酒店常用的东南亚装饰效果，更多的从中国传统文化出发，寻找中式风格中的设计元素，在大堂的后期配饰中，加入了中国古董饰品的陈列，更加强了酒店的整体文化氛围。

C 空间布局 Space Planning

在酒店大堂的平面布置设计中，利用大堂中空的位置做一个中式园林的水景造型，大堂的过道利用假柱的装饰做成中式园林中连廊的效果。

D 设计选材 Materials & Cost Effectiveness

酒店大面积采用了黑檀木饰面和黑金沙石材作为酒店的主色调，与优雅的通花造型相结合，也能达到丰富的视觉效果。

E 使用效果 Fidelity to Client

酒店在投入运营后，灯光效果起到了很大的作用，暗暗的灯光效果加强了酒店的宁静感觉。

Sanhe Boutique Hotel
重庆三合精品酒店

Project Name_Sanhe Boutique Hotel
Chief Designer_Wang Kaijun
Project Team_Lei Chan / Du Xiangxia
Location_Tongliang Chongqin
Project Area_9,000sqm
Cost_50,000,000RMB

项目名称_重庆三合精品酒店
主案设计_王楷钧
设计团队_雷婵 / 杜相霞
项目地点_重庆 铜梁
项目面积_9000平方米
投资金额_5000万元

HMD（國際）酒店設計顧問公司
(INTERATIONAL) HOTEL DESIGN CONSULTANTS CO. . LTD
威 尔 森 室 内 設 計 有 限 公 司

威尔森室内设计有限公司

主案设计：王楷钧 *Wang Kaijun*

博客： http:// 385855.china-designer.com
职位： 设计总监
职称：
高级室内建筑师
中国建筑协会室内设计重庆分会 委员
项目：
乌江明珠大酒店
渝豪大酒店
长都假日酒店
河南固始国宾大酒店
重庆财富中心酒店
重庆清华源酒楼
重庆逸安酒店
长都商务大厦
财富中心酒店式公寓

A 项目定位 Design Proposition

三合酒店设计定位为现代时尚风格，又兼有精品酒店的味道。本案是原有的旧建筑改造而成。

B 环境风格 Creativity & Aesthetics

主要采用了黑、白加暖灰的色彩基调，营造后现代的豪华感。

C 空间布局 Space Planning

项目涵盖餐饮、茶楼、足浴等项目，设计师分别以不同的语言表述，力求做到小而精。

D 设计选材 Materials & Cost Effectiveness

在材质的选用上不追求高档，用简单的材料达到丰富的效果，使顾客感受到简约与大气，强调品质感。高明度的色彩使其外观成为一道亮丽的风景线。

E 使用效果 Fidelity to Client

独特韵味，独特风格，吸引大量顾客，满意度高。

Project Name_Chongqing Shengjie Apartment Hotel
Chief Designer_Zhen Jiansheng
Project Team_Wang Baoquan / Wang Fang / Du Junchao / Chen Chen
Location_Yubei District Chongqing
Project Area_4,000sqm
Cost_30,000,000RMB

项目名称_重庆盛捷酒店式公寓
主案设计_甄健生
设计团队_王宝泉 / 王芳 / 杜俊超 / 陈晨
项目地点_重庆 渝北
项目面积_4000平方米
投资金额_3000万元

Chongqing Shengjie Apartment Hotel
重庆盛捷酒店式公寓

LBY 丽贝亚集团
LIBEIYA GROUP

北京丽贝亚建筑装饰工程有限公司

主案设计：甄健生 *Zhen Jiansheng*

博客：http:// 479759.china-designer.com
职位：设计研究院副院长、设计二所所长
职称：高级室内建筑师
奖项：

2006年 "中国网通北京通信综合楼"获第六届中国室内设计双年展铜奖
2006年 "重庆国际会展中心"（实例）获第六届中国室内设计双年展铜奖
2006年 "重庆电信大楼获"中国室设计大奖赛办公方案类佳作奖
2007年 "航天三院展示中心"获北京市建筑装饰工程优秀设计奖
2007年 "中国网通北京通信综合楼"获中国室内设计大奖赛佳作奖
2008年 "重庆国际会展中心展馆装饰"获得全国建筑工程装饰奖
2009年获得中国国际设计艺术博览会荣誉证书

项目：

2008奥运会北京射击馆
中国网通北京通信综合楼
重庆国际会展中心
青岛国际会展中心三期财富中心
佳能（中国）总部办公楼
物美集团总部办公楼
北京市轨道交通路网管理服务中心
金隅世纪城二期
石家庄市科技服务中心
厦门国际会展中心二期
重庆解放碑盛捷服务公寓

九层平面图

A 项目定位 Design Proposition

本案我们倡导"让室内空间与城市人文结合、与建筑共生"的设计理念。

B 环境风格 Creativity & Aesthetics

创造由建筑综合体组成的城市空间，并使这些城市空间的产生与存在与周围环境形成一种必然的联系。我们试图从建筑元素入手，寻找整个室内设计的造型主题，与建筑元素吻合，实现建筑外观和室内风格的协调统一。

C 空间布局 Space Planning

在设计理念上我们根据使用功能，分为3个不同性质的区域，进行分类设计：大堂空间、各类型客房和娱乐空间。我们设计的目的是：来宾进驻时，在这里生活和娱乐，都会产生快捷、舒适和宾至如归的感觉，这也是坚持国际化设计理念的初衷。

D 设计选材 Materials & Cost Effectiveness

在材料运用方面贯穿了"现代、健康、环保"的理念。墙面运用不同材质对比的方式来塑造空间的气氛，进口米黄石材为空间增添亲切感，地面浅色大理石点缀深色石材拼花以拉开空间的层次感。在灯光设计方面，以间接照明结合直接照明为主，以强调大堂空间的简洁、现代及韵律感。

E 使用效果 Fidelity to Client

所有的客房都融入了崭新的亮点，为人们营造了一处格外赏心悦目的都市"避难所"和一个躲避城市喧闹的现代世外桃源。

Changzhou Fudu Qingfengyuan Hotel

常州富都青枫苑宾馆

Project Name_Changzhou Fudu Qingfengyuan Hotel
Chief Designer_Liu Changdong
Location_Changzhou Jiangsu
Project Area_14,000sqm
Cost_36,000,000RMB

项目名称_常州富都青枫苑宾馆
主案设计_刘长东
项目地点_江苏 常州
项目面积_14000平方米
投资金额_3600万元

刘长东 *Liu Changdong*

博客：http:// 477539.china-designer.com
公司：苏州金螳螂建筑装饰股份有限公司
职位：第五设计分院院长
职称：
高级室内设计师
中国建筑学会室内设计分会 会员
IFI国际室内设计师联盟 会员
奖项：
"梁鸿文化交流中心" 获 "为中国而设计" 第四届全国环境艺术设计大展暨论坛 "中国美术奖" 提名作品
"梁鸿文化交流中心" 获首届中国国际空间环境艺术设计大赛 "筑巢奖" 金奖
"太湖文化论坛－国际会议中心" 获首届中国国际空间环境艺术设计大赛 "筑巢奖" 优秀奖
"石家饭店" 2009中国室内空间环境艺术大奖赛优秀奖
"北京鹏润建国大酒店"获中国室内设计大奖赛三等奖等
项目：
梁鸿文化交流中心
南京金丝利喜来登酒店改造
无锡洛城锦江花园酒店
九里湖高尔夫俱乐部会馆
恒力集团行政办公楼及餐厅
常州青枫苑酒店（国宾馆）
盐城金陵水城度假酒店
苏州华府——平江会所
浙江三立时代广场酒店等

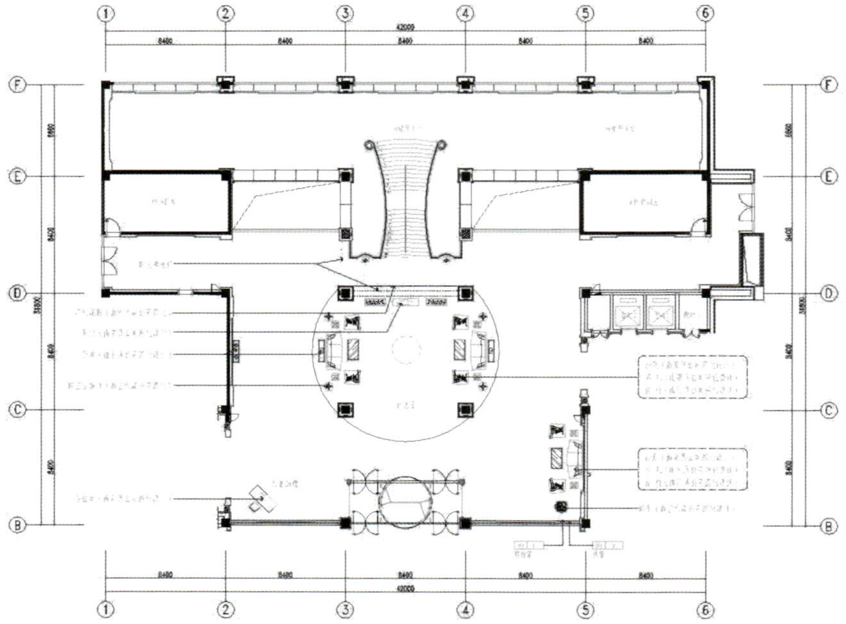

一层大堂平顶图

A 项目定位 Design Proposition
设计师尝试用新古典主义的设计手法来表现空间。新古典主义的艺术家刻意从风格与题材模仿古代艺术，并且知晓所模仿的内容为何。

B 环境风格 Creativity & Aesthetics
深沉里显露尊贵、典雅中浸透豪华的设计哲学贯穿始终，营造具有极强的文化韵味和历史内涵的酒店空间。

C 空间布局 Space Planning
“形散神聚”是新古典的主要特点。在注重装饰效果的同时，用现代的手法和材质还原古典气质，新古典具备了古典与现代的双重审美效果，完美的结合也让人们在享受物质文明的同时得到了精神上的慰藉。

D 设计选材 Materials & Cost Effectiveness
用简化的手法、现代的材料和加工技术去追求传统式样的大致轮廓特点。注重装饰效果，用室内陈设品来增强历史文脉特色，使用改良后的古典设施、家具及陈设品来烘托室内环境气氛。

E 使用效果 Fidelity to Client
一致好评，顾客量大，满意度高。

Langfang Arcadia International Hotel

廊坊阿尔卡迪亚国际酒店

Project Name_Langfang Arcadia International Hotel
Chief Designer_Shu Jianping
Project Team_Shi Kai / Cui Yue / Sun Mo
Location_Langfang Hebei
Project Area_36,683sqm
Cost_35,000,000RMB

项目名称_廊坊阿尔卡迪亚国际酒店
主案设计_舒剑平
设计团队_时凯 / 崔钺 / 孙漠
项目地点_河北 廊坊
项目面积_36683平方米
投资金额_3500万元

苏州金螳螂建筑装饰股份有限公司北京设计院

主案设计：舒剑平 *Shu Jianping*

博客：http:// 488781.china-designer.com
职位：院长
奖项：

陕西西安阳光大酒店—获009年中国室内空间环境艺术设计大赛三等奖

北京兴基铂尔曼酒店（五星）—获第四届国际建筑景观室内设计大奖赛银奖；—获2009年中国室内空间环境艺术设计大赛三等奖；—获2009年度苏州市城乡建设系统优秀勘察设计一等奖

中国石油总部大厦商务会所—获2009年中国室内空间环境艺术设计大赛一等奖；—获海峡两岸四地设计大赛铜奖；—获2008年润澳星空间杯江苏省建筑室内设计大奖赛优胜奖

项目：

中国丝绸博物馆改造设计
常州富都商贸—香格里拉大酒店室内设计（五星）
北辰国际公寓贵宾楼
廊坊阿尔卡迪亚国际酒店等

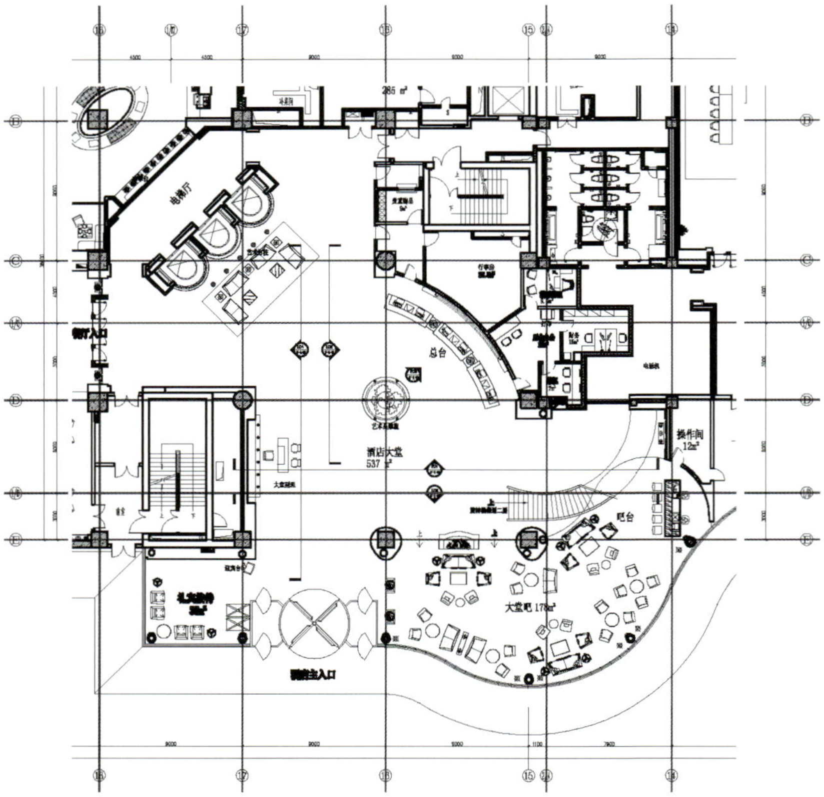

大堂平面图

A 项目定位 Design Proposition

在充分满足酒店使用功能与装饰效果的前提下，我们在设计中充分考虑了低碳减排、节能环保在酒店装饰设计当中的应用。

B 环境风格 Creativity & Aesthetics

我们用设计的手法对宇宙、自然以及生命进行阐述，以灯具、艺术品、装饰造型等形式在整个设计中进行穿插，将酒店主题与装饰设计进行归纳整合，力求将人对宇宙、自然的理解渗透到酒店的每个细节当中来。

C 空间布局 Space Planning

由于建筑原因酒店大堂紧邻建筑北窗，我们将临窗幕墙设计成为双层LOW-E玻璃幕墙，并在幕墙的底部预留空气流通口，外加局部地热的方式，以此来控制冬季采暖的空调能耗问题。

D 设计选材 Materials & Cost Effectiveness

装饰材料上采用无毒无害的艺术肌理涂料为主。杜绝硬装上的“满做”，而是在灯光设计上更多的利用灯光的氛围对空间进行塑造，主要功能区域采用智能化调光设备，区分酒店不同时段的用光需求，有效地控制能源的流失。

E 使用效果 Fidelity to Client

后期运营的效果得到了非常高的评价。

Shandong Nanjiao Hotel
山东南郊宾馆

Project Name_Shandong Nanjiao Hotel
Chief Designer_Li Junrui
Project Team_Luan Xuehui / Wang Yuqiong / Xie Li / Wang Xu / Li Chenfei
Location_Jinan Shandong
Project Area_13,480sqm
Cost_60,400,000RMB

项目名称_山东南郊宾馆
主案设计_李俊瑞
设计团队_栾雪辉 / 王宇琼 / 谢莉 / 王旭 / 李晨飞
项目地点_山东 济南
项目面积_13480平方米
投资金额_6040万元

北京市建筑工程装饰有限公司李俊瑞工作室

主案设计：李俊瑞 *Li Junrui*

博客：http:// 198421.china-designer.com
职位：设计总监
奖项：
2005年“太和顺鲍翅宴酒楼”获全国建筑工程装饰设计金奖（公共建筑装饰设计类）
2006年“大唐电力总部”获全国建筑工程装饰设计金奖（公共建筑装饰设计类）
2007年“首都机场3号航站楼”获全国建筑工程装饰设计金奖（公共建筑装饰设计类）等
项目：
上海东方大厦室内设计
北京钓鱼台国宾馆
北京地铁13号线车站
国家奥林匹克场馆
天津滨海国际机场
北京朝阳医院
山东省政协大酒店
鄂尔多斯会展中心等

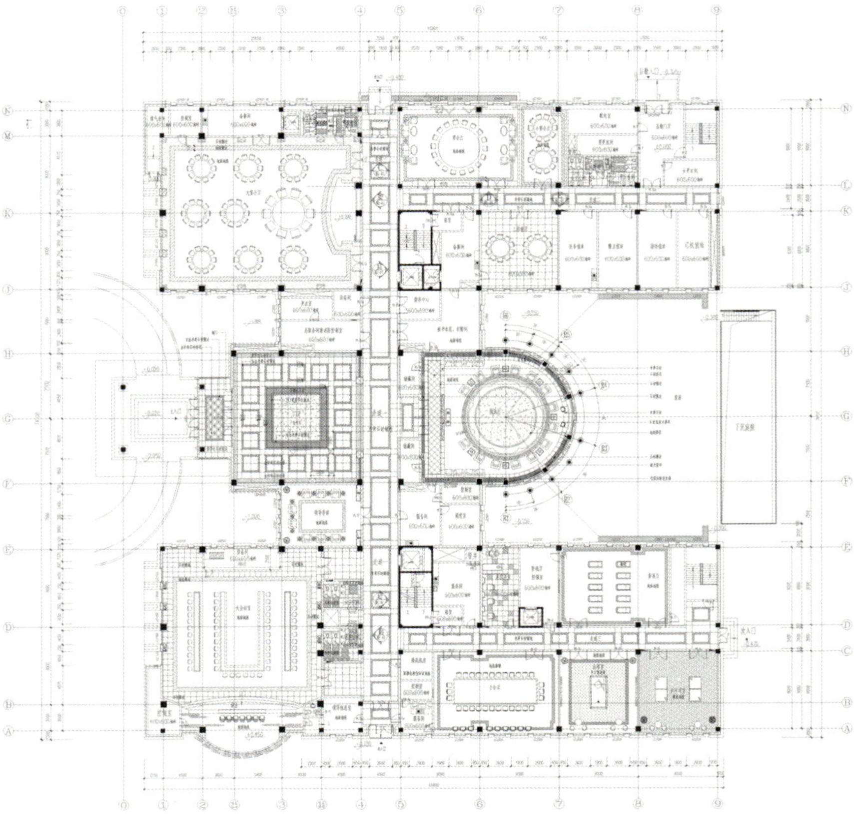

一层平面图

A 项目定位 Design Proposition

“一山”是指泰山，泰山在齐鲁文化中的地位，不仅仅是因为它的自然景观雄伟壮丽，还因为泰山本身是用中华文化积累的一座文化大山。

B 环境风格 Creativity & Aesthetics

设计的理念是由山东的文化“一山、一水、一圣人”引申而出。

C 空间布局 Space Planning

“一水”指的是黄河，黄河在山东入海，我们看到了“黄河奔流到海不复回”的这样一种气势，还因为黄河是中国的母亲河，黄河是中华文明的摇篮。整体的空间设计敞亮、宽广。

D 设计选材 Materials & Cost Effectiveness

设计中用泰山、黄河以及孔圣人的形象，结合设计的材料颜色运用演变成为地毯、浮雕、装饰画、艺术品等图案，让齐鲁文化融入到设计当中。

E 使用效果 Fidelity to Client

“一圣人”是指孔子，孔子在齐鲁诞生，他的思想和学说对后世产生了极为深远的影响，是中国人心目中的圣人。这样的设计理念运用在整体设计中，得到了非常好的反响。

Shanxi Xi'an Grand Soluxe International Hotel
陕西西安阳光国际大酒店

Project Name_Shanxi Xi'an Grand Soluxe International Hotel
Chief Designer_Shu Jianping
Project Team_Xi Jun / Wang Tiefeng
Location_Xi'an Shanxi
Project Area_18,250sqm
Cost_78,000,000RMB

项目名称_陕西西安阳光国际大酒店
主案设计_舒剑平
设计团队_奚军 / 王铁峰
项目地点_陕西 西安
项目面积_18250平方米
投资金额_7800万元

苏州金螳螂建筑装饰股份有限公司北京设计院

主案设计：舒剑平 *Shu Jianping*

博客： http:// 488781.china-designer.com
职位： 院长
奖项：

陕西西安阳光大酒店—获009年中国室内空间环境艺术设计大赛三等奖

北京兴基铂尔曼酒店（五星）—获第四届国际建筑景观室内设计大奖赛银奖；—获2009年中国室内空间环境艺术设计大赛三等奖；—获2009年度苏州市城乡建设系统优秀勘察设计一等奖

中国石油总部大厦商务会所—获2009年中国室内空间环境艺术设计大赛一等奖；—获海峡两岸四地设计大赛铜奖；—获2008年润澳星空间杯江苏省建筑室内设计大奖赛优胜奖

项目：

中国丝绸博物馆改造设计
常州富都商贸—香格里拉大酒店室内设计（五星）
北辰国际公寓贵宾楼
廊坊阿尔卡迪亚国际酒店等

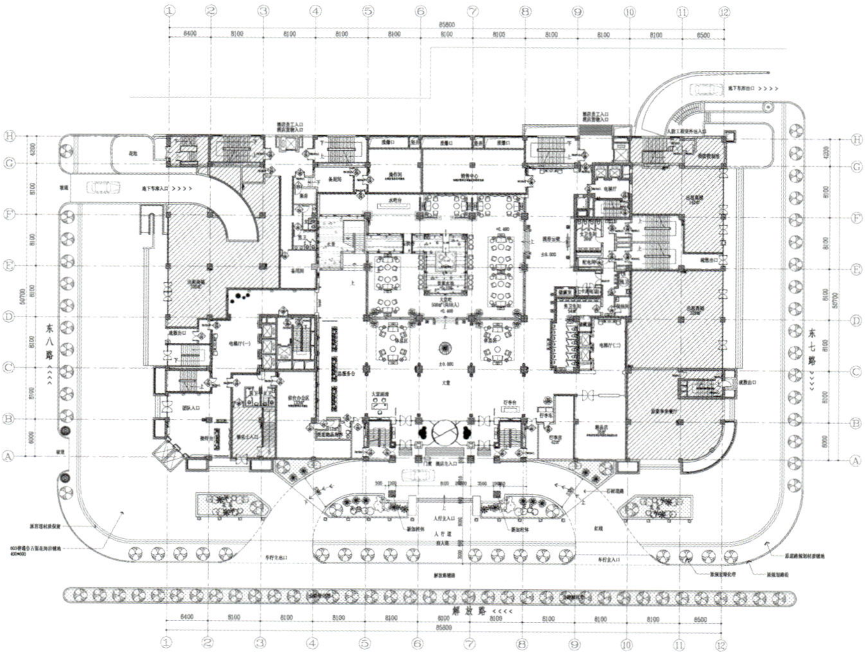

一层平面图

A 项目定位 Design Proposition

我们于大堂入口地面以红色大理石铺地，通向远处富丽堂皇的堂吧，寓意通过丝绸之路，走向中华文明的辉煌。

B 环境风格 Creativity & Aesthetics

整个大堂的高潮部分为共享空间所处位置的大堂吧，考虑与入口雨蓬相呼应，在主入口中轴线位置设置一幅巨大的花格月洞门，透过月洞门及花格，一幅巨幅唐代卷轴画展现在眼前。

C 空间布局 Space Planning

整个堂吧休息区围绕着一池深水展开，池边为雕花宫灯，悠悠的灯火和散发出淡淡幽香的熏炉，使人心境不由得沉静下来，落座后不由细细品位其历史文化氛围。

D 设计选材 Materials & Cost Effectiveness

如大堂步行楼梯，墙面的琉璃瓦当等不时散发出绚丽的色彩；活字印刷雕版的肌理墙面，昭示中国古代的伟大发明，即使是风口，也是以汉代服饰花边的龙纹边形式来装饰。

E 使用效果 Fidelity to Client

效果显著，吸引大量顾客光临。

Hainan Perfume Bay Narada Resort & Spa

海南香水湾君澜海景别墅酒店

Project Name_Hainan Perfume Bay Narada Resort & Spa
Chief Designer_Patrick Leung
Location_Sanya Hainan
Project Area_1,000,000sqm
Cost_3,000,000RMB

项目名称_海南香水湾君澜海景别墅酒店
主案设计_梁景华
项目地点_海南 三亚
项目面积_1000000平方米
投资金额_300万元

PAL DESIGN CONSULTANTS LTD
PAL設計事務所有限公司

PAL设计事务所有限公司

主案设计：梁景华 *Patrick Leung*

博客： http:// 163557.china-designer.com
职位： 创办人及首席设计师
职称：
英国特许设计师协会 会员
澳洲设计学会 国际会员
香港室内设计师协会 荣誉顾问
香港贸易发展局设计、市场推广及专利授权服务业咨询委员会 委员
中国美术家协会环境设计艺术委员会 委员
中国建筑装饰与照明设计师联盟 副主席
深圳市形象设计行业协会（SZIDIA）荣誉顾问
前香港室内设计师协会 副会长
奖项：
香港十大杰出设计师
中国室内设计风云人物奖
中国十大样板房设计师奖
连续3度成为室内设计奥斯卡之称的Andrew Martin International Interior Design Awards选为全球首50名最顶尖设计师
获得由国际室内设计师联盟颁发的“IFI卓越设计大奖”
“北京希尔顿逸林酒店”荣获美国室内权威杂志“Interior Design”颁发“全球室内设计最佳设计嘉许奖”
（SZIDIA）荣誉顾问

A 项目定位 Design Proposition

最大特色是透过天堂鸟花，展示一种高尚品味酒店。天堂鸟花的外型尤如一种自由写意的象征，非常吻合酒店形象特色，反映度假酒店的奢华格调，营造宁静舒适的天然环境。

B 环境风格 Creativity & Aesthetics

被四周的天然环境包围之世外天堂，坐拥360°亚热带的迷人海滩，设计融入自然环境，营造低调奢华之私人度假胜地。

C 空间布局 Space Planning

空间布局以围绕自然景观，采用当地之纯天然材料，却制造一份优雅、惬意及舒适之宁静角度， 私人度假空间可饱览无敌海湾风景。 餐饮及水疗区细心分布，及雅致的会议室，都追求一份天然之美。

D 设计选材 Materials & Cost Effectiveness

椰子壳制成的客房床头架，或是火山石的装潢， 都互相呼应。 纯天然木材，制造一份宁静的气氛，时间像停顿似的， 客人随意享受独有的度假体验。

E 使用效果 Fidelity to Client

此作品提升了区内的度假酒店质素，虽然位于海南岛的发展旅游区， 整体设计媲美世界级的品牌度假村。

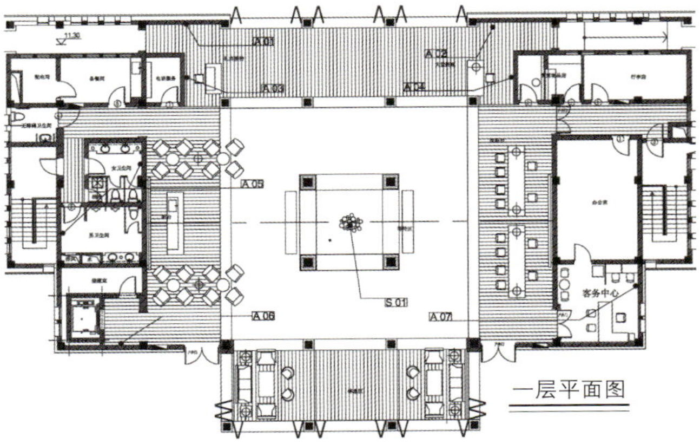

一层平面图

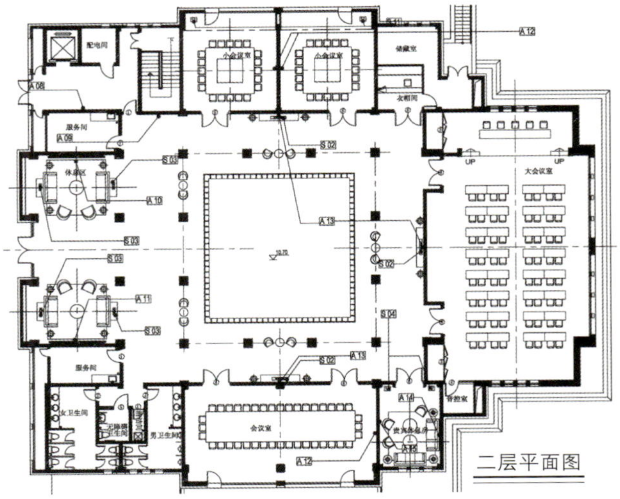

二层平面图

Hall of Beijing Hotel II

北京饭店II期大堂

Project Name_Hall of Beijing Hotel II
Chief Designer_Chen Huijun
Location_Dongcheng District Beijing
Project Area_1,350sqm
Cost_25,000,000RMB

项目名称_北京饭店II期大堂
主案设计_陈惠君
项目地点_北京 东城
项目面积_1350平方米
投资金额_2500万元

邱德光設計事務所
T.K. CHU DESIGN GROUP

邱德光设计事务所

主案设计：陈惠君 *Chen Huijun*

博客：http:// 512382.china-designer.com
职位：设计师
职称：高级室内建筑师
项目：
北京peking house首府
北京瑞士公寓
大连星海湾等

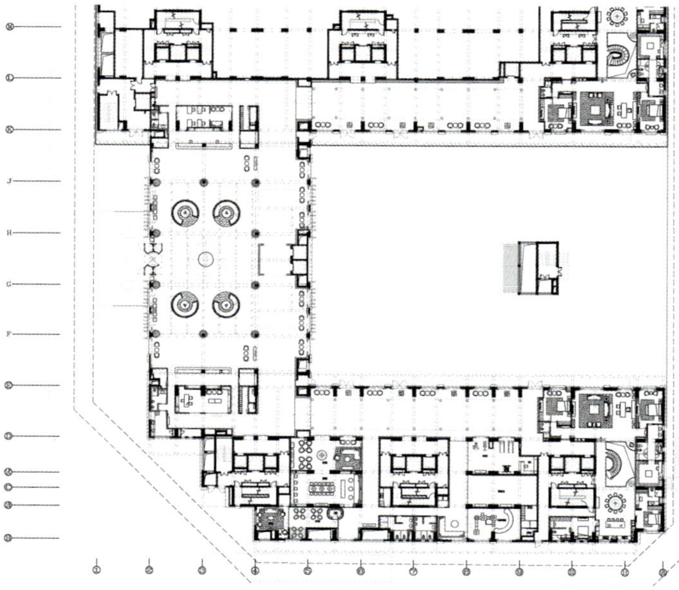

平面图

A 项目定位 Design Proposition

本案位于紫禁城旁，因此如何表现出皇家宫殿之大气与中国首都文化意境则为本案设计概念之重点。

B 环境风格 Creativity & Aesthetics

设计采用了中国吉祥喜庆及皇室贵族惯用的图腾及装饰，并借用中国建筑中传统的符号及元素、色彩，将其夸张并强烈效果化。

C 空间布局 Space Planning

最终融合了时尚与古典，材质相互呼应，呈现了去芜存菁的精神。

D 设计选材 Materials & Cost Effectiveness

重塑一种对公共及豪宅空间的崭新形象，大量采用环保材料。

E 使用效果 Fidelity to Client

效果显著，顾客络绎不绝。

国际建筑装饰设计+选材博览会<D+B博览会>主题评选

JINTANGPRIZE金堂奖

2010 CHINA-DESIGNER 中国室内设计年度评选

CHINA INTERIOR DESIGN AWARDS 2010

设计创造价值

—— 为百万设计师呐喊，向千万业主传播！

中国林业出版社

中英致造設計
CUCDP

赵 绯 *Zhao Fei*
Office Building of Qingyang Industrial District
成都青羊工业集中发展园区办公楼

陈 涛 *Chen Tao*
Damushengtang-Chentao Design Studio
福州大木盛唐-陈涛设计工作室

朱晓鸣 *Zhu Xiaoming*
Hangzhou In space Office
杭州 In Space办公空间

许业武 *Xu Yewu*
Jiangsu Sujiu Distillery Stock Co., Ltd.
江苏苏酒酒业股份有限公司

sunever 旭日东升 装饰机构

施旭东 *Shi Xudong*
Fuzhou Free Space Office
福州自由空间办公楼

张晓华 *Zhang Xiaohua*
Xuzhou Hanfang Quaranty Office Reconstruction
徐州汉方投资办公楼装饰改造

穆金山 *Mu Jinshan*
Baotou People's Procuratorate Scounting Technology Command Center
包头市人民检察院侦查技术指挥中心

郭瑞勇 *Guo Ruiyong*
Office of BMCC
北京建委办公楼

王志俊 *Wang Zhijun*
Dongjiang Coal Group "Dongjianghui" Administrative Center
东江煤业集团“东江会”行政中心

程建陪 *Cheng Jianpei*
Beijing Landsky Lighting Headquarters
北京良业集团总部

席行千 *Xi Xingqian*
Changzhou Wujin Water Tower
常州武进水务大厦

刘红蕾 *Liu Honglei*
Ningxia Branch of China Guodian Corporation
国电宁夏室内

GOOD DESIGN OF THE YEAR OFFICE

年度优秀办公空间

易 东 *Yi Dong*
Wangdong Enterprise Office
长沙旺东企业-办公空间2010号

刘嘉培 *Liu Jiapei*
Guangdong Kahhow Food Co., Ltd.
广东嘉豪食品公司总经理办公室

李 京 *Li Jing*
Guangzhou Wondfo Biotechnology Co., Ltd.
广州万孚生物技术有限公司

满秋池 *Man Qiuchi*
Maniform Shanghai Design & Research Development Center
曼妮芬上海设计研发中心

彭志雄 *Peng Zhixiong*
Office of Mingdi Decoration
名帝装饰办公空间

任清泉 *Ren Qingquan*
King Quan Design Co., Ltd.
任清泉设计有限公司

吴伟宏 *Wu Weihong*
Xiamen BAG Office
厦门BAG办公

阙烨芬 *Que Yefen*
Xiamen V&D Design Co., Ltd.
厦门维度设计有限公司

项安新 *Xiang Anxin*
Xiang's Design Building
项氏设计楼

SOARING DESIGN

高 飞 *Gao Fei*
Baidu Headquarter Building
百度大厦

陈方晓 *Chen Fangxiao*
Decoding DNA
解码DNA

邱千谋 *Qiu Qianmou*
Wuqian Decoration Design Office
五千装饰设计事务所

梁思佳 *Liang Sijia*
Beijing Jingjing Medical Equipment Co., Ltd.
北京京精医疗设备有限公司

UCS 秀城設計 GROUP

陈 颖 *Chen Ying*
Zhengzhong Times Plaza Office
正中时代广场办公楼

Office Building of Qingyang Industrial District

成都青羊工业集中发展园区办公楼

Project Name_Office Building of Qingyang Industrial District
Chief Designer_Zhao Fei
Project Team_Gong Qian / Xiao Chun / Wang Lang
Location_Chengdu Sichuan
Project Area_1,800sqm
Cost_2,000,000RMB

项目名称_成都青羊工业集中发展园区办公楼
主案设计_赵绯
设计团队_龚骞 / 肖春 / 汪烺
项目地点_四川 成都
项目面积_1800平方米
投资金额_200万元

中英致造設計
CUCDP

主案设计：赵 绯 *Zhao Fei*

博客：http:// 442748.china-designer.com
奖项：
置信未来广场售楼中心——成都市第七届建筑装饰设计作品大赛公装一等奖
财富又一城样板房——金羊奖2008年度十大样板房设计师、金羊奖2008年度成都十大室内设计师
华润翡翠城四期样板房——金羊奖2009年度中国百杰室内设计师、金羊奖2009年度成都十大室内设计师

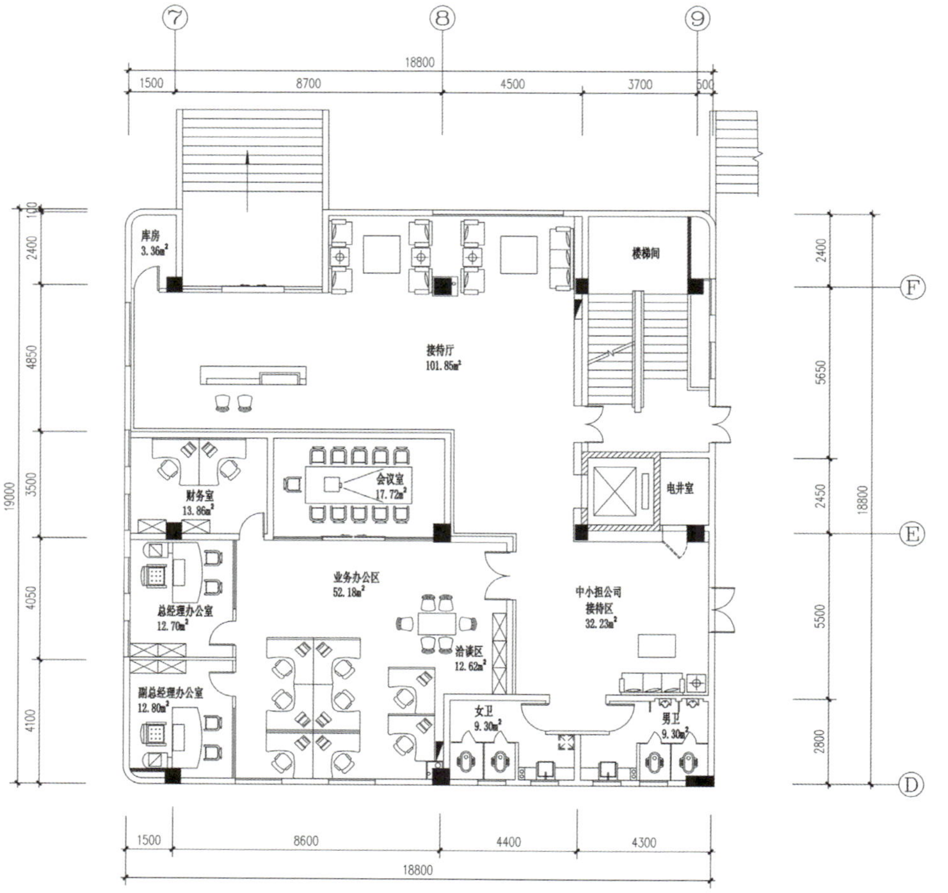
库房
3.36m²
楼梯间
接待厅
101.85m²
财务室
13.86m²
会议室
17.72m²
电井室
业务办公区
52.18m²
中小担公司
接待区
32.23m²
总经理办公室
12.70m²
洽谈区
12.62m²
副总经理办公室
12.80m²
女卫
9.30m²
男卫
9.30m²
18800
1500
8700
4500
3700
8600
4400
4300
19000
2400
4850
3500
4050
4100
5650
2450
5500
2800

一层平面图

A 项目定位 Design Proposition

该作品在室内设计风格上充分考虑，符合业主自身定位，整体风格较为低调、平实。

B 环境风格 Creativity & Aesthetics

充分利用建筑多层独栋运行优势，杜绝外界干扰。

C 空间布局 Space Planning

各楼层单独分区，相对安静，有机联系，交通动线组织合理。

D 设计选材 Materials & Cost Effectiveness

为配合企业行业地位，设计选材高档，格局大气稳重，企业层次品味形象得以凸显。

E 使用效果 Fidelity to Client

最大程度保证业主国有龙头企业运行过程的严谨性和高效性。

Ningxia Branch of China Guodian Corporation

国电宁夏室内

Project Name_Ningxia Branch of China Guodian Corporation
Chief Designer_Liu Honglei
Project Team_Guo Qipeng / Lai Guangjian
Location_Shizuishan Ningxia
Project Area_6,000sqm
Cost_60,000,000RMB

项目名称_国电宁夏室内
主案设计_刘红蕾
设计团队_郭启鹏 / 赖光鉴
项目地点_宁夏 石嘴山
项目面积_6000平方米
投资金额_6000万元

blvd

毕路德 国际

深圳毕路德建筑顾问有限公司

主案设计：刘红蕾 *Liu Honglei*

博客： http:// 131948.china-designer.com
职位： 董事、副总经理、室内设计总监
职称：
注册室内设计
北美（美国、加拿大）室内设计资质
加拿大安省室内设计师协会 会员
国际室内设计协会 会员
加拿大安省建筑师协会 会员
中国室内设计学会 常务理事
深圳市室内设计协会 理事
奖项：
2008年度广州设计周 中国十大设计师评选活动-金羊奖
2008年度CIDA第7届中国国际室内设计大展金奖
2008年度中国饭店协会第四届酒店装饰大赛荣誉奖
2008年度广州设计周中国室内10大设计师评选活动—金羊奖
2008年度广州设计周中国十大空间设计师—金羊奖
2008年度广州设计周赢在设计人物
2008年度凭借“深圳招商海运”项目夺得美国《Interior Design》中文版—办公空间设计10强等
项目：
香港九龙仓集团
香港恒基兆业
鸿洲新城酒店（五星级）
深圳招商半山兰溪谷二期
招商江湾城中心商业区
深圳中航地产办公楼
华润置地大连办公楼
毕路德中心商务大厦办公室
中建国际北京区部办公楼
深圳招商地产总部办公楼（三洋厂房改造）
深圳招商海运中心等

A 项目定位 Design Proposition

设计的第一个要求就是把建筑物的功能作为建筑物设计的出发点，通过将密斯的“少就是多”，简约就是丰富，细节高于一切的设计理念作为我们的主导思想，从而体现国电宁夏办公楼严谨与理性的特质。

B 环境风格 Creativity & Aesthetics

为了让整个办公楼可以共享一个畅快呼吸的自然空间，所有各层都有可以享受这一空间的平台，大部分办公区可以欣赏到这个壮观的中庭，希望这个中庭为在这个办公室的人们带来一个准户外环境，共享一个形态丰富的中庭空间资源。

C 空间布局 Space Planning

国电办公楼的处理手法主张流动空间的概念，因为物质高度发展和繁荣的今天，空间内部的开放和灵活，对现代人工作学习和生活已经变得非常重要。

D 设计选材 Materials & Cost Effectiveness

从功用中寻求浪漫，于理性中寻求人性，在秩序中寻求变化，以细腻的手法实现和谐自然的环境，把人们从紧张的工作中释放出来。

E 使用效果 Fidelity to Client

这个项目的投入给业主带来了一个舒适便捷的办公空间，赢得了业主的肯定。

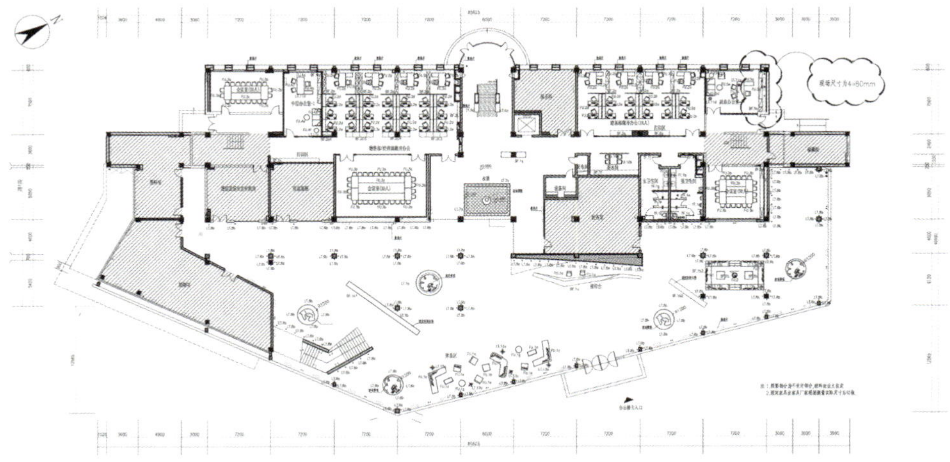

一层平面图

King Quan Design Co., Ltd.

任清泉设计有限公司

Project Name_King Quan Design Co., Ltd.
Chief Designer_Ren Qingquan
Location_Shenzhen Guangdong
Project Area_1,000sqm
Cost_890,000RMB

项目名称_任清泉设计有限公司
主案设计_任清泉
项目地点_广东 深圳
项目面积_1000平方米
投资金额_89万元

任清泉 *Ren Qingquan*

博客：http://46433.china-designer.com
公司：任清泉设计有限公司
职位：设计总监
职称：深圳室内设计师协会 常务理事
项目：
广州凯怡牙科会所
广州中信车仔茶餐厅
广州南湖半岛别墅
广州君汇世家私人住宅
浙江台州仙居花园样板房
珠海中天维港私宅
深圳任清泉设计有限公司
海南三亚七仙瑶池热带雨林产权式酒店
湖北襄樊美易•美家快捷酒店
海口新领益•半岛一号C户型别墅样板房
成都南天府创意公园售楼会所
成都南天府创意公园独栋别墅私家会所
成都南天府创意公园联排别墅样板房等

A 项目定位 Design Proposition

公司位于深圳市南山区的一个原工业区内，面积1000多平方米。

B 环境风格 Creativity & Aesthetics

整个工作室一共可容纳110个办公位，平均10平方米一个设计师，属于很舒适的办公环境，空闲空间主要用于陈设精品摆件，使整体空间显得既有品位又富有贵气。

C 空间布局 Space Planning

本设计保留原有厂房大空间的优势，以办公空间的中心搭建了一个钢结构平台，分为老总办公区、会客区、会议区等三个不同的功能区。

D 设计选材 Materials & Cost Effectiveness

采用摆件和办公家私软分隔，使每个小空间相对独立又能和相邻空间形成呼应，地面为原木材质和石材，使整体空间既富有动感又显大气，又能突显建筑本身的特色。

E 使用效果 Fidelity to Client

给公司的员工提供了一个舒适的办公环境，提高工作质量。

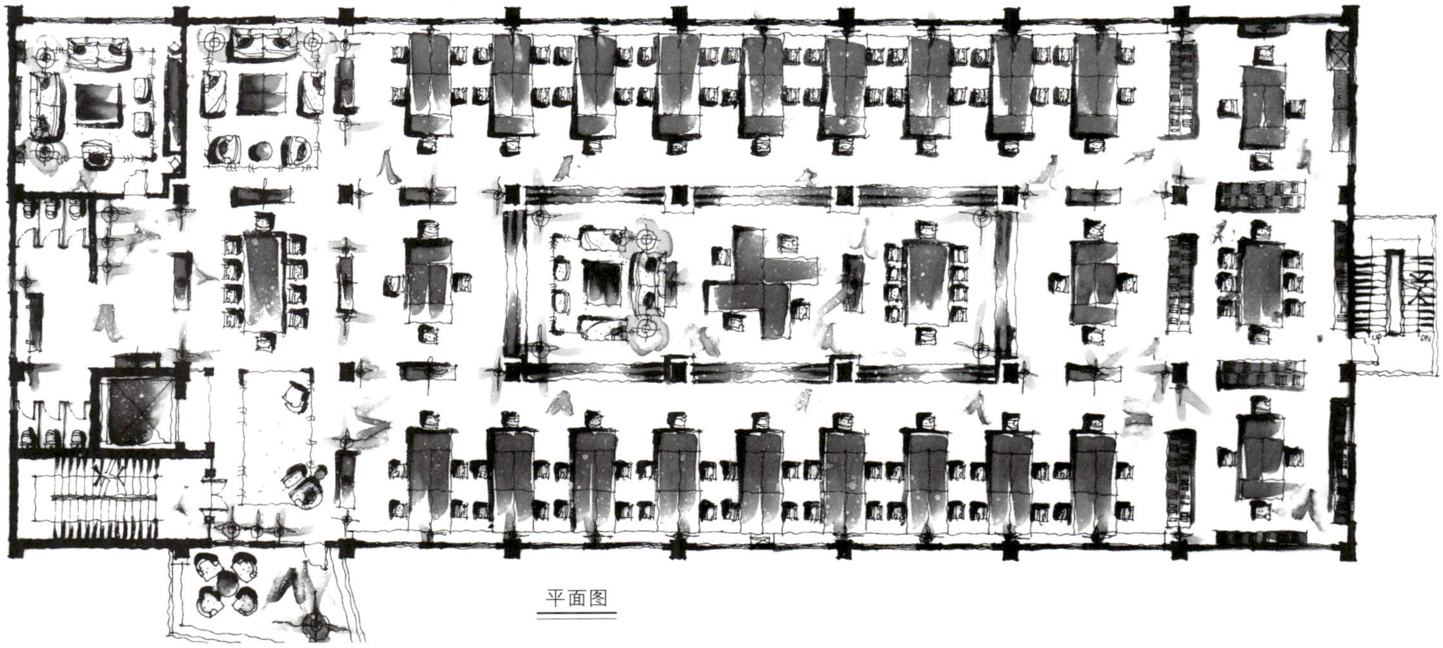

平面图

中国蘇酒

Jiangsu Sujiu Distillery Stock Co.,Ltd.
江苏苏酒酒业股份有限公司

Project Name_Jiangsu Sujiu Distillery Stock Co., Ltd.
Chief Designer_Xu Yewu
Project Team_Xu Zhiling / Lu Yinluan
Location_Nanjing Jiangsu
Project Area_1,200sqm
Cost_1,300,000RMB

项目名称_江苏苏酒酒业股份有限公司
主案设计_许业武
设计团队_徐志玲 / 卢银銮
项目地点_江苏 南京
项目面积_1200平方米
投资金额_130万元

EFD国际室内设计有限公司

主案设计：许业武 *Xu Yewu*

博客：http://49915.china-designer.com
职位：设计总监
职称：高级室内建筑师
奖项：
2000年望京新城居室设计获第二届北京市美化家居二等奖
2001年冠城园设计方案获全国家居设计唯一金奖
2002年获第三届北京市美化家居优秀奖
2003年作品参加第四届全国室内设计展入围获
项目：
富泉花圆、聚龙花园、幸福一村、郦城等，北京金宝花园别墅、北京竹溪园别墅、观澜国际花园样板间方案设计、北京窑台娱乐城、北京国贸Durben专卖、密雪儿专卖。山东艺墅花园样板间、山东济南双月园集团景观设计及会所设计、山东临沂香榭丽都、南京东湖丽岛、南京香格里拉半岛、南京万科金色家园

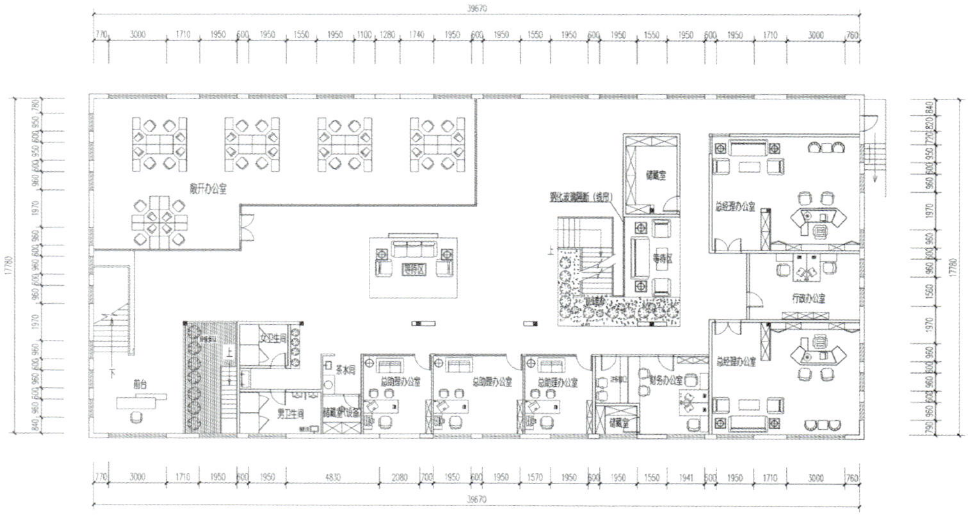
39670
敞开办公室
储藏室
总经理办公室
等待区
行政办公室
女卫生间
茶水间
前台
男卫生间
总助理办公室
财务办公室
储藏室
上
下
17780

一层平面图

A 项目定位 Design Proposition
崇尚自然，人性化设计便是本案的核心思想。

B 环境风格 Creativity & Aesthetics
高雅古色中又跳跃着现代化的张扬元素，一反常规的超大尺寸的国画、口号字帖，一种后现代的个性做派，大胆、不羁、挥霍空间，折射了该企业的实力及创新。

C 空间布局 Space Planning
本案简洁的动线将各功能区分又巧妙联系。设计中引入了中国园林、庭院的布置手法，踱步其间，怎一幅诗情画意般美好景象。

D 设计选材 Materials & Cost Effectiveness
金属钢化玻璃楼梯令整个空间变得清逸空灵，家具简约，软饰庄重。

E 使用效果 Fidelity to Client
该办公室设施齐全，功能完善，人性化设计让办公效率更高，更为业绩的刷新助力。

Project Name_Zhengzhong Times Plaza Office
Chief Designer_Chen Ying
Project Team_Lin Xiaolong / Guo Lihua
Location_Shenzhen Guangdong
Project Area_100,000sqm
Cost_2,000,000RMB

项目名称_正中时代广场办公楼
主案设计_陈颖
设计团队_林小龙 / 郭利华
项目地点_广东 深圳
项目面积_10万平方米
投资金额_200万元

UCS 秀城設計 GROUP

深圳秀城设计有限公司

主案设计：陈 颖 *Chen Ying*

博客：http:// 157932.china-designer.com
项目：

UCS秀城设计与国内外多家地产咨询管理公司以及相关学术机构建立长期战略合作关系；在业内率先联合各大院校、学术机构及相关专家成立“创库”设计研究机构，专门针对现代工业园区改造、企业总部办公以及研发中心的未来规划设计进行专业课题研究

Zhengzhong Times Plaza Office

正中时代广场办公楼

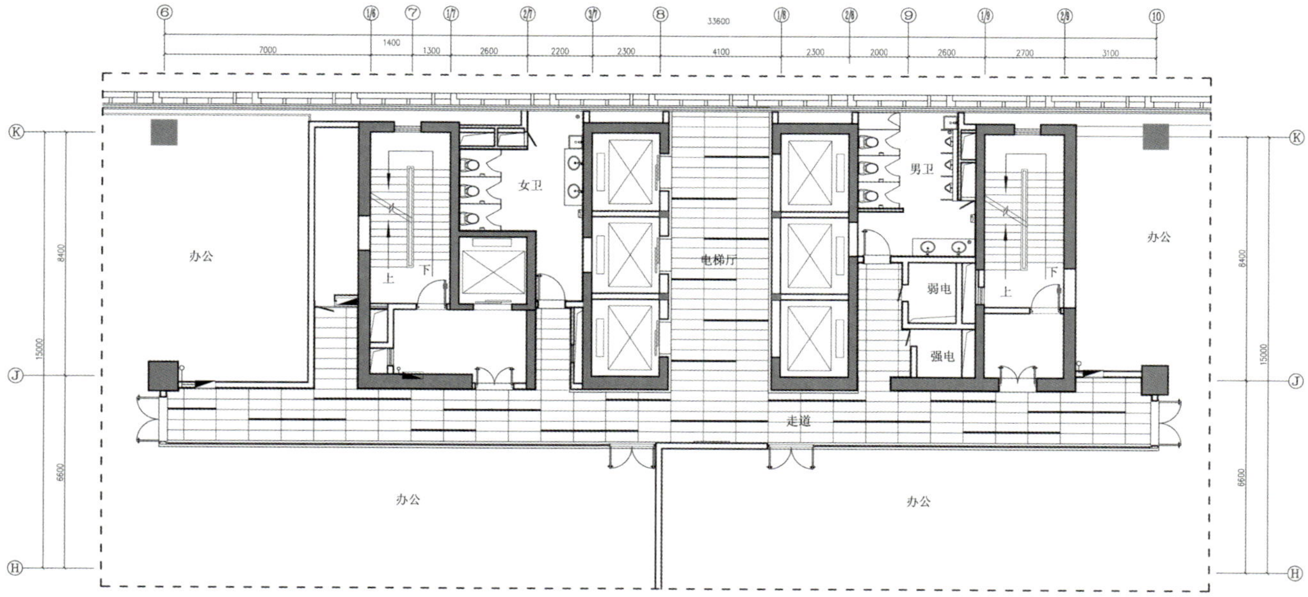
33600
7000
1400
1300
2600
2200
2300
4100
2300
2000
2600
2700
3100
8400
15000
6600
女卫
男卫
办公
电梯厅
上
下
弱电
强电
走道
办公
办公
办公

标准层平面布置图

A 项目定位 Design Proposition

正中时代广场是龙岗中心城两座换代型的5A甲级企业总部办公楼，配备5A智能化系统，针对高端写字楼客户群。

B 环境风格 Creativity & Aesthetics

设计过程刻意地减弱常见的文化符号的语言力量，运用单纯而不断重复的节奏来表现空间ロ现代设计中的精神，那就是简到极致。

C 空间布局 Space Planning

调整到纤薄尺度的天花实体减弱对中庭的压迫，立面以铝通排列出转折的隐含线条呼应了建筑的外观，喷砂玻璃令到二层的中庭空间可以共享中庭的光线。

D 设计选材 Materials & Cost Effectiveness

独特的原创挂饰增加了空间中灵动的艺术气息，和建筑外观的冷灰色调形成对比，运用了大量的米黄洞石及米黄云石来营造温暖的气氛，调和紧张的工作气氛，让办公人员有进入一个有着融合包裹接纳气氛的环境的感觉。

E 使用效果 Fidelity to Client

它的建成，代表了深圳总部经济蓬勃发展上升的推动力量，影响深远。

Baidu Headquarter Building

百度大厦

Project Name_Baidu Headquarter Building
Chief Designer_Gao Fei
Location_Haidian District Beijing
Project Area_9,3000spm
Cost_650,000,000RMB

项目名称_百度大厦
主案设计_高飞
项目地点_北京 海淀
项目面积_9.3万平方米
投资金额_6.5亿元

SOARING DESIGN
北京高飞建筑设计咨询有限公司

主案设计：高 飞 *Gao Fei*

博客：http:// 162681.china-designer.com
项目：

联想研发基地的空间规划
百度总部大厦
镇江市政府
中国教育台全国大学生创意产业基地
上海万科新里程售楼处的室内建筑
五方院及后院的厂房改建
北规委休闲空间的室内装置

du百度

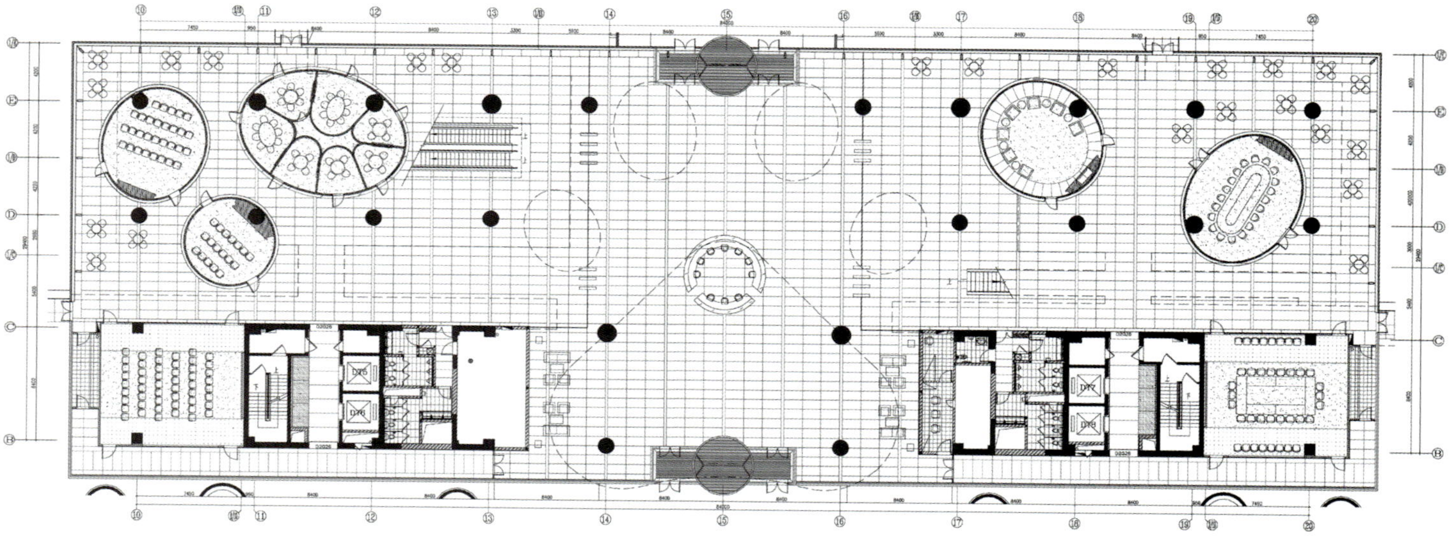

一层平面图

A 项目定位 Design Proposition

百度大厦定位为“外资企业总部大楼”，是亚洲乃至世界的互联网中心。

B 环境风格 Creativity & Aesthetics

我们从百度公司的背景、公司性质、企业文化、建筑语言中提炼设计线索，结合国际室内设计新技术、新材料发展趋势，提出了“信息公园”的设计概念。

C 空间布局 Space Planning

我们利用建筑良好的视线及引入建筑的阳光、绿化，充分与小型讨论区、会议单元、咖啡区休息区相结合，使办公环境轻松化、特色化、人性化。

D 设计选材 Materials & Cost Effectiveness

我们在不改变原有建筑结构的条件下，把二层理解成连接首层及三层的空中平台，用浅色水曲柳木地板标识出这个区域特有的交流氛围，并把上下楼的钢梯踏面也做成同样的材料。从首层大堂抬头看，可以看到它“透过”楼板探到天花板以下的样子，由于它的体量巨大，容易形成压抑感，我们把它处理成白色，并且表面布满LED点光源，在需要的时候LED灯可以组合出图形或某种信息。

E 使用效果 Fidelity to Client

在百度上班是非常自由、平等的，百度大厦的员工也是非常幸运的，因为他们有4个超大的loft空间，其实就是夹在办公区之间的共享空间。

Baotou People's Procuratorate Scounting Technology Command Center

包头市
人民检察院
侦查技术指挥中心

穆金山 *Mu Jingshan*

博客： http://3492.china-designer.com
公司： 北京清尚环艺建筑设计院
职位： 设计总监
职称：
- 中国资深室内建筑师
- 中国高级室内建筑师
- 国际特级景观建筑师
- 中国高级环境艺术师

项目：
- 昭君大酒店设计与施工
- 内蒙古维多利商厦设计
- 内蒙古时代广场设计
- 人民大会堂内蒙古厅设计
- 唐山开滦招待所四季厅设计与施工
- 北京大兴法院设计与施工
- 西藏活佛住京私宅设计
- 呼和浩特中级人民法院设计
- 深圳波顿香精香料研发基地规划设计
- 包头市人民检察院刑侦技术指挥中心设计等

Project Name_Baotou People's Procuratorate Scounting Technology Command Center
Chief Designer_Mu Jinshan
Project Team_Mu Yan
Location_Baotou Inner Mongolia
Project Area_250,000sqm
Cost_45,000,000RMB

项目名称_包头市人民检察院侦查技术指挥中心
主案设计_穆金山
设计团队_穆妍
项目地点_内蒙古 包头
项目面积_25万平方米
投资金额_4500万元

A 项目定位 Design Proposition

包头市检察院室内设计中充分体现出现代办公的设计理念。

B 环境风格 Creativity & Aesthetics

重视环境文脉，使室内环境更重视人的需求，强调人与自然的和谐统一。

C 空间布局 Space Planning

设计中把大堂和展厅有意识地融为一体，增加大堂通透感的同时，增加了整个空间区域的空间感，使整个大堂更富有层次感。

D 设计选材 Materials & Cost Effectiveness

绿色、环保材料运用于整个设计中。

E 使用效果 Fidelity to Client

设计中体现出检察院特有的形象气质，庄重、严谨。不仅给检察院加强空间之间互动与交流，也使大堂更赋有艺术性，更加体现出现代办公空间的理念。

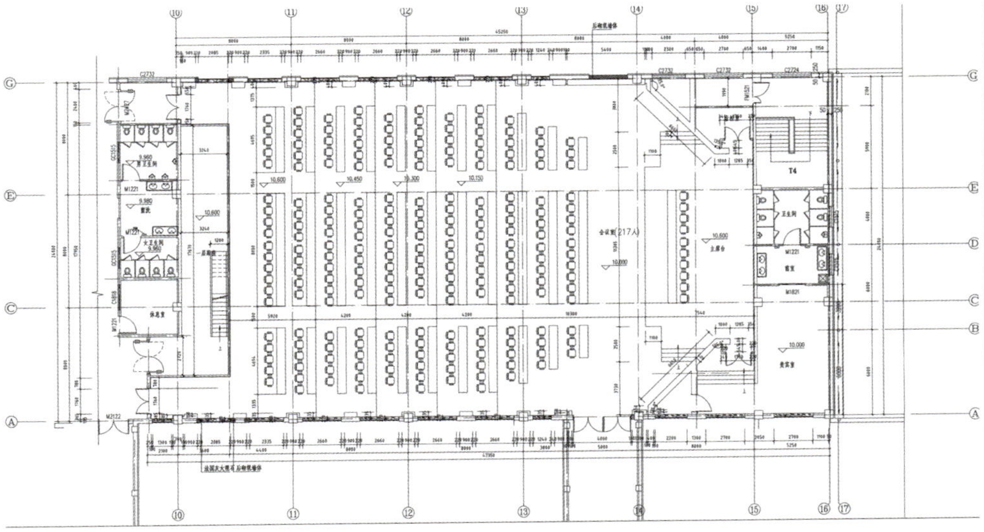

大会议室平面

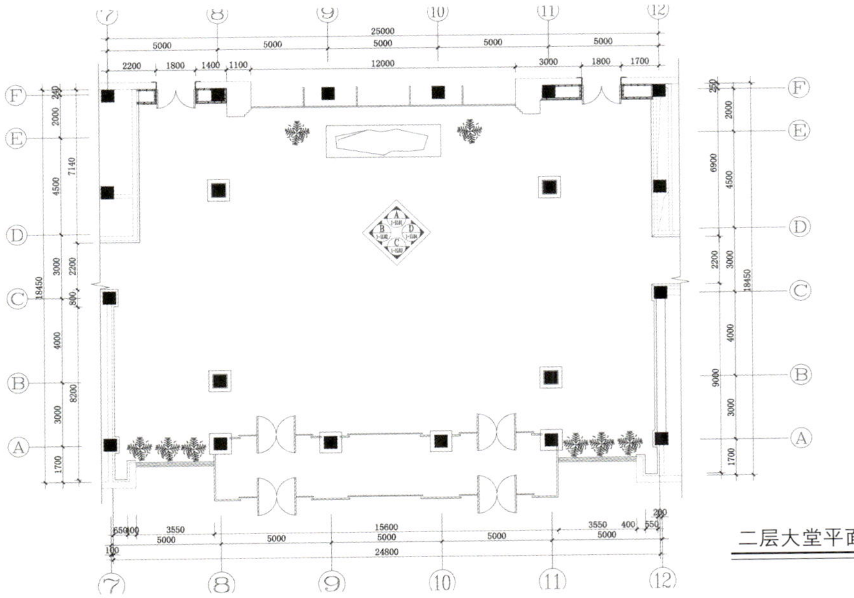

二层大堂平面

Project Name_Office of BMCC
Chief Designer_Guo Ruiyong
Project Team_Deng Xueying / Zhou Xiaohang / Li Haining
Location_Haidian District Beijing
Project Area_20,564sqm
Cost_20,000,000RMB

项目名称_北京建委办公楼
主案设计_郭瑞勇
设计团队_邓雪映 / 周晓航 / 李海宁
项目地点_北京 海淀
项目面积_20564平方米
投资金额_2000万元

LBY 丽贝亚集团 LIBEIYA GROUP
北京丽贝亚建筑装饰工程有限公司

主案设计：郭瑞勇 *Guo Ruiyong*

博客：http:// 234141.china-designer.com
职位：设计研究院院长
职称：资深室内建筑师
奖项：
"野鸭湖湿地保护宣教中心" 获2007年中国室内设计大奖赛入围证书
"卡夫食品（中国）有限公司" 获2007年中国室内设计大奖赛入围证书
"延庆野鸭湖湿地自然保护区宣教中心（实例）" 获第七届中国室内设计双年展银奖
"延庆野鸭湖湿地自然保护区宣教中心" 获北京市建筑装饰工程优秀设计奖
"北京农村商业银行总行办公楼（创意）" 获第七届中国室内设计双年展优秀奖
2009年获得"金羊奖—2009年度中国十大室内设计师"
项目：
宁夏博物馆新馆
野鸭湖湿地博物馆
鄂尔多斯会展中心
北京农商行总部办公楼
北京市人民政府宽沟招待所
贵友大厦金源店
卡夫食品（中国）有限公司办公空间
北京市环境保护监测中心

Office of BMCC
北京建委办公楼

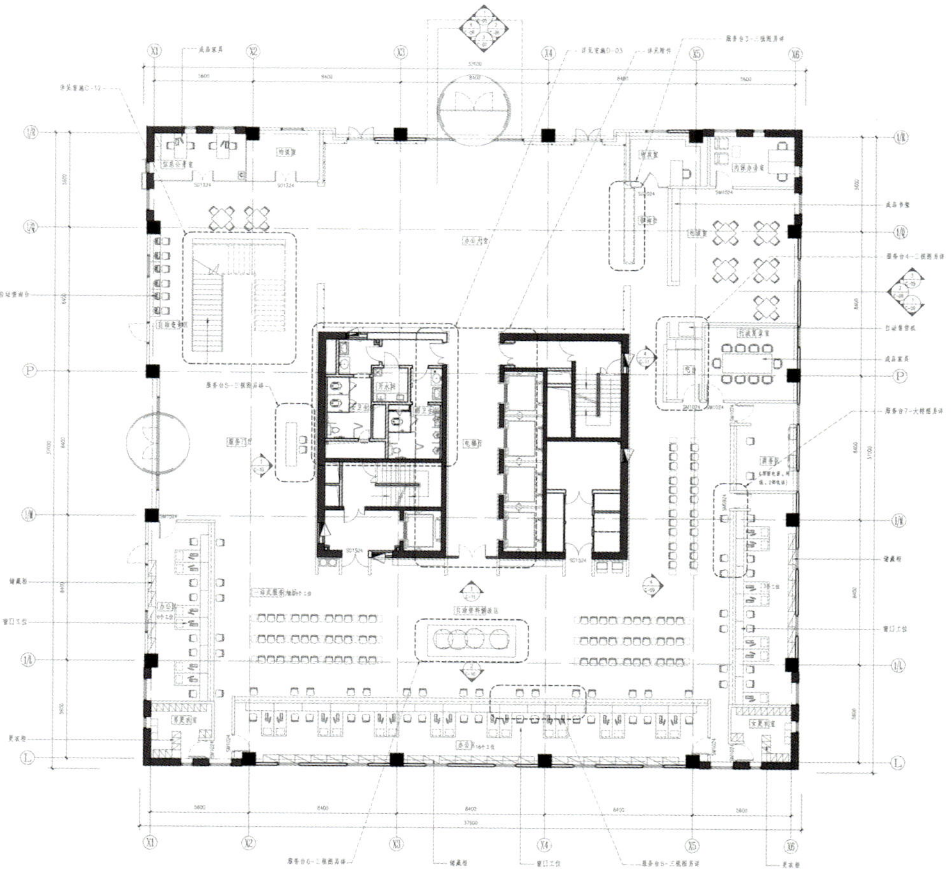

一层平面图

A 项目定位 Design Proposition

平面规矩方正的很典型，简单的空间关系就像外墙的米色石材，规矩又模糊。

B 环境风格 Creativity & Aesthetics

空间格调厚重、坚实，具有力度感，不去凸现多样化的形式，而是让厚重和包容的感觉通过细节一点点叠加起来，含蓄的表现出北京市建委具有的气氛和北京城市的地域特点。

C 空间布局 Space Planning

空间布局整齐划一、分布清晰、大气魄力。

D 设计选材 Materials & Cost Effectiveness

空间规划和使用功能明确之后，在细节的塑造过程当中，始终秉持着由繁入简的原则。

E 使用效果 Fidelity to Client

效果显著，量与质的同步提高提升档次，满意度高。

21
20

Beijing Jingjing Medical Equipment Co., Ltd.

北京京精医疗设备有限公司

Project Name_Beijing Jingjing Medical Equipment Co., Ltd.
Chief Designer_Liang Sijia
Location_Daxing District Beijing
Project Area_3,817sqm
Cost_60,000,000RMB

项目名称_北京京精医疗设备有限公司
主案设计_梁思佳
项目地点_北京 大兴
项目面积_3817平方米
投资金额_6000万元

北京筑邦建筑装饰工程有限公司

主案设计：梁思佳 *Liang Sijia*

博客： http:// 494041.china-designer.com
职位： 设计总监
职称： 高级建筑师
奖项： 2005年获IAID最具影响力中青年设计师
项目：

- 中关村国际商城
- 青岛国际商业城商场部分
- 鄂尔多斯市商业楼
- 北京通盈中心项目
- 沈阳•沿海国际中心
- 北京人寿保险大厦
- 北京市崇文区地方税务局办公楼室内设计
- 北京市通州区地方税务局办公楼室内设计
- 北京市门头沟区地方税务局办公楼室内设计
- 国家税务局北京培训中心改扩建工程
- 北京理工大厦大堂室内设计
- 中国驻约旦大使馆
- 中国城市规划设计研究院办公楼
- 富凯大厦
- 中科院计算机所办公楼
- 山东威海剧院
- 天域新城大厦（京美国际学校）
- 国家体育总局彩票管理中心办公楼
- 北京大学政府管理学院
- 首都机场大通关综合办公大楼
- 四川国际网球中心
- 海淀区人民检察院办公楼改造
- 北京广播电台综合业务楼等

A 项目定位 Design Proposition

该项目位于企业工厂的顶层，是该公司董事会成员办公、接待的场所，总面积约2500平方米，共有办公单元8间，其余是会议、接待、休闲等空间。

B 环境风格 Creativity & Aesthetics

由于业主的背景，设计师将老北京的符号嵌入其中，形成独特的办公环境。

C 空间布局 Space Planning

在空间和水面的组织上吸取中国园林的手法，以水为导向展开空间和视线。

D 设计选材 Materials & Cost Effectiveness

建筑物原使用功能是厂房，进深大，为此，设计师在顶板上打开若干采光井，使得自然光线进入到公共空间和办公空间，形成屋顶的一个个“院落”。

E 使用效果 Fidelity to Client

功能齐全，视野开阔，运营效果良好。

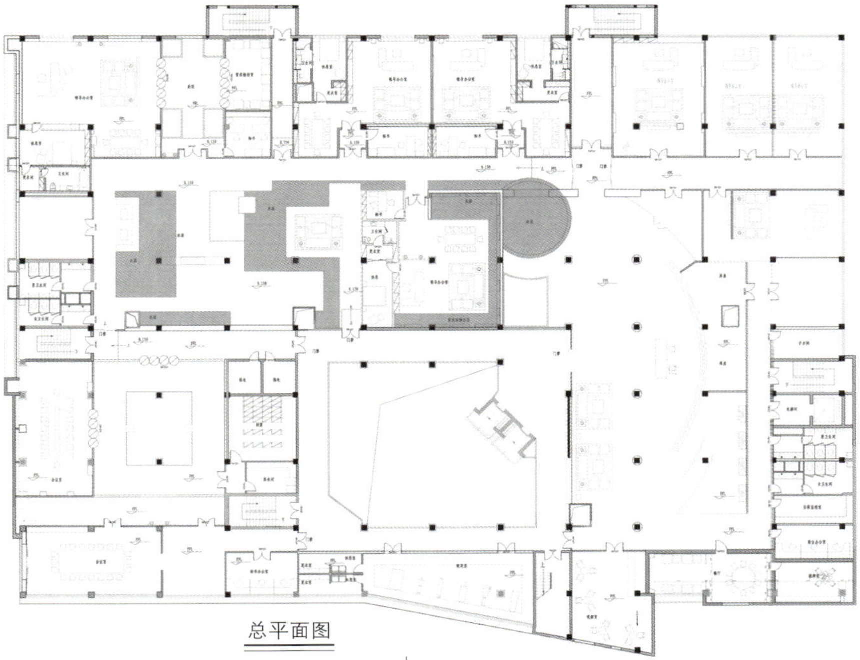

总平面图

Landsk

Project Name_Beijing Landsky Lighting Headcuarters
Chief Designer_Cheng Jianpei
Location_Chaoyang District Beijing
Project Area_1,000sqm
Cost_2,800,000RMB

项目名称_北京良业集团总部
主案设计_程建陪
项目地点_北京 朝阳
项目面积_1000平方米
投资金额_280万元

Beijing Landsky Lighting Headquarters
北京良业集团总部

程建陪 *Cheng Jianpei*
博客：http:// 486078.china-designer.com
公司：北京宇伦国际空间设计有限公司
职位：创意总监

职称：
高级室内建筑师
中国室内设计师协会 专业会员

奖项：
荣获第四届全国室内设计大展金奖
第四届全国环境艺术设计大展铜奖
荣获第六届IDC酒店设计优秀奖

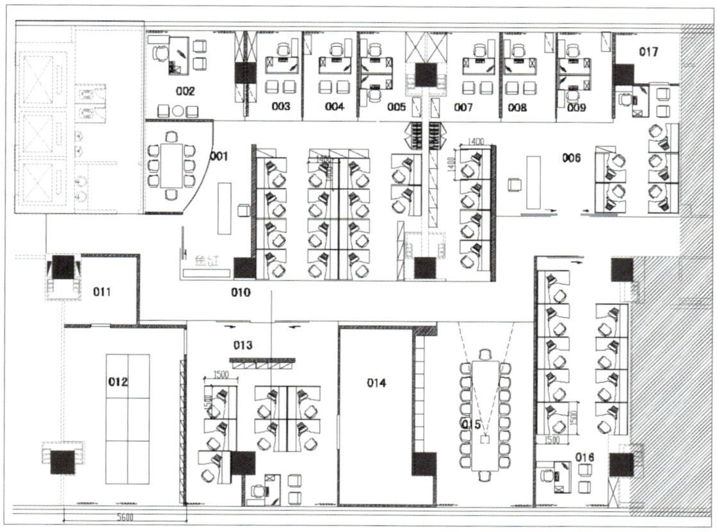

家具平面布置图

A 项目定位 Design Proposition

良业集团是一家国内顶尖的照明设备提供商，我们以突出该公司的企业文化——绿色、环保、未来为设计理念。

B 环境风格 Creativity & Aesthetics

绿色、环保的理念在环境设计中发挥得淋漓尽致。

C 空间布局 Space Planning

铝合金吊顶线性LED光源使空间更具有速度感，使得空间延伸感加强。在色彩上我们运用LED特有的光谱特色，营造出色彩梦幻，科技感十足的灯光玻璃走廊。使空间更具照明公司的行业特点。

D 设计选材 Materials & Cost Effectiveness

在设计中我们采用了大量可回收材料——铝合金、玻璃、人造石等。

E 使用效果 Fidelity to Client

业主和客户反映满意。提高公司知名度。

Changzhou Wujin Water Tower

常州武进水务大厦

Project Name_Changzhou Wujin Water Tower
Chief Designer_Xi Xingqian
Location_Changzhou Jiangsu
Project Area_26,000sqm
Cost_80,000,000RMB

项目名称_常州武进水务大厦
主案设计_席行千
项目地点_江苏 常州
项目面积_26000平方米
投资金额_8000万元

苏州金螳螂建筑装饰股份有限公司

主案设计：席行千 *Xi Xingqian*

博客：http:// 45509.china-designer.com
职位：主任设计师
奖项：
淮安国信大酒店——2008年第四届海峡两岸四地设计大赛综合类“佳作奖”
新疆石化大厦——2008年第四届海峡两岸四地设计大赛综合类“佳作奖”
新疆石化大厦——2008年润澳.星空杯江苏省建筑室内设计大赛“入围奖”
苏州园区科技园维景大酒店——2007年“华耐杯”中国室内设计大奖赛“入围奖”
苏州园区科技园维景大酒店——2007年鹰牌陶瓷杯全国室内设计大赛“二等奖”
苏州园区科技园维景大酒店——2008年第四届海峡两岸四地设计大赛综合类“佳作奖”
靖江人民医院——2007年第六届室内设计大奖赛“优秀奖”
泰州工行——2008年润澳.星空杯江苏省建筑室内设计大赛“入围奖”
苏州雅都大酒店——2007年“华耐杯”中国室内设计大奖赛“入围奖”等

A 项目定位 Design Proposition

设计师希望把新水务现代、快速、高效的工作形象融入到设计中，通过对各个细部的思考进行反复推敲，考虑最能满足各种复杂功能的同时，又能体现水务办公特色。

B 环境风格 Creativity & Aesthetics

各个立面虽然看上去是简单的形状，但组合在一起却是变化丰富的集合。

C 空间布局 Space Planning

在简洁的形状中构筑出丰富的空间。

D 设计选材 Materials & Cost Effectiveness

大厅的设计中用了大量的新材料和新工艺。

E 使用效果 Fidelity to Client

满足各种复杂功能的同时，又有特色。

Damushengtang-Chentao Design Studio

福州大木盛唐-陈涛设计工作室

Project Name_Damushengtang-Chentao Design Studio
Chief Designer_Chen Tao
Project Team_Tang Xin
Location_Fuzhou Fujian
Project Area_285sqm
Cost_500,000RMB

项目名称_福州大木盛唐-陈涛设计工作室
主案设计_陈涛
设计团队_唐芯
项目地点_福建 福州
项目面积_285平方米
投资金额_50万元

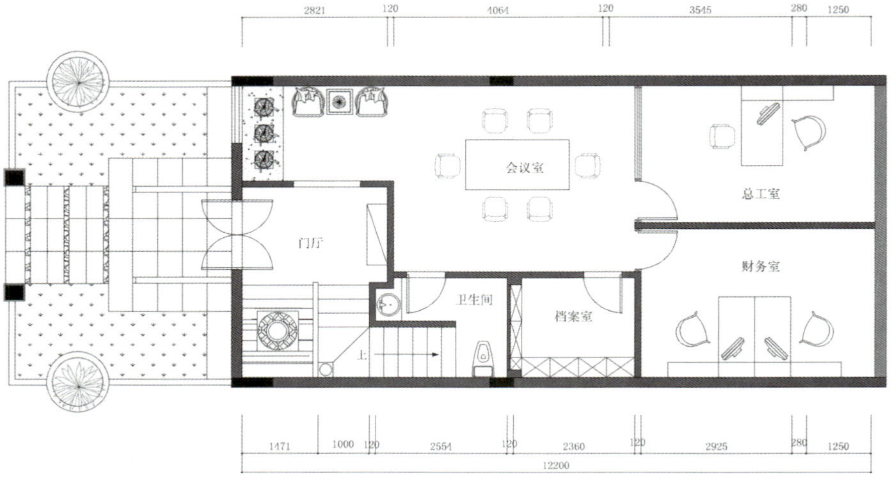

一层平面图

陈 涛 *Chen Tao*

博客： http:// 510343.china-designer.com
公司： 福州大木盛唐环艺设计有限公司
职位： 设计总监
职称：
中国建筑学会室内设计分会 会员
法国设计学会 会员
桂林理工大学艺术设计系客座教授
奖项：
作品多次获得省内及全国大奖
获2010年“杰出中青年室内建筑师”称号

A 项目定位 Design Proposition

本案是设计师陈涛为自己设计的办公室，总共有四层的空间，每一层、每一间都如同画作，当这幅画作被褪去一层层的神秘面纱，只剩满屋瑰丽静谧。

B 环境风格 Creativity & Aesthetics

一片翠竹，一墙攀爬着的葡萄枝蔓，一处清新葱郁的荷叶，一方广阔的蔚蓝天空，一定能给疲惫的都市人心灵以洗涤和放松，陈涛设计师的办公室就是在这样一个美好的环境之中，除了上班闲暇之余也愿意静静地呆在这里。

C 空间布局 Space Planning

摒弃了累赘的装饰，真正需要一个回归自然的状态，一个自然的色调搭配风格纯正的中式家具，加上精致的配饰，这样也是一种生活方式的体现。

D 设计选材 Materials & Cost Effectiveness

狭长的过道中，采用了大片的玻璃门，有镜面的效果，黑色边框中每个玻璃门上都贴有不同的京剧面谱，借用点状的高亮光源，瑰丽中有一股安定人心的沉静。雕花屏风巧妙地被用作两个办公室的阻隔，光影交错中，那浮在墙上的影子令人沉醉。二楼的过道用灰色水泥砖向上堆砌一方空间，一直延伸至三楼，里面一些枯竹的枝干，错落而置，一鼎斗笠，一个垂挂的竹篓，一个吉祥物，抬头仰望，银白色的光晕好似一轮圆月。

E 使用效果 Fidelity to Client

在空间里设计师留下的不仅仅是风格，更是一种主题，一种感悟。满足需求，有吸引力。

Dongjiang Coal Group "Dongjianghui" Administrative Center

东江煤业集团 "东江会" 行政中心

Project Name_Dongjiang Coal Group "Dongjianghui" Administrative Center
Chief Designer_Wang Zhijun
Location_Lvliang Shanxi
Project Area_7,500sqm
Cost_25,000,000RMB

项目名称_东江煤业集团〝东江会〞行政中心
主案设计_王志俊
项目地点_山西 吕梁
项目面积_7500平方米
投资金额_2500万元

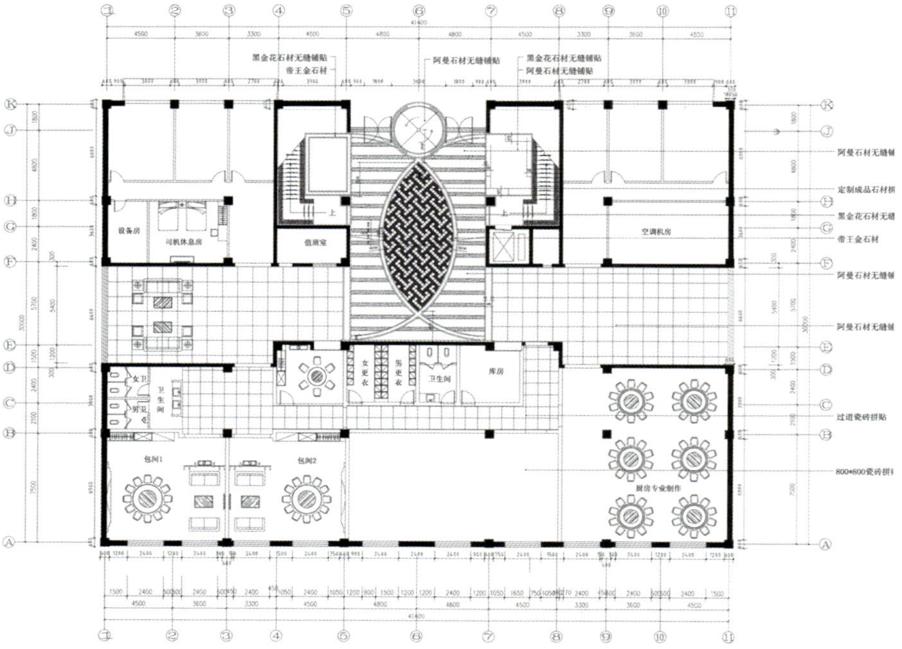

一层平面图

王志俊 *Wang Zhijun*

博客：http:// 486915.china-designer.com

公司：山西大学设计艺术研究所

职位：副所长

职称：

中国建筑学会室内设计学会山西委员会 理事

山西省建筑装饰协会设计委员会 委员

中国设计师协会（香港）会员

奖项：

2006年获山西省室内装饰行业培育人才园丁奖

2009年获第十一届全国美术作品展览暨首届“中国美术奖•创作奖”银奖

全国室内设计大赛优秀奖

山西省室内设计大赛 一等奖二等奖

项目：

山西文化遗产旅游区空间环境图形设计研究

山西涤纶厂保护性规划改造项目：太原瓦窑创意产业园区整体设计方案等

A 项目定位 Design Proposition

“东江会”是山西东江煤业集团位于山西吕梁山脉矿区建设的一座综合性行政商务建筑，集董事办公、行政会议、小型接待、商务洽谈、休闲健身等功能为一体。

B 环境风格 Creativity & Aesthetics

在视觉的表达上，运用线的平面、空间等不同构成形式结合“双鱼”、山西青铜纹饰、地方名家书画元素、传统实木家具等，力图创造人文、和谐、高效、自然的空间氛围，构建具有建筑美感的室内办公空间。

C 空间布局 Space Planning

在装饰设计中除满足建筑功能的要求，在空间尺度上将公共空间的面积进行扩大，并注重内景与外景的衔接与过渡。

D 设计选材 Materials & Cost Effectiveness

将具有现代简约气息的环保装饰材料、地域性建筑材料、室内景观等环节在相应空间中相互对映、相互对话。

E 使用效果 Fidelity to Client

功能完善，空间表达准确，运营情况良好。工作的人会在这样豪华的办公楼中，显出自己的身份与地位。

Fuzhou Free Space Office

福州自由空间办公楼

Project Name_Fuzhou Free Space Office
Chief Designer_Shi Xudong
Location_Fuzhou Fujian
Project Area_350sqm
Cost_200,000RMB

项目名称_福州自由空间办公楼
主案设计_施旭东
项目地点_福建 福州
项目面积_350平方米
投资金额_20万元

sunever® A5設計
旭日东升 装饰机构
旭日东升装饰工程有限公司

主案设计：施旭东 *Shi Xudong*

博客： http:// 424125.china-designer.com

奖项：

中国50强样板房设计奖

2006年东南家居装饰总评榜"家装行业十大影响力事件"等

A 项目定位 Design Proposition

作为一家以创意为主的办公空间，我们加入了独特的角度与线条，简洁的色彩，艺术肌理感十足的元素运用。保留原天花的高度，使得办公场所轻松自由。

B 环境风格 Creativity & Aesthetics

设计中融入了当代艺术的元素，被切割的花瓣造型中延伸向上的树枝，意喻为创意的源地。随意挥洒的水墨和金属荷花造型，反思我们在文化上的探索。

C 空间布局 Space Planning

设计赋予了空间的多功能如专业的影像、投影、水吧台、DJ、VIP区等专业的设施足以满足多种沙龙活动的需要。

D 设计选材 Materials & Cost Effectiveness

主要材料：纸基、亚麻、金属制品、环氧树脂等，更突出主题。在材料的运用上以纸质、木材、亚麻布等环保材料为主，并注重在能耗等多方面的节能设计。如废水的再利用，可控的智能电源，玻璃上的隔热处理等。

E 使用效果 Fidelity to Client

被接待的来宾都能感受到设计师带给他们的无限遐想，这第一印象让沟通达到最好的效果。

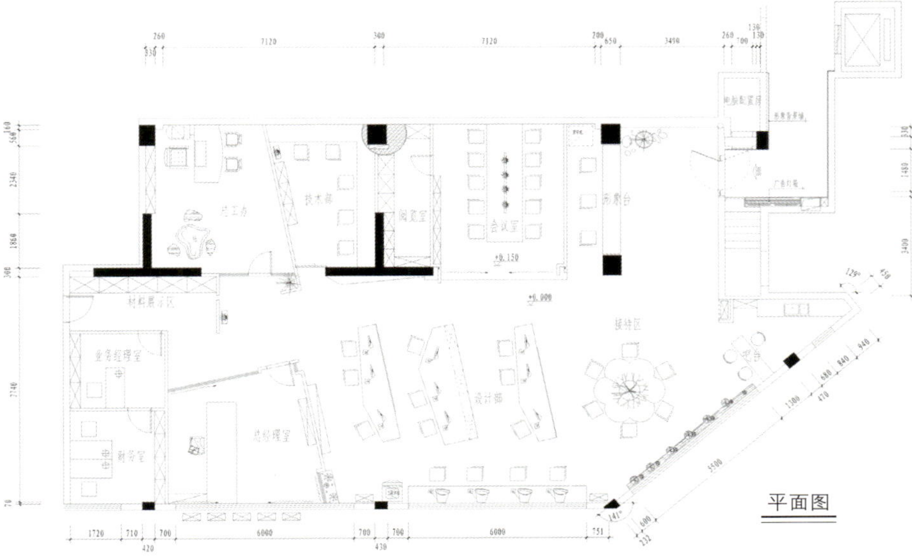

平面图

Manager Office of Guangdong Kahhow Food Co., Ltd.

广东嘉豪食品公司总经理办公室

Project Name_Manager Office of Guangdong Kahhow Food Co., Ltd.
Chief Designer_Liu Jiapei
Location_Zhongshan Guangdong
Project Area_55sqm
Cost_150,000RMB

项目名称_广东嘉豪食品公司总经理办公室
主案设计_刘嘉培
项目地点_广东 中山
项目面积_55平方米
投资金额_15万元

刘嘉培 *Liu Jiapei*

博客：http:// 452023.china-designer.com
公司：刘嘉培设计工作室
职位：设计总监
项目：

香港OV－Art corridor OV艺术长廊店
广州尚得慧尔皮衣服饰有限公司办公室及产品展厅
深圳Lifestore旗舰店
中山天明豪庭李宅
中山CBD盛景尚峰会展展厅
中山远洋城
洪宅等

A 项目定位 Design Proposition

"80后"的总经理办公室，透露出"创造性"与"稳重"的双重特质，并有意强调与"60、70"后不是同类。

B 环境风格 Creativity & Aesthetics

本案运用弧线规划空间，主弧线依据空间中左右对称的立柱生成为办公区背景兼资料柜和休息室办公台的基线；再以不同动向的弧线交错，勾画出窗平台、沙发和办公台巧取各自不同的高度差产生了互相组合、互相延伸的效果，使家具空间化，营造了空间简单但丰富的效果。

C 空间布局 Space Planning

运用弧线规划空间，左边办公区与右边功能区，以一道斜线划破，打破了这个箱形办公室的呆板，让人更易察觉这里的"创造性"。

D 设计选材 Materials & Cost Effectiveness

大量使用柚木、不锈钢、黑镜等材质，卫生间运用黑镜和银镜，创造了"两倍"的视觉效果。

E 使用效果 Fidelity to Client

增加了客户对开发商的可信度，及对项目未来发展的信心。

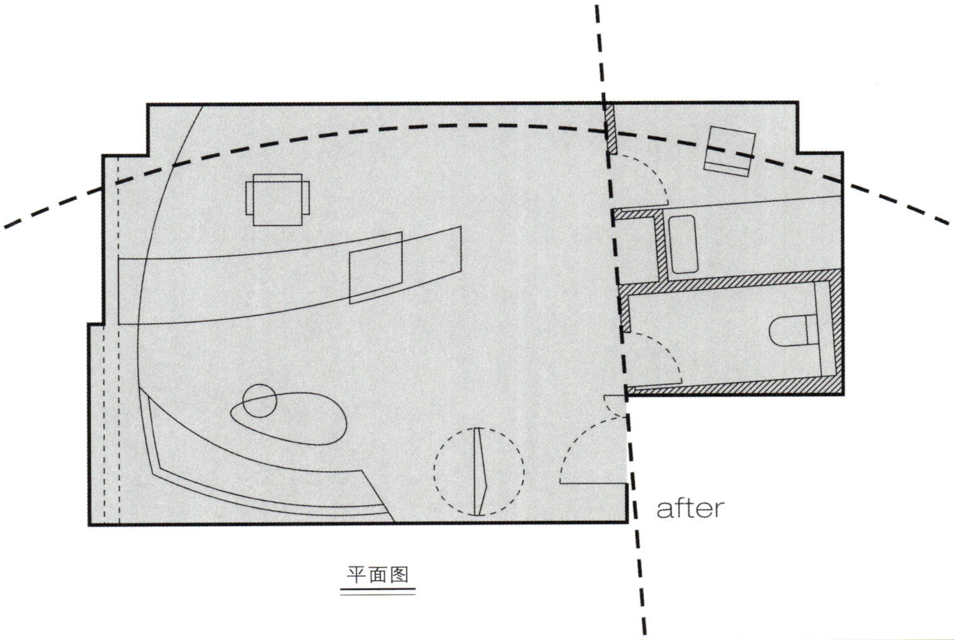

平面图

Guangzhou Wondfo Biotechnology Co., Ltd.

广州万孚生物技术有限公司

Project Name_Guangzhou Wondfo Biotechnology Co., Ltd.
Chief Designer_Li Jing
Location_Guangzhou Guangdong
Project Area_3,000sqm
Cost_4,500,000RMB

项目名称_广州万孚生物技术有限公司
主案设计_李京
项目地点_广东 广州
项目面积_3000平方米
投资金额_450万元

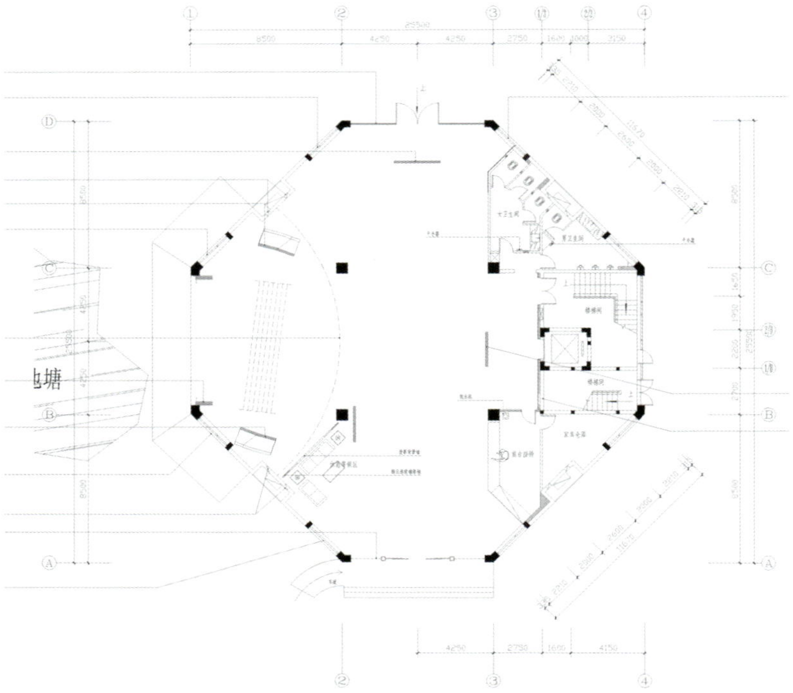

一层平面图

李 京 *Li Jing*

博客：http:// 491211.china-designer.com

公司：广州煌庭装饰设计有限公司

职位：设计总监

奖项：

获得2009年金羊奖百杰室内设计师

2010年珠三角新锐设计师大赛办公空间组冠军

项目：

广州日立电机有限公司办公楼

广州启泰模具办公楼

广州日立特种车公司办公楼

大众汽车华南体验中心

意大利斯卡图服饰专卖店等

A 项目定位 Design Proposition

充分考虑到低碳环保，通过新的视觉识别提升企业形象。

B 环境风格 Creativity & Aesthetics

装置艺术的室内应用，让每个进入者都能够体验到创新感受。

C 空间布局 Space Planning

通过纽带这种装置语言流通贯穿平面布置，建筑本身的八边形也是特色之一。

D 设计选材 Materials & Cost Effectiveness

选材较为朴素，使用了肌理涂料和灰色石材系列。

E 使用效果 Fidelity to Client

非常具有持续性和可塑性，业主和客户非常满意。

Project Name_Hangzhou In Space Office
Chief Designer_Zhu Xiaoming
Project Team_Zhao Xiaohang / Gao Liyong
Location_Hangzhou Zhejiang
Project Area_500sqm
Cost_1,500,000RMB

项目名称_杭州 In Space 办公空间
主案设计_朱晓鸣
设计团队_赵肖杭 / 高力勇
项目地点_浙江 杭州
项目面积_500平方米
投资金额_150万元

Hangzhou In Space Office

杭州 In Space 办公空间

ARCHITECTURE INTERIORS ACCESSORIES
杭州意内雅室内建筑设计有限公司

主案设计：朱晓鸣 *Zhu Xiaoming*

博客： http:// 468252.china-designer.com

奖项：

亚洲室内设计联合会AISIA新锐设计师奖
CIID浙江青年室内设计大赛一等奖
杭州十大室内设计师奖
中国广州国际设计周金羊奖
亚太室内设计“中国风”精英奖
浙江省优秀建筑装饰设计奖
浙江省十大新锐实力设计机构
亚细亚杯室内风格设计作品银奖
浙江省重质量守诚信示范单位
杭州房管局“杭州室内设计大赛”二等奖

A 项目定位 Design Proposition

建筑周边环境历史文化气息浓郁，悠长的京杭大运河似乎还在回忆那繁华的水运年代，园区内绿树成荫，几幢粉墙墨瓦的老宅院静寂地诉说它曾经的历史；近代厂房遗址暗示着这里原是运河工业文明的中心。

B 环境风格 Creativity & Aesthetics

整体中庭置于水景之上，鸟笼、树池点缀其中，映射了运河水文化的同时，使得整体空间更为静谧与灵动，小有一番“鸟鸣林逾静”的意境。

C 空间布局 Space Planning

经过现场的勘察与感受，几番斟酌，最终将该建筑分设为“抑”、“扬”两区来规划。将建筑内留舍原建筑12m高度为中庭，围绕着中庭根据办公功能需求，划分了公共、过渡、办公、娱乐休息、辅用等空间。在中庭的设计中引用了极简化处理院落的概念，将不同性质的空间形成围合形式，既保留了良好通透的心理空间和视觉上高度的享受，又将自然光源均匀地引入办公各区域中。

D 设计选材 Materials & Cost Effectiveness

材料的应用上大量使用回购的老木板、钢板、旧砖，并部分采用火烧碳化、腐蚀的方式加强材料肌理，也有现代的材料如自流坪、FRP、地板胶、贴膜玻璃、镜面不锈钢等的运用，旨在于拉大材质间的对比反差。

E 使用效果 Fidelity to Client

整体空间风格中，注重中式借景手法却赋予其后现代的形体和材质机理，元素有矛盾也有包容，其本身呈现一种特立的风格。

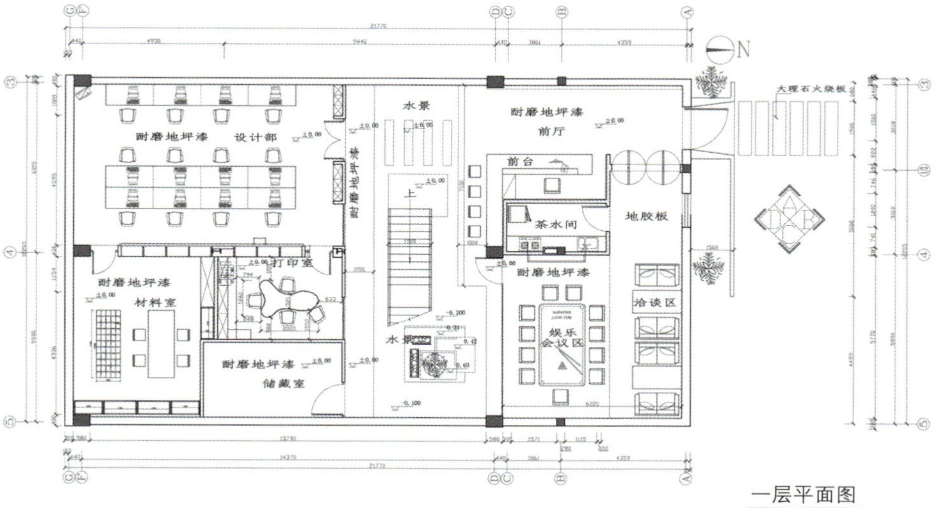

一层平面图

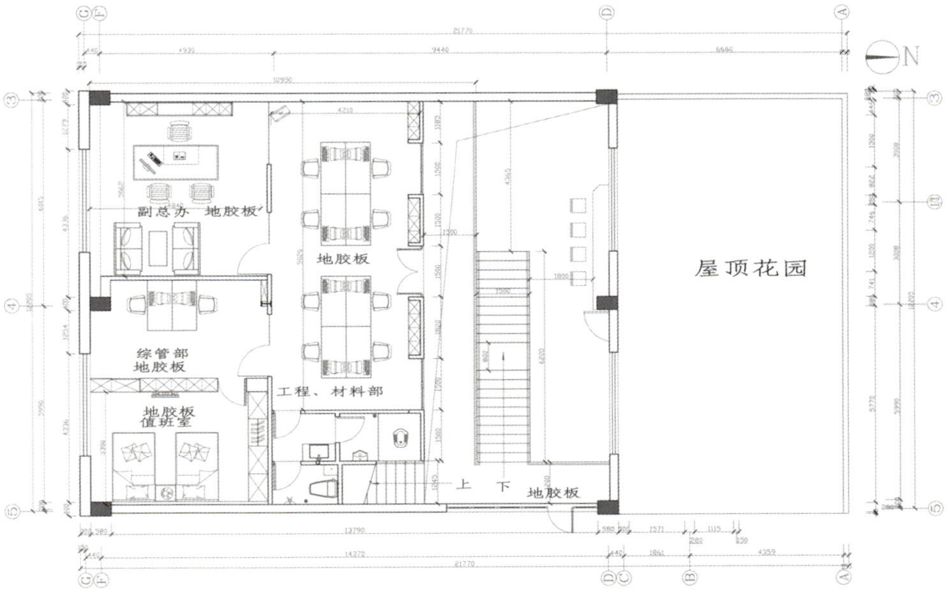

二层平面图

Maniform Shanghai Design & Research Development Center

曼妮芬上海设计研发中心

Project Name_Maniform Shanghai Design & Research Development Center
Chief Designer_Man Qiuchi
Location_Xuhui District Shanghai
Project Area_780sqm
Cost_2,000,000RMB

项目名称_曼妮芬上海设计研发中心
主案设计_满秋池
项目地点_上海 徐汇
项目面积_780平方米
投资金额_200万元

满秋池 *Man Qiuchi*

博客：http:// 427964.china-designer.com
公司：TAKTO DESIGN OFFICE
职位：设计总监
职称：JCD社团法人日本商业环境设计家协会 正会员
奖项：
设计案例[DINING BAR TOUZAINANBOKU]
评选为日本年度十佳商业空间设计

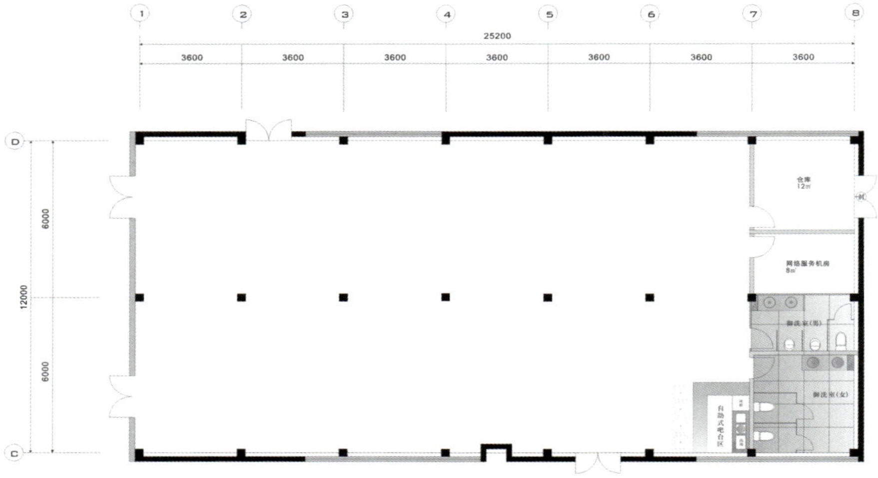

一层平面图

A 项目定位 Design Proposition

完美表达功能性与空间的匹配度，用点线面来表达空间的大气与流畅感，从而诠释设计研发中心的创意设计气质。

B 环境风格 Creativity & Aesthetics

更注重功能性，简洁的用材，明朗的线条呈现简约却不简单，赋予空间存在感。

C 空间布局 Space Planning

开放式挑空空间设计，更能呈现空间感。

D 设计选材 Materials & Cost Effectiveness

材料单纯简洁，槽钢＋玻璃＋实木＋水泥板，诠释结构主义简约风。

E 使用效果 Fidelity to Client

打造了服装行业办公空间的全新跨界革命，进到里面的一瞬间，灵感在脑海浮现。

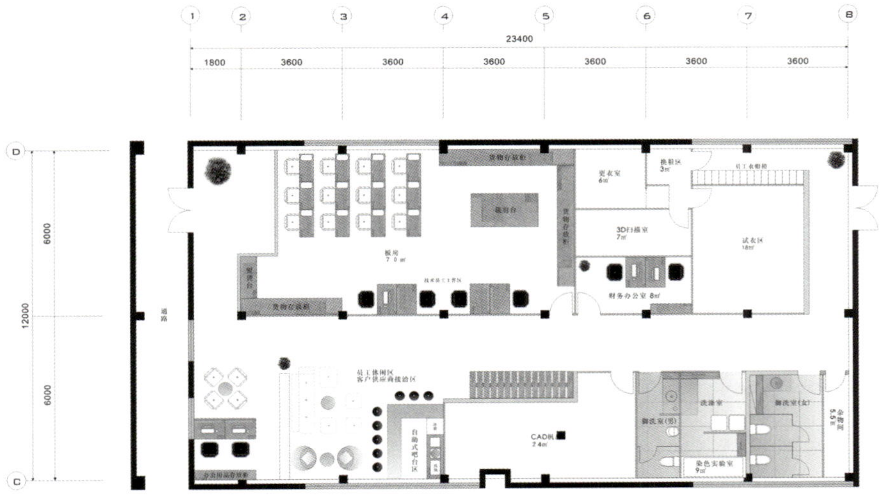

二层平面图

Office of Mingdi Decoration

名帝装饰办公空间

Project Name_Office of Mingdi Decoration
Chief Designer_Peng Zhixiong
Location_Xiangtan Hunan
Project Area_2,000sqm
Cost_500,000RMB

项目名称_名帝装饰办公空间
主案设计_彭志雄
项目地点_湖南 湘潭
项目面积_2000平方米
投资金额_50万元

A 项目定位 Design Proposition

采用现代中式的手法，庄重的色彩而不失现代本质的设计理念。

B 环境风格 Creativity & Aesthetics

本案最大的特点就是6m的层高改成两层，合理地利用每个空间来满足装饰公司的需要。

C 空间布局 Space Planning

空间布局上的重新定位，多元化设计的变化，单层变双层空间，从大厅接待到玄关过道，虚虚实实，对称中求变化，大而张扬的楼梯连接左右上下空间，浑然一体，大厅天花采用九宫格形式，寓意员工齐心协力、九九归一。

D 设计选材 Materials & Cost Effectiveness

选材大胆，合理利用灰色石材系列。

E 使用效果 Fidelity to Client

功能清晰，客户认可，签单率提升。

彭志雄 *Peng Zhixiong*

博客：http:// 477187.china-designer.com
公司：湖南名帝装饰公司
职位：设计总监
职称：中国建筑学会室内设计分会 CIID会员

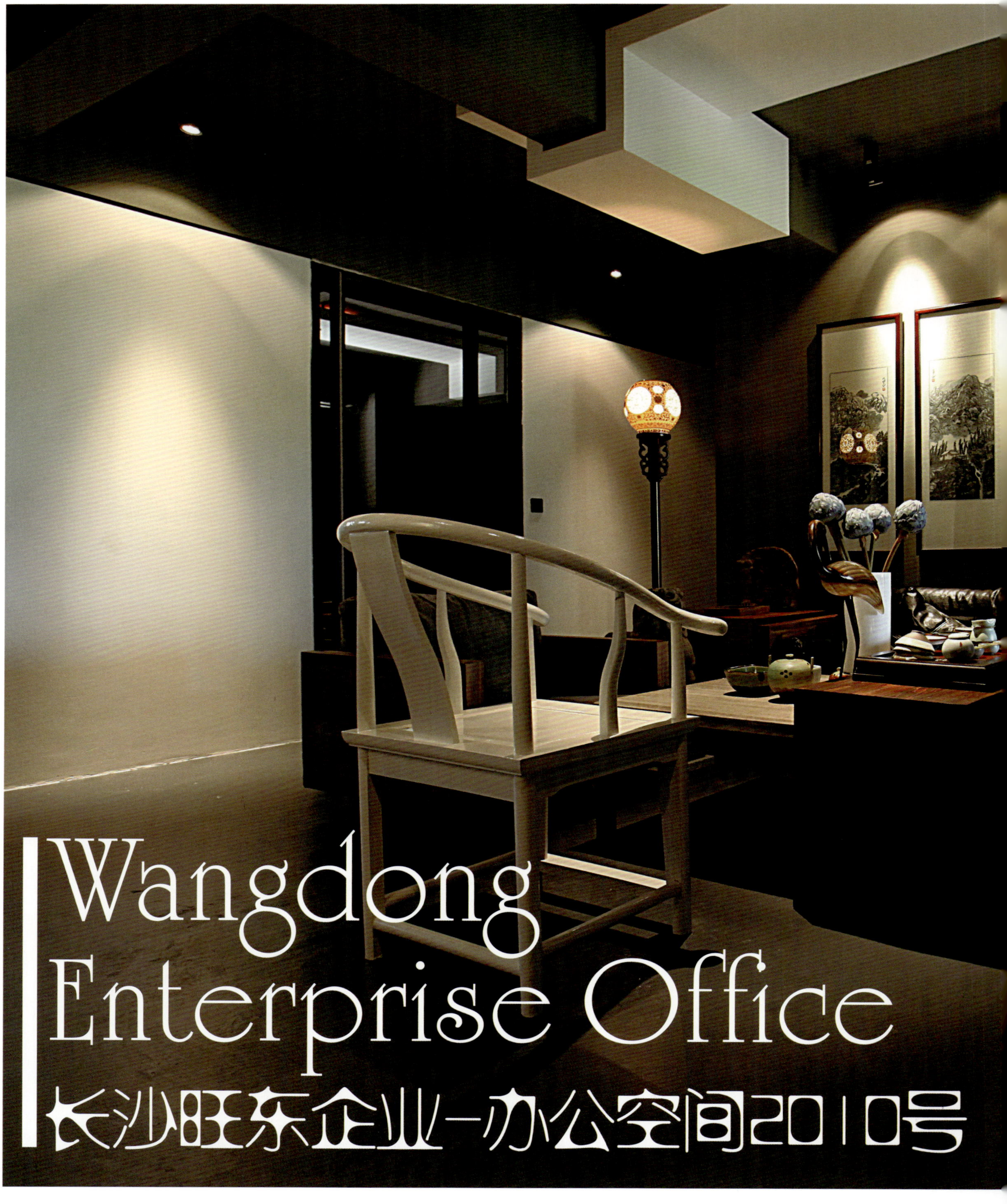

Wangdong Enterprise Office

长沙旺东企业-办公空间2010号

Project Name_Wangdong Enterprise Office
Chief Designer_Yi Dong
Location_Changsha Hunan
Project Area_200sqm
Cost_150,000RMB

项目名称_长沙旺东企业-办公空间2010号
主案设计_易东
项目地点_湖南 长沙
项目面积_200平方米
投资金额_15万元

易 东 *Yi Dong*

博客：http:// 372807.china-designer.com
公司：长沙市艺筑装饰设计工程有限公司
职位：设计总监

职称：

长沙市设计师委员会 副主任 / 委员
国际室内建筑师与设计师理事会湖南理事会 理事

奖项：

2008年广州国际设计周公共空间类别《中国10大室内设计师》奖项

项目：

锦绣红楼酒楼
西安高压开关厂湖南经销公司办公楼
城市英雄电玩
长沙市市政府第二办公楼剧院
酒库酒吧
北京-长沙俞园小区样板房等

A 项目定位 Design Proposition

业主在需求特征上只有两个要求和一个特点。 2个要求：1：员工有个简单的工作场所。 2：给自己私人及工作上的朋友有个可以喝茶聊天的地方。 1个特点： 业主自诩“儒商”，喜欢结交有文艺修养的朋友，而且这方面的朋友也很多。设计策划：一股清流 一曲清音市场定位：“无声的名片”。

B 环境风格 Creativity & Aesthetics

设计语言上：借中国元素于型。重“写意”表“情怀”于质。设计理念：一个无概念的‘空’境，任何项目进入后自成概念。设计手法：顺势而为设计效果的期待：举重若轻。

C 空间布局 Space Planning

布局顺势而为，简单大气，清晰明了。

D 设计选材 Materials & Cost Effectiveness

用材方向：尽可能地使用建筑材料，直观说，就是撤去家具饰品后，让环境效果尽可能的接近毛坯房。用基本材料在空间基础上做设计思考，用成品装点来成为空间表情。

E 使用效果 Fidelity to Client

员工喜欢来公司，业主的朋友也很喜欢来坐坐。促进交流，非常满意。

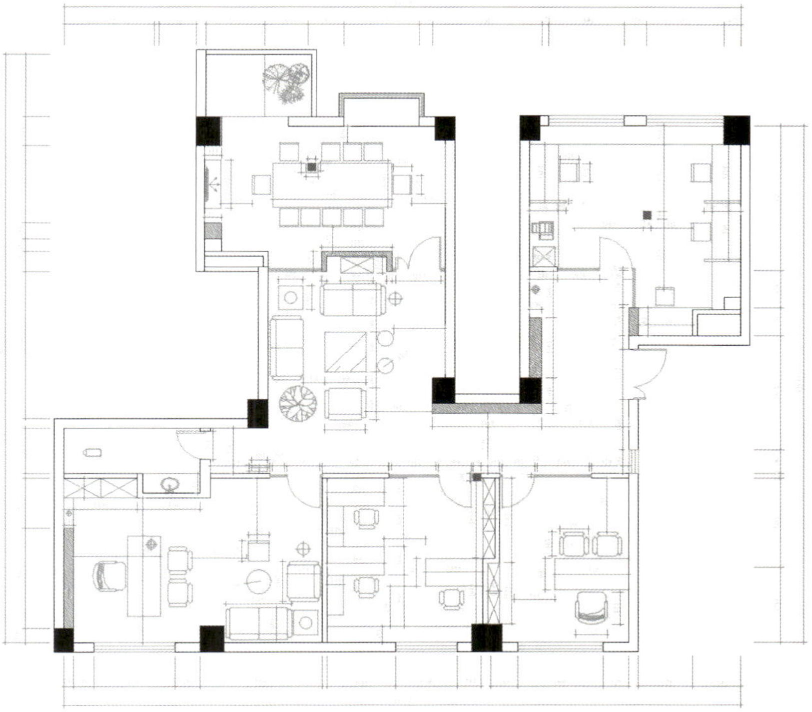

平面图

Xiamen BAG Office
厦门BAG办公

Project Name_Xiamen BAG Office
Chief Designer_Wu Weihong
Location_Xiamen Fujian
Project Area_3,500sqm
Cost_4,000,000RMB

项目名称_厦门BAG办公
主案设计_吴伟宏
项目地点_福建 厦门
项目面积_3500平方米
投资金额_400万元

吴伟宏 *Wu Weihong*

博客：http:// 451012.china-designer.com
公司：厦门宏盟东方室内设计机构
职位：创意总监
职称：
IAI亚太建筑师与室内设计师联盟 资深会员
中国建筑协会室内设计分会 会员
中国建筑装饰协会 室内建筑师
福建建筑装饰行业 优秀青年设计师
米兰理工大学国际室内设计硕士
奖项：
2009年荣获“大天杯”福建省室内与环境设计大奖赛公建类二等奖
2009年荣获亚太室内设计大奖赛入围奖
2008年荣获“星辉杯”福建省室内与环境设计大奖赛公建类二等奖
2007年荣获“辉煌杯”福建省室内与环境设计大奖赛公建方案类一等奖
2004年荣获福建省室内设计大赛二等奖

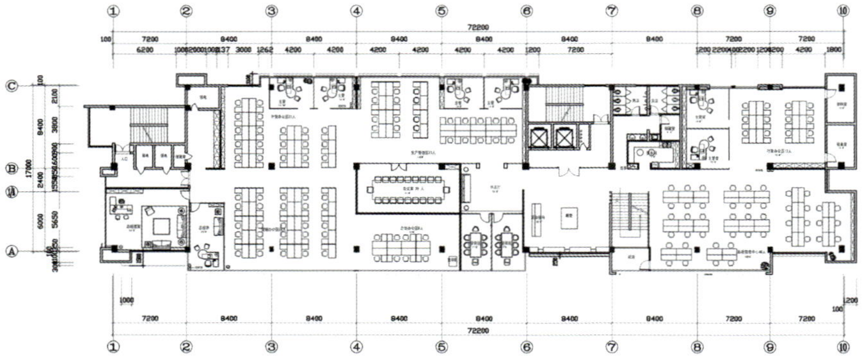

四层平面图

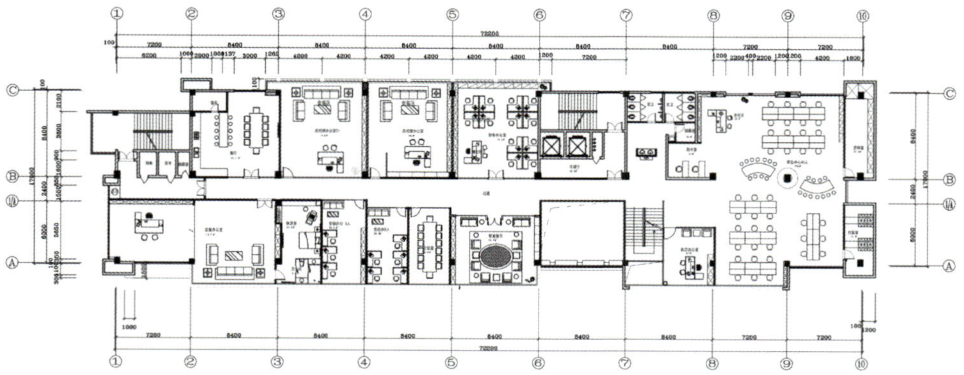

五层平面图

A 项目定位 Design Proposition

全案设计概念定位在以人为本的现代型办公空间，设计师期望能够在这喧杂的城市中给公司员工创造出一个环保、宁静、和谐的办公场所。

B 环境风格 Creativity & Aesthetics

设计师清楚地认识到现代的办公空间仅仅提供基本的办公功能已经远远不够，因此本案将家庭式厨房融入到空间当中。

C 空间布局 Space Planning

建筑中钢结构的楼梯加上过道落地玻璃隔断紧密的将上下层办公空间结合在一起。

D 设计选材 Materials & Cost Effectiveness

敞开办公隔断利用废旧的水管及帆布重新喷上白色漆；没有多余杂质的白色墙面、灰色水泥地面和裸露的混泥土顶部、柱体、消防空调排风设施等足以彰显设计师对低碳环保理念的重视。

E 使用效果 Fidelity to Client

让员工可以在繁杂的工作闲暇之余感受更多家的温馨，享受到家庭式办公的愉悦，让员工享受到SOHO办公乐趣。

V&DESIGN
维度设计

Project Name_Xiamen V&D Design Co., Ltd.
Chief Designer_Que Yefen
Location_Longyan Fujian
Project Area_150sqm
Cost_100,000RMB

项目名称_厦门维度设计有限公司
主案设计_阙烨芬
项目地点_福建 龙岩
项目面积_150平方米
投资金额_10万元

Xiamen V&D Design Co., Ltd.

厦门维度设计有限公司

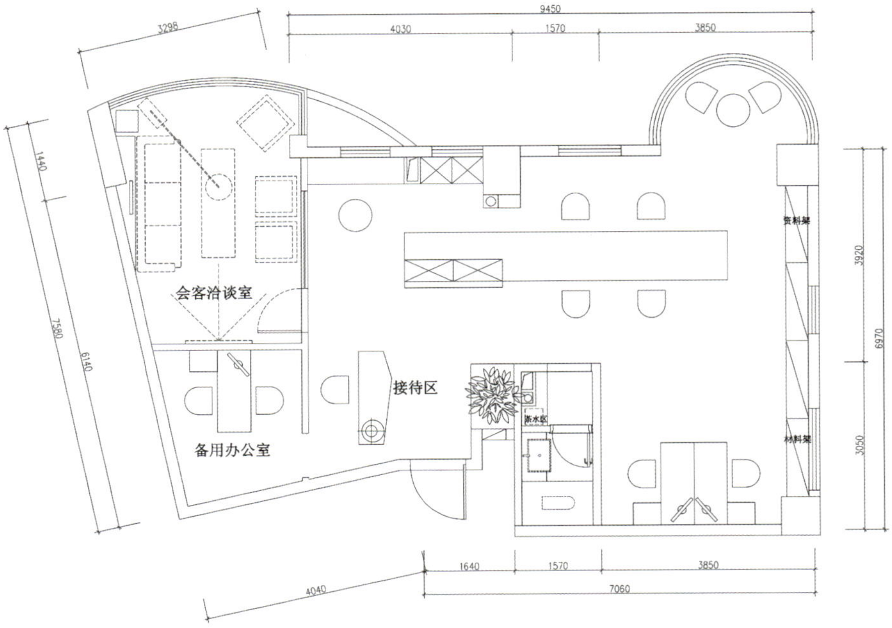

平面图

V&DESIGN
厦门维度装饰设计工程有限公司
厦门维度设计有限公司

主案设计：阙烨芬 *Que Yefen*

博客：http:// 492144.china-designer.com
职位：创意总监
职称：中国建筑学会室内设计分会 会员
项目：
- 维度设计会所
- 何雯娜龙岩明珠城市广场住宅
- 福建漳平市五星级中元大酒店KTV等

A 项目定位 Design Proposition

小空间营造出众氛围，个性、时尚、建筑感。

B 环境风格 Creativity & Aesthetics

简洁、明快，让思维在充满建筑体味的空间漂浮。

C 空间布局 Space Planning

小空间的最大化利用率，当空间本身受制约时，对建筑进行大刀阔斧地改造，营造中央核心区域，增强空间区域归属感。

D 设计选材 Materials & Cost Effectiveness

结合简洁干净的空间材质，在不同的角度呈现不一样的空间建筑美感。

E 使用效果 Fidelity to Client

非常具有持续性和可塑性，业主和客户反映很满意。

Xiang's Design Building
项氏设计楼

Project Name_Xiang's Design Building
Chief Designer_Xiang Anxin
Location_Wenzhou Zhejiang
Project Area_400sqm
Cost_2,600,000RMB

项目名称_项氏设计楼
主案设计_项安新
项目地点_浙江 温州
项目面积_400平方米
投资金额_260万元

项安新 *Xiang Anxin*

博客：http:// 482222.china-designer.com
公司：温州华鼎装饰工程有限公司
职位：总经理、设计总监
职称：
国家高级注册室内设计师
IFI国际室内建筑师团体 联盟会员
CIID中国室内设计协会 会员
中国建筑学会室内设计温州分会 副会长
奖项：
2003年CCTV-2全国电视家具设计大赛最佳创意提名
2003年“亚太地区室内设计大赛”住宅组优秀奖
2004年中国室内设计学会“华耐杯”中国室内设计大奖赛优秀奖
2005年分别获“锦绣江南”国际室内设计大赛工程组二等奖、方案组三等奖
2005年中国室内设计学会“华耐杯”中国室内设计大奖赛优秀奖
2006年中国室内装饰协会“第六届中国室内设计”铜奖
2007年中国室内设计大奖赛 住宅/别墅/公寓工程类三等奖
2007年中国十大设计师（团队）金羊奖
2008年亚太室内设计双年大奖赛优秀奖
2008年被评为广州国际设计周年度中国十大室内设计师
年中国室内装饰协会“全国第四届室内设计”金奖

A 项目定位 Design Proposition

这座400平方米的项氏设计楼原来的结构很乱，经设计师一年的精心观察、发现和调整，在结构空间上尽量使空间自然、流动。

B 环境风格 Creativity & Aesthetics

内外合为一体的设计理念进行深化到每个细节如：楼梯、家具、灯具、画、灯光等完全的一体化设计。

C 空间布局 Space Planning

空间的充分合理再利用，旋转楼梯的简约大气直穿一二层。

D 设计选材 Materials & Cost Effectiveness

选材大胆，大量木板的使用使整体效果简约不失情调。

E 使用效果 Fidelity to Client

对到来客户有视觉上的震撼，提高签单率。

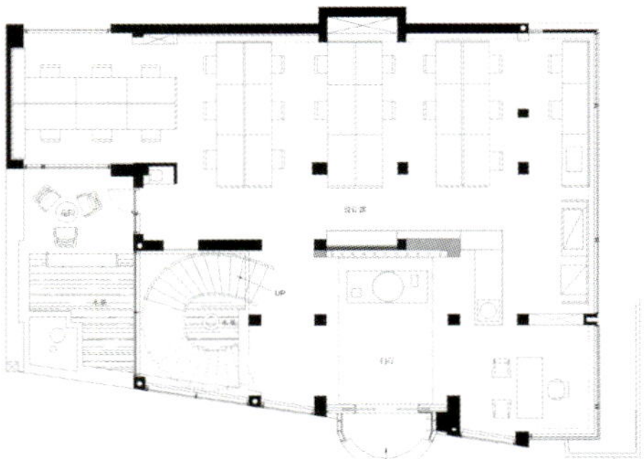

一层平面图

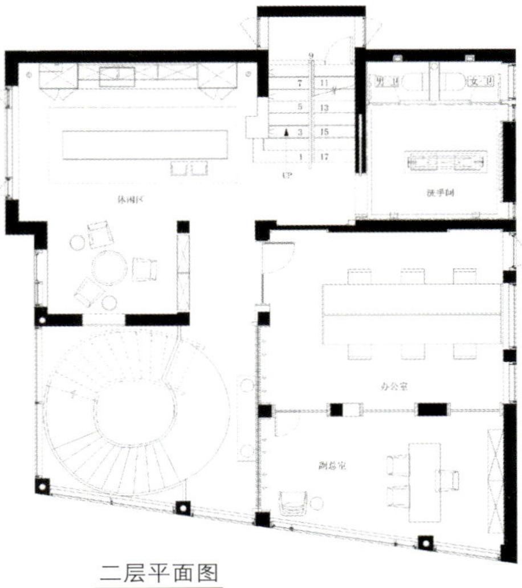

二层平面图

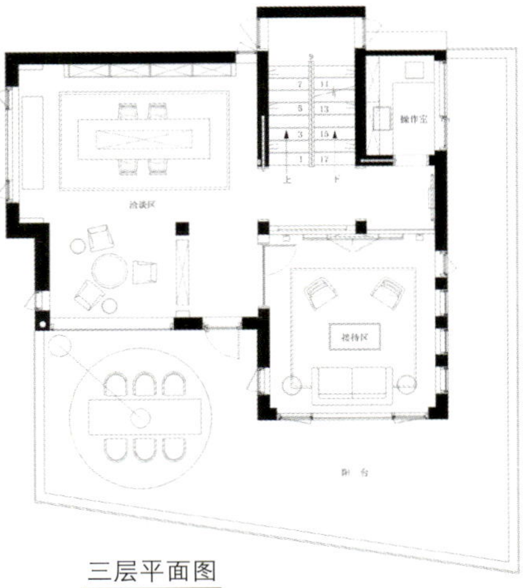

三层平面图

Xuzhou Hanfang Quaranty Office Reconstruction

徐州汉方投资办公楼装饰改造

Project Name_Xuzhou Hanfang Quaranty Office Reconstruction
Chief Designer_Zhang Xiaohua
Location_Xuzhou Jiangsu
Project Area_2,600sqm
Cost_15,000,000RMB

项目名称_徐州汉方投资办公楼装饰改造
主案设计_张晓华
项目地点_江苏 徐州
项目面积_2600平方米
投资金额_1500万元

张晓华 *Zhang Xiaohua*

博客：http:// 17251.china-designer.com
公司：清木建筑（株）徐州事务所
职位：中方首席代表
职称：
中华人民共和国注册高级室内建筑师
高级景观设计师
国际iARI认证高级室内建筑师
中国（CBDA）建筑装饰协会 高级会员
IFI国际建筑师/设计师联盟 会员
中国（CIDA）室内装饰协会 高级会员
中国工艺美术学会雕塑委员会 专业会员
中国园林景观协会 高级会员
中国屋顶绿化协会 专业会员
日本建筑师协会横滨分会 国际会员
奖项：2008年4月建设部中国杰出中青年建筑师称号

A 项目定位 Design Proposition

针对用户需求对原有建筑进行了改造，实现业主方在办公多元化方面的需求。

B 环境风格 Creativity & Aesthetics

风格上主要突出功能性的实现。

C 空间布局 Space Planning

很好的实现了二次改造后空间的再利用。

D 设计选材 Materials & Cost Effectiveness

节能的设计选材。

E 使用效果 Fidelity to Client

在业主方取得了很好的反响。

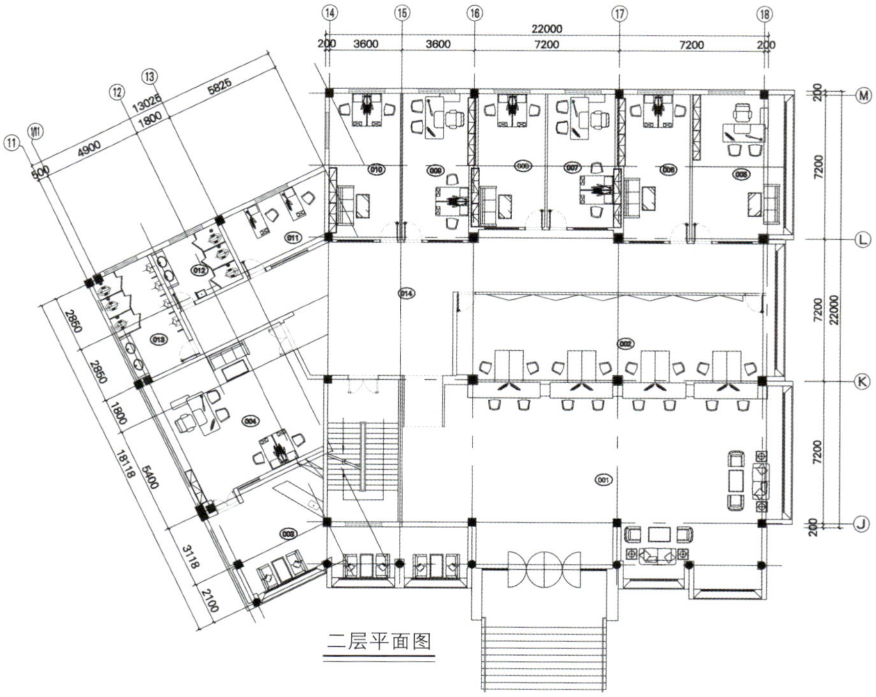

二层平面图

漢方投資
HANFANG TOUZI
漢方投資

Decoding DNA
解码DNA

Project Name_Decoding DNA
Chief Designer_Chen Fangxiao
Location_Xiamen Fujian
Project Area_3,790sqm
Cost_11,000,000RMB

项目名称_解码DNA
主案设计_陈方晓
项目地点_福建 厦门
项目面积_3790平方米
投资金额_1100万元

陈方晓 *Chen Fangxiao*

博客：http:// 481925.china-designer.com
公司：陈方晓C设计事务所
职位：创作总监
职称： 阿拉伯酋长国迪拜阿扎曼艺术大学 客座教授
奖项：
2008亚太室内设计双年大奖赛商业空间金奖——《星空》
2010亚洲室内设计竞赛样板房类金奖——《隐》
2010亚洲室内设计竞赛样板房类银奖——《拈花一笑》
2010亚洲室内设计竞赛样板房类银奖——《天书》
项目：
香港“泉水湾”售楼中心
香港 “泉水湾”样品房
“君临宝邸”酒店式售楼中心
“君临宝邸” 样板房
“故宫裕景” 会所
中骏置业 “西湖1号”样板房
新颐和茶会所
“鑫海湾”样板房
蓝马酒吧会所等

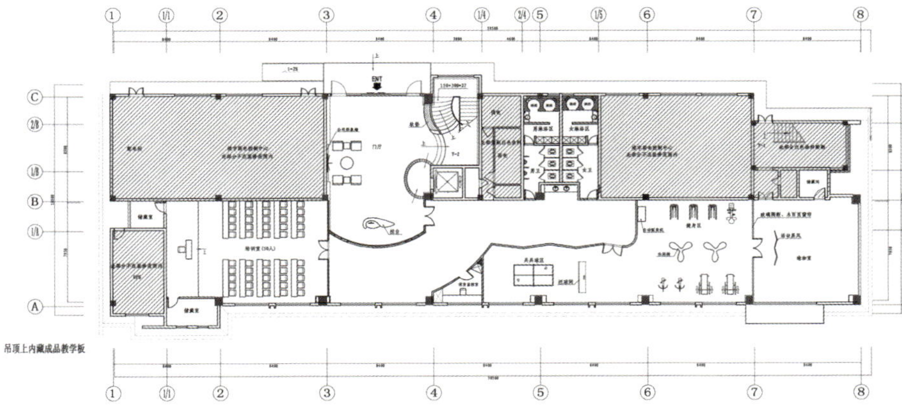

一层平面图

A 项目定位 Design Proposition

设计概念起源于业主企业的服务内容：为各个不同企业的核心运营过程设计电脑程式，就如同DNA编码。

B 环境风格 Creativity & Aesthetics

DNA被符号化，解码为设计的主要文脉，贯穿整个空间的始终。

C 空间布局 Space Planning

DNA解码为方便务实的办公操作台，一个办公组团连接另一个办公组团，将窄长的办公空间很好的化解为一个有机的整体。

D 设计选材 Materials & Cost Effectiveness

DNA解码为接待大厅形象墙上的艺术装置——业主与其客户的LOGO相濡以沫。DNA解码柔美的照明装置。

E 使用效果 Fidelity to Client

满意度高，无形中提高工作质量。

Wuqian Decoration Design Office

五千装饰设计事务所

Project Name_Wuqian Decoration Design Office
Chief Designer_Qiu Qianmou
Location_Fuzhou Fujian
Project Area_650sqm
Cost_180,000RMB

项目名称_五千装饰设计事务所
主案设计_邱千谋
项目地点_福建 福州
项目面积_650平方米
投资金额_18万元

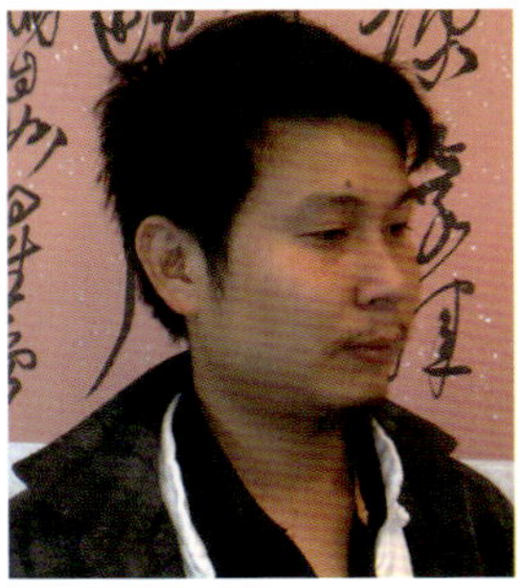

邱千谋 *Qiu Qianmou*

博客：http:// 1612.china-designer.com
公司：五千装饰设计事务所
职位：艺术总监
职称：高级室内设计师

COMPANY FOCUSED
HOME SPACE, COMMERCIAL
SPACE, DINING SPACE, HOTEL
SPACE DECORATION ENGINEERING
CONSULTING, DESIGN, CONSTR-
UCTION, PROFESSIONAL SERVICES
ORGANIZATIONS, ADHERE TO THE
"HIGH-QUALITY, FASHION DESIGN,
QUALITY ENGINEERING QUALITY
AND STANDARDIZED SERVICE
MANAGEMENT FOR THE PURPOSE.
DESIGN PHILOSOPHY: DESIGN
IS THE SOUL OF DECORATION;
UPHOLD THE "PEOPLE-ORIENTED,
DEMONSTRATE PERSONALITY"
DESIGN.
CORPORATE CULTURE: CUL-
TURE 5000 ZHUO YUAN CHANG,
THE 5000 CONCEPT OF DEEP

A 项目定位 Design Proposition

本工作室设计简练，在中式的元素演变现代的设计生活气息，定位为品味生活，品味设计。

B 环境风格 Creativity & Aesthetics

简单个性，有着中式的魅力，含着现代感，灯光及色彩都带着黑元素，对生活充满击破感。

C 空间布局 Space Planning

空间虽小，布局简单，功能上符合设计事务所的经营方式。

D 设计选材 Materials & Cost Effectiveness

灰色调，一些中式的元素，大部分材料都是暗色，在这样的空间里虽然有压力，但是就想突破这片光线，达到设计的激情感。附加光感让整体空间更加个性稳重。

E 使用效果 Fidelity to Client

给高端客户一种自信感，艺术的空间与普通装饰公司不一的神秘感。

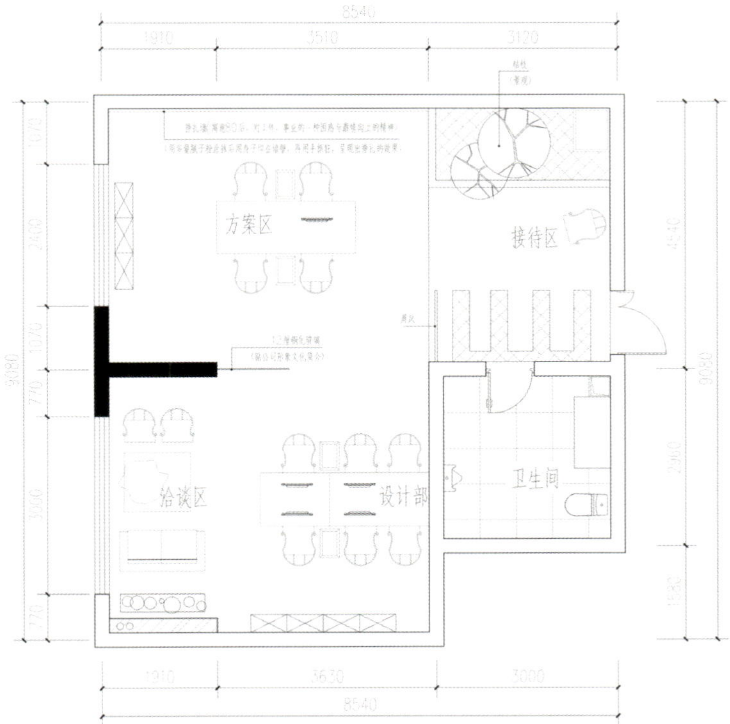

平面图

国际建筑装饰设计+选材博览会〈D+B博览会〉主题评选
JINTANGPRIZE金堂奖
2010 CHINA-DESIGNER 中国室内设计年度评选
CHINA INTERIOR DESIGN AWARDS 2010

设计创造价值

—— 为百万设计师呐喊，向千万业主传播！

中国林业出版社

崔海涛 *Cui Haitao*
K2 Clothing Store
k2服饰专卖店

房晓东 *Fang Xiaodong*
Ornaments Hall of Brandenburg
International Fabric Exhibition
勃兰登堡国际布艺生活馆饰品展厅

雷如松 *Lei Rusong*
Guangzhou Mahui Home Decoration Mall
广州马会家居城

毛维新 *Mao Weixin*
Xidebao Clothing Flagship Store
喜得宝服装旗舰店

李伟强 *Li Weiqiang*
Taigucang No.1 Building B
太古仓壹号B仓

巫晓伟 *Wu Xiaowei*
Aifeila Chateau
爱菲拉酒庄

高志强 *Gao Zhiqiang*
Minlong Ceramic Art Center
闽龙陶瓷

GOOD DESIGN OF THE YEAR
RETAIL

C

年度
优秀
购物
空间

年　江 *Nian Jiang*
TATA Art Museum
TATA木门艺术馆

李　圻 *Li Qi*
Beiguo Mall Supermarket
北国商城超市

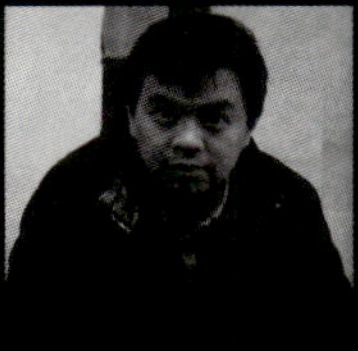

梁思佳 *Liang Sijia*
Sanya ChinaDuty Free Shop
三亚市内免税店

杜俊超 *Du Junchao*
China Unicom "Wo" Flagship Store
中国联通"沃"旗舰店

姜　峰 *Jiang Feng*
Optima Kitchen Cabinet
Beijing Flagship Store
欧派橱柜北京旗舰店

龚小刚 *Gong Xiaogang*
Shoudi Daxiagu Shopping Mall
首地大峡谷购物中心

李伟强 *Li Weiqiang*
Taigucang No.One A
太古仓壹号A仓

曾建龙 *Zeng Jianlong*
Fontainebleau Wine House
枫丹白露红酒屋

赵　虹 *Zhao Hong*
Tangshan Department Store
Shopping Center
唐山百货大楼超级商场

贺钱威 *He Qianwei*
GNIOUS Clothing Store
GNIOUS专卖店

蔡文齐 *Cai Wenqi*
WALTER KNOLL Furniture Hall
德国WALTER KNOLL家具展厅

马劲夫 *Martin*
Dimei Lighting Residence
帝美灯公馆

TATA
Art Museum

Project Name_TATA Art Museum
Chief Designer_Nian Jiang
Project Team_Xiong Shaohui
Location_Shenzhen Guangdong
Project Area_5,000sqm
Cost_8,000,000RMB

项目名称_TATA木门艺术馆
主案设计_年江
设计团队_熊绍辉
项目地点_广东 深圳
项目面积_5000平方米
投资金额_800万元

年 江 *Nian Jiang*

博客：http:// 38486.china-designer.com
公司：北京NZ.D设计事务所
职位：设计总监
职称：
国家注册高级室内建筑师
中国建筑装饰协会设计委员会 委员
中国建筑装饰与照明设计师联盟 理事
奖项：
“简一杯”中国别墅•酒店设计精英邀请大赛
“雷士”杯设计大赛
中国首届数码家居设计大赛
“照明周刊杯”年度总决赛

TATA
木门
艺术馆

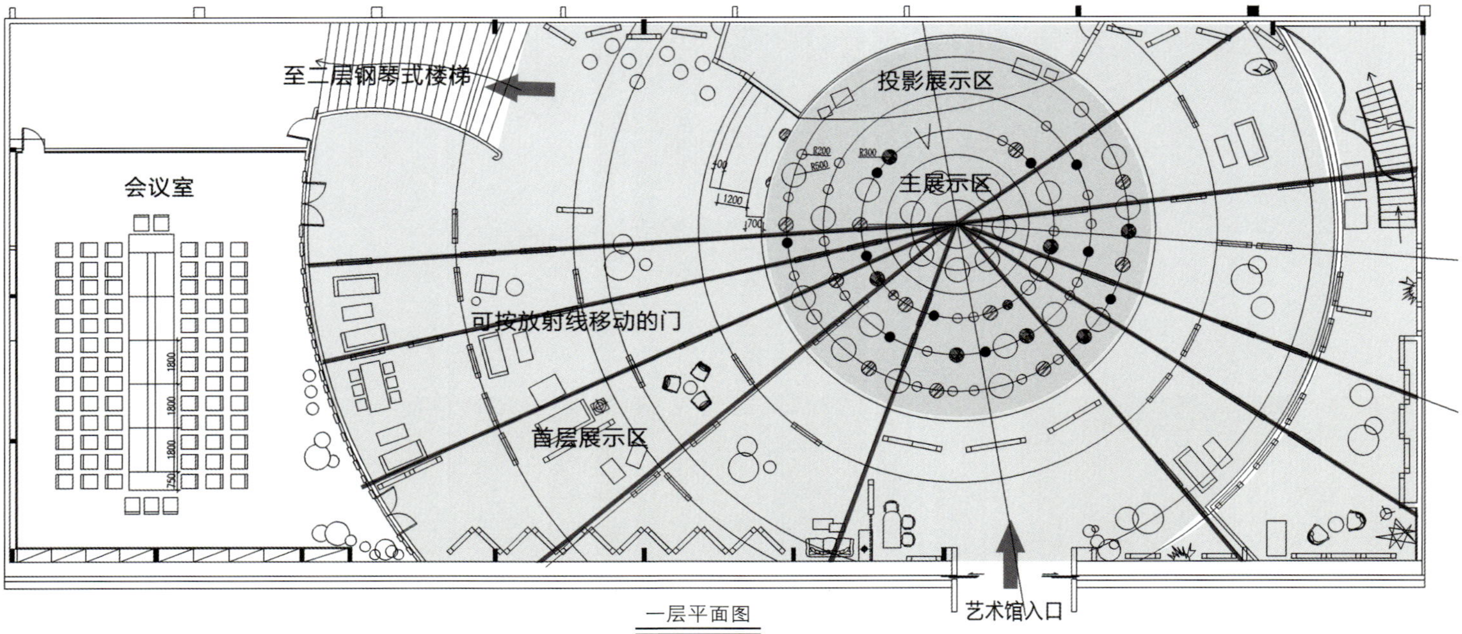

一层平面图

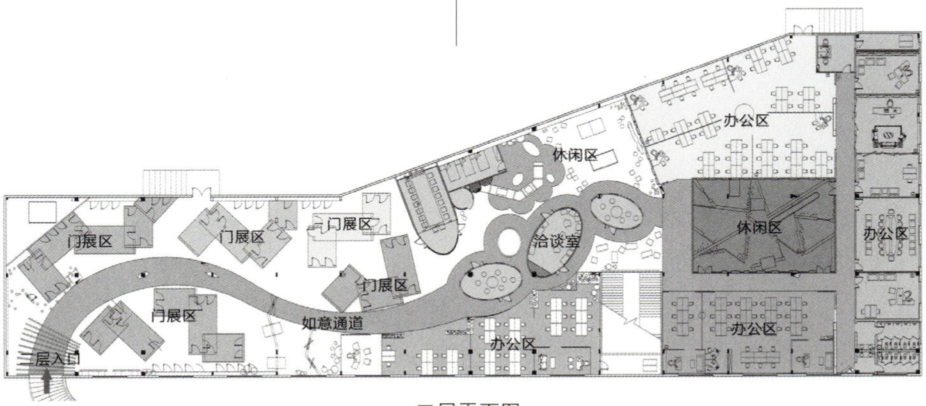

二层平面图

A 项目定位 Design Proposition

汇聚15个系列200多种产品、面积达5000平方米的展厅被誉为亚洲最大的主题木门艺术馆。

B 环境风格 Creativity & Aesthetics

家装展厅里，色彩材质不一、款式迥异的木门或微微侧身或半露尊容，总之全都立在以吊顶为极点向外辐射的经线上，沿着这条经线，它们可以随时移动“身躯”向人们展示其最美的角度；沿着钢琴式楼梯进入工程展厅，奢华、时尚或现代风格的木门全都融入一个个看似独立却又藕断丝连的“太空舱”里，每一个太空舱里都演绎着不同的家居环境，给人直观立体的感受。

C 空间布局 Space Planning

在首层的设计中，我们以经纬线的结构形式进行了设计。进入展厅后被通高4.5米的门展示板所包围，如同进入了门的世界，门的海洋。

D 设计选材 Materials & Cost Effectiveness

我们在设计中采用了新颖的设计和表现手法，运用了大量的时尚设计元素，以最大的可能性表现出TATA木门的产品市场定位。一层室内以圆心为向心点，布置了不同材质、高低不同、直径不同的圆形装置，如同林立的雕塑，即可以是座位也可以作为摆放物件的基座，视觉冲击力强。我们使用最简单的材料，却创造了美妙的空间。

E 使用效果 Fidelity to Client

完全抛弃那种传统“一面展示墙上嵌着不同款式木门”的传统展示方法，而是可以通过营造更时尚现代的整体环境，将一扇扇门变得更加生动立体，激发人们对美好生活的渴望。

Aifeila Chateau
爱菲拉酒庄

巫晓伟 *Wu Xiaowei*

博客： http:// 26329.china-designer.com
公司： 巫小伟设计事务所
职位： 设计总监
职称：
国家注册室内建筑师
国家注册高级住宅室内设计师
中国建筑装饰协会 会员
中国建筑装饰协会官方网站 推荐会员
奖项：
08年作品入选中国最具价值商业设计50强
09搜狐焦点全国10大公益设计师
09作品《精致慢生活》入选中央电视台交换空间
项目：
常熟市万宝桥梁构件办公楼
常熟是赛蒂皮件有限公司办公楼及展厅
上海良机博物馆
杭州市滨江区南港大酒店方案设计
阳光花园别墅
银湖花园别墅19幢
银湖花园别墅20幢
湖畔现代城现场售楼处等

Project Name_Aifeila Chateau
Chief Designer_Wu Xiaowei
Location_Changshu Jiangsu
Project Area_700sqm
Cost_1,000,000RMB

项目名称_爱菲拉酒庄
主案设计_巫晓伟
项目地点_江苏 常熟
项目面积_700平方米
投资金额_100万元

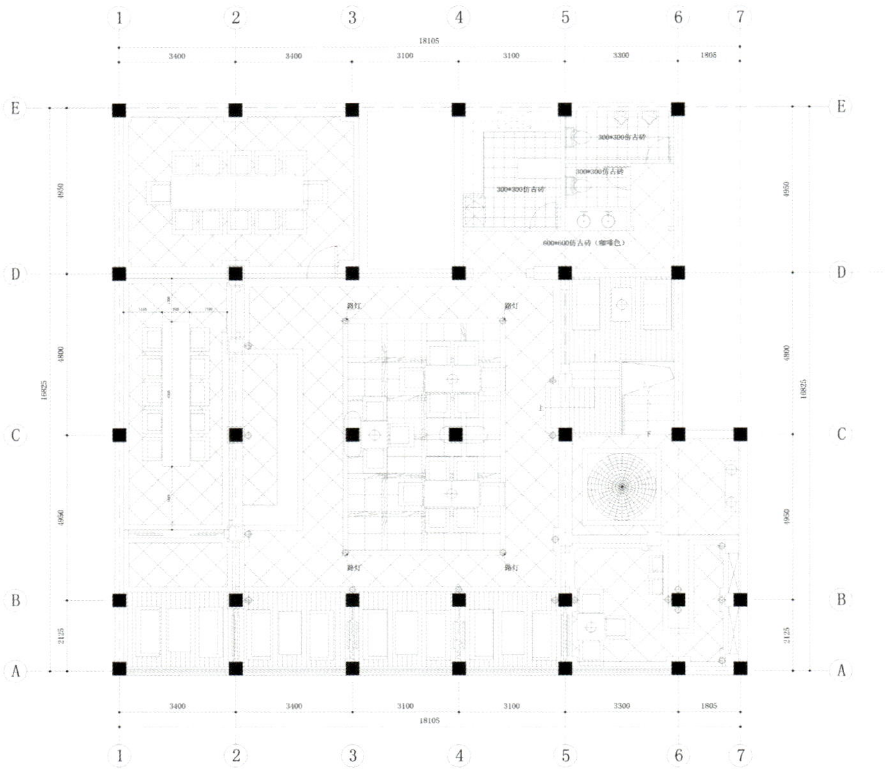

平面图

A 项目定位 Design Proposition

酒是种文化，这是一个品酒及藏酒的地方，提供上面送酒，不只是单纯的零售酒。

B 环境风格 Creativity & Aesthetics

大的展厅设计简洁，浅色地砖，水泥顶面，让空间显得干净利索。加之层高又高，给人非常宽阔的感觉。

C 空间布局 Space Planning

一层为仓卖，主要是零售。二层为私人会所，不对外营业。这个酒庄提出的是vip服务，客人有自己的酒库，有自己的钥匙，可以给企业活动用。可以开新酒发布，甚至可以给汽车的发布提供场所。

D 设计选材 Materials & Cost Effectiveness

大量运用水泥漆、真石漆、实木、仿古地砖、砂岩等材料。

E 使用效果 Fidelity to Client

独特匠心的设计吸引大量顾客光顾，得到一致赞赏。

Ornaments Hall of Brandenburg International Fabric Exhibition

勃兰登堡国际布艺生活馆饰品展厅

Project Name_Ornaments Hall of Brandenburg International Fabric Exhibition
Chief Designer_Fang Xiaodong
Location_Hangzhou Zhejiang
Project Area_400sqm
Cost_500,000RMB

项目名称_勃兰登堡国际布艺生活馆饰品展厅
主案设计_房晓东
项目地点_浙江 杭州
项目面积_400平方米
投资金额_50万元

房晓东 *Fang Xiaodong*

博客： http:// 208326.china-designer.com
公司： 杭州户方装饰工程设计有限公司
职位： 总设计师
职称：
中国高级室内建筑师
工程师
中国建筑装饰协会设计委员会 委员
全国杰出中青年室内建筑师
CIID中国建筑学会室内设计分会 会员
IFI国际室内建筑师设计师联盟 专业会员
中国硬笔书法协会 会员
浙江省民间美术家协会 会员
奖项：
2006年中国室内设计大奖赛佳作奖
2008年中国室内设计大奖赛二等奖
2008年上海国际设计节〝金外滩〞入围奖
2009年上海国际设计节〝金外滩〞提名奖
2009年首届全国最具商业价值设计50强
2009年中国室内设计大奖赛佳作奖
2010年全国杰出的中青年室内建筑师称号
项目：
舟山天丰楼大酒店
宁波甬港饭店
杭州千岛湖新凤凰休闲度假村
舟山海天楼大酒店
浙江东阳宾馆等

A 项目定位 Design Proposition

饰品展厅作为整个生活馆的主要组成部分，运用夸张的异形空间形式，总体白色色调，成为生活馆一道靓丽的风景。

B 环境风格 Creativity & Aesthetics

饰品展示厅是黑白的异形空间，弱化所有的空间体面。在这里，只有展示的陈设品才是最主要的，而同时整个空间本身就是一个大的艺术品。

C 空间布局 Space Planning

饰品展示厅是黑白的异形空间，弱化所有的空间体面。在这里，只有展示的陈设品才是最主要的，而同时整个空间本身就是一个大的艺术品。

D 设计选材 Materials & Cost Effectiveness

单一的材料，运用精到的工艺来体现材质的档次。

E 使用效果 Fidelity to Client

杭州勃兰登堡的建成，将彻底改变传统布艺饰品展示空间的形象，以及目前国内高端布艺商场的市场格局，推动整个行业向更加专业化的方向发展。

Project Name_WALTER KNOLL Furniture Hall
Chief Designer_Cai Wenqi
Project Team_Luo Zhenhua / Wu Yiqun / Song Junye / Nie Chunkai / Wang Eryong / Zhang Zhiqiang / Pi Lei / Wang Xisa / Hao Yue / Zhao Xu
Location_Chaoyang District Beijing
Project Area_2,000sqm
Cost_60,000,000RMB

项目名称_德国WALTER KNOLL家具展厅
主案设计_蔡文齐
设计团队_罗振华 / 吴逸群 / 宋军晔 / 聂春凯 / 王二永 / 张志强 / 皮蕾 / 王夕萨 / 郝越 / 赵旭
项目地点_北京 朝阳
项目面积_2000平方米
投资金额_6000万元

WALTER KNOLL Furniture Hall
德国WALTER KNOLL家具展厅

集美组 NEWSDAYS

北京集美组装饰工程有限公司

主案设计：蔡文齐 *Cai Wenqi*

博客： http://497789.china-designer.com
职位： 董事、总设计师
职称：
中国高级室内设计师
中国高级室内建筑师
高级环境艺术设计师
北京集美组装饰工程有限公司 董事
IFDA国际室内装饰设计协会 会员
IFI国际室内建筑师 / 设计师联盟 会员
全国杰出中青年室内建筑师
全国百名优秀室内建筑师
影响广州室内设计二十年二十人之一

奖项：
北京国泰饭店——全国室内装饰优秀设计奖
银城酒店——第九届全国美术作品展金奖
浙江世界贸易中心大饭店——第九届全国美术作品展优秀奖
广州番禺长隆酒店大堂——全国第四届室内设计大展金奖
南海内衣城 、霓裳西餐厅、长沙神龙大酒店——全国第四届室内设计大展金奖
东莞御景湾酒店多功能厅、茶园、大堂——全国第四届室内设计大展金奖
御景湾酒店建筑及室内总体设计——第十届全国美术作品展优秀奖
银城酒店室内设计——第七届广东省鲁迅文学艺术奖
广州长隆酒店——“为中国而设计”首届全国环境艺术设计大展金奖

项目：
北京国泰饭店
浙江世界贸易中心大饭店
广州番禺长隆酒店大堂
东莞御景湾酒店多功能厅
御景湾酒店建筑及室内总体设计
广州长隆酒店等

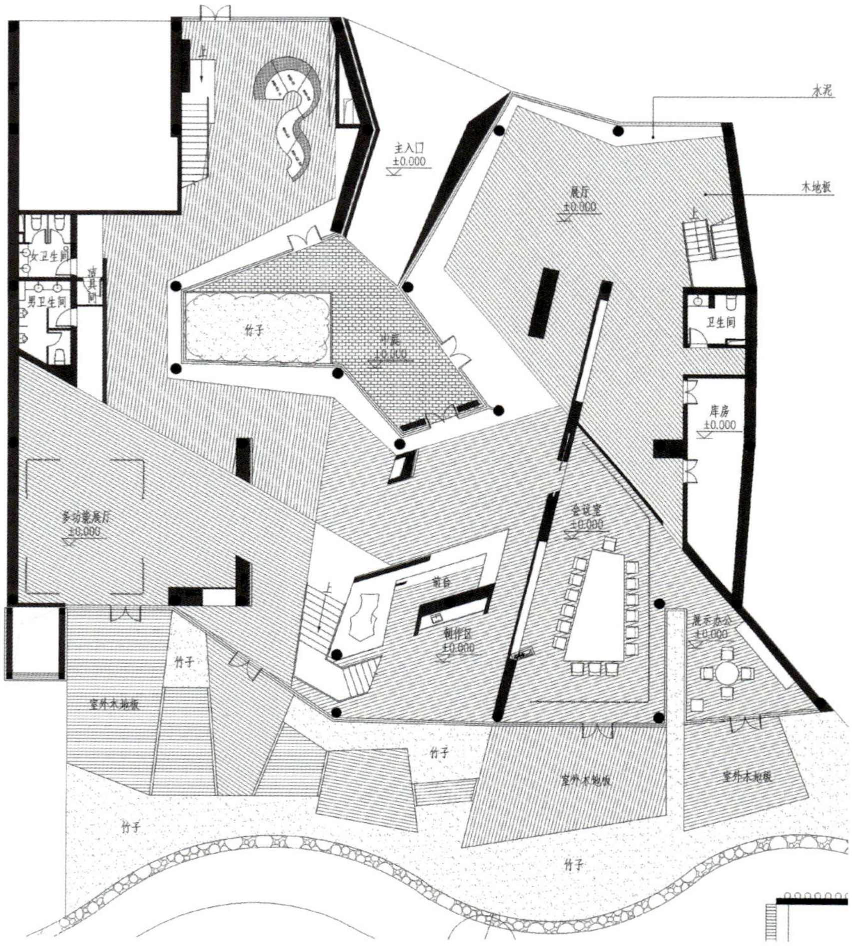

一层平面布置图

A 项目定位 Design Proposition

德国顶级家具品牌WALTER KNOLL的每一款都由世界顶级的建筑师和设计师操刀。在我们的设想中，她在北京的专卖店会像一个会所、一个美术馆。

B 环境风格 Creativity & Aesthetics

简约的气质是为了让她更像一个美术馆，因为她要“包容”无数的流派风格。

C 空间布局 Space Planning

空间布局将开放的厨房和活动的会议厅结合，展现了一个不像专卖店的专卖店——但正因为如此，生活的高品质凸显了空间的高品质。

D 设计选材 Materials & Cost Effectiveness

选材重视简洁又有肌理，就像上好的纸面画材，等待世界级的作品。

E 使用效果 Fidelity to Client

这里经常举行高级的酒会和活动，推动了人们对德国顶级家具的了解，让真正的顶级生活渐入人心。

Taigucang No.1 Building A

Project Name_Taigucang No.1 Building A
Chief Designer_Li Weiqiang
Location_Guangzhou Guangdong
Project Area_3,500sqm
Cost_2,000,000RMB

项目名称_太古仓壹号A仓
主案设计_李伟强
项目地点_广东 广州
项目面积_3500平方米
投资金额_200万元

李伟强 *Li Weiqiang*

博客： http:// 461741.china-designer.com
公司： 广东集美设计工程公司
职位： T组总设计师
职称： 高级室内建筑师
奖项：
京津温泉度假村总统别墅（奢华中式）获2008年度广东环境艺术大赛银奖
苏州吴江盛泽嘉城国际夜总会获2008年度广东环境艺术大赛优秀奖
获金羊奖2009年度羊城十大优秀设计师
中国百杰优秀室内设计师等
2009年被广东省装饰行业协会评为岭南杯杰出设计师称号
太古仓壹号获得2010年"照明周刊杯"中国照明应用大赛深圳赛区商业类一等奖
项目：
流花君庭项目
京津温泉度假村总统别墅（奢华中式）
天津京津温泉度假村会所惠州高尔夫二期项目
广州珠江帝景A4复式项目
广州太古仓壹号项目
吴江盛泽夜总会等

太古仓
壹号A仓

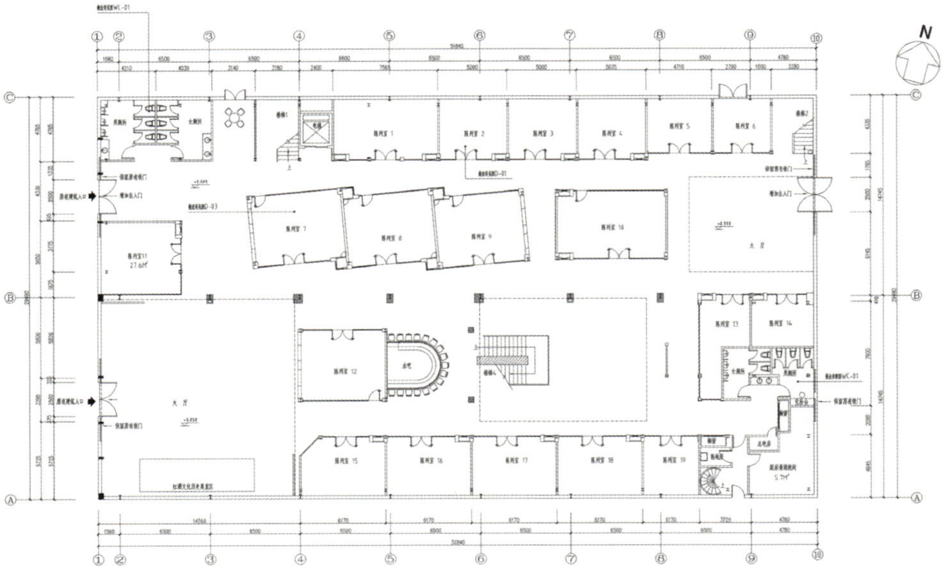

一层平面布置图

A 项目定位 Design Proposition

太古仓壹号的市场定位为国际葡萄酒采购中心。其中A仓主要功能除了汇聚全球数十家葡萄酒经营商家进驻开设旗舰店与概念店外，更加利用太古仓码头的历史背景和独特的建筑风格，提供大量展示及活动空间，可供各类型的静态艺术。

B 环境风格 Creativity & Aesthetics

这次设计在环境风格上的设计关键点不在于彰显个性,而在于尽可能把新设计的部分与原建筑的风格相融合,力求让人置身其中自然而然产生"这里本该如此"的感觉。

C 空间布局 Space Planning

在空间布局上，设计师尽可能利用原建筑6米层高的空间特点，在适当的位置搭建夹层，在减轻空间的空荡感的同时增加商业面积。此外，商铺的布局不求多，只求精，力求做到每个铺都能尽量展现自己的个性与特点。在空间上尽量打破原来仓内方正的平面格局。

D 设计选材 Materials & Cost Effectiveness

设计师以原建筑为蓝本，在材料上选用和原建筑相同的材料——红砖，原木，涂料，甚至在新加的造型上也和建筑紧密联系，力求做到修旧如旧。

E 使用效果 Fidelity to Client

新的太古仓壹号不仅以红酒精品街为主题，为世界各国的葡萄酒商提供便利的销售平台。通过太古仓壹号所进行的文化交流与推广活动是很多比之但更大型的商业空间所无法比拟的。

Taigucang No.1 Building B

Project Name_Taigucang No.1 Building B
Chief Designer_Li Weiqiang
Project Team_Tan Hanwei
Location_Guangzhou Guangdong
Project Area_3,500sqm
Cost_2,800,000RMB

项目名称_太古仓壹号B仓
主案设计_李伟强
设计团队_谭翰伟
项目地点_广东 广州
项目面积_3500平方米
投资金额_280万元

李伟强 *Li Weiqiang*

博客： http:// 461741.china-designer.com
公司： 广东集美设计工程公司
职位： T组总设计师
职称： 高级室内建筑师
奖项：

京津温泉度假村总统别墅（奢华中式）获2008年度广东环境艺术大赛银奖
苏州吴江盛泽嘉城国际夜总会获2008年度广东环境艺术大赛优秀奖
获金羊奖2009年度羊城十大优秀设计师
中国百杰优秀室内设计师等
2009年被广东省装饰行业协会评为岭南杯杰出设计师称号
太古仓壹号获得2010年“照明周刊杯”中国照明应用大赛深圳赛区商业类一等奖

项目：

流花君庭项目
京津温泉度假村总统别墅（奢华中式）
天津京津温泉度假村会所惠州高尔夫二期项目
广州珠江帝景A4复式项目
广州太古仓壹号项目
吴江盛泽夜总会等

太古仓
壹号B仓

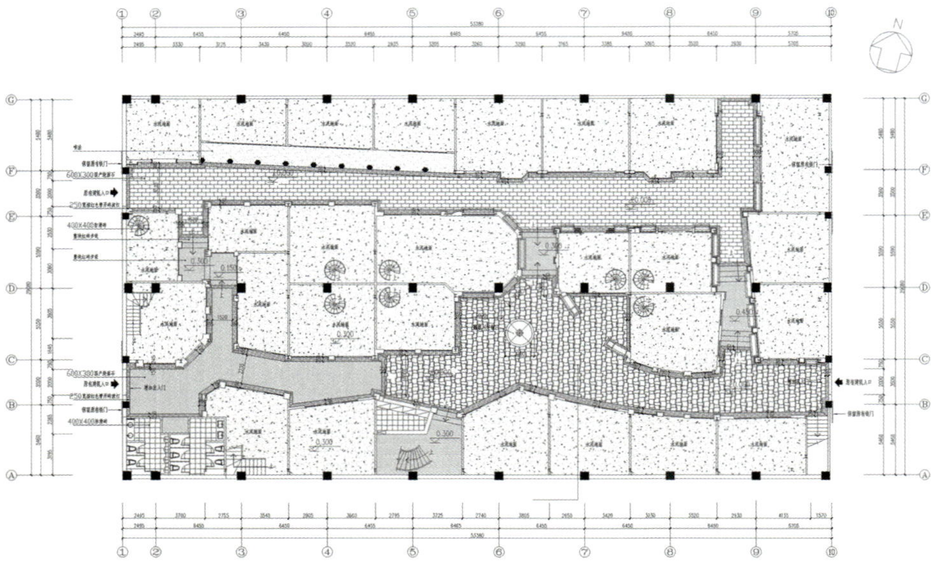

一层平面布置图

A 项目定位 Design Proposition

太古仓壹号的市场定位是国际葡萄酒采购中心，分别由A，B两个独立的仓库组成，其中B仓在设计之初，投资方和设计师就达成了共识：即以几个葡萄酒之乡的建筑为蓝本，在仓内打造出一个别致的欧洲小镇。

B 环境风格 Creativity & Aesthetics

本项目在设计风格上最大的特点就是把几个红酒产区的特色建筑汇聚起来，向客人展示红酒文化在不同地区的独特个性。

C 空间布局 Space Planning

在平面布局上，设计师避免使用平板的线条，代之以曲线与几何形，从而实现了仓内每个商铺都具有独一无二的平面，为立面上个性化的设计提供了良好的基础。

D 设计选材 Materials & Cost Effectiveness

由于B仓是由几个不同风格的建筑组成，具有多元性的特点。所以在选材方面也需要分别对待，不能一概而论。此外，为了表现其街道景观的真实性，设计师选用了小块方形的手打麻石作为地面铺设材质，其略显粗糙的表面正好符合了欧洲街道的特点。

E 使用效果 Fidelity to Client

新的太古仓壹号不仅以红酒精品街为主题，为世界各国的葡萄酒商提供便利的销售平台。通过太古仓壹号所进行的文化交流与推广活动是很多比之但更大型的商业空间所无法比拟的。

Spain

Tangshan Department Store Shopping Center

唐山百货大楼超级商场

Project Name_Tangshan Department Store Shopping Center
Chief Designer_Zhao Hong
Location_Tangshan Hebei
Project Area_14,315sqm
Cost_35,000,000RMB

项目名称_唐山百货大楼超级商场
主案设计_赵虹
项目地点_河北 唐山
项目面积_14315平方米
投资金额_3500万元

赵 虹 *Zhao Hong*

博客：http:// 120785.china-designer.com
公司：北京筑邦建筑装饰工程有限公司
职位：总建筑师

职称：
高级室内建筑师
中国建筑装饰协会室内设计委员会 副秘书长

奖项：
英国皇家建筑师协会RIBA DiverseCity国际竞赛中国站优胜者
IDA亚太区室内设计大奖荣誉奖
中国第五届室内设计双年展金奖
北京市规划委员会北京市优秀工程设计一等奖

项目：
首都机场T3航站楼免税店
唐山百货大楼
北京金融街丽思卡尔顿酒店与美国HBA合作
四川成都国际网球会议中心锦江酒店
北京建银大厦酒店
北京珠江国际城售楼处会所
北京香槟小镇售楼处会所
北京金融街B7项目与美国SOM合作
北京朝外中国人寿大厦与美国RTKL合作
北京华夏银行总部方案设计与美国GENSLER合作
北京北方贝尔公司总部 与加拿大B+H合作等

A 项目定位 Design Proposition

外形方正有力，重复均布的开窗，又将巨大的体量化解。其中的“超级商场”是地震之后新建的第一个大型商场。

B 环境风格 Creativity & Aesthetics

设计重点分析了卖场照明，照明与形的关系引出了吊顶渐变的重复藻井，泛光照明使得光线柔和，藻井中央的射灯可以针对不同商品陈列调整方向。

C 空间布局 Space Planning

各层之间既有逻辑关系又相互独立。每个单独藻井的中央都有可调方向射灯，为商品提供照明。设计语言借助了图形学，以几个简单的图形覆盖各个空间，使整个室内空间有其连续性。

D 设计选材 Materials & Cost Effectiveness

新型材料、新型照明产品都是设计选材上的一大亮点。

E 使用效果 Fidelity to Client

唐山正在向现代化大城市迈进。本项目就是个特色标志，运营之后，得到了业主高度评价。

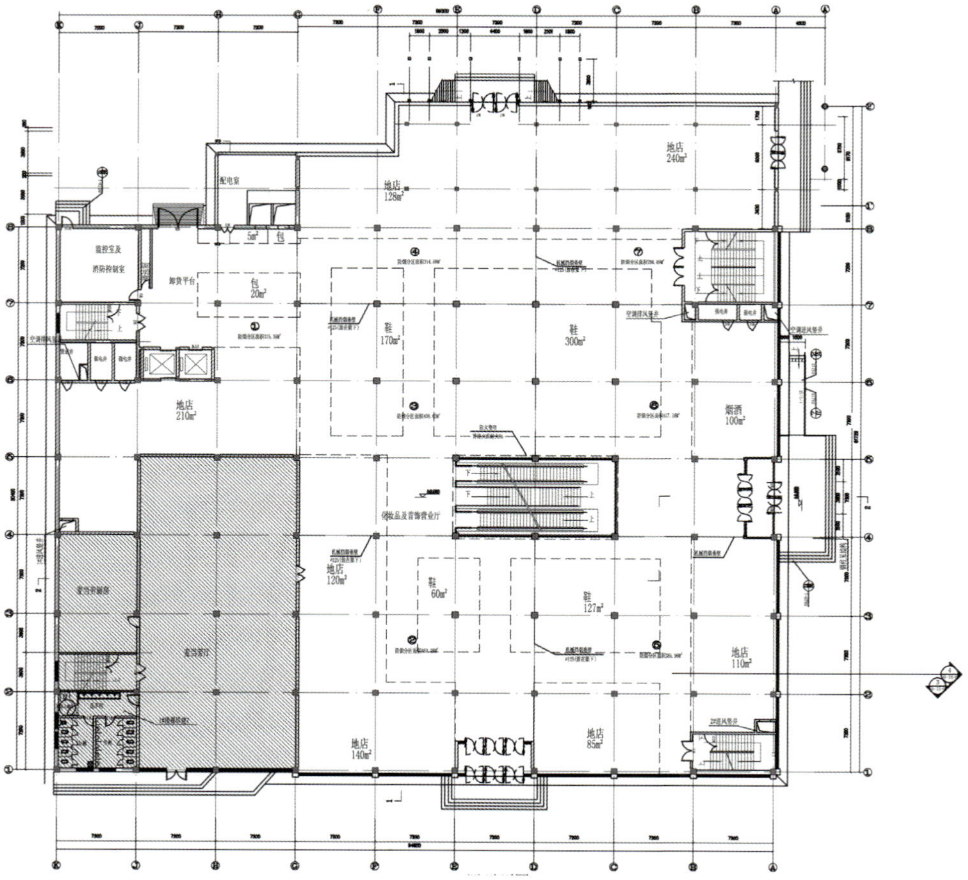

一层平面布置图

NIKE

YANZE
YanZe Fashion

Project Name_Xidebao Clothing Flagship Store
Chief Designer_Mao Weixin
Location_Hangzhou Zhejiang
Project Area_350sqm
Cost_500,000RMB

项目名称_喜得宝服装旗舰店
主案设计_毛维新
项目地点_浙江 杭州
项目面积_350平方米
投资金额_50万元

Xidebao Clothing Flagship Store
喜得宝服装旗舰店

毛维新 *Mao Weixin*

博客： http:// 243986.china-designer.com
公司： 杭州思杰空间设计有限公司
职位： 设计总监
职称：
CIDA中国室内装饰协会 会员
大师网推荐设计师
中国建筑与室内设计师网推荐设计师

A 项目定位 Design Proposition

喜得宝服饰重新塑造了一个全新的子品牌"盐泽"，所以在设计上采用中国传统文化与现代感的表现手法的形式体现传统元素创新组合的概念。

B 环境风格 Creativity & Aesthetics

设计上保留了很多原建筑结构上传统元素，整体空间色调以明快简洁为主色调，与原建筑的深色吊顶形成反衬，展示服饰的墙面采用宣纸为材料，上面由大师级画家创作抽象写意的水墨画，保留喜得宝品牌传统的文化底蕴。

C 空间布局 Space Planning

一楼定位精品展示空间，吸引客户；二楼作为高级定制空间，相对有独立的空间，三楼则以搭配服饰配饰为主。

D 设计选材 Materials & Cost Effectiveness

南宋御街是杭州市政府大力开发的文化古街，作为杭州的旅游及商业亮点，因此在保留原来的面貌的基础上体现品牌文化，在选材和设计上颇为讲究。

E 使用效果 Fidelity to Client

开业之后，整体效果相当理想，经营一年多，品牌知名度和市场认可度得到进一步提升。

Minlong Ceramic Art Center

闽龙陶瓷

高志强 *Gao Zhiqiang*

博客： http:// 254874.china-designer.com
公司： 北京筑邦建筑装饰工程有限公司 高志强设计工作室
职位： 设计总监
职称：
高级室内建筑师
IFI国际室内建筑师联盟专业 会员
中国地产协会、地产委员会 专家委员
中国建筑装饰协会设计委员会 委员
奖项：
美国室内设计杂志（中文版）封面人物（2009）
中国百名杰出室内设计师（2009金羊奖）
中国十大室内设计师提名奖（2009金羊奖）
中国室内设计精英奖（2008年）
全国杰出中青年室内建筑师
项目：
万达广场天津步行街设计
唐岛湾步行街设计
万千百货洛阳店设计
闽龙陶瓷艺术馆设计
威海市民文化中心艺术馆设计
天津海关培训中心酒店设计
赤道几内亚总统官邸设计
重庆香格里拉酒店设计
日坛宾馆改扩建设计等

Project Name_Minlong Ceramic Art Center
Chief Designer_Gao Zhiqiang
Project Team_Xu Yunqing / Li Haidong
Location_Chaoyang District Beijing
Project Area_3,500sqm
Cost_5,250,000RMB

项目名称_闽龙陶瓷
主案设计_高志强
设计团队_徐云庆 / 李海东
项目地点_北京 朝阳
项目面积_3500平方米
投资金额_525万元

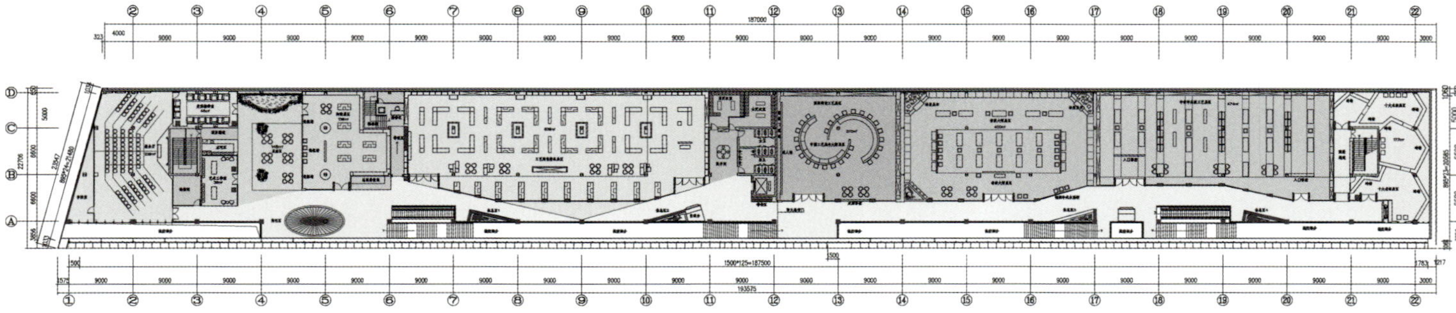

平面布置图

A 项目定位 Design Proposition

本案设计上从传统文化中汲取灵感，用现代手法演绎，把展卖双重功能融合在艺术馆中，赢得了各方面极佳的好评和赞誉，将景德镇艺术品陶瓷以商业的手段进行的包装，使人们对景德镇艺术品陶瓷有了全新的认知。

B 环境风格 Creativity & Aesthetics

我们将艺术馆的核心功能定位为“展”与“卖”。对于“展”，要求有很强的展示功能，强调艺术氛围，让客人在欣赏作品的过程中形成购买；对于“卖”，要求把艺术品作为商品进行陈列，设计客人环绕动线，设计主题灯光环境，突出商品的单品效果。

C 空间布局 Space Planning

相对独立又相互连通，在传统的商品陈列中求新求变，突出商品的单品效果，又组合排列相互关联，在隔断中强调似透非透，引导客人不自觉按设计的动线行走，从而导购进行销售。

D 设计选材 Materials & Cost Effectiveness

材料7+3理念

七分传统材料以全新工艺做法降低成本，同时提升价值。使用合适的常用、经济材料，降低维护成本、保洁成本。

三分新型材料在降低成本的同时诠释环保节能理念

E 使用效果 Fidelity to Client

1、本案令业主以中档装修成本投入，创造出了高端商业环境。

2、本案以可持续发展为设计特色，为未来的经营预留业态调整空间。

十大名窑：即可长期，也可新品发布。

3、本案通过合理组织空间，有效降低了后期管理的时间及人员成本。

K2 Clothing Store
k2服饰专卖店

Project Name_K2 Clothing Store
Chief Designer_Cui Haitao
Project Team_Zhu Feibo / Sun Jingjing / Shan Xiuli
Location_Nantong Jiangsu
Project Area_120sqm
Cost_400,000RMB

项目名称_k2服饰专卖店
主案设计_崔海涛
设计团队_朱非波 / 孙晶晶 / 单秀丽
项目地点_江苏 南通
项目面积_120平方米
投资金额_40万元

摩登天空文化传播有限公司

主案设计：崔海涛 *Cui Haitao*

博客：http:// 374422.china-designer.com

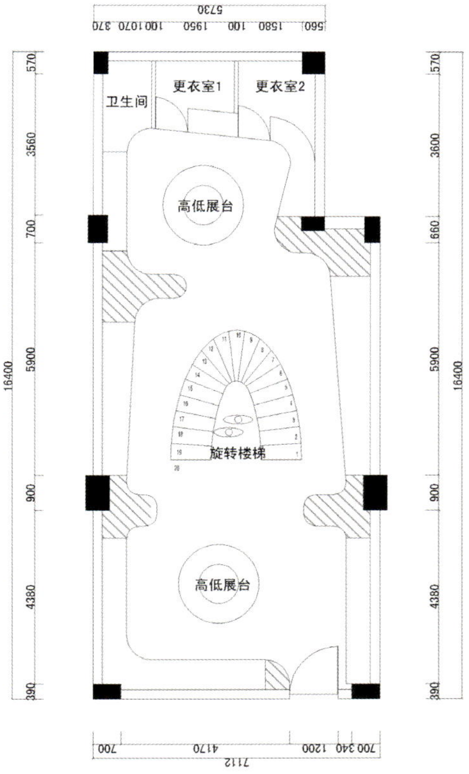

一层平面布置图

A 项目定位 Design Proposition

玫瑰金的门头，低调的张扬，宛如一个贵妇，品着红酒，享受着午后慵懒的阳光，越发让你有进去一探究竟的欲望。

B 环境风格 Creativity & Aesthetics

设计的概念是将整个空间视为单一的流畅空间，通过螺旋形楼梯使室内各部分连贯互通，一气呵成。由曲线及圆完美勾勒，给了整个空间流动感及生命感。

C 空间布局 Space Planning

楼梯蜿蜒在大厅中间，盘旋而上，由石材，透明玻璃，玫瑰金材质完美打造，铺上地毯，一个个曼妙的身姿款款而上，也被这蜿蜒的楼梯承托的更加婀娜。不拥挤的陈列，让一件件服饰，配饰，都更像一件件艺术品。

D 设计选材 Materials & Cost Effectiveness

室内的色调清纯一致，不突兀却柔和灯光，米色的背景软包，皮革墙纸，乳白色地砖，配搭闪亮玫瑰金，利用不同材料和灯光反射，协奏出流畅的动感，气氛与色调柔和舒泰。楼梯的地毯延伸至二楼全层，又给人另外一种温暖，恬静的感觉，楼梯上透明玻璃扶手的应用也同样延伸至二楼，俯首望去，似有天地互融之感。

E 使用效果 Fidelity to Client

光临过的顾客都很满意，之后会依依不舍的离开。

Beiguo Mall Supermarket
北国商城超市

Project Name_Beiguo Mall Supermarket
Chief Designer_Li Qi
Project Team_Qiu Jianyong
Location_Shijiazhuang Hebei
Project Area_6,000sqm
Cost_12,000,000RMB

项目名称_北国商城超市
主案设计_李圻
设计团队_仇建勇
项目地点_河北 石家庄
项目面积_6000平方米
投资金额_1200万元

ACDsiyo

北京港源清洋装饰有限公司

主案设计：李 圻 *Li Qi*

博客： http:// 515135.china-designer.com
职位： 设计总监
项目：

日本伊藤洋华堂凤店、西新井店
北京华堂商场望京店
北京王府井洋华堂劲松店
北京王府井洋华堂朝阳公园店
北京王府井洋华堂蒲黄榆店
国美电器方庄店
物美综合超市红居街店
青海王府井百货
成都伊藤洋华堂商场锦华店
石家庄北国商城超市
石家庄北国先天下超市
山西美特好连锁超市晋城店
中粮酒业名庄荟专卖店
北京顺天府超市
邯郸阳光超市
北京天客隆超市等

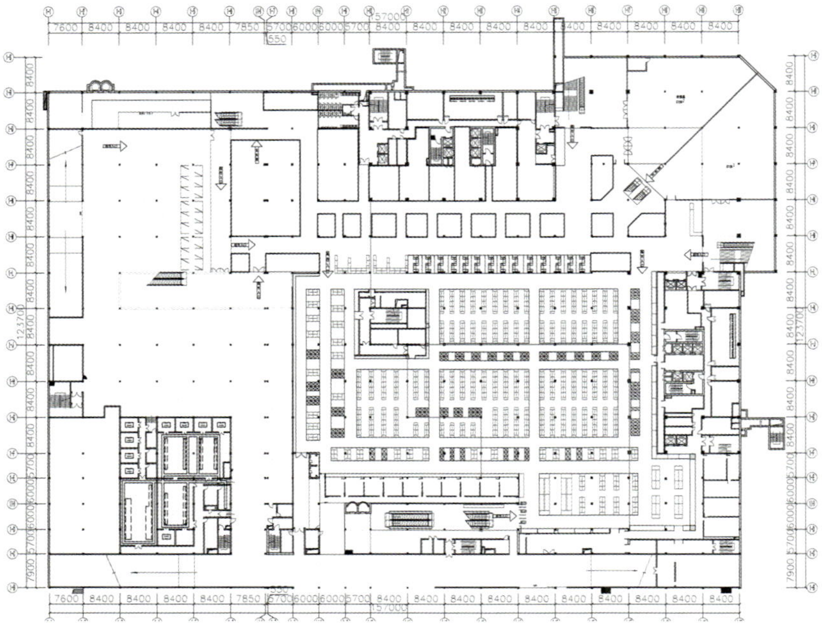

平面图

A 项目定位 Design Proposition

我们将项目定位为极具风格化的舒适性大卖场，在体现卖场亲和力的基础上，提升卖场档次。

B 环境风格 Creativity & Aesthetics

作品采用统一的设计手法，多种元素进行组合，用以突出卖场的时尚型和档次感。 在商品陈列上，采用了更加符合顾客心理的陈列方式。

C 空间布局 Space Planning

本案例使用环形动线，并将生鲜与食品卖场进行独立划分，使人流能够顺畅流动到卖场各个区域，从而杜绝了经营死角，最大限度的促进顾客的购买行为。

D 设计选材 Materials & Cost Effectiveness

为了满足商家经营需求，突出卖场的时尚感，本案使用阳光板、金属马赛克等材料进行搭配。

E 使用效果 Fidelity to Client

通过专业的商业布局，主题风格的衬托，以及合理的陈列售卖方式，增加了卖场的舒适性，提升了卖场的档次。

DIMEI
帝美·灯公馆
DIMEI LIGHTRESIDENCE

Project Name_Dimei Lighting Residence
Chief Designer_Martin
Project Team_He Jingpei
Location_Guangzhou Guangdong
Project Area_550sqm
Cost_3,600,000RMB

项目名称_帝美灯公馆
主案设计_马劲夫
设计团队_何景培
项目地点_广东 广州
项目面积_550平方米
投资金额_360万元

Dimei Lighting Residence
帝美灯公馆

广州市和马设计有限公司

主案设计：马劲夫 *Martin*

博客： http:// 467647.china-designer.com
职位： 设计总监
职称：
中国装饰协会 会员
IIDA国际设计师协会 会员

奖项：

2009年被中国饭店协会授予"中国十大酒店空间设计师"称号
获2007年IIDA第三届国际室内设计金奖
获2009年中国饭店业设计大赛综合型度假酒店银奖
获2010年珠三角室内设计锦标赛酒店空间组金奖
获第四届、第五届、第六届全国室内设计双年展优秀奖

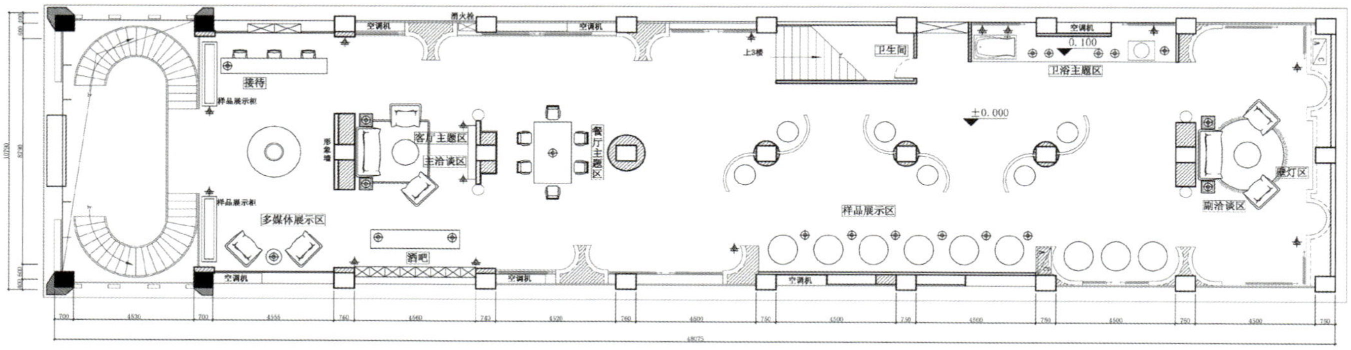
空调机
消火栓
上3楼
卫生间
卫浴主题区
0.100
接待
样品展示柜
客厅主题区
主洽谈区
餐厅主题区
±0.000
多媒体展示区
酒吧
样品展示区
刷洽谈区
4500
750
4500
750
4500
750

平面图

A 项目定位 Design Proposition

本案设计上秉承“新古典主义和解构主义”的理念，结合市场对灯饰的装饰要求设计而成。

B 环境风格 Creativity & Aesthetics

我们是以恰当的美学手法将其特点和精髓提炼出来，赋予一个有个性的灯饰展厅空间。

C 空间布局 Space Planning

整合灯公馆传统“五进”之美学概念，符合展厅流线的处理手法，融合东方哲思与西式新布局、创造一个新思维空间。

D 设计选材 Materials & Cost Effectiveness

运用黑镜钢，黑白汽车漆的合理搭配与组合，完美演绎了曲线结构空间的复杂层次。

E 使用效果 Fidelity to Client

独特的形象造型，以设计的创意带动产品销售，提升产品装饰气质。

Guangzhou Mahui Home Decoration Mall

广州马会家居城

Project Name_Guangzhou Mahui Home Decoration Mall
Chief Designer_Lei Rusong
Location_Guangzhou Guangdong
Project Area_90,000sqm
Cost_110,000,000RMB

项目名称_广州马会家居城
主案设计_雷如松
项目地点_广东 广州
项目面积_9万平方米
投资金额_1.1亿元

雷如松 *Lei Rusong*

博客： http:// 485502.china-designer.com
公司： 广州瀚雷装饰设计工程有限公司
职位： 总经理、主持设计师
职称：
高级室内设计师
中级环境艺术设计师
中国室内装饰协会 会员
奖项：
获“全国第五届室内设计双年展优秀奖”
获“第二届广东室内设计大赛优秀奖”
获“第七届中国国际室内设计双年展优秀奖”
获“岭南杯广东装饰行业设计作品展评铜奖、银奖”

A 项目定位 Design Proposition

以殿堂式家居精品展场设计理念；市场定位：中高端消费对象。

B 环境风格 Creativity & Aesthetics

殿堂式的卖场，精致、高雅。

C 空间布局 Space Planning

“丰”字形的平面布局，便于商场流通，街巷式中庭廊道，增强上下楼层的互动。

D 设计选材 Materials & Cost Effectiveness

流金间黑色地面瓷砖的大胆运用，配以黑镜钢灯体柱的独特装饰。

E 使用效果 Fidelity to Client

自运营以来，商家爆满，消费者络绎不绝，目前在人们口碑中已营成广州市中心城区最大最上档处的精品家居卖场。

让生活更艺术 让家居更时尚
MORE ART OF LIFE
MORE FASHION OF HOME
标卓家私
马会家居首层西区105号
电话：8701 8808
柏森家具
From Germany
Kinwai

Optima Kitchen Cabinet Beijing Flagship Store

欧派橱柜北京旗舰店

Project Name_Optima Kitchen Cabinet Beijing Flagship Store
Chief Designer_Jiang Feng
Project Team_Yuan Xiaoyun / Chen Liqing
Location_Fengtai District Beijing
Project Area_3,800sqm
Cost_15,000,000RMB

项目名称_欧派橱柜北京旗舰店
主案设计_姜峰
设计团队_袁晓云 / 陈礼庆
项目地点_北京 丰台
项目面积_3800平方米
投资金额_1500万元

J&A®
INTERIOR DESIGN
姜峰室内設計

深圳姜峰室内设计有限公司

主案设计：姜 峰 *Jiang Feng*

博客： http:// 148028.china-designer.com
职位： 总经理、总设计师
职称：
教授级高级建筑师
高级室内建筑师
建筑学硕士
中国建筑学会室内设计分会 副会长
中国建筑装饰协会设计委 副主任
《现代装饰》杂志 编委
广州美院客座教授等
奖项：
荣获全国有成就的资深室内建筑师
中国室内设计师年度十大人物
深圳市十大杰出青年
全国青年岗位能手
"中国室内设计20年" 设计功勋奖
中国国际设计艺术观摩展终身艺术设计成就奖
广东省装饰行业功勋设计师等

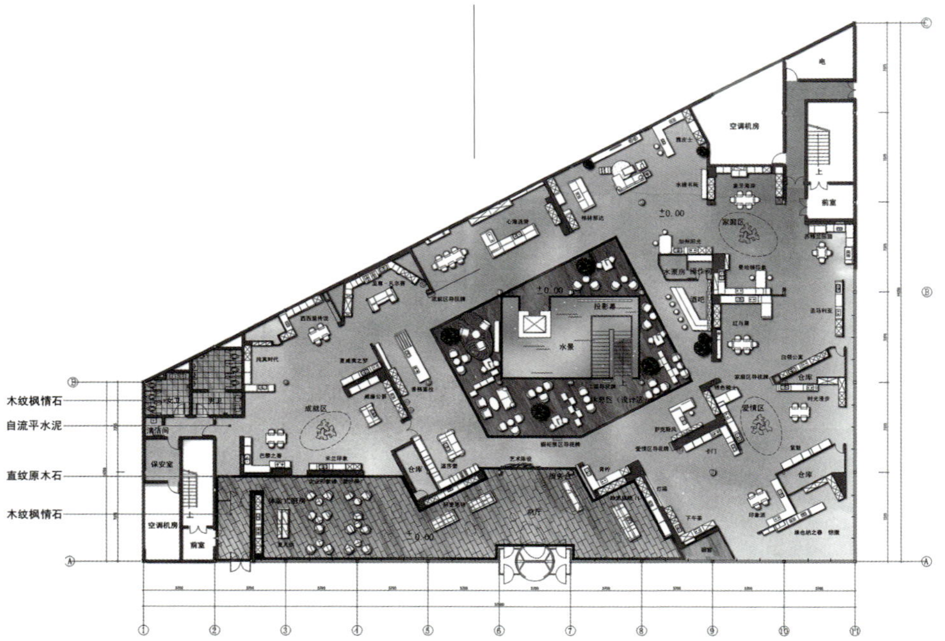

一层平面布置图

A 项目定位 Design Proposition

欧派橱柜经过多年的发展，已牢牢占据同行业销量榜首位置。北京旗舰店的建设，正是实现企业形象蝶变新生的一个契机。

B 环境风格 Creativity & Aesthetics

前厅空间顶部悬挂有设计精美的不锈钢层叠挂饰，灯光辉映下光色斑斓，亦实亦虚，营造了梦幻般的视觉效果。

C 空间布局 Space Planning

设计师以“人的一生”为故事背景，围绕人生的三个阶段“爱情”、“家庭”、“成就”为主题展开平面布置，组成三个相互独立又紧密相连的有机整体。

D 设计选材 Materials & Cost Effectiveness

本案的灯光设计亦是重点。因此在建筑外观的设计中，就重点考虑了夜晚丰富的灯效，以有效吸引客流。

E 使用效果 Fidelity to Client

温馨、舒适，打造了一个放松、愉悦的交流空间，无形中提升销售额。

Sanya China Duty Free Shop
三亚市内免税店

Project Name_Sanya China Duty Free Shop
Chief Designer_Liang Sijia
Project Team_Wang Yin / Yang Xin / Ding Lu
Location_Sanya Hainan
Project Area_8,000sqm
Cost_100,000,000RMB

项目名称_三亚市内免税店
主案设计_梁思佳
设计团队_王垠 / 杨鑫 / 丁璐
项目地点_海南 三亚
项目面积_8000平方米
投资金额_1亿元

北京筑邦建筑装饰工程有限公司

主案设计：梁思佳 *Liang Sijia*

博客： http:// 494041.china-designer.com
职位： 设计总监
职称： 高级建筑师
奖项： 2005年获IAID最具影响力中青年设计师
项目：

中关村国际商城
青岛国际商业城商场部分
鄂尔多斯市商业楼
北京通盈中心项目
沈阳•沿海国际中心
北京人寿保险大厦
北京市崇文区地方税务局办公楼室内设计
北京市通州区地方税务局办公楼室内设计
北京市门头沟区地方税务局办公楼室内设计
国家税务局北京培训中心改扩建工程
北京理工大厦大堂室内设计
中国驻约旦大使馆
中国城市规划设计研究院办公楼
富凯大厦
中科院计算机所办公楼
山东威海剧院
天域新城大厦（京美国际学校）
国家体育总局彩票管理中心办公楼
北京大学政府管理学院
首都机场大通关综合办公大楼
四川国际网球中心
海淀区人民检察院办公楼改造
北京广播电台综合业务楼等

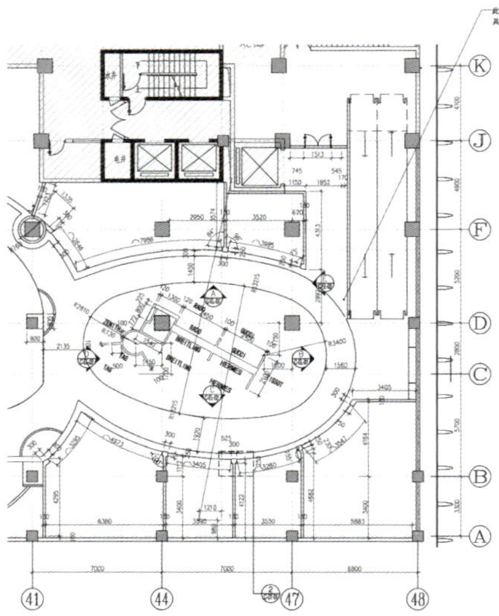

手表区建筑平面图

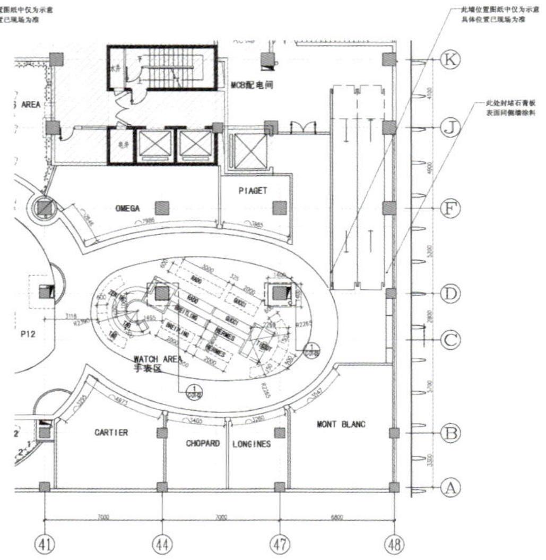

手表区平面布置图

A 项目定位 Design Proposition

各个专区从海南地域特点中寻找元素用抽象的方法，以求达到文学中“移情”的联想。

B 环境风格 Creativity & Aesthetics

所有的手法和设计都严格的控制最终的表现力，希望能够成为商品和专卖店的背景衬托出商品和品牌。

C 空间布局 Space Planning

室内中庭是建筑的延续，钻石切割的空间处理和界面装饰使得视觉表现力和商业空间的精致美感得以体现，是过目难忘的空间体验。

D 设计选材 Materials & Cost Effectiveness

免税店外立面以钻石为创意，将玻璃立面切割成若干斜面，外侧2米间距的竖向框架的侧面用LED显示屏，形成一个不连续的显示屏，随着人与建筑之间角度距离的变化而形成连续或间断的画面，以配合三亚度假型城市和免税品的销售推广。

E 使用效果 Fidelity to Client

视觉表现力和商业空间的精致美感得以体现，是过目难忘的空间体验。

CLINIQUE
CLINIQUE

L'OCCITANE
YVES SAINT LAURENT
L'OCCITANE
SWAROVSKI

ESTĒE LAUDER
LANCÔME
LANCÔME

Shoudi Daxiagu Shopping Mall

首地大峡谷购物中心

Project Name_Shoudi Daxiagu Shopping Mall
Chief Designer_Gong Xiaogang
Location_Fengtai District Beijing
Project Area_100,000sqm
Cost_10,000,000RMB

项目名称_首地大峡谷购物中心
主案设计_龚小刚
项目地点_北京 丰台
项目面积_10万平方米
投资金额_1000万元以上

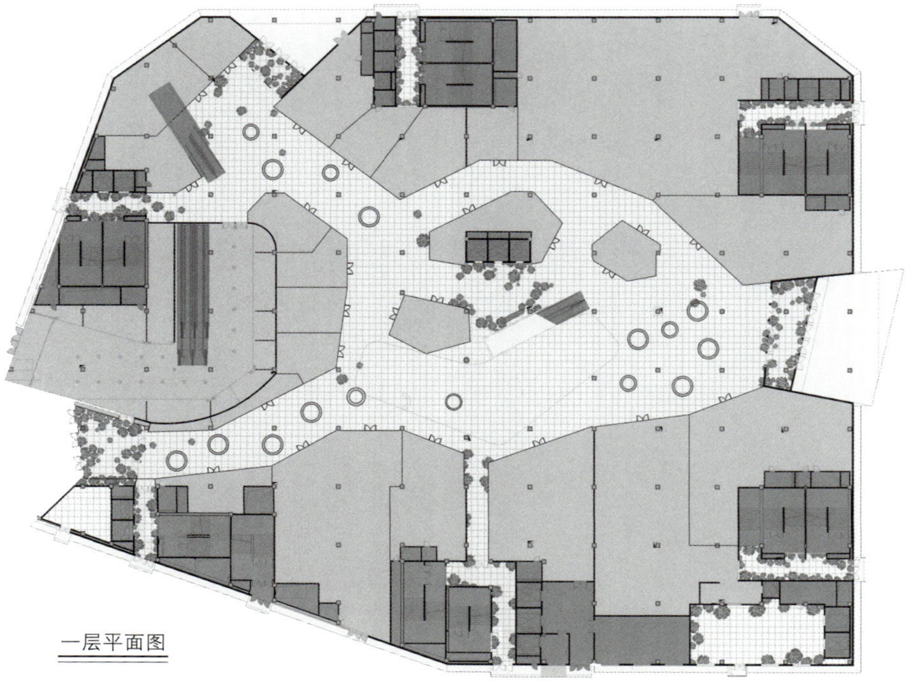

一层平面图

龚小刚 *Gong Xiaogang*

博客： http:// 158288.china-designer.com
公司： 龚小刚设计师事务所
职位： 设计总监
职称： 室内高级建筑师、高级工程师

奖项：

2008 "2007年度室内设计十大新锐人物"
2007 "IFI国际室内设计大奖赛" 酒店工程 优秀奖
2007 "美国INTERIOR DESIGN CHINA酒店设计"提名奖
2006 "ECID第二届中国室内设计观摩展" 最具创意设计奖
2006 "IFI国际室内设计大奖赛" 办公方案优秀奖
2006 "IFI国际室内设计大奖赛" 酒店宾馆方案佳作奖
2005 "中国饭店业协会&中国建筑装饰协会室内设计十佳大师赛" 最佳客房奖
2005 "IFI国际室内设计大奖赛" 酒店宾馆工程铜奖

项目：

清心社-北大MBA会员健康中心
黄岛信用社办公环境设计
宁夏人民医院建筑设计
保定市政府用餐楼室内外设计
意大利沙驰北京代表处
美国骆驼北京代表处
西安临潼.爱琴海国际温泉酒店室内外设计
山西太原缘溪商务会馆 室内外设计
山西太原晋祠国宾馆2、3号楼 室内外设计
A1赛车中国代表处
内蒙古科尔沁国宾馆（五星级） 室内外设计
光大银行北京投资管理公司办公环境
北京天坛昊园宾馆（五星级） 室内外设计等

A 项目定位 Design Proposition
餐饮、电影娱乐与购物中心紧密结合。

B 环境风格 Creativity & Aesthetics
追求公共空间的纯净，避免与各个店铺的个性装饰争夺绚烂。

C 空间布局 Space Planning
严格遵照招商顾问的空间布局，将功能性质最大的发挥。

D 设计选材 Materials & Cost Effectiveness
全彩LED，使得纯净空间不失妩媚。

E 使用效果 Fidelity to Client
成为城南商业领域的新生力，带来新的活力。

China Unicom "Wo" Flagship Store

中国联通"沃"旗舰店

Project Name_China Unicom "Wo" Flagship Store
Chief Designer_Du Junchao
Project Team_Yan Zhigang / Zhang Xiaoming / Wang Fang / Long Junhua
Location_Xicheng District Beijing
Project Area_3,500sqm
Cost_10,000,000RMB

项目名称_中国联通“沃”旗舰店
主案设计_杜俊超
设计团队_闫志刚 / 张晓明 / 王芳 / 龙俊华
项目地点_北京 西城
项目面积_3500平方米
投资金额_1000万元

LBY 丽贝亚集团 LIBEIYA GROUP

北京丽贝亚建筑装饰工程有限公司

主案设计：杜俊超 *Du Junchao*

博客：http:// 479615.china-designer.com
职位：工作二室主任
职称：工艺美术高级室内建筑师
奖项：

"天津人力资源开发服务中心" 获中国建筑装饰协会全国第五届室内设计双年展铜奖

"华北电力大学学生公寓及会议中心" 获中国建筑装饰协会全国第五届室内设计双年优秀奖

2005年获得北京市杰出建筑装饰中青年设计师

"龙泉宾馆'云水间'养生阁" 获中国室内设计大奖赛入围证书

"2008年奥运会北京射击馆" 获中国室内设计大奖赛入围证书

"中国网通北京通信公司综合业务楼" 获2007年全国建筑工程装饰奖

2009年获得杰出中青年室内建筑师证书

项目：

北京网通办公楼
2008年奥运会北京射击馆
物美集团总部办公楼
北京长城喜莱登饭店16-17层客房改造
金隅科技中心办公楼
厦门国际会展中心
北京市人民政府宽沟招待所
重庆解放碑盛捷服务公寓

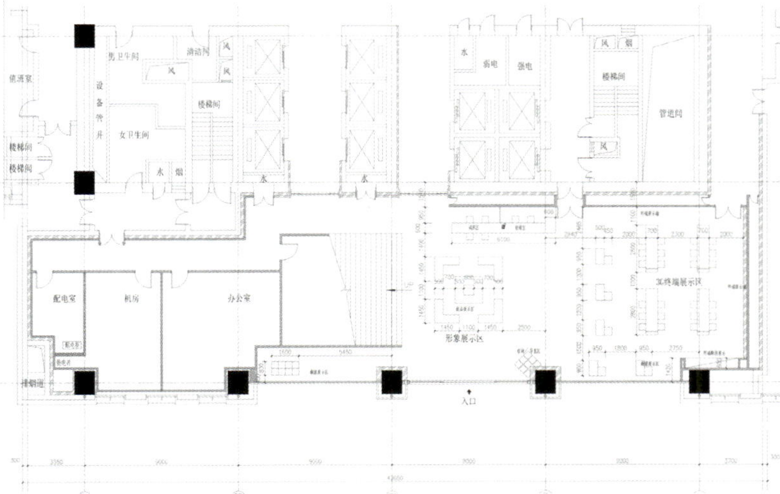

一层平面图

A 项目定位 Design Proposition

2009年4月28日，中国联通发布全业务品牌“WO”。2009年5月，联通集团在全国范围内开始大规模兴建“中国联通‘WO’品牌旗舰店”。

B 环境风格 Creativity & Aesthetics

本旗舰店建设主要体现“形象性和实用性相结合；战略性和当前性相结合；达到国际水平、国内一流”。

C 空间布局 Space Planning

根据合理、有效利用原有空间的原则，将原有建筑的狭长形空间设计为：一层、错层、二层。按照品牌体现、业务属性、营业需要等因素进行区域划分。

D 设计选材 Materials & Cost Effectiveness

本旗舰店在色彩运用上整体以“WO”3G橘色为主色调，以白色为承载色，辅之绿色、蓝色以体现家庭和商务业务，主要选取节能环保的材料。

E 使用效果 Fidelity to Client

旗舰店建成后，将集宣传展示、体验、销售、服务于一体，成为中国联通在金融街的品牌、文化、销售和服务要地。

GNIOUS Clothing Store
GNIOUS专卖店

Project Name_GNIOUS Clothing Store
Chief Designer_He Qianwei
Location_Ningbo Zhejiang
Project Area_100sqm
Cost_150,000RMB

项目名称_GNIOUS专卖店
主案设计_贺钱威
项目地点_浙江 宁波
项目面积_100平方米
投资金额_15万元

LA.H
贺钱威设计事务所
LA.H InteriorDesign

LA.H 贺钱威室内设计有限公司

主案设计：贺钱威 *He Qianwei*

博客：http:// 39284.china-designer.com
职位：总设计师
职称：
中国建筑装饰协会设计委员会 委员
ICIAD国际室内建筑师与设计师理事会 理事
IFI国际室内建筑师
设计师联盟 专业会员
CIID中国建筑学会室内设计 专业会员
奖项：
2010年荣获“中国杰出的中青年室内建筑师”称号
荣获“首届中国国际空间环境艺术设计大赛筑巢奖”三等奖
IDCF2008年度国际设计大奖住宅/样板房类金奖、办公空间类铜奖
IAIC亚太室内设计双年大奖赛佳作奖
CIDA第七届中国国际室内设计双年展银奖、铜奖
广州国际设计周“赢在设计”2006-2007年度精英人物
金羊奖－2008年度中国十大室内设计师等等

A 项目定位 Design Proposition

创新、休闲、自然、环保、适合年轻的消费客群。

B 环境风格 Creativity & Aesthetics

GNIOUS为服饰品牌店，店铺为商场专厅，对色调把握上暗色的灰基调，结合老木方，令空间增加一些变化，并带来更多温馨。

C 空间布局 Space Planning

设计师的设计理念是创意的、环保的、随意的、舒适的，并打破传统卖场式的理念，使空间层次更加丰富多样。

D 设计选材 Materials & Cost Effectiveness

设计上多采用回收材料，墙面将建筑原有的水泥裸露处理，刚硬但不冰冷；一木一水泥，相互呼应，配上暖色光源，现代而温馨。

E 使用效果 Fidelity to Client

服饰以组合搭配方式出现，赢得了市场，在同类产品中脱颖而出。

Fontainebleau Wine House

枫丹白露红酒屋

Project Name_Fontainebleau Wine House
Chief Designer_Zeng Jianlong
Project Team_Dong Liyou
Location_Wenzhou Zhejiang
Project Area_60sqm
Cost_200,000RMB

项目名称_枫丹白露红酒屋
主案设计_曾建龙
设计团队_董黎游
项目地点_浙江 温州
项目面积_60平方米
投资金额_20万元

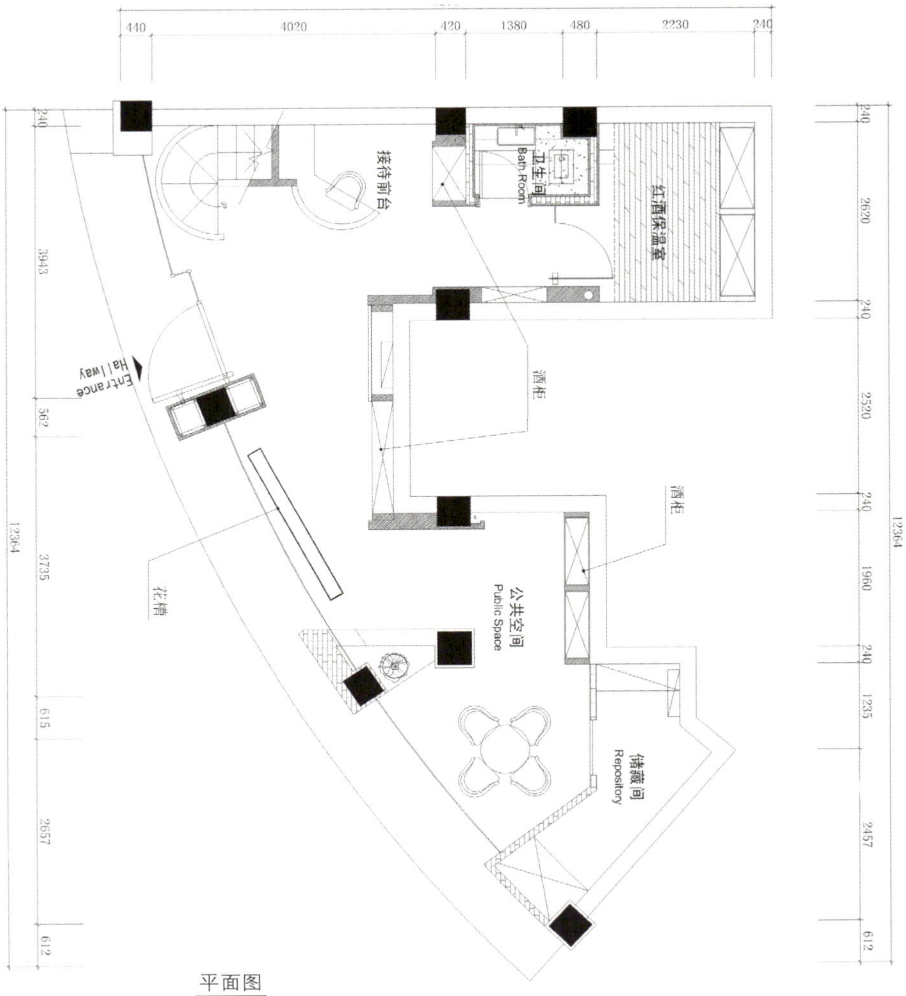

平面图

NOT A STORY

NOTA•香港格瑞龙国际设计有限公司

主案设计：曾建龙 *Zeng Jianlong*

博客：http:// 442748.china-designer.com
职位：艺术总监
职称：
- 高级室内建筑设计师
- 环境艺术设计硕士
- CIID中国建筑学会室内设计分会 会员
- ICIAD国际室内建筑师与设计师理事会 理事

奖项：
- 2008年中国十大商业设计师奖
- 2008年中国住宅十大设计师奖
- 2008年中国展示空间十大设计师奖
- 2008年中国十大设计师奖
- 2008年中国室内设计大赛酒店类设计金奖
- 2009年中国上海国际建筑及室内设计节"金外滩提名奖"
- 2009年中国室内设计三十三风云人物奖
- 2009年中国十大餐厅空间设计师
- 2009年中国饭店业设计装饰大赛-金堂奖银奖
- 2009年IAI中国风设计大赛铜奖
- 2009年ic@ward金指环全球室内设计大赛荣誉奖
- 2010年365酒店精品设计大赛杰出奖
- 2010年IFI亚太双年大奖赛金奖等

A 项目定位 Design Proposition
设计这个项目是因为她有挑战性，一方面要考虑经营的角度问题，另一方面要突破传统红酒屋千篇一律的方式。

B 环境风格 Creativity & Aesthetics
我们在定位上以简约、时尚、大方的手法来进行设计表现。

C 空间布局 Space Planning
通过色度的对比以及形式的传递展现空间。在这个红酒屋设计上巧妙的利用楼的高度来完成空间的层次化，利用夹层的来对空间进行创造同时达到设计的预想效果。这个就是枫丹白露红酒屋的空间。

D 设计选材 Materials & Cost Effectiveness
通过色度的对比以及形式的传递展现空间。

E 使用效果 Fidelity to Client
别具一格的设计让更多客户驻足品尝。

D+B
DESIGN+BRANDS FAIR

国际建筑装饰设计+选材博览会〈D+B博览会〉主题评选

JINTANGPRIZE金堂奖

2010 CHINA-DESIGNER 中国室内设计年度评选

CHINA INTERIOR DESIGN AWARDS 2010

设计创造价值

——为百万设计师呐喊，向千万业主传播！

中国林业出版社

张承宏 *Zhang Chenghong*
Anqing Huiyuan Binjiang Hotel
安庆惠园滨江酒店

李川道 *Li Chuandao*
Flowing Space--U.B.C. Coffee Restaurant
流动的空间—上岛西餐厅

高建辉 *Gao Jianhui*
Bellagio Cuisine (Karamay Branch)
鹿港小镇茶餐厅（克拉玛依店）

张 健 *Zhang Jian*
Dalian LUCK Cuisine
大连时尚LUCK料理店

张 驰 *Zhang Chi*
Chinese Restaurant of Chongqing Hefu Hotel
重庆和府酒店中餐厅

李雷夫 *Li Leifu*
Icafe Recreation Center
Icafe咖啡休闲馆

吴伟宏 *Wu Weihong*
Show Bar
SHOW吧

李浩澜 *Li Haolan*
Honglin Fashion Restaurant
鸿霖时尚餐厅

王俊钦 *Wang Junqin*
Duozuo Japanese Style Fine Cuisine
多佐日式料理餐厅

GOOD DESIGN OF THE YEAR RESTAURANT

年度优秀餐饮空间

马劲夫 *Martin*
Guangzhou Jinhao Yuyan Fin Restaurant
广州金濠御宴(粤派酒楼)

刘世尧 *Liu Shiyao*
Suyuan Restaurant
苏园酒店

王 锟 *Wang Kun*
Huangjihuang Restaurant (Center City Bra
黄记煌中心城店

杜 江 *Du Jiang*
Hangzhou Lacool Fashion Restaurant
杭州辣库餐厅

曹姗娜 *Cao Shanna*
Jinhegu Sea Cucumber Health Preservation Restaurant
金合谷海参养生酒楼

黄广亮 *Huang Guangliang*
Dalian Fishing Port Culture Hotel
大连渔港特色文化酒店

黄 锋 *Huang Feng*
Huaheng Teahouse
华亨茶社

屈彦波 *Lv Yanbo*
Xiangyuehui Restaurant
湘粤汇

张 灿 *Zhang Chan*
Chengdu Renheng Shannon Coffee Restaurant
成都仁恒香浓咖啡西餐厅

王崇明 *Wang Chongming*
My Way Cuisine Restaurant
我做主料理餐厅

利旭恒 *Li Xuheng*
Dingdingxiang Hot Pot Paradise-Beijing Guoxing Branch
鼎鼎香－北京国兴店

陈 彬 *Chen Bin*
Suohaoxuan Restaurant
所好轩

梁景华 *Patrick Leung*
Jardin De Jade Hangzhou Branch
苏浙汇杭州店

陈方晓 *Chen Fangxiao*
Search Tea
寻茶

李向宁 *Li Xiangning*
王砚晨 *Wang Yanchen*
Meizhou Dongpo Restaurant (Sansuci Branch)
眉州东坡酒楼三苏祠店

姜振东 *Jiang Zhendong*
Canglangge Tea House
沧浪阁茶楼

Flowing Space--U.B.C. Coffee Restaurant

流动的空间——上岛西餐厅

Project Name_Flowing Space--U.B.C. Coffee Restaurant
Chief Designer_Li Chuandao
Location_Fujian
Project Area_780sqm

项目名称_流动的空间—上岛西餐厅
主案设计_李川道
项目地点_福建
项目面积_780平方米

李川道 *Li Chuandao*

博客：http://234509.china-designer.com
公司：东易国际（福州）创意中心
职位：首席设计师
职称：
高级室内建筑师
中国建筑学会室内设计分会（CIID）会员
国际室内建筑师/设计师联盟（IFI）会员

A 项目定位 Design Proposition

本案勾画了一处时尚与浪漫并具的空间氛围。巧妙的光影处理是设计师在此空间里所要表达的首要途径。

B 环境风格 Creativity & Aesthetics

入门处，纯洁的白玫瑰木饰成为灯源的最佳佐料，镜面的设置使得灯光层次感更丰富；餐厅内，夜光杯散射出绚烂的灯光，营造出焕彩优雅的氛围，整个空间如同沐浴在温暖的深海之中；点状的灯光从天花板倾泻而下，吧台处晶莹的泡泡在闪烁。

C 空间布局 Space Planning

飘扬的曲线围合及环绕的夜光杯既打破空间秩序，又塑造了秩序，增添了空间的时尚质感，起起伏伏的节奏犹如悠扬的琴声四处涌动。

D 设计选材 Materials & Cost Effectiveness

大部分灯光均为低压照明，既节省了商业成本，也是出于空间环境的深层思考。

E 使用效果 Fidelity to Client

一致好评。

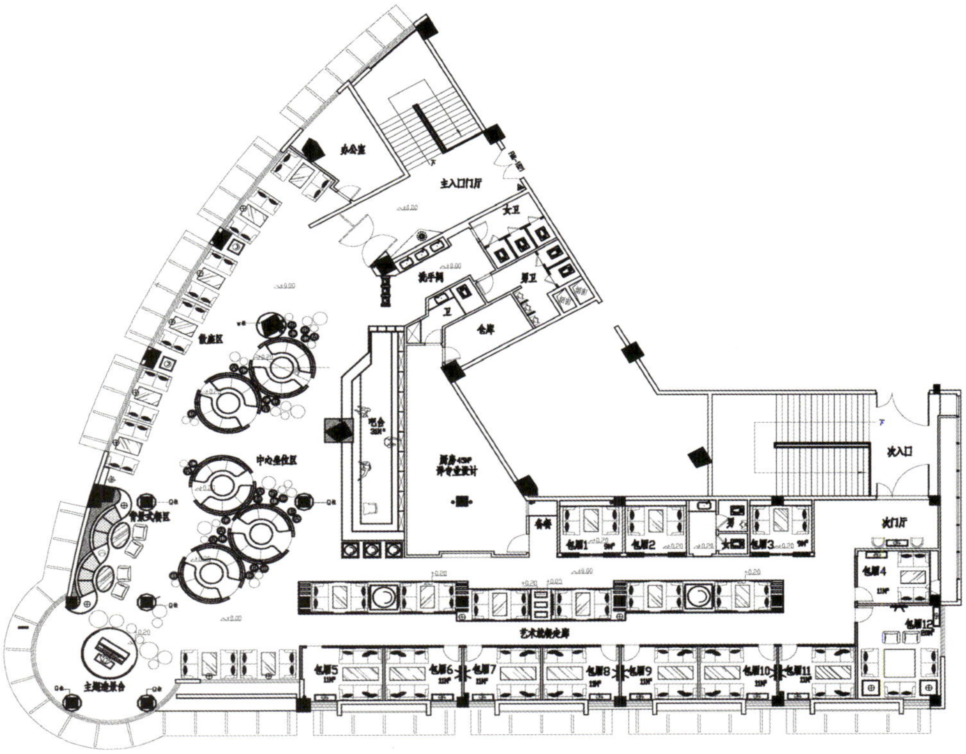

平面布置图

Anqing Huiyuan Binjiang Hotel

安庆惠园滨江酒店

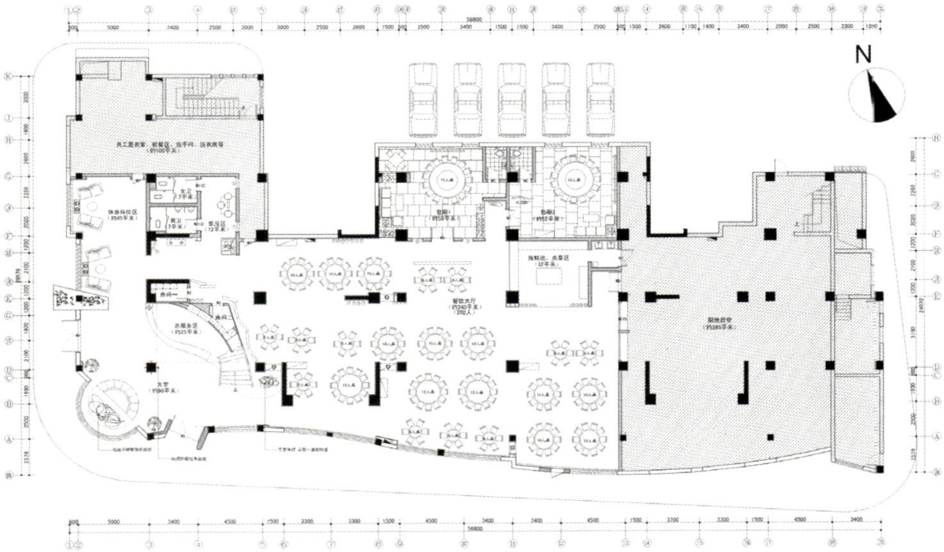

一层平面图

Project Name_Anqing Huiyuan Binjiang Hotel
Chief Designer_Zhang Chenghong
Project Team_Fang Wei
Location_Anqing Anhui
Project Area_600sqm
Cost_6,000,000RMB

项目名称_安庆惠园滨江酒店
主案设计_张承宏
设计团队_方巍
项目地点_安徽 安庆
项目面积_600平方米
投资金额_600万元

承宏設計 CHENGHONG DESIGN
安徽承宏设计顾问有限公司

主案设计：张承宏 *Zhang Chenghong*

博客：http:// 157367.china-designer.com

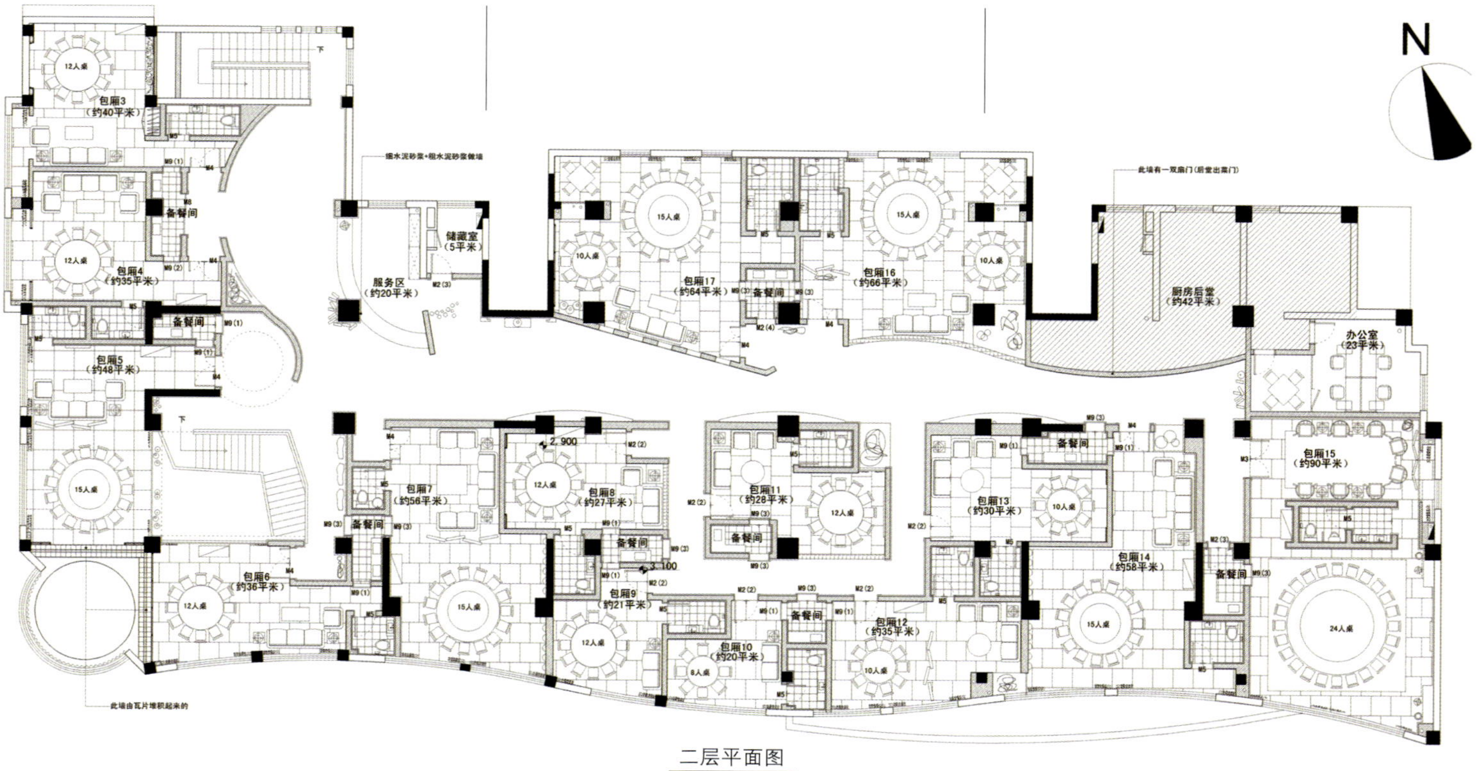
N
包厢3
（约40平米）
12人桌
包厢4
（约35平米）
备餐间
包厢5
（约48平米）
15人桌
包厢6
（约36平米）
储藏室
（5平米）
服务区
（约20平米）
包厢17
（约64平米）
包厢16
（约66平米）
厨房后堂
（约42平米）
办公室
（23平米）
包厢7
（约56平米）
包厢8
（约27平米）
包厢9
（约21平米）
包厢10
（约20平米）
包厢11
（约28平米）
包厢12
（约35平米）
包厢13
（约30平米）
包厢14
（约58平米）
包厢15
（约90平米）
24人桌
二层平面图

A 项目定位 Design Proposition

本案设计策划主题为“鱼乐于水”。

B 环境风格 Creativity & Aesthetics

设计上，我们围绕着振丰塔的禅意、长江文化的水韵、桐城派的诗意，在整体风格上凸显“味美有文意”的独特气韵。

C 空间布局 Space Planning

提取了振丰塔梁上的装饰图案作为核心标志元素，用折线中和、曲线迂回的格局呼应长江水脉。

D 设计选材 Materials & Cost Effectiveness

惠园滨江花园酒店所有的装饰细节创意，都围绕着“鱼乐于水”的核心主题。

E 使用效果 Fidelity to Client

鱼之香，水之韵，雅俗共赏，吸引了很多顾客前来光顾。

Canglangge Tea House

沧浪阁茶楼

Project Name_Canglangge Tea House
Chief Designer_Jiang Zhendong
Project Team_Wu Ning
Location_Shenyang Liaoning
Project Area_2,700sqm
Cost_11,000,000RMB

项目名称_沧浪阁茶楼
主案设计_姜振东
设计团队_吴宁
项目地点_辽宁 沈阳
项目面积_2700平方米
投资金额_1100万元

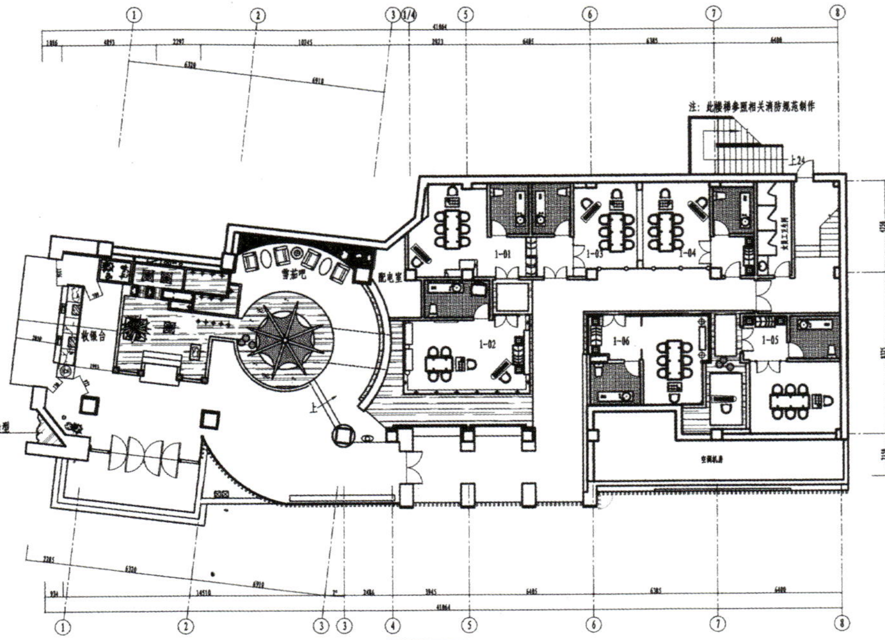

一层平面图

姜振东 *Jiang Zhendong*

博客： http:// 160223.china-designer.com
公司： 沈阳姜振东空间艺术设计机构
职位： 设计总监
职称：
中国室内建筑高级设计师
美国纽约ASD实际设计机构（沈阳）董事
IDA国际设计师协会沈阳分会 副会长
中国建筑装饰协会室内分会 会员
ICDA国际建筑装饰室内设计协会 理事会员
CIID中国建筑学会室内设计分会 会员
美国IFDA国际室内装饰设计协会 会员
项目：
沈阳华逸天伦商务酒店
湖北蓝色假日酒店
北京华逸天伦商务酒店
湖北东方娱乐城
武汉尊龙夜总会
沈阳玉麟池SPA会所
沈阳粤海明珠海鲜酒店
沈阳沧浪阁茶香会馆等

A 项目定位 Design Proposition

本案设计对现代审美与历史悠久传统艺术形式相融合，进行了大胆尝试。

B 环境风格 Creativity & Aesthetics

在喧哗的都市中构筑一隅清香、情趣之地。

C 空间布局 Space Planning

琴音鸟鸣、水榭亭台、诗情画意，为客人提供一份静如止水、美轮美奂的休闲空间。

D 设计选材 Materials & Cost Effectiveness

金属地砖采用传统铺装形式；国画白描花绘小品在金属墙砖上的表现；手绘绢画在吊顶上给人带来的惊喜；鸟笼灯饰；金属掛帘的应用，无一不体现出在舒畅现代空间里，所有物件被重新定义了它们的地位与价值。

E 使用效果 Fidelity to Client

由此激发了观者内心的感悟，其内涵与外溢无异于言传，却乐在其中。投入使用以后，客源不断。

Bellagio Cuisine (Karamay Branch)
鹿港小镇茶餐厅（克拉玛依店）

Project Name_Bellagio Cuisine (Karamay Branch)
Chief Designer_Gao Jianhui
Project Team_Kang Yongjun / Zhao Jun / Huang Lin / Li Yao / Feng Chunyan
Location_Karamay Xinjiang
Project Area_1,700sqm
Cost_9,000,000RMB

项目名称_鹿港小镇茶餐厅（克拉玛依店）
主案设计_高建辉
设计团队_康拥军 / 赵俊 / 黄林 / 李尧 / 丰春燕
项目地点_新疆 克拉玛依
项目面积_1700平方米
投资金额_900万元

大木宝德
CHINAROOT DESIGN
乌鲁木齐大木宝德设计有限公司

主案设计：高建辉 *Gao Jianhui*

博客：http:// 519953.china-designer.com
职位：创意总监
职称：高级室内建筑师
项目：
天山君邦大饭店
回府君悦等

A 项目定位 Design Proposition

本案进行了内涵的提升，营造一种素雅、私密、低调奢华的餐饮空间。

B 环境风格 Creativity & Aesthetics

在设计风格上，本案运用简约的欧式元素贯穿整个空间，精美的画框元素在餐厅内悉心点缀，浅白色调与暖灰色调让整个空间看起来幽静安逸，又品味十足。

C 空间布局 Space Planning

在一层散台区域，本案着力营造一种主次分明、餐区划分的私密环境，客人进入餐厅，各区不同、台位不同，并利用水景、琴台、景台、隔断、落差等手法，让客人感觉处处新鲜、而又衔接流畅。

D 设计选材 Materials & Cost Effectiveness

餐厅运用简单的几种常见材料，使空间更显放松，并贴合业主要求的休闲氛围。

E 使用效果 Fidelity to Client

开业之后，顾客天天盈门排队候餐。

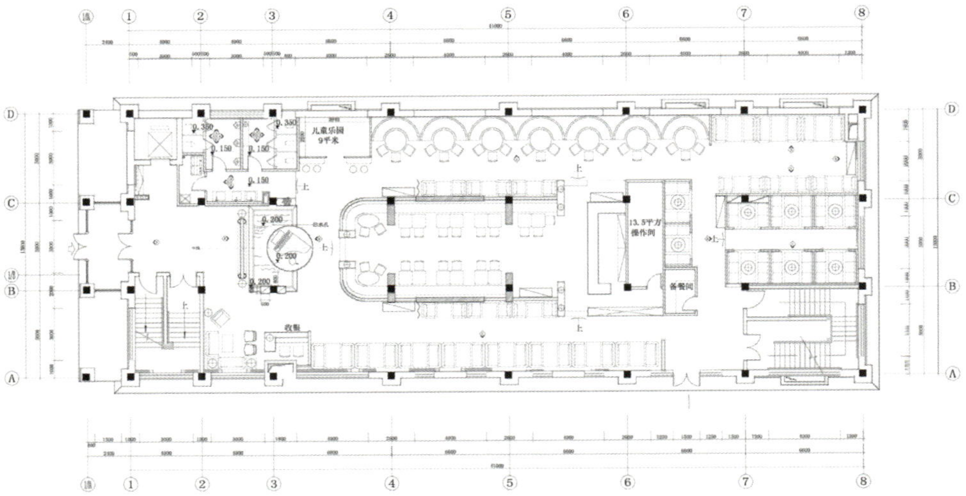

一层平面图

Project Name_My Way Cuisine Restaurant
Chief Designer_Wang Chongming
Project Team_He Qiaoyan
Location_Hangzhou Zhejiang
Project Area_248sqm
Cost_300,000RMB

项目名称_我做主料理餐厅
主案设计_王崇明
设计团队_何巧艳
项目地点_浙江 杭州
项目面积_248平方米
投资金额_30万元

My Way Cuisine Restaurant
我做主料理餐厅

王崇明 *Wang Chongming*

博客： http:// 67470.china-designer.com
公司： 香港亚太设计研究有限公司
职位： 首席设计师
职称：
室内设计硕士
高级室内建筑师
浙江省建筑装饰行业协会 会员
ICIAD国际室内建筑师与设计师理事会 会员
御王国际设计（中国）有限公司 设计总监
杭州御王建筑装饰工程有限公司 执行总监
奖项：
2008年亚太室内设计双年大奖赛荣誉奖
2008年浙江十大新锐商业空间设计师
2009年中国照明应用设计大赛三等奖
2009年CIID杭州年度青年设计大赛最佳设计奖

A 项目定位 Design Proposition

后退斜进门的方式，引导客流，店面时尚现代的肌理造型配合镜面不锈钢LOGO，黄金比例分割的钛金不锈钢门框以及大面积的钢化玻璃，无一不给客人在空间上和视觉上强大的冲击；等候区色彩鲜明的现代配饰避免了门厅的局促感。

B 环境风格 Creativity & Aesthetics

造型主题墙、自助料理台、海鲜展示台在延续同一沉稳基调。

C 空间布局 Space Planning

石材台面洁净、清爽，绿色植物的点缀打破原有的生硬、冷寂。半通透的软性隔断，舒适的软包卡座增加隐蔽性。

D 设计选材 Materials & Cost Effectiveness

色彩鲜明的皮质餐椅，墙面的艺术处理，细节的搭配，都围绕着整个餐厅的精致时尚的主题与基调。

E 使用效果 Fidelity to Client

很满意，每天很多客人来光顾。

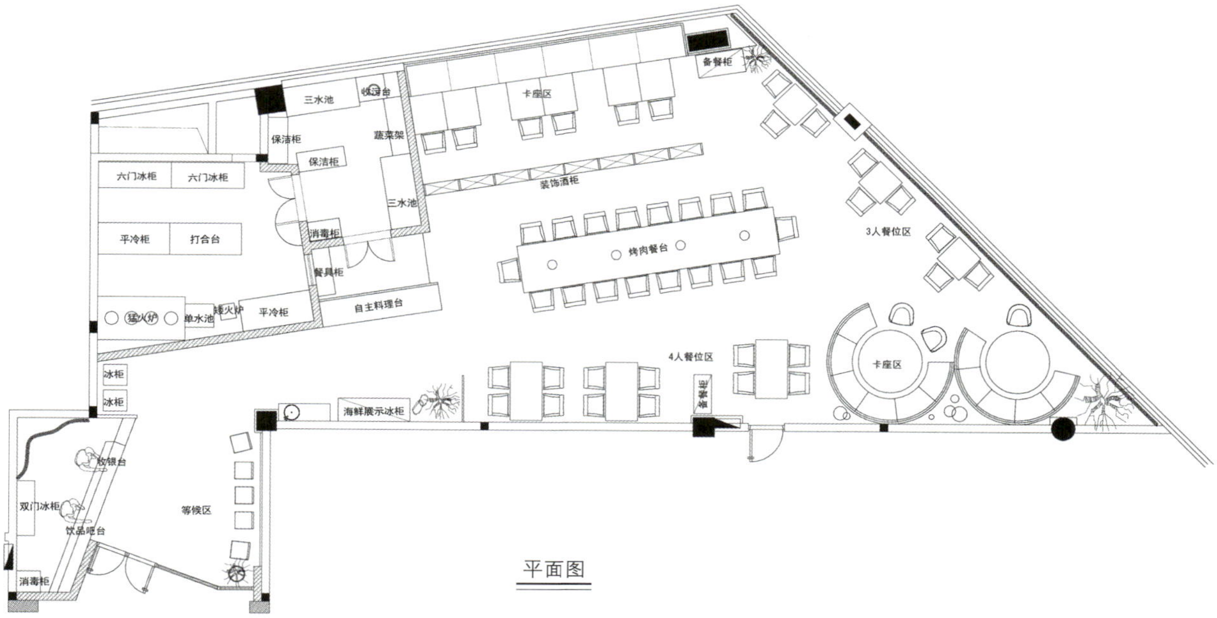

平面图

Chinese Restaurant of Chongqing Hefu Hotel
重庆和府酒店中餐厅

Project Name_Chinese Restaurant of Chongqing Hefu Hotel
Chief Designer_Zhang Chi
Location_Jiangbei District Chongqing
Project Area_2,500sqm
Cost_5,000,000RMB

项目名称_重庆和府酒店中餐厅
主案设计_张驰
项目地点_重庆 江北
项目面积_2500平方米
投资金额_500万元

张 驰 *Zhang Chi*

博客： http://446582.china-designer.com
公司： 重庆张驰室内建筑师事务所
职位： 负责人
职称：
中国建筑学会重庆室内分会 副秘书长（中国建筑学会
中国装饰协会设计委员会 委员（中国装饰协会）
中国百佳优秀室内建筑师（中国建筑学会）
中国工商联合会 会员（中国工商联合会）
西南精英室内设计师（中国建筑学会）
重庆装饰协会设计委 委员（重庆装饰协会）
中国杰出青年设计师（中国装饰协会）
奖项：
2001年中国室内设计大奖赛二等奖
2003年中国室内设计大奖赛佳作奖
2005年中国室内设计大奖赛优秀奖
2007年中国室内设计大奖赛及第二届世界室内建筑师联盟大奖赛佳作奖
2009年中国“金外滩”最佳照明设计奖
2010年中国“金外滩”最佳酒店设计优秀奖
2010年美国“酒店”杂志最佳酒店餐饮奖
项目：
重庆华美达酒店（国际五星）
重庆杨子岛百林饭店
重庆和府酒店（四星）
贵州省政府花溪国宾馆（五星）
重庆世纪之星号涉外游轮（五星）
重庆世纪天子号涉外游轮（五星）
重庆荣昌和府酒店（五星）
重庆仙女山美林酒店（四星）

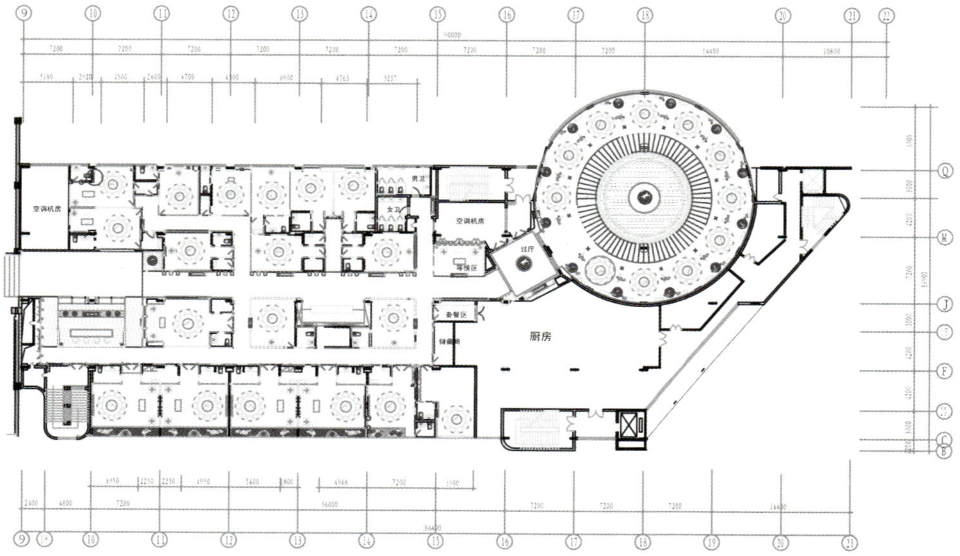

中餐厅平面图

A 项目定位 Design Proposition

我们常常会不由自主地为这种华丽诱惑，以绚丽的色彩营造奢华的氛围，但同时我们也希望回归道家与儒家提倡的简朴生活原则。

B 环境风格 Creativity & Aesthetics

努力以东方哲学为内涵，将古老的中国艺术风格与现代极简主义结合。诠释简单与和谐对于生活的重要意义。

C 空间布局 Space Planning

简约的新中式成为这个酒店餐饮项目的注解。线条优雅简洁，结构精密合理，比例完美协调，功能齐备高效。

D 设计选材 Materials & Cost Effectiveness

精美的细木家俱；绚丽的丝绸和玲珑的瓷器。由此，浪漫和富足成为中式风格的不二标签。

E 使用效果 Fidelity to Client

此项目在投入运营以后，吸引了很多的顾客来惠顾。

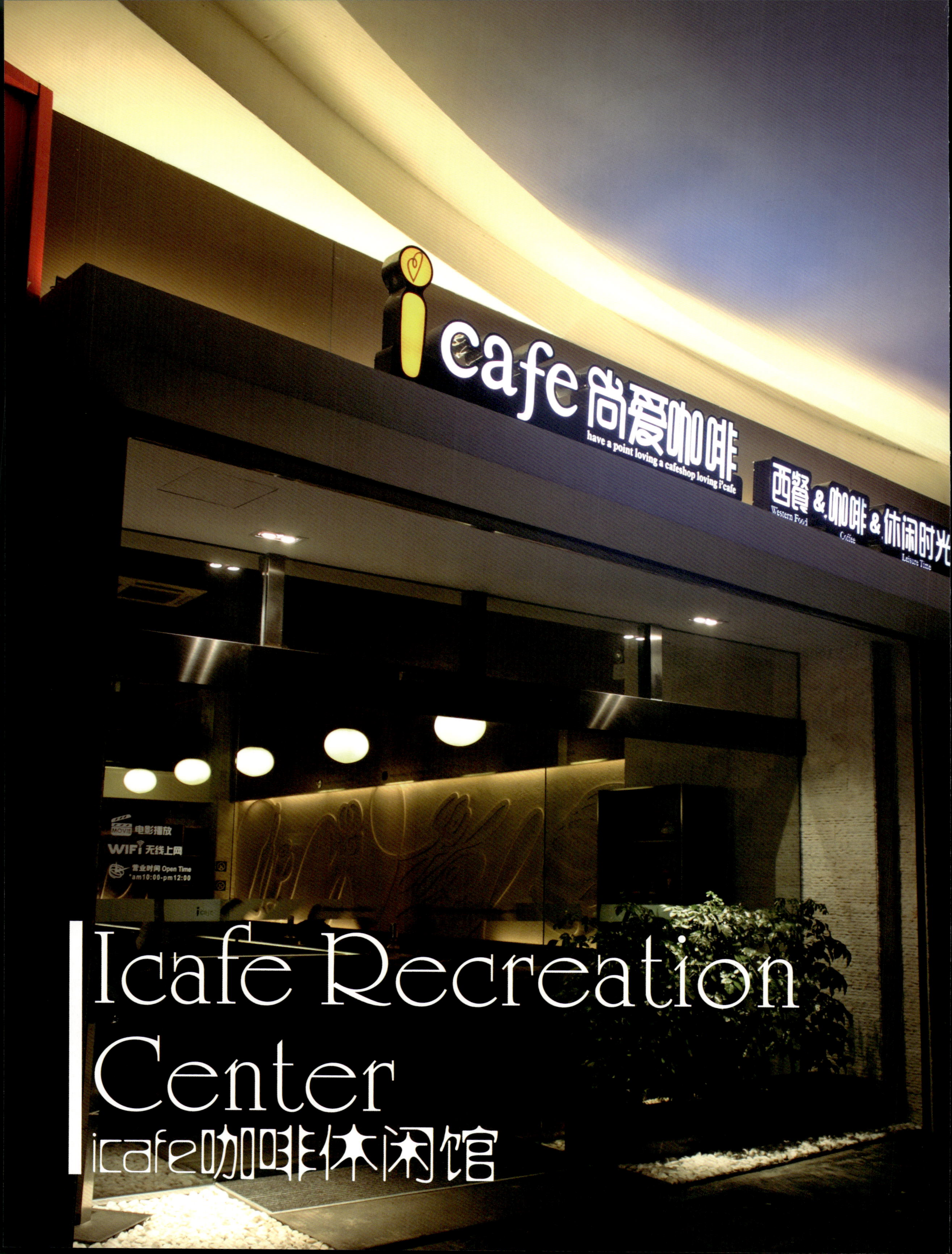

Icafe Recreation Center

icafe咖啡休闲馆

Project Name_Icafe Recreation Center
Chief Designer_Li Leifu
Location_Foshan Guangdong
Project Area_300sqm
Cost_1,000,000RMB

项目名称_icafe咖啡休闲馆
主案设计_李雷夫
项目地点_广东 佛山
项目面积_300平方米
投资金额_100万元

李雷夫 *Li Leifu*

博客：http:// 489725.china-designer.com
公司：建方博思设计事务所
职位：设计总监

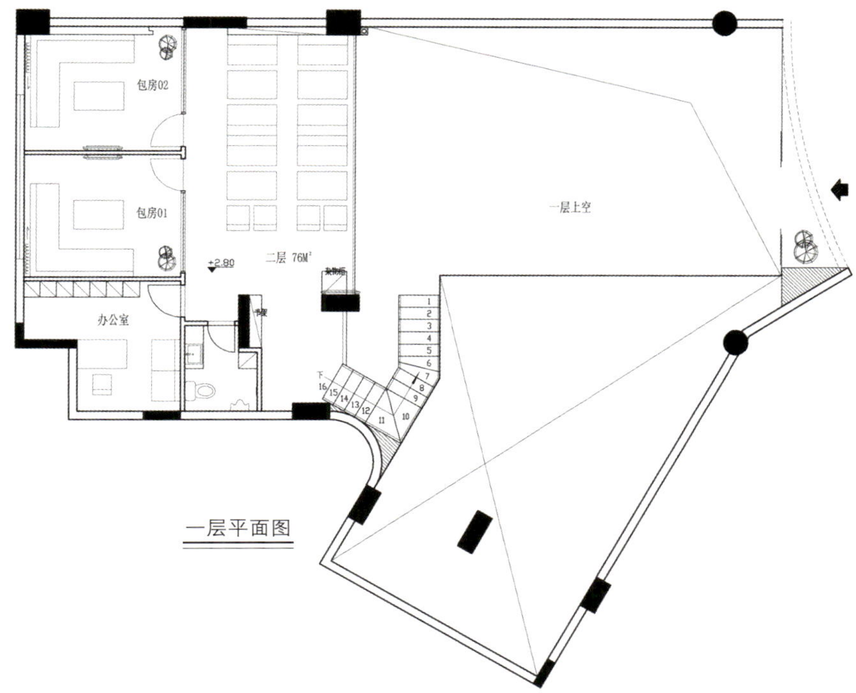

一层平面图

A 项目定位 Design Proposition

本案设计以咖啡豆从生豆到熟豆的变化为灵感线索，将咖啡豆不同状况下呈现的特质融入设计中，时尚现代，体现了很强的包容性。

B 环境风格 Creativity & Aesthetics

设计风格温馨舒适，活泼现代，不同于传统咖啡店的拘谨。灯光在此不再是一成不变的从早亮到晚，而是根据不同时段做出调整。

C 空间布局 Space Planning

空间采用开放式布局，视线开阔，但也合理分布出不同的消费需求分区，迎合了现代人渴望共享与交流的精神需求，但又能保持合适的心理安全距离。

D 设计选材 Materials & Cost Effectiveness

大量采用LED及节能光源，低碳环保又有效降低了经营成本，一举多得。

E 使用效果 Fidelity to Client

经营收益明显，现以成为该区域相当受欢迎的餐饮休闲的好选择。

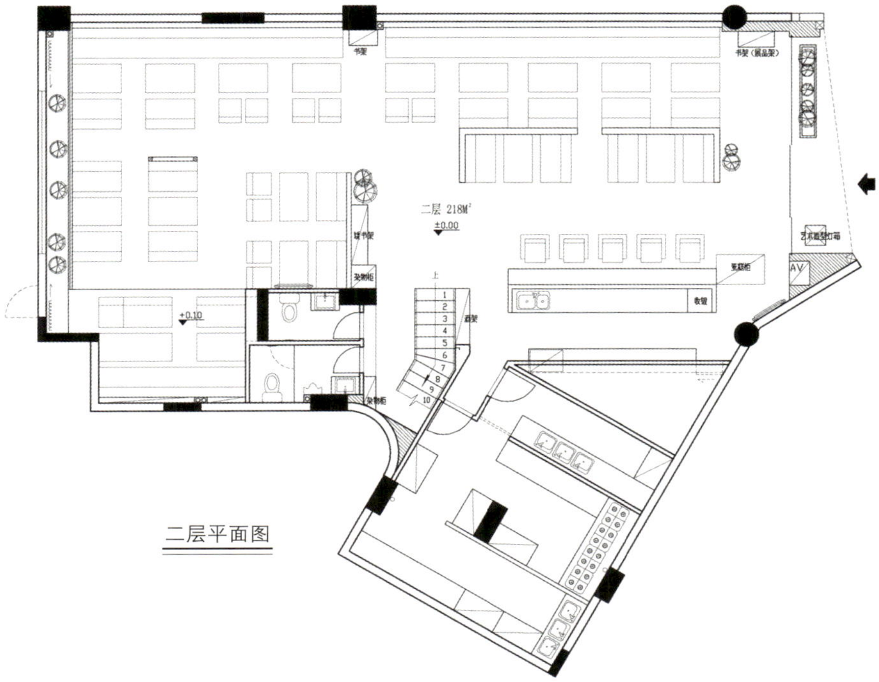

二层平面图

Show Bar
SHOW吧

Project Name_Show Bar
Chief Designer_Wu Weihong
Location_Xiamen Fujian
Project Area_450sqm
Cost_3,000,000RMB

项目名称_SHOW吧
主案设计_吴伟宏
项目地点_福建 厦门
项目面积_450平方米
投资金额_300万元

吴伟宏 *Wu Weihong*

博客：http:// 451012.china-designer.com
公司：厦门宏盟东方室内设计机构
职位：创意总监
职称：
IAI亚太建筑师与室内设计师联盟 资深会员
中国建筑协会室内设计分会 会员
中国建筑装饰协会 室内建筑师
福建建筑装饰行业 优秀青年设计师
米兰理工大学国际室内设计硕士
奖项：
2009年荣获“大天杯”福建省室内与环境设计大奖赛公建类二等奖
2009年 荣获亚太室内设计大奖赛入围奖
2008年 荣获“星辉杯”福建省室内与环境设计大奖赛公建类二等奖
2007年 荣获“辉煌杯”福建省室内与环境设计大奖赛公建方案类一等奖
2004年 荣获福建省室内设计大赛二等奖

A 项目定位 Design Proposition

在最初的策划中，设计师便向甲方提出了建立酒吧网络社区的概念。通过ipad和Wi-Fi系统，实使酒吧和网络社区实现了对接。

B 环境风格 Creativity & Aesthetics

在酒吧的入口设置了一块芯片感应器。当酒吧的VIP会员进入酒吧时，感应器作为信息终端将客人的信息立刻传送到总台，从而方便调酒师和DJ师对客人要求的个性化制定。

C 空间布局 Space Planning

乐队区是一个两层的挑空共享空间，因此也是空间的焦点。二层的天花板上垂下了数千根LED光纤，光纤尾部凝结的光点由于高度的不同而显得错落有致，纤弱静谧。为了强调空间的纯净，LED光纤采用了单一的色彩。

D 设计选材 Materials & Cost Effectiveness

卡座区和沙发区被同一色调的灯光笼罩，有水蓝色和冰紫色两种选择，由DJ台的灯光调控师通过控制器调节，在不同的阶段，灯光色彩在色相和强度上呈现微妙的变化。

E 使用效果 Fidelity to Client

由于设计师对酒吧整体策划的引导，SHOW吧与网络空间的直接互动使得它将SHS社区虚拟的友情投射在了真实的生活中。

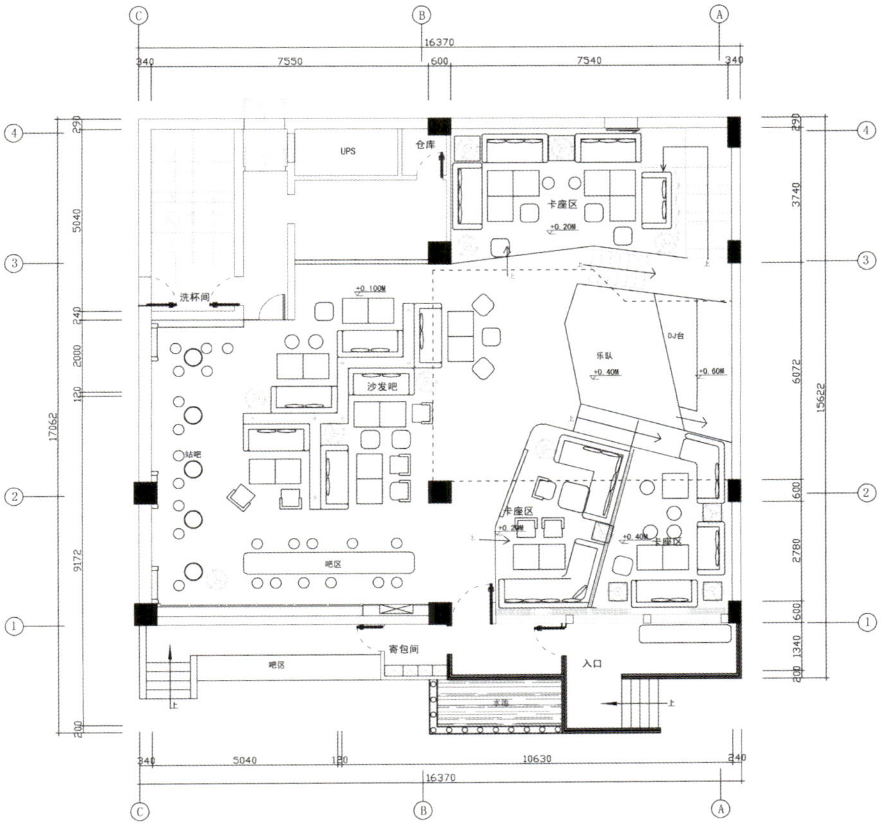

一层平面图

Dalian Fishing Port Culture Hotel

大连渔港特色文化酒店

Project Name_Dalian Fishing Port Culture Hotel
Chief Designer_Huang Guangliang
Location_Dalian Liaoning
Project Area_1,500sqm
Cost_15,000,000RMB

项目名称_大连渔港特色文化酒店
主案设计_黄广亮
项目地点_辽宁 大连
项目面积_1500平方米
投资金额_1500万元

黄广亮 *Huang Guangliang*

博客：http:// 509120.china-designer.com
公司：广亮香港工作创意机构
职位：艺术总监

奖项：

亚太空间大奖"筑巢奖"首届中国国国际空间环境艺术设计大赛《餐饮娱乐》类金奖

博鳌•鸟巢杯中国十大创意设计师

广州国际设计周•中国十大别墅设计师

人民大会堂•中国室内设计杰出成就大奖

博鳌•鸟巢杯中国十大房地产样板房设计师

上海国际中心•中国十大商业设计师

上海国际会议中心•中国十大设计名企等

A 项目定位 Design Proposition

酒店的品位，是设计师通过独具匠心的原创设计再造出来的酒店"表情"，创造出具有艺术思想情感的室内环境氛围，让生活有了新鲜与创意。

B 环境风格 Creativity & Aesthetics

设计师的精心装饰为主人提供了无数赏心悦目之处，没有什么能比一座充满艺术气息的酒店更能将舒适与品位完美地结合在一起了。

C 空间布局 Space Planning

整间居室洋溢着天马行空的创意思维，尤其那面划分客厅与餐厅的隔断墙，不循规蹈矩，不墨守成规，设计师的混搭设计打破了传统的界限。

D 设计选材 Materials & Cost Effectiveness

用木线做出凹凸效果的树林，以及造型时尚的几案又生动地绘制着一幅现代都市的风景画。巨大的竖幅墨荷中国画，带来视觉上的享受，让人过目不忘。

E 使用效果 Fidelity to Client

此项目将顾客带进无限的瞎想，顾客非常满意，饱餐的同时赏心悦目。

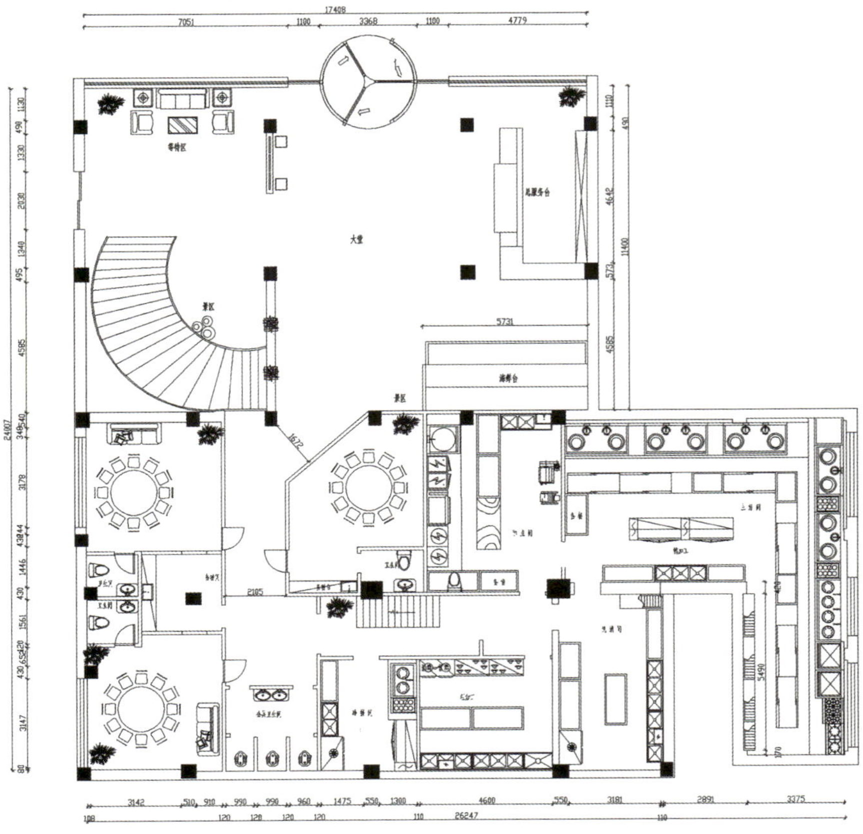

一层平面图

Project Name_Duozuo Japanese Style Fine Cuisine
Chief Designer_Wang Junqin
Project Team_Peng Qing
Location_Chaoyang District Beijing
Project Area_1,300sqm
Cost_6,000,000RMB

项目名称_多佐日式料理餐厅
主案设计_王俊钦
设计团队_彭晴
项目地点_北京 朝阳
项目面积_1300平方米
投资金额_600万元

王俊钦 *Wang Junqin*

博客：http:// 461494.china-designer.com
公司：睿智汇设计
职位：总经理兼总设计师
职称：
中国建筑学会室内设计分会 会员
中国照明学会 高级会员
奖项：
2009-2010年度中国室内设计百强人物
2010年中国室内设计师年度封面人物
奥德堡照明室内照明设计银奖
2010年金外滩奖“最佳餐厨空间优胜奖”
2009-2010年度中国国际设计艺术博览会商业空间类一等奖
西顿照明杯年度最具人气案例入围奖等
项目：
麦乐迪重庆店设计
麦乐迪北京中关村店
麦乐迪北京富力城店
麦乐迪南京山西路店
法蓝瓷北京银泰旗舰店等

Duozuo Japanese Style Fine Cuisine

多佐日式料理餐厅

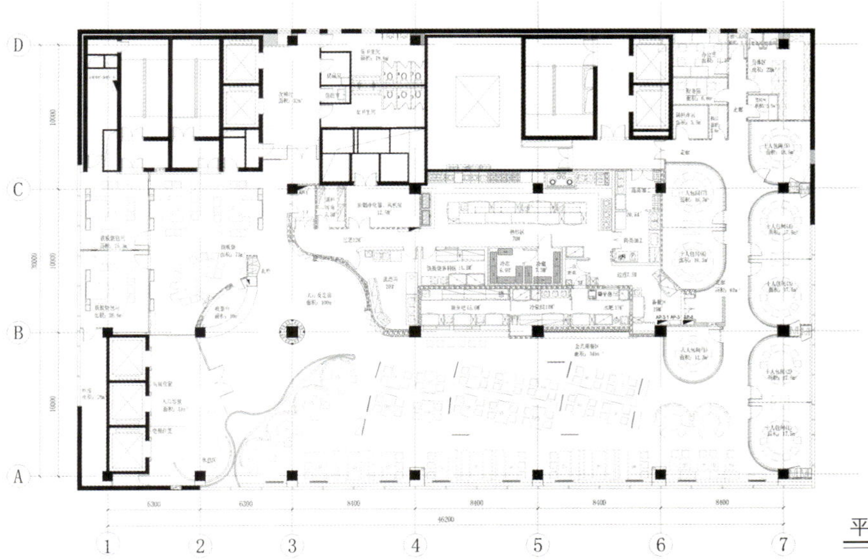

平面图

A 项目定位 Design Proposition

这里集中了不同行业的精英，与时并进，富有挑战和不断创新的精神。

B 环境风格 Creativity & Aesthetics

本案将独特的创意融入传统理念，使空间本身的个性得以发挥、延展。

C 空间布局 Space Planning

分区上井然有序，整体走向呈流线形。依据餐饮功能，分为铁板烧、大厅散台及包厢。台灯、壁灯、地灯等灯光的点缀，看似不经意，却最能衬托出“精致”之感。

D 设计选材 Materials & Cost Effectiveness

餐厅内大量具现代感的材质去表现日式特有的元素：精心挑选棋盘格式的壁纸；贯穿餐厅使用的橘镜、特殊玻璃光墙，其拼贴手法实为提取了日式栅格门的分割样式；入口整面天然石材墙面犹如竹林，一气呵成，不落俗套；墙饰、天花多以镜面、皮革、壁纸、木皮搭配组合，使每个空间相互呼应，又各有不同；大面积木地板的使用，淡化了地面的处理，突出设计所要表达的重点。

E 使用效果 Fidelity to Client

进入北京餐饮营业状况前15强，顾客非常亲睐。

Project Name_Guangzhou Jinhao Yuyan Fin Restaurant
Chief Designer_Martin
Location_Guangzhou Guangdong
Project Area_2,000sqm
Cost_5,000,000RMB

项目名称_广州金濠御宴（粤派酒楼）
主案设计_马劲夫
项目地点_广东 广州
项目面积_2000平方米
投资金额_约500万元

和而不同 软硬兼施 WWW.WELLMARK.NET.CN
+ 8620 - 81037735 81037736 81037737

广州市和马设计有限公司

主案设计：马劲夫 *Martin*

博客： http:// 467647.china-designer.com
职位： 设计总监
职称：
中国装饰协会 会员
IIDA国际设计师协会 会员
奖项：
2009年被中国饭店协会授予"中国十大酒店空间设计师"称号
获2007年IIDA第三届国际室内设计金奖
获2009年中国饭店业设计大赛综合型度假酒店银奖
获2010年珠三角室内设计锦标赛酒店空间组金奖
获第四届、第五届、第六届全国室内设计双年展优秀奖

Guangzhou Jinhao Yuyan Fin Restaurant

广州金濠御宴(粤派酒楼)

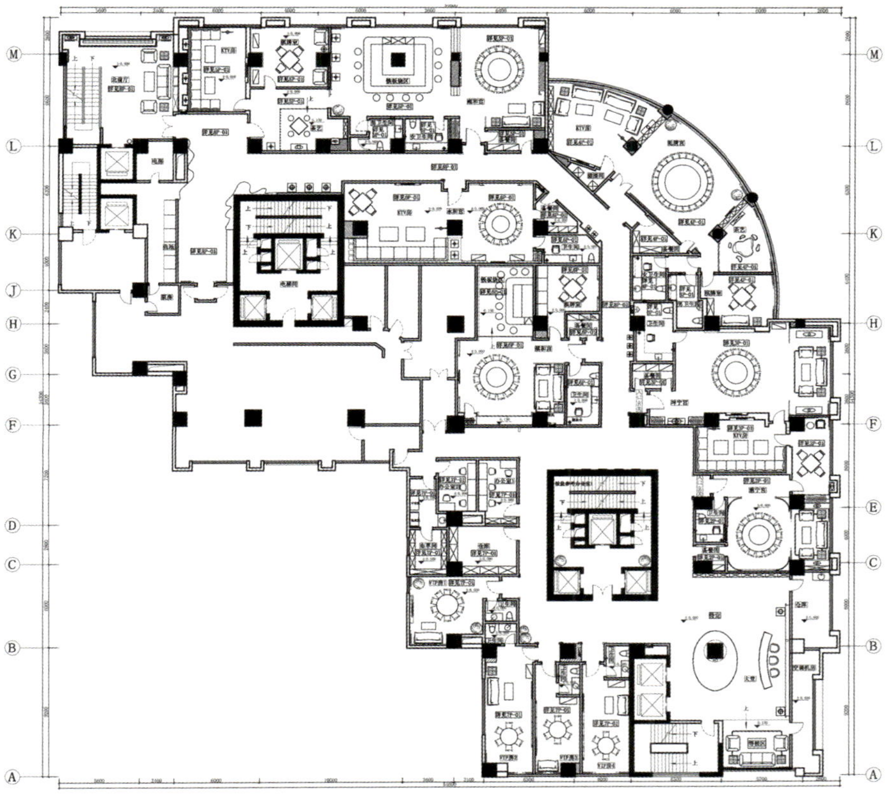

平面图

A 项目定位 Design Proposition

考察过程中业主提出的想法就是对整个餐厅重新装修来提升就餐的品位又达到优选消费客户的目标，这无疑给我们设计师提出了新的要求，那便是转换经营思路走高档的会所私房菜模式。

B 环境风格 Creativity & Aesthetics

为照顾客人不同的口味，每个包房的主题不尽相同，多种风格走出自有的风格和定位。

C 空间布局 Space Planning

每个包房都有红酒室，棋牌室，品茗室，娱乐室，视听室，化妆室等休闲空间。

D 设计选材 Materials & Cost Effectiveness

在空间的的选材用料方面，设计师选用新颖高档的石材如黑海玉天然透光石及路易斯金大理石，还有别树一格异形石膏造型。

E 使用效果 Fidelity to Client

这里不单可以品尝美食，各自娱乐消遣，更重要的是在这里体会到设计师给客户带来的尊贵感。

Project Name_Hangzhou Lacool Fashion Restaurant
Chief Designer_Du Jiang
Location_Hangzhou Zhejiang
Project Area_800sqm
Cost_3,000,000RMB

项目名称_杭州辣库餐厅
主案设计_杜江
项目地点_浙江 杭州
项目面积_800平方米
投资金额_300万元

杜 江 *Du Jiang*
博客：http:// 488626.china-designer.com
公司：杭州藏美建筑装饰设计有限公司
职位：设计总监
职称：高级室内建筑师

Hangzhou Lacool Fashion Restaurant
杭州辣库餐厅

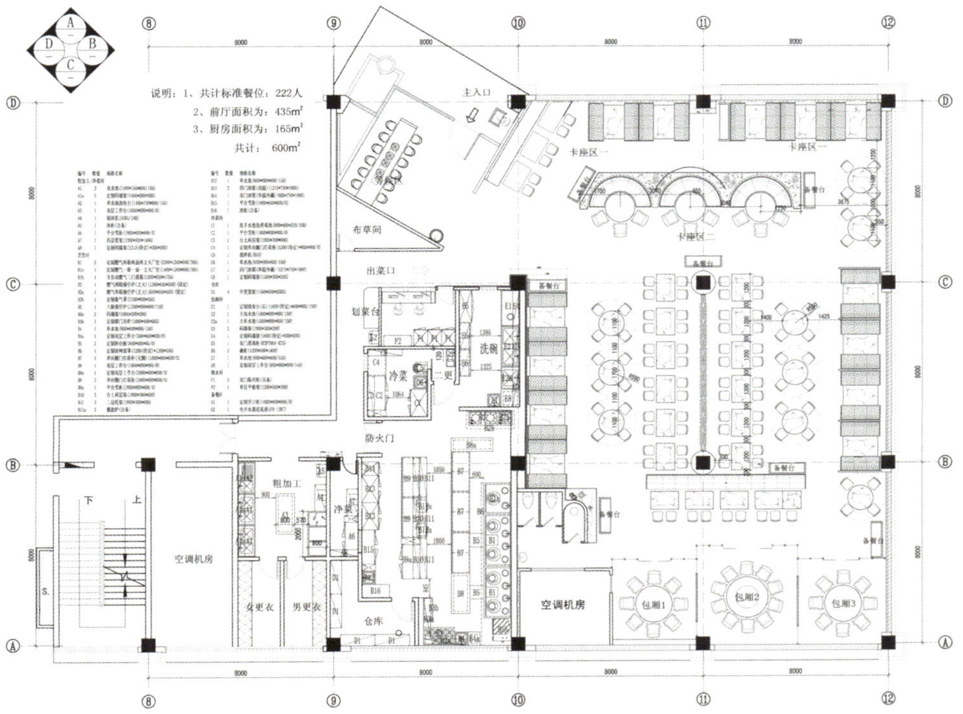

平面图

A 项目定位 Design Proposition

设计的概念就是空间的灵魂。它决定餐厅的气质魅力，直接影响顾客对餐厅的评价。

B 环境风格 Creativity & Aesthetics

主体风格表现淋漓尽致，现代设计的完美展现，带来梦幻意境，身心满足。

C 空间布局 Space Planning

空间利用的恰到好处，现代与古味的相融相接，灯饰与框架的完美结合，身临其境不言而喻。

D 设计选材 Materials & Cost Effectiveness

现代的墙面基色，大副的时尚装饰，不论是雅致的器具还是典雅的饰框，雕琢细腻的布局，完全把进入大门的食客带入了一个新奇梦幻的西湖意境。

E 使用效果 Fidelity to Client

从餐馆络绎不绝的人流，可以看到准确的餐饮定位带给顾客的是消费的肯定与享受。

Honglin Fashion Restaurant
鸿霖时尚餐厅

Project Name_Honglin Fashion Restaurant
Chief Designer_Li Haolan
Location_Nanjing Jiangsu
Project Area_400sqm
Cost_600,000RMB

项目名称_鸿霖时尚餐厅
主案设计_李浩澜
项目地点_江苏 南京
项目面积_400平方米
投资金额_60万元

李浩澜 *Li Haolan*

博客：http:// 157387.china-designer.com
公司：浩澜设计事务所
职位：设计总监
职称：

室内建筑师
中国建筑学会室内设计分会 会员
南京室内设计学会 会员
丹麦展迪 设计总监

奖项：

2006年，《浩之源料理店》获亚太室内设计大赛优胜奖；2006年，《南京浩之源设计》获第六届中国室内设计双年展铜奖
2006年，《泰达新城办公室设计》获第六届中国室内设计双年展优秀奖
2004-2006年，被评为全国百名优秀室内建筑师 2006年，《浩之源料理店设计》获中国室内设计大赛商业工程类佳作奖
2006年，被评为中国十佳住宅设计师优秀奖；
2007年，《展迪办公室设计》获中国室内设计大赛办公工程类三等奖
2007年，《展迪办公室设计》获南京室内设计大赛办公工程类一等奖
2007年，《泰达新城办公室设计》获南京室内设计大赛办公方案类三等奖
2007年，在十大新锐人物评选中荣获设计艺术贡献奖

项目：

金字塔酒店（阿联酋迪拜 六星级酒店）
阿拉伯花园酒店（阿联酋迪拜 四星级酒店）
南京龙世中心写字楼整体设计（五星级写字楼
江苏省规划院办公楼室内设计（五星级写字楼
江苏省中国银行江苏南京师范大学音乐厅
南京游艇码头江上会所
加拿大Suninus建筑设计集团南京办公室
南京托乐嘉公寓样板房及办公室售楼处
上海高富丽源宫邸别墅样板房及会所
南京瑞阳尊邸会所
江阴中信泰富售楼处及样板房
南京亚兰尼斯会所等

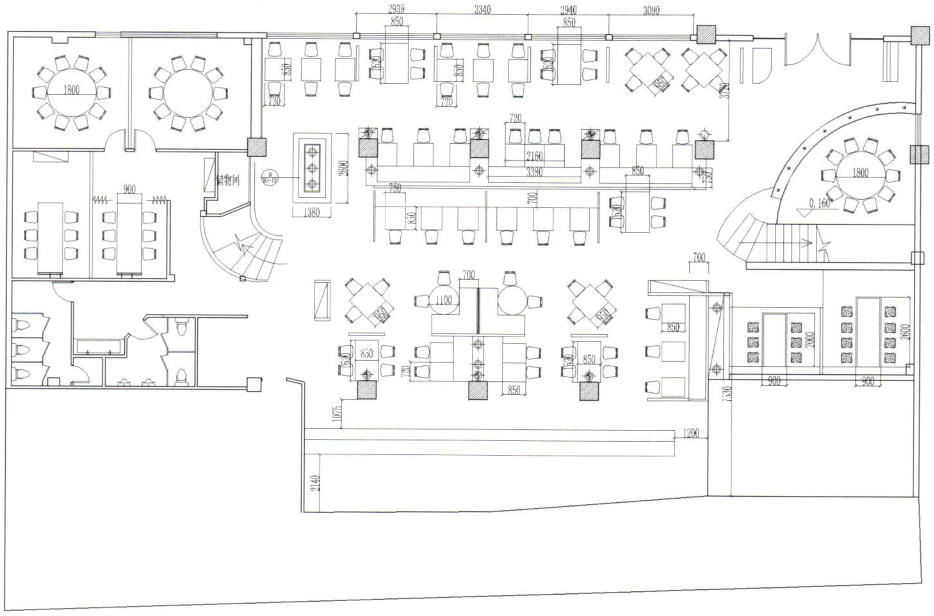

一层平面图

A 项目定位 Design Proposition

我们设计团队一直负责着鸿霖时尚餐厅形形色色的连锁店的设计，每家都不尽相同。这次的想法是做一家年轻时尚一族喜欢的餐厅。

B 环境风格 Creativity & Aesthetics

过多的隔断也是使空间达到〝安静〞最简单的做法。

C 空间布局 Space Planning

用大面积的隔断，且隔断不到顶作为空间的主题，以区分空间。

D 设计选材 Materials & Cost Effectiveness

经过几轮材料的选择和修改，最终确认了用大图案的烤漆雕花配合灰玻璃，这样既增强了空间的流动性，又满足了私密感。

E 使用效果 Fidelity to Client

回头率高，客户很满意。

Huangjihuang Restaurant (Center City Branch)

黄记煌中心城店

Project Name_Huangjihuang Restaurant (Center City Branch)
Chief Designer_Wang Kun
Location_Shenzhen Guangdong
Project Area_500sqm
Cost_1,000,000RMB

项目名称_黄记煌中心城店
主案设计_王锟
项目地点_广东 深圳
项目面积_500平方米
投资金额_100万元

王 锟 *Wang Kun*

博客：http:// 200149.china-designer.com
公司：深圳市艺鼎装饰设计有限公司
职位：设计总监
职称：
深圳设计师协会 理事
中国建筑装饰 会员
中国装饰协会 会员
奖项：
2008年中国设计三十情怀最佳案例奖
2008年中国设计三十情怀当代极具发展潜力的新锐设计师
2008年第四届中国（深圳）国际室内设计文化节餐馆酒吧类佳作奖
2008年第四届中国（深圳）国际室内设计文化节餐馆酒吧类金奖
2008年第四届中国（深圳）国际室内设计文化节会所/娱乐休闲场所类银奖
2009年“金羊奖”全国“百杰室内设计师”
2009年“照明周刊杯”全国室内设计大赛优秀作品奖
2009年ZUMTOBEL奥德堡照明“人与环境的和谐”全国室内照明设计大赛奖
项目：
深圳市雨花餐饮连锁餐厅
深圳市花泽轩餐饮连锁餐厅
大渔铁板烧餐饮连锁餐厅
深圳市大快乐餐饮连锁餐厅
许留山餐饮管理（深圳）有限公司
深圳市花慕西餐饮管理有限公司
深圳益田假日广场咖啡厅
深圳市品尚品咖啡厅
广东南方电网深圳供电局办公楼
武汉浦东发展银行办公楼、会所
武汉紫阳之星会所、样板房
水榭花都豪宅
香蜜湖一号别墅
金域蓝湾豪宅等

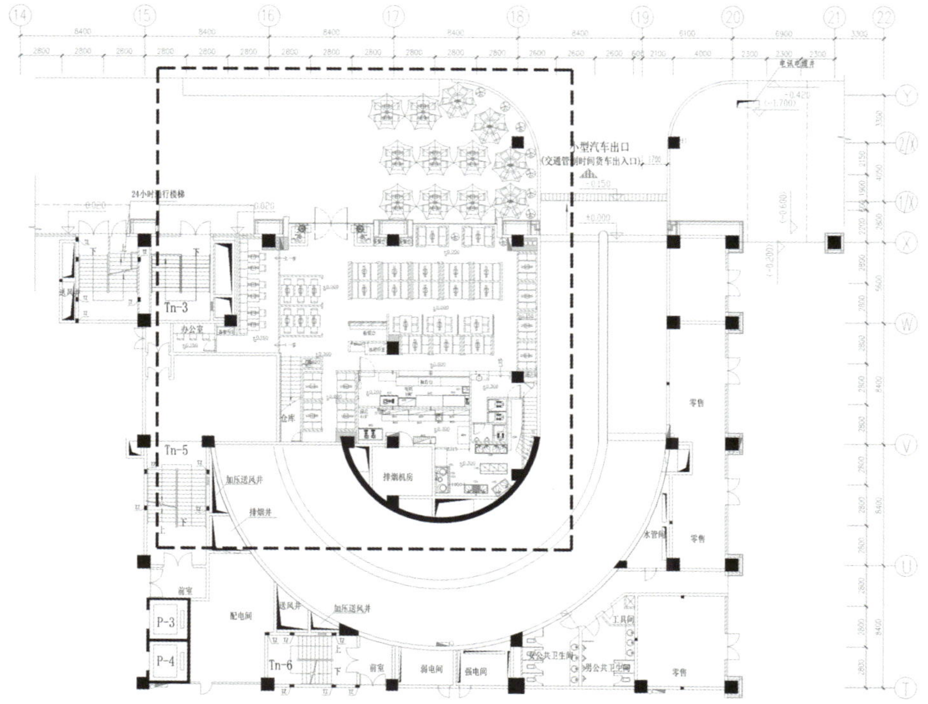

一层平面图

A 项目定位 Design Proposition

黄记煌三汁焖锅是在传统滋补理论的基础上，与现代养生学说相结合而创造出的特色佳肴。设计采用了现代中式的设计风格。

B 环境风格 Creativity & Aesthetics

为与餐厅主营菜品相结合，在简洁的基础上，加入了"牡丹"、"祥云"等中式传统元素。

C 空间布局 Space Planning

餐厅入口简约而不低调，印有牡丹图案的玻璃隔断在强调私密性的同时，又保证了视线通透性，避免使食客产生局促的感觉。

D 设计选材 Materials & Cost Effectiveness

室内地面普遍采用大理石，即方便打理又凸显出空间的高贵。

E 使用效果 Fidelity to Client

经营收益明显升高，现以成为该区域相当受欢迎的餐饮休闲的好选择，让真正的顶级生活渐入人心。

Jinhegu Sea Cucumber Health Preservation Restaurant
金合谷海参养生酒楼

Project Name_Jinhegu Sea Cucumber Health Preservation Restaurant
Chief Designer_Cao Shanna
Project Team_Qu Yong / He Guangyu / Lu Di / Ma Qing
Location_Haidian District Beijing
Project Area_3,400sqm
Cost_16,000,000RMB

项目名称_金合谷海参养生酒楼
主案设计_曹姗娜
设计团队_屈勇 / 贺光宇 / 卢迪 / 马青
项目地点_北京 海淀
项目面积_3400平方米
投资金额_1600万元

LBY 丽贝亚集团 LIBEIYA GROUP
北京丽贝亚建筑装饰工程有限公司

主案设计：曹姗娜 *Cao Shanna*

博客：http:// 479615.china-designer.com
职位：主任设计师
奖项：
2009年〝徐州南湖别院酒店〞获得中国室内设计大奖赛三等奖
2009年获得杰出中青年室内建筑师证书
项目：
常州格兰云天酒店
朝阳市隆天鑫酒店
乌海国宾馆
徐州南湖别院酒店
静澜海参养生宴
静澜悦荣公馆•海参宴
东方花园饭店
北京金合谷海参养生酒楼

A 项目定位 Design Proposition

为了营造一个宽敞、现代、引人入胜的空间，我们在深、浅色调的搭配上大做文章，结果就有了这个传统与激情相结合的独特就餐场所。

B 环境风格 Creativity & Aesthetics

就餐区的桌椅都制作精美考究，镜子以不同的形式出现，运用在各个区域，包间内巨大的镜面覆盖在天花板上，来往的美食在天花板上穿梭，溶为餐厅景致的一部分。

C 空间布局 Space Planning

进入茶室首先映入眼帘的是天圆地方的图案于天花板上铺开，中式南瓜灯被拉长为顶天立地的大型装饰灯立于走廊一侧。里面设有自助餐厅、VIP区、茶厅、珠宝店。

D 设计选材 Materials & Cost Effectiveness

运用现代表现形式在富有江南特色的圆门造型内，用镜面雕刻竹叶图案，寓意窗中景，给茶厅富于活力表现。

E 使用效果 Fidelity to Client

客户满意，运营效果非常好。

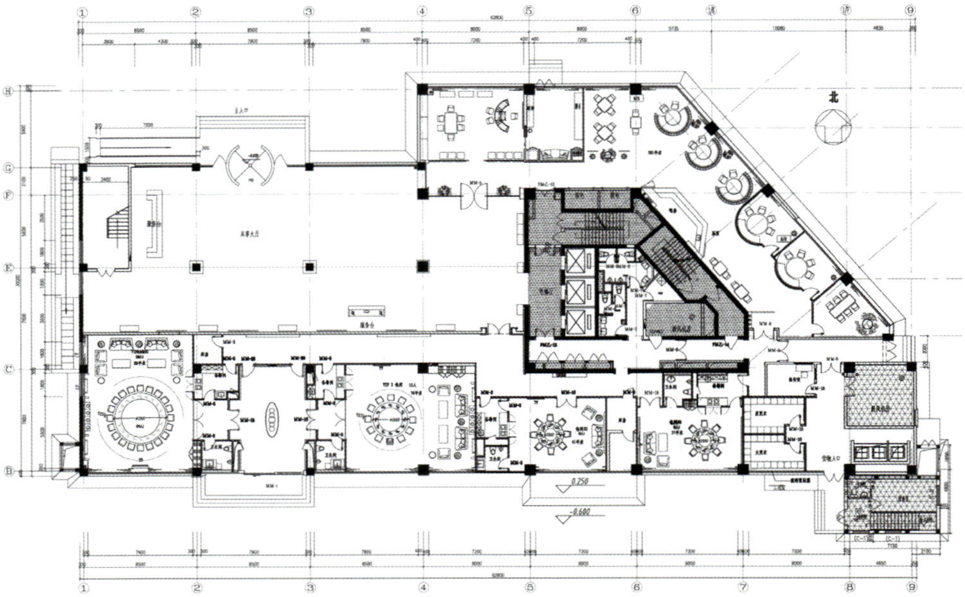

一层平面图

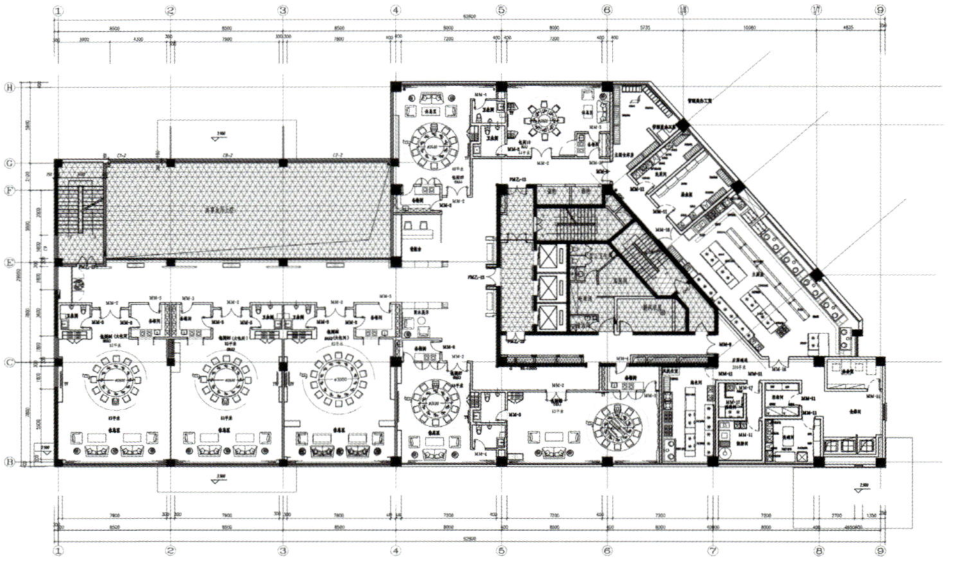

二层平面图

Meizhou Dongpo Restaurant (Sansuci Branch)

眉州东坡酒楼三苏祠店

Project Name_Meizhou Dongpo Restaurant (Sansuci Branch)
Chief Designer_Wang Yanchen / Li Xiangni
Project Team_Yang Ding / Nie Baoshun
Location_Meishan Sichuan
Project Area_2,000sqm
Cost_12,000,000RMB

项目名称_眉州东坡酒楼三苏祠店
主案设计_王砚晨 / 李向宁
设计团队_杨丁 / 聂宝顺
项目地点_四川 眉山
项目面积_2000平方米
投资金额_1200万元

经典国际设计机构(亚洲)有限公司

主案设计：王砚晨 *Wang Yanchen*

博客：http:// 456069.china-designer.com
职位：首席设计总监
职称：
意大利米兰理工大学国际室内设计硕士
中国建筑学会室内设计分会 会员

主案设计：李向宁 *Li Xiangni*

博客：http:// 464835.china-designer.com
职位：艺术指导
职称：
意大利米兰理工大学国际室内设计硕士
中国建筑学会室内设计分会 会员

A 项目定位 Design Proposition

我们接手设计的第一天起，就试图回到当年北宋盛世的社会情景中，回到当年苏东坡呼号激荡，叱咤风雨的时代中去，找寻那种深深打动我们的东坡文化情结。

B 环境风格 Creativity & Aesthetics

眉州东坡酒楼三苏祠店的整体设计涉及到三个方面，即建筑、室内、园林。这三个方面互为依存，高度整合，需要全盘把握。

C 空间布局 Space Planning

我们将古建的椽、柱、梁、廊等恢复到古建筑原本的尺度和结构，最重要的是找到和周围三苏祠古建筑相吻合的气氛，就是充满全院的古朴儒雅的气质。

D 设计选材 Materials & Cost Effectiveness

室内设计中我们使用最贴近自然的材料和最传统的施工工艺，来表达我们对苏东坡的敬意，尤其在所有装饰书画的设置上，我们尽一切所能搜集苏轼以及和苏轼有关联的传世书法、绘画作品，使用最接近原作的印刷复制方法制作，陈刊于室内及室外墙面。

E 使用效果 Fidelity to Client

最终效果将东坡文化情结展现淋漓尽致，吸引无数顾客光顾。

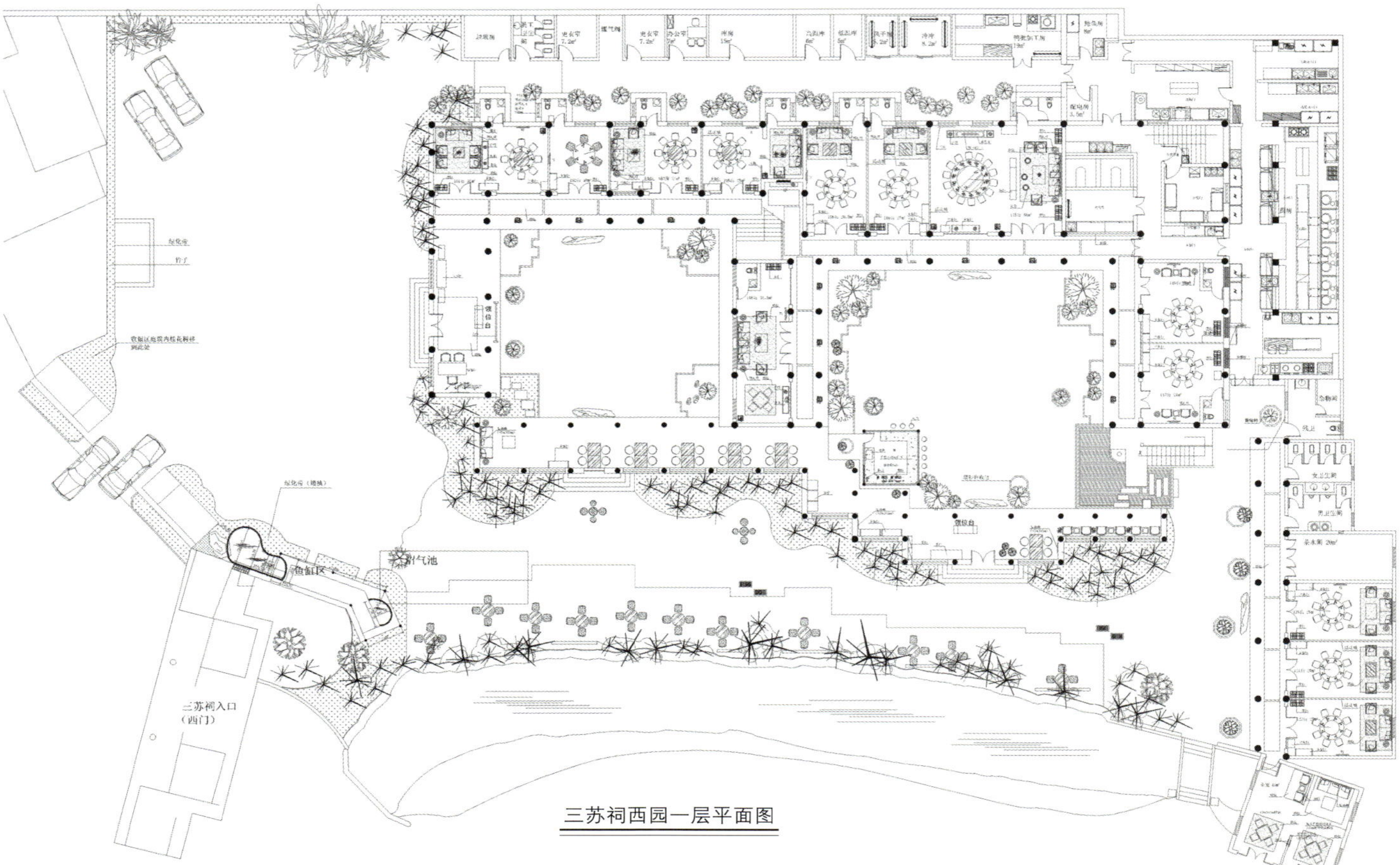

三苏祠西园一层平面图

Shanghai Cangxiangongfang Restaurant

上海藏鲜工坊

Project Name_Shanghai Cangxiangongfang Restaurant
Chief Designer_Du Jiang
Location_Huangpu District Shanghai
Project Area_2,300sqm
Cost_9,900,000RMB

项目名称_上海藏鲜工坊
主案设计_杜江
项目地点_上海 黄浦
项目面积_2300平方米
投资金额_990万元

杜 江 *Du Jiang*

博客： http:// 488626.china-designer.com
公司： 杭州藏美建筑装饰设计有限公司
职位： 设计总监
职称： 高级室内建筑师

A 项目定位 Design Proposition

设计上完全融入其浓郁的地方特色和园区的城市发展地位，同时又不乏时代特征。

B 环境风格 Creativity & Aesthetics

室内环境设计是整体艺术，它应是空间、形体、色彩以及虚实关系的把握，功能组合关系的把握，意境创造的把握以及与周围环境的关系协调。

C 空间布局 Space Planning

在室内设计中采用一切现代科技手段，实现高速度、高效率、高功能，创造出理想的值得人们赞叹的空间环境来。

D 设计选材 Materials & Cost Effectiveness

既重视科技，又强调人情味，在艺术风格上追求频繁变化，新手法。

E 使用效果 Fidelity to Client

赢得广大顾客光临，回报率高。

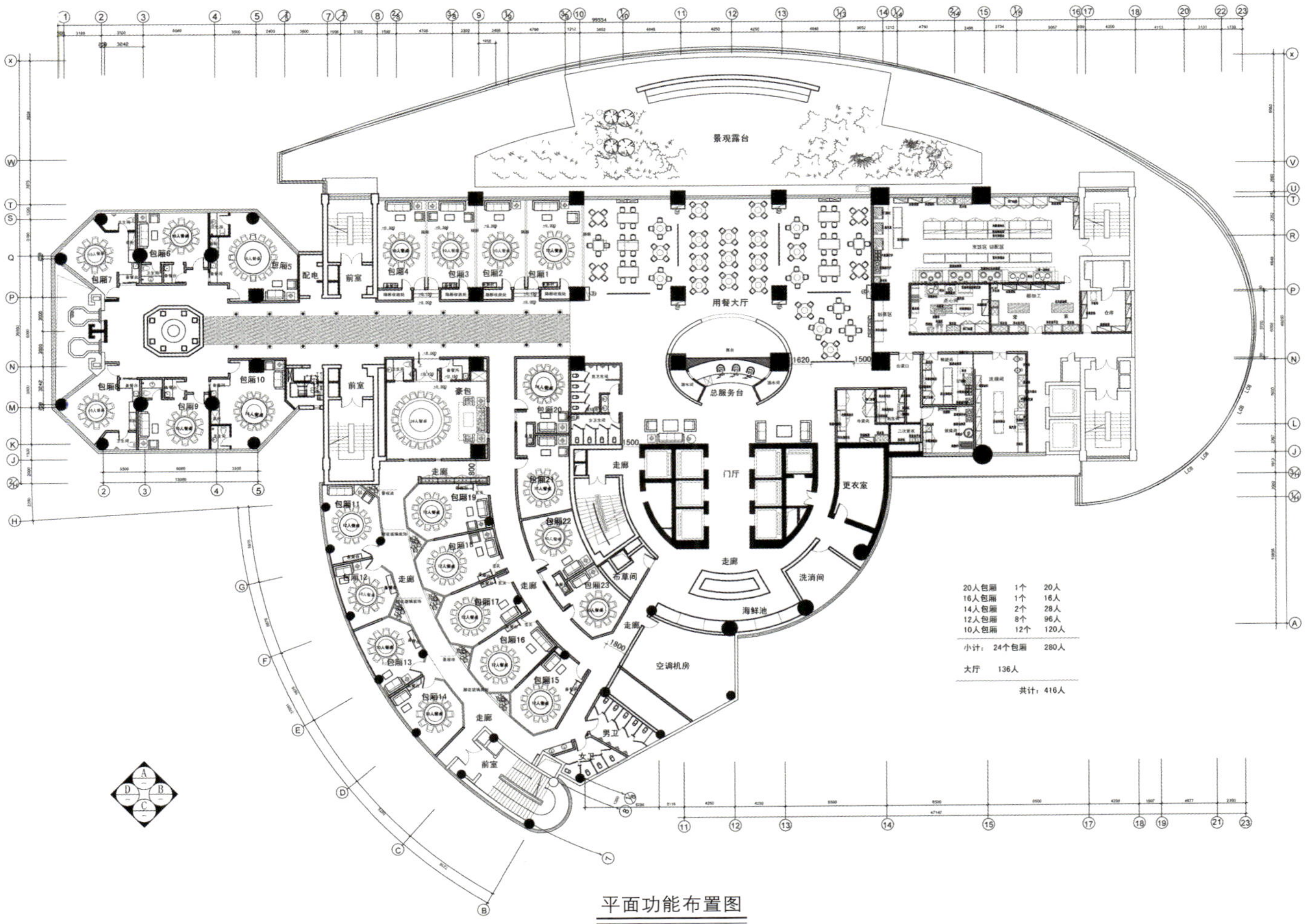
景观露台
用餐大厅
总服务台
门厅
更衣室
走廊
洗消间
海鲜池
空调机房
男卫
女卫
前室
配电
包厢1
包厢2
包厢3
包厢4
包厢5
包厢6
包厢7
包厢9
包厢10
包厢11
包厢12
包厢13
包厢14
包厢15
包厢16
包厢17
包厢18
包厢19
包厢20
包厢21
包厢22
包厢23
豪包
20人包厢 1个 20人
16人包厢 1个 16人
14人包厢 2个 28人
12人包厢 8个 96人
10人包厢 12个 120人
小计： 24个包厢 280人
大厅 136人
共计：416人

平面功能布置图

Suyuan Restaurant

苏园酒店

Project Name_Suyuan Restaurant
Chief Designer_Liu Shiyao
Project Team_Sun Huafeng / Li Chuncai / Kong Zhongxun / Li Xirui / Liang Jianli / Sun Jian / An Hongyun / Shi Yunxiang
Location_Zhengzhou Henan
Project Area_5,400sqm
Cost_10,000,000RMB

项目名称_苏园酒店
主案设计_刘世尧
设计团队_孙华锋 / 李春才 / 孔仲迅 / 李西瑞 / 梁建立 / 孙健 / 安红云 / 师云香
项目地点_河南 郑州
项目面积_5400平方米
投资金额_1000万元

河南鼎合建筑装饰设计工程有限公司

主案设计：刘世尧 *Liu Shiyao*

博客：http:// 485292.china-designer.com
职位：执行董事
职称：
高级室内建筑师
中国建筑学会室内设计分会第十五专业委员会 副主任
美国IFDA国际室内装饰设计协会河南办事处 主任
河南省建筑装饰协会家装委员会 副秘书长
奖项：
2009年获CIID中国室内设计二十年“优秀设计师”称号
2009年获第十七届亚太区室内设计大奖赛荣誉奖
2009年获中国室内设计大奖赛商业工程类二等奖
2009 年获中国风-IAI 2009亚太室内设计邀请赛铜奖
2008年获亚太室内设计方案类金奖
2008年获第四届海峡两岸四地室内设计大赛铜奖
2008年获中国室内设计大奖赛酒店、宾馆工程类三等奖
2008年获上海“金外滩”佳作奖
2007年获IFI第三届国际室内设计大奖赛优秀奖及佳作奖

A 项目定位 Design Proposition

“风雅吴地、水墨江南”，留下无数文人墨客的行迹，也留下人们印象中一幅浓淡相宜的水墨长卷，这就是我们在苏园酒店设计中所要传达的思想和意境。

B 环境风格 Creativity & Aesthetics

我们在平面规划上，把苏州园林的“园”、“巷”的意境体现在酒店的中庭庭院和大堂的入口处，既营造了灵透的入口中庭的空间，又很自然的把江南建筑的元素和特质体现出来。

C 空间布局 Space Planning

外立面向内单坡的屋顶，既体现江南建筑的灵秀特征，又体现中国民居中常用的“四水归堂”的手法。

D 设计选材 Materials & Cost Effectiveness

环绕入口中庭及景观庭院的内侧，我们大面积的采用深色变异简化了的实木窗格。我们采用黑灰色的柱子、白色的墙体，中庭的上空悬挂着高低错落的渔网及鸟笼。

E 使用效果 Fidelity to Client

这种环境下的闲情雅致，让身在其中的每一个客人不禁赏心悦目、心旷神怡，顾客络绎不绝。

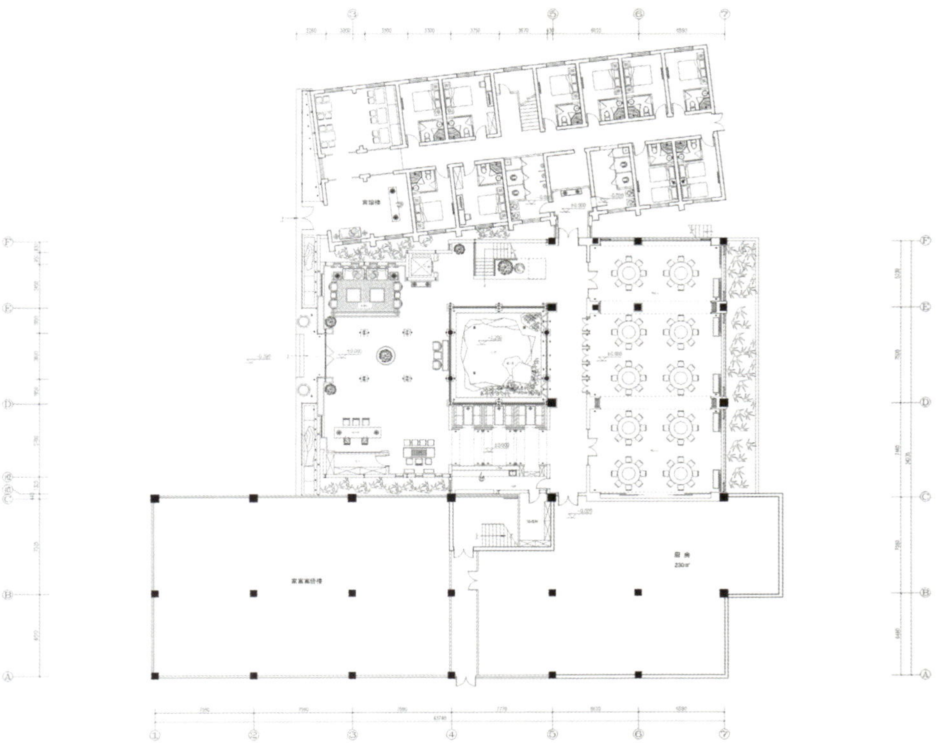

一层平面图

Project Name_Suohaoxuan Restaurant
Chief Designer_Chen Bin
Project Team_Li Jian / Fu Sheng / Zhou Xiang / Yang Hui
Location_Wuhan Hubei
Project Area_582sqm
Cost_1,500,000RMB

项目名称_所好轩
主案设计_陈彬
设计团队_李健 / 傅晟 / 周翔 / 杨慧
项目地点_湖北 武汉
项目面积_582平方米
投资金额_150万元

陈 彬 *Chen Bin*

博客：http:// 236620.china-designer.com
公司：湖北大木后象装饰设计工程有限公司
职位：总经理
职称：
中国美术家协会湖北分会 会员
CBDA中国建筑装饰协会会员及设计委员会 委员
CIID中国建筑学会室内设计分会 会员
IAI亚太建筑师与室内设计师联盟 理事
ICIAD国际室内建筑师与设计师理事会 会员
大木设计中国理事会 常务理事
奖项：
2009年度APIDA第十七届亚太区室内设计大奖银奖
2009年度作品入选德国iF2009中国设计大奖
2010年度作品入选英国ANDREW MARTIN 2009年度国际室内设计大奖
2009年度广州国际设计周"金羊奖"中国十大室内设计师
2009年度Interior Design China "酒店餐厅类最佳设计"奖
2009年度第七届现代装饰国际传媒奖"年度最具潜力设计师"
2009年度金指环全球室内设计大赛优秀奖
2009年度中国饭店业设计装饰大赛金奖等
项目：
夜色中的老汉口
赛江南-沿江店
兰亭别院等

Suohaoxuan Restaurant
所好轩

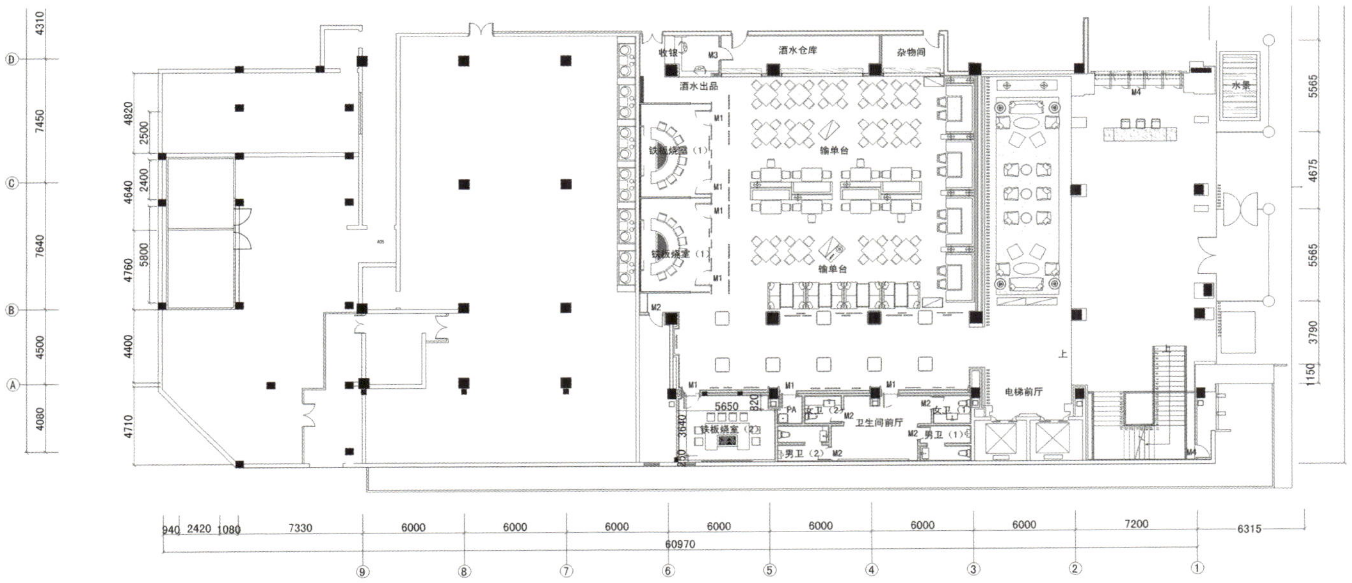

平面图

A 项目定位 Design Proposition

以中国文人特有的方式，体验出美景美食的境界，书斋名曰“所好轩”。

B 环境风格 Creativity & Aesthetics

设计师以古文人的“食色宣言”为灵感，用色彩和器物营造出一种“花鸟鱼虫”的中式休闲意境。

C 空间布局 Space Planning

空间布局幽雅、特色，给人一种身临意境、耳目一新的感觉。

D 设计选材 Materials & Cost Effectiveness

中式的家具与饰品，颜色的对比，高品质。运用环保的材料体现美学价值与设计鉴赏的作品，便能带给受众审美的愉悦。

E 使用效果 Fidelity to Client

经营效果好，获得商家和顾客的一致好评，经营收益明显。

XIANG YUE HUI

Project Name_Xiangyuehui Restaurant
Chief Designer_Qu Yanbo
Project Team_Yang Minglei / Yang Taipeng
Location_Changchun Jilin
Project Area_711sqm
Cost_752,000RMB

项目名称_湘粤汇
主案设计_屈彦波
设计团队_杨明磊 / 杨太鹏
项目地点_吉林 长春
项目面积_711平方米
投资金额_75.2万元

Xiangyuehui Restaurant
湘粤汇

吉林省点石装饰设计有限公司

主案设计：屈彦波 *Qu Yanbo*

博客： http:// 490300.china-designer.com
职位： 总经理
职称：
中国建筑学会室内设计分会 建筑师
中国建筑学会室内设计分会第十三专业委员会 副主任
吉林省装协专家与设计委员会 副主任
项目：
滕龙壁纸店设计
珠联璧合壁纸店
世外桃源足疗店设计
双阳御龙温泉设计
阿满食品展位设计
李记羊城饺子馆设计
永明洁具专营店设计
阿满食品展位设计
永明洁具专营店设计
盛荣大厦11-17层装饰设计
川诱饭店设计
天津东北一家人酒店设计
福临万家酒店设计
欧亚香辣汇
卓展涮涮吧设计
东方假日酒店设计
六合设计机构
台湾菜馆等

A 项目定位 Design Proposition

在不同的时代，人们对奢华的理解和表现都会有所不同，现代社会金碧辉煌已不再是奢华的代言。

B 环境风格 Creativity & Aesthetics

表达含蓄而内敛，体现出的是一种心灵上的体验；与现代社会中的新贵阶层在艺术与文化上产生共鸣，并满足其精神需求。

C 空间布局 Space Planning

空间规划上是自由的，富有层次感和结构美；形式上是现代的，同时散发着华贵与时尚的气息。

D 设计选材 Materials & Cost Effectiveness

金属砖地面，斑马木饰面板、双层玻璃内夹布帘、图案玻璃、图案镜片，局部爵士白理石，楼梯处为爵士白理石台阶。

E 使用效果 Fidelity to Client

与现代社会中的新贵阶层在艺术与文化上产生共鸣，并满足其精神需求。

Chengdu Renheng Shannon Coffee Restaurant

成都仁恒香浓咖啡西餐厅

Project Name_Chengdu Renheng Shannon Coffee Restaurant
Chief Designer_Zhang Can
Location_Chengdu Sichuan
Project Area_400sqm
Cost_2,000,000RMB

项目名称_成都仁恒香浓咖啡西餐厅
主案设计_张灿
项目地点_四川 成都
项目面积_400平方米
投资金额_200万元

C Design
四川创视达建筑装饰设计有限公司

主案设计：张 灿 *Zhang Can*

博客：http:// 472103.china-designer.com
奖项：
获得"2008亚太室内设计双年大奖赛"金奖、铜奖
"2008年第四届海峡两岸四地室内设计大赛"银奖、佳作奖
"2009亚太室内设计中国风铜奖"等
项目：
峨眉山旅游五星级宾馆
峨眉山红珠山宾馆康体综合楼
中科院光电研究所办公大楼
蓝光"富丽花城"售楼部及样板间
国嘉"四海逸家"售楼部及样板间
锐力"领峰"售楼部及样板间等

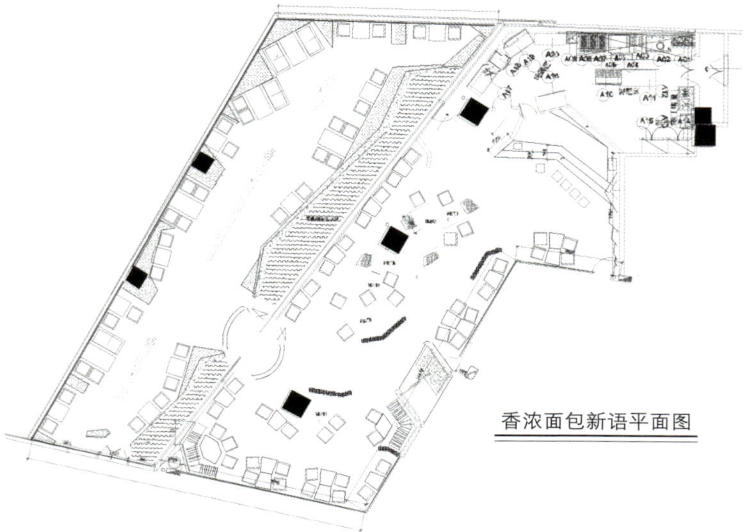

香浓面包新语平面图

A 项目定位 Design Proposition

在这个西餐咖啡在设计之初，就确定了时尚商务西餐咖啡餐厅的氛围定位，而且客户希望这个餐厅可以多功能，多时段的使用。

B 环境风格 Creativity & Aesthetics

现代时尚是我们这个香浓餐厅的主题，从发光的瓶子里用LED柔性光飘出的香气悬浮在整个餐厅的空中，让客人体会到富有视觉和嗅觉的同等感受……处处都能体会到时尚感和科技感。

C 空间布局 Space Planning

室内的260m²和室外的180m²的半室外露台空间的原始条件，创造了丰富的空间感觉和使用时段和氛围的营造。

D 设计选材 Materials & Cost Effectiveness

它的灯光设计考虑到了用餐的功能和酒会的功能，我们在设计时对氛围和色温都有不同的运用，使用LED可变光来达到氛围的不同需求，用不同色温的显色性来对待照明和照菜品，这几者必须在设计灯光里去考究和研究。

E 使用效果 Fidelity to Client

效果好，独特的灯光效果吸引大量顾客。

四海一家

Dalian LUCK Cuisine

大连时尚LUCK料理店

Project Name_Dalian LUCK Cuisine
Chief Designer_Zhang Jian
Project Team_Guo Jia / Li Yu / Zhou Haitao / Li Saifei / Yan Xiangzhi / Yang Dapeng
Location_Dalian Liaoning
Project Area_90sqm
Cost_300,000RMB

项目名称_大连时尚LUCK料理店
主案设计_张健
设计团队_郭佳 / 李禹 / 周海涛 / 李赛飞 / 阎湘之 / 杨大鹏
项目地点_辽宁 大连
项目面积_90平方米
投资金额_30万元

张 健 *Zhang Jian*

博客：http:// 11127.china-designer.com
公司：大连工业大学艺术与信息工程学院
职位：专业教师
职称：
高级室内建筑师
中国建筑装饰协会设计委员会 委员
中国高校美术家协会 理事
辽宁建筑装饰协会 会员
所获奖项：
2010年，2009-2010年度杰出设计师
2010年，首届全国室内墙艺设计大赛特等奖
2009年，设计作品评选为中国"最具商业价值"设计50强作品
2008年，第七届中国国际室内设计双年展铜奖

A 项目定位 Design Proposition

突破传统料理店特征，融合现代时尚元素，诠释现代创意料理。

B 环境风格 Creativity & Aesthetics

本案营造白色时尚空间环境，力求打造别样的视觉效果。

C 空间布局 Space Planning

在有限空间中，满足功能的基础上，最大化的利用空间，使空间合理且完善。

D 设计选材 Materials & Cost Effectiveness

对比的材料运用，烘托时尚特征，使得空间更别致、精致。

E 使用效果 Fidelity to Client

变化创新既迎来收获与希望，运营后客流量大，回报率高。

SUSHIBAR
JAPANESE
DINNING

Dingdingxiang Hot Pot Paradise-Beijing Guoxing Branch
鼎鼎香-北京国兴店

Project Name_Dingdingxiang Hot Pot Paradise-Beijing Guoxing Branch
Chief Designer_Li Xuheng
Location_Haidian District Beijing
Project Area_1,500sqm
Cost_15,000,000RMB

项目名称_鼎鼎香-北京国兴店
主案设计_利旭恒
项目地点_北京 海淀
项目面积_1500平方米
投资金额_1500万元

INTERIOR ARCHITECTS
古鲁奇建筑咨询（北京）有限公司
Golucci International Design (Beijing) co.,Ltd

主案设计：利旭恒 *Li Xuheng*

博客： http:// 221313.china-designer.com
职位： 设计总监
奖项：
中国住交会2004年度中国十佳设计师
中国建筑装饰协会2006年度中国十佳设计师
作品鼎鼎香餐厅获得That's Beijing北京最佳火锅餐厅
项目：
北京鼎鼎香火锅
王品台朔牛排
西提牛排
麻辣诱惑
烹大师烧肉达人
新色煮艺
福义肥牛
新加坡馋厨美食
泰迪黛斯咖啡馆等

A 项目定位 Design Proposition

"高调奢华"不代表"虚浮的财富"而是一种人生的境界，会随着人生阅历的累积与心境的成长改变。

B 环境风格 Creativity & Aesthetics

这个项目延续设计师利旭恒对完美奢华品味一贯的追求态度，在质感中保有华丽创意的实践。

C 空间布局 Space Planning

从入口处开始，设计师的概念是将大量的水晶串成剔透醒目的落地墙与楼梯地面，让第一眼印象就充满戏剧性，同时也成为整个空间营造出张力十足的华丽背景。

D 设计选材 Materials & Cost Effectiveness

选材上采用的元素包括：石材、金属、玻璃、大量的水晶与有如冰山矗立在巨大冰池的鱼缸等。照明上选用进口水晶吊灯散发出柔美如丝的光线。

E 使用效果 Fidelity to Client

品味食物，享受奢华，回报率高，客户非常满意。

Huaheng Teahouse 华亨茶社

Project Name_Huaheng Teahouse
Chief Designer_Huang Feng
Project Team_Lin Changhui / Huang Feng
Location_Xiamen Fujian
Project Area_600sqm
Cost_5,000,000RMB

项目名称_华亨茶社
主案设计_黄锋
设计团队_林昌惠 / 黄锋
项目地点_福建 厦门
项目面积_600平方米
投资金额_500万元

黄 锋 *Huang Feng*
博客： http:// 501874.china-designer.com
公司： 禅品设计工作室
职位： 设计总监
职称： CIID中国建筑学会室内设计分会 会员
奖项： 2010年IAI双年大奖赛最佳大奖提名

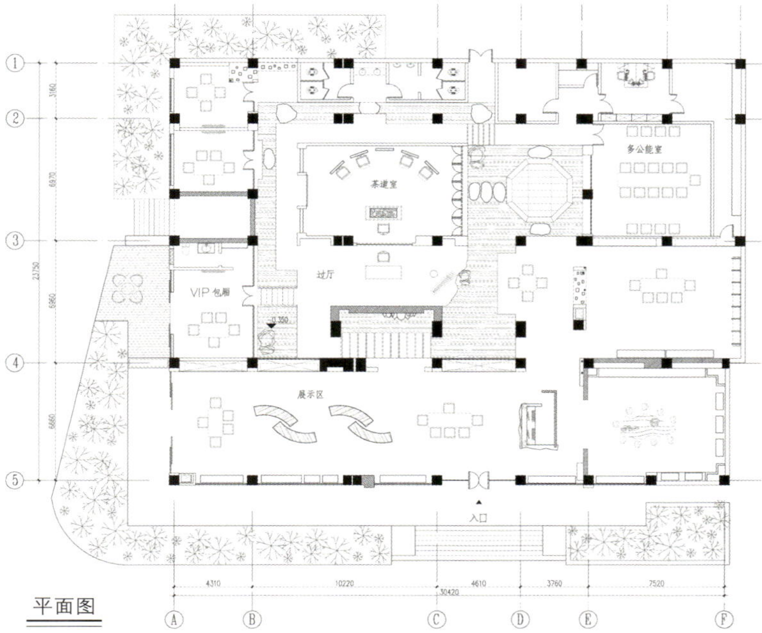

平面图

A 项目定位 Design Proposition

会员制茶舍，区别于一般休闲茶舍定位，定位高端客户。

B 环境风格 Creativity & Aesthetics

讲究生活与自然的融合，现代与古典的相汇，进入室内仿佛置身于自然园林中，品茶的意境油然而生。

C 空间布局 Space Planning

空间布局整齐清晰，区域划分独立，划分区段设计独特各异。

D 设计选材 Materials & Cost Effectiveness

空间装饰多运用石材，古典与现代材质的家具独特搭配，不但不失园林意境，更添韵味。

E 使用效果 Fidelity to Client

在茶叶行内颇有影响，已开始全国连锁。

Jardin De Jade Hangzhou Branch

苏浙汇杭州店

Project Name_Jardin De Jade Hangzhou Branch
Chief Designer_Patrick Leung
Location_Hangzhou Zhejiang
Project Area_1,000sqm
Cost_1,000,000RMB

项目名称_苏浙汇杭州店
主案设计_梁景华
项目地点_浙江 杭州
项目面积_1000平方米
投资金额_100万元

PAL DESIGN CONSULTANTS LTD
PAL 設計事務所有限公司

PAL设计事务所有限公司

主案设计：梁景华 *Patrick Leung*

博客：http:// 163557.china-designer.com
职位：创办人及首席设计师
职称：

英国特许设计师协会 会员
澳洲设计学会 国际会员
香港室内设计师协会 荣誉顾问
香港贸易发展局设计、市场推广及专利授权服务业咨询委员会 委员
中国美术家协会环境设计艺术委员会 委员
中国建筑装饰与照明设计师联盟 副主席
深圳市形象设计行业协会（SZIDIA）荣誉顾问
前香港室内设计师协会 副会长

奖项：

香港十大杰出设计师
中国室内设计风云人物奖
中国十大样板房设计师奖
连续3度成为室内设计奥斯卡之称的Andrew Martin International Interior Design Awards选为全球首50名最顶尖设计师
获得由国际室内设计师联盟颁发的 “IFI卓越设计大奖”
“北京希尔顿逸林酒店”荣获美国室内权威杂志“Interior Design”颁发 “全球室内设计最佳设计嘉许奖”
（SZIDIA）荣誉顾问

JARDIN DE JADE
蘇浙滙

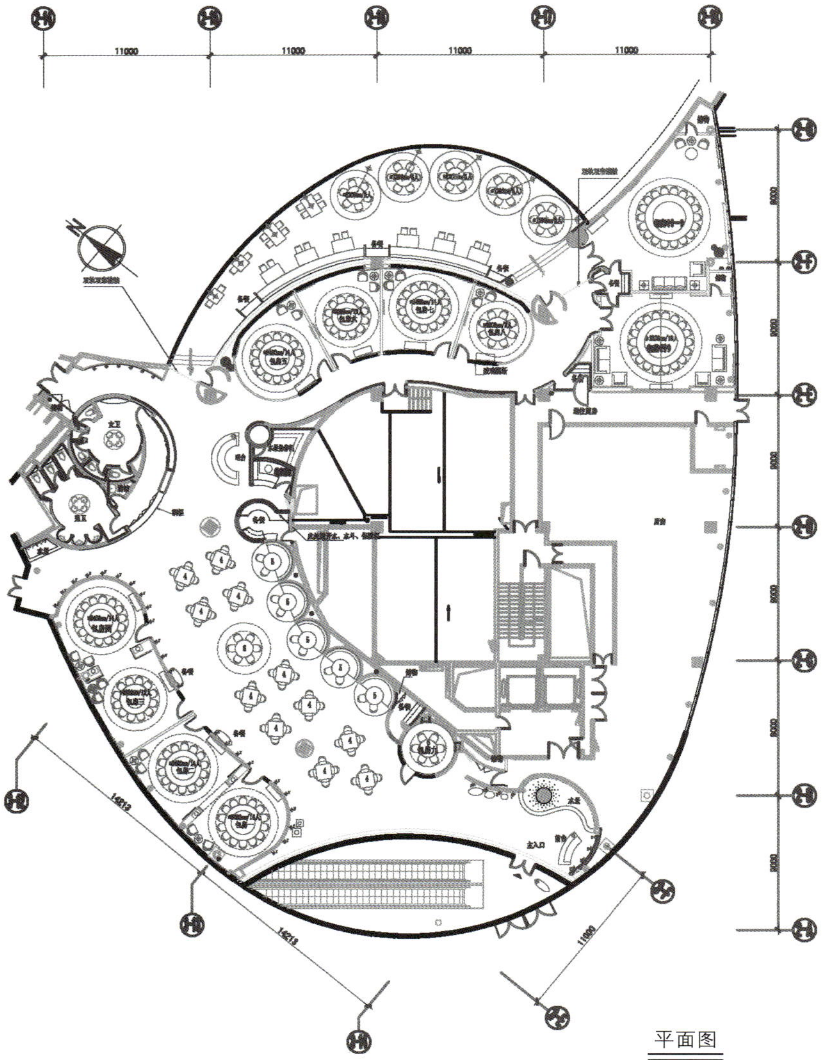

平面图

A 项目定位 Design Proposition

以杭州市花“桂花”为设计核心，通过桂花之图案设计，把花之美态融入餐厅环境，增加入馔的乐趣，富独特创作性，成为高尚之中式餐厅。

B 环境风格 Creativity & Aesthetics

配合周围环境，创新，活力，豪华集一身。有趣装潢的元素，都能吸引年轻而懂生活的时尚一族。

C 空间布局 Space Planning

布局层次分明,划分多个进餐区以及包房，营造高档次氛围,桂花图案的特色吊灯，变化多端，却又自成一格。

D 设计选材 Materials & Cost Effectiveness

营造与众不同的设计，善于材料的优点，尽量发挥在设计的空间内。

E 使用效果 Fidelity to Client

客户非常满意，人流不断，吸引更多消费者品尝，把餐饮品牌推上更高层次。

Search Tea
寻茶

Project Name_Search Tea
Chief Designer_Chen Fangxiao
Location_Sanming Fujian
Project Area_850sqm
Cost_3,700,000RMB

项目名称_寻茶
主案设计_陈方晓
项目地点_福建 三明
项目面积_850 平方米
投资金额_370万元

陈方晓 *Chen Fangxiao*

博客：http:// 481925.china-designer.com
公司：陈方晓C设计事务所
职位：创作总监
职称：阿拉伯酋长国迪拜阿扎曼艺术大学 客座教授

奖项：

2008亚太室内设计双年大奖赛商业空间金奖——《星空》
2010亚洲室内设计竞赛样板房类金奖——《稳》
2010亚洲室内设计竞赛样板房类银奖——《拈花一笑》
2010亚洲室内设计竞赛样板房类银奖——《天书》

项目：

香港“泉水湾”售楼中心
香港“泉水湾”样品房
“君临宝邸”酒店式售楼中心
“君临宝邸”样板房
“故宫裕景”会所
中骏置业“西湖1号”样板房
新颐和茶会所
“鑫海湾”样板房
蓝马酒吧会所等

A **项目定位** Design Proposition

满足审美需求等“形而上”的精神需求。

B **环境风格** Creativity & Aesthetics

奢华、沉稳、低调的设计风格。

C **空间布局** Space Planning

在不影响建筑结构的同时将空间的结构分两个层次向地下拓展八级台阶，将原来不可能做二层的空间，完成了舒展的两层空间。为了满足刚入门时廊的標高对视线的影响，将二层的廊和室内的標高分作两个层次。

D **设计选材** Materials & Cost Effectiveness

采用大量的节能环保材料，以及更多石板材料，使整体效果能够与设计风格有效呼应。

E **使用效果** Fidelity to Client

吸引大量顾客。

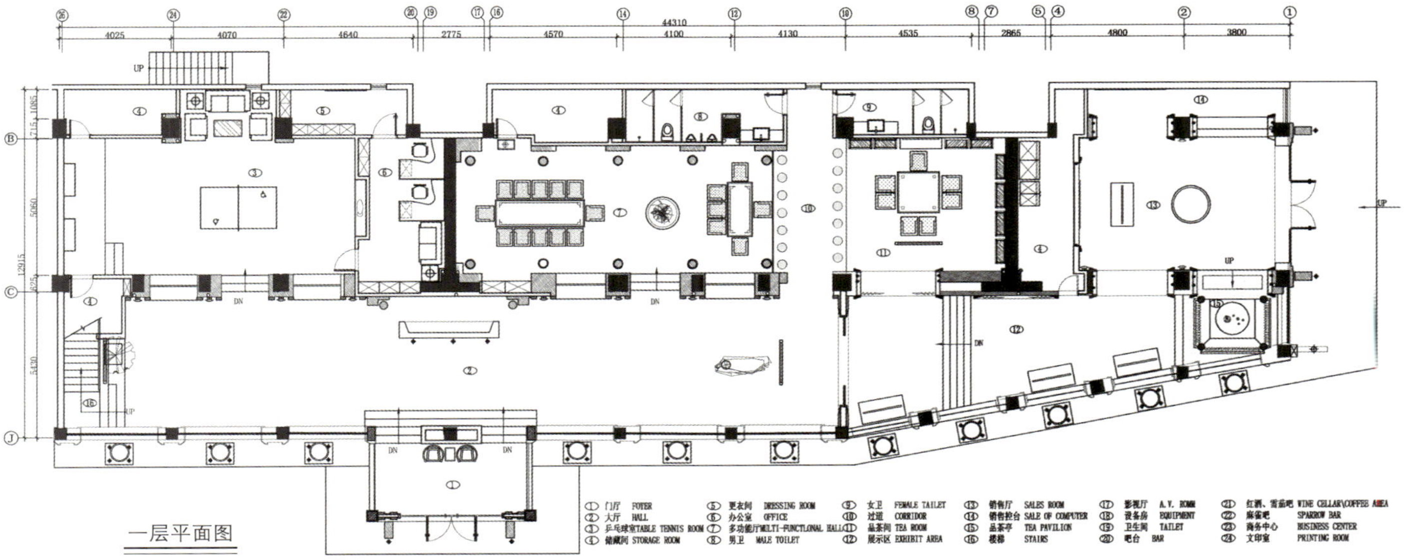

一层平面图

国际建筑装饰设计+选材博览会<D+B博览会>主题评选

JINTANGPRIZE金堂奖

2010 CHINA-DESIGNER 中国室内设计年度评选

CHINA INTERIOR DESIGN AWARDS 2010

设计创造价值

—— 为百万设计师呐喊，向千万业主传播！

中国林业出版社

谢英凯 *Xie Yingkai*
Guangzhou Huadu NEWAY KTV
广州花都NEWAY KTV

谢英涛 *Xie Yingtao*
Ningde Yuechao Music Club
福建宁德乐巢音乐会所

尹 杰 *Yin Jie*
Music K KTV
乐K量贩KTV

邵红升 *Shao Hongsheng*
Golden Imagination KTV
金色畅想量贩式ktv

曾卓中 *Zeng Zhuozhong*
Jinzun Club
金尊俱乐部

库勒尔•栗涛 *Kuleer-Litao*
Wuhan Lollipop KTV
武汉棒棒糖量贩KTV

张清华 *Zhang Qinghua*
New Feelings Club KTV
新感觉会所量贩KTV

GOOD DESIGN OF THE YEAR ENTERTAINMENT SPACE

年度优秀娱乐空间

张 玺 *Zhang Xi*
Xinliang Entertainment Club
新良娱乐会所

陈 武 *Chen Wu*
Holiday Club of Diangu Jinjiang International Hotel
电谷锦江国际酒店HOLIDAY CLUB

王俊钦 *Wang Junqin*
Melody KTV Andingmen Branch
麦乐迪KTV安定门店

匡 飞 *Kuang Fei*
Dalian FREE CLUB
大连FREE CLUB

罗卓毅 *Luo Zhuoyi*
Xi'an 1+1 Imperial Palace DJ Club
西安1+1后宫

范建卫 *Fan Jianwei*
Entertainment Club of Wujiang Hotel
吴江宾馆娱乐会所

Ningde Yuechao Music Club

福建宁德乐巢音乐会所

Project Name_Ningde Yuechao Music Club
Chief Designer_Xie Yingtao
Location_Ningde Fujian
Project Area_2,000sqm
Cost_6,000,000RMB

项目名称_福建宁德乐巢音乐会所
主案设计_谢英涛
项目地点_福建 宁德
项目面积_2000平方米
投资金额_600万元

iD TEAM
點子室內設計有限公司

主案设计：谢英涛 *Xie Yingtao*

博客： http:// 510608.china-designer.com
项目：
甘肃兰州顺德喜来登酒店酒吧
海南海口好百年演艺城设计工程
宁夏回族自治区银川至尊首领娱乐有限公司
山西西安壹加壹Disco
河北石家庄63号不夜城综合娱乐
河南焦作星期五特色酒店
河南焦作六福珠宝_商业空间
陕西西安粉巷一号

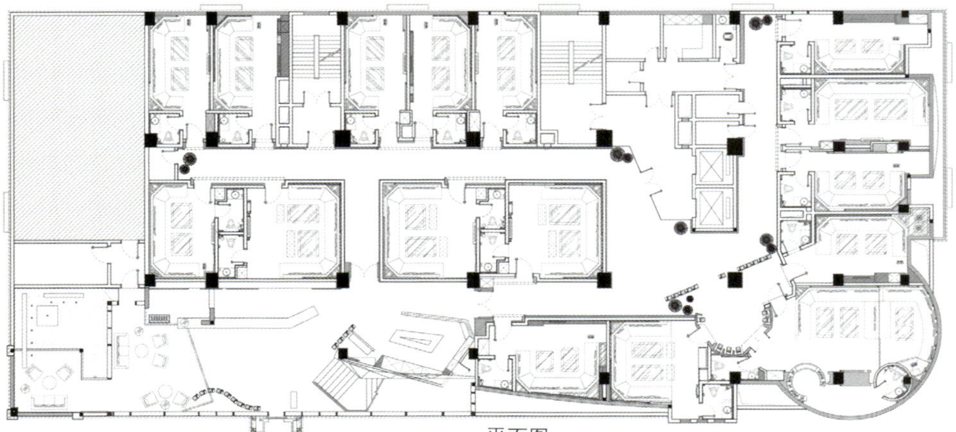

平面图

A 项目定位 Design Proposition

为了突破这些同行竞争对手，本案在设计风格上必须脱离这些固有模式，从项目的优势上进行分析。

B 环境风格 Creativity & Aesthetics

我们将地理优势进行扩展设计，在四楼加建部分户外建筑，作为接待大堂。

C 空间布局 Space Planning

室内建筑空间本为四方规则空间，指引性不强且规则，为与其他场所规则做法有所区别，在规则的空间同样可打破沉闷的格局，并且将其与人流动线自然地结合，形成强烈的方向性指引，由天至地不断延伸的花纹像蕾丝丝带贯穿整个空间。

D 设计选材 Materials & Cost Effectiveness

其建筑体态则以结构与面块作相互穿插，根据白天到傍晚再到深夜时分的不同效果，利用灯光色彩变幻渲染，形成简洁时尚有力的发光体，灯光所渲染之处可见时尚花纹，再通过双重花纹作媒介，令人从户内向室外眺望都不觉单调。反之，亦可从户外隐约见到室内，增加其朦胧而又剔透的感觉。

E 使用效果 Fidelity to Client

整个项目以统一而打破传统的规则设计，高与低、规整与线性的对比，使人在其中感受到不断的惊喜。

Project Name_Guangzhou Huadu NEWAY KTV
Chief Designer_Xie Yingkai
Project Team_Luo Zhuoyi
Location_Guangzhou Guangdong
Project Area_6,000sqm
Cost_15,000,000RMB

项目名称_广州花都NEWAY KTV
主案设计_谢英凯
设计团队_罗卓毅
项目地点_广东 广州
项目面积_6000平方米
投资金额_1500万元

Guangzhou Huadu NEWAY KTV

广州花都NEWAY KTV

湯物臣·肯文設計事務所™
InspirationStudio Design Co.,Ltd.

主案设计：谢英凯 *Xie Yingkai*

博客：http://158254.china-designer.com

奖项：

2010年“全国优秀设计机构奖”

2009年“中国最具影响力的室内设计企业”

“中国十大室内设计团队－金羊奖”

2008年入选“中国最具影响力的室内设计企业十强”

“2007年被评为年度广州最具竞争力创意企业30强”

“会所设计十大最具品牌价值”等

项目：

广东德庆盘龙峡天堂度假区（AAAA）

广东花都王子山休闲生态度假区（AAAAA）

北京顺景园•温泉休闲度假酒店（全球最大SPA度假温泉酒店并被录入英国吉尼斯世界纪录大全）

西安1+1园林式酒吧

西安滚石新天地KTV

北京蓝黛俱乐部等

北京蓝黛俱乐部

西安滚石新天地KTV

广东德庆盘龙峡旅游度假酒店

Neway KTV
Neway KTV

平面图

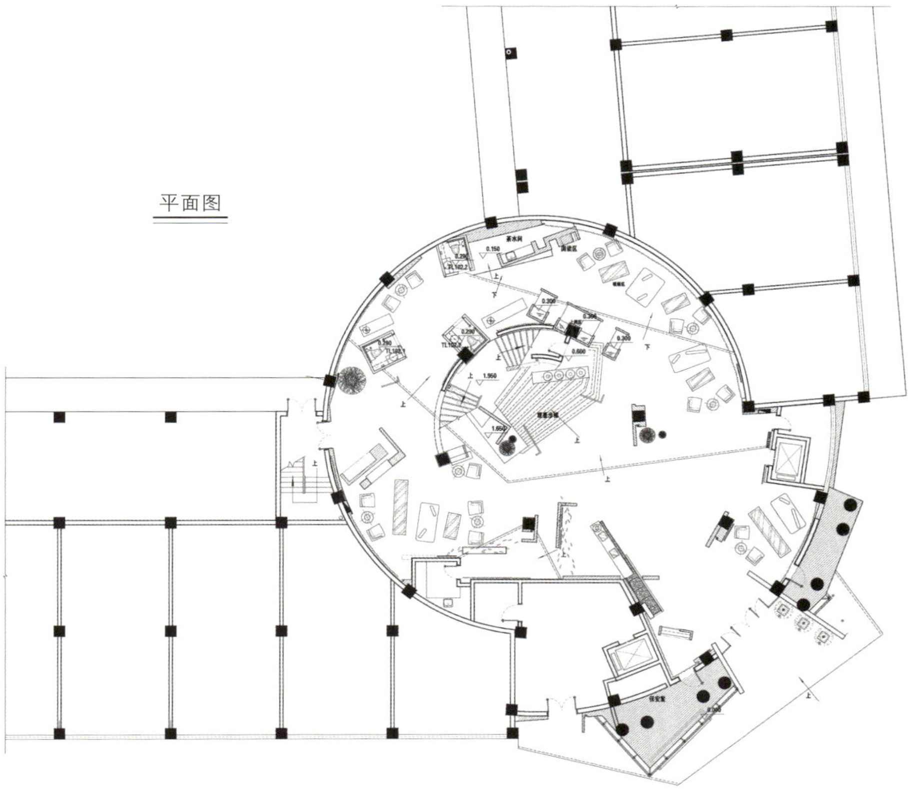

A 项目定位 Design Proposition

"建筑是凝固的音乐"，在设计上借用了音乐的"高与低"、"起与落"、"急与缓"、"重与轻"。

B 环境风格 Creativity & Aesthetics

科学的服务体系建立在空间的有效组织和对服务流程的熟练运用上，形成总后勤与各工作站的后勤动线科学距离，有力控制服务范围。

C 空间布局 Space Planning

挖掘空间运营的附加值，寻找市场认同最佳切入点，重塑NEWAY品牌延伸出的深度价值，使其具备高端产品结构。

D 设计选材 Materials & Cost Effectiveness

灯光和材料反映出的色彩关系，辅助表达空间的氛围；空间的关系和人行动线的转变将带出视觉的互动，产生娱乐空间的"虚"的精致。

E 使用效果 Fidelity to Client

在高档产品中求得长远发展的潜力，回报集团企业，形成有效的循环机制扩充KTV娱乐业市场。

Golden Imagination KTV

金色畅想量贩式KTV

Project Name_Golden Imagination KTV
Chief Designer_Shao Hongsheng
Location_Xuzhou Jiangsu
Project Area_4,000sqm
Cost_6,000,000RMB

项目名称_金色畅想量贩式KTV
主案设计_邵红升
项目地点_江苏 徐州
项目面积_4000平方米
投资金额_600元

邵红升 *Shao Hongsheng*

博客：http:// 40437.china-designer.com
公司：上海标恒建筑工程设计有限公司
职位：董事长兼总设计师
职称：
中国建筑上海设计研究院建筑创作部 副主任
IDA国际设计师协会上海分会 副会长
IAI亚太建筑师与室内设计师联盟 理事
CIID中国建筑学会室内设计分会学术委员会 委员

A 项目定位 Design Proposition

设计概念从欧式卷草纹提炼加工，利用卷草纹的立体化延伸变形，使整个空间充满着折纸般的趣味性。

B 环境风格 Creativity & Aesthetics

统一的设计语言贯穿整个空间，使界面充满雕塑感，在突出形式感的同时，尽量简化装饰性构建，做到详略有度的合理控制造价。

C 空间布局 Space Planning

利用梯田般的构造增加递进式界面关系，建构不同界面的结构体。

D 设计选材 Materials & Cost Effectiveness

尽量使用现有普通材料类型，控制总造价。

E 使用效果 Fidelity to Client

运营良好，口碑不错。

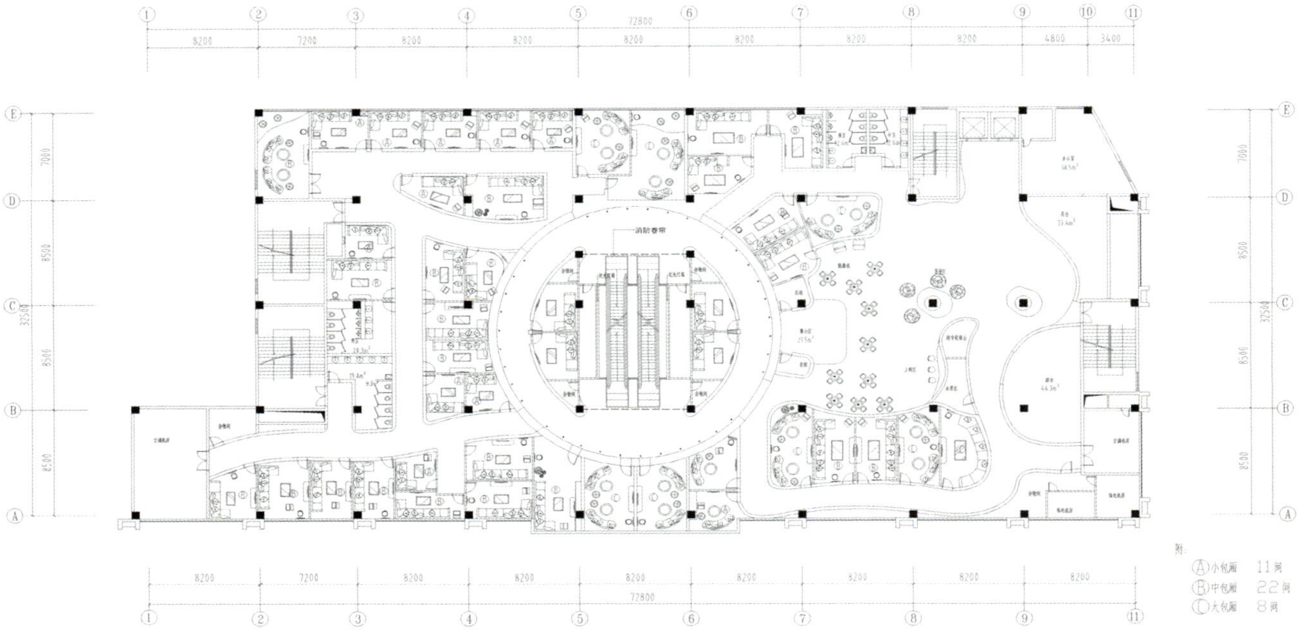

四层平面图

Jinzun Club
金尊俱乐部

Project Name_Jinzun Club
Chief Designer_Zeng Zhuozhong
Location_Guangzhou Guangdong
Project Area_1,000sqm
Cost_10,000,000RMB

项目名称_金尊俱乐部
主案设计_曾卓中
项目地点_广东 广州
项目面积_1000平方米
投资金额_1000万元

品祺设计
Pioneer Design

广州市品祺装饰设计工程有限公司

主案设计：曾卓中 *Zeng Zhuozhong*

博客：http:// 485667.china-designer.com
奖项：

2009年荣获中国建筑装饰协会的“照明周刊杯”中国照明应用设计大赛广州赛区优胜奖——获奖项目：成都万家灯火量贩式KTV

2008年金羊奖-2008年度中国十大商业空间设计师——获奖项目：银色假日水疗会所

第七届中国国际室内设计双年展优秀奖——获奖项目：银色假日水疗会所

2008首届国际建筑景观室内设计大奖，会所工程设计组别银奖——获奖项目：银色假日水疗会所

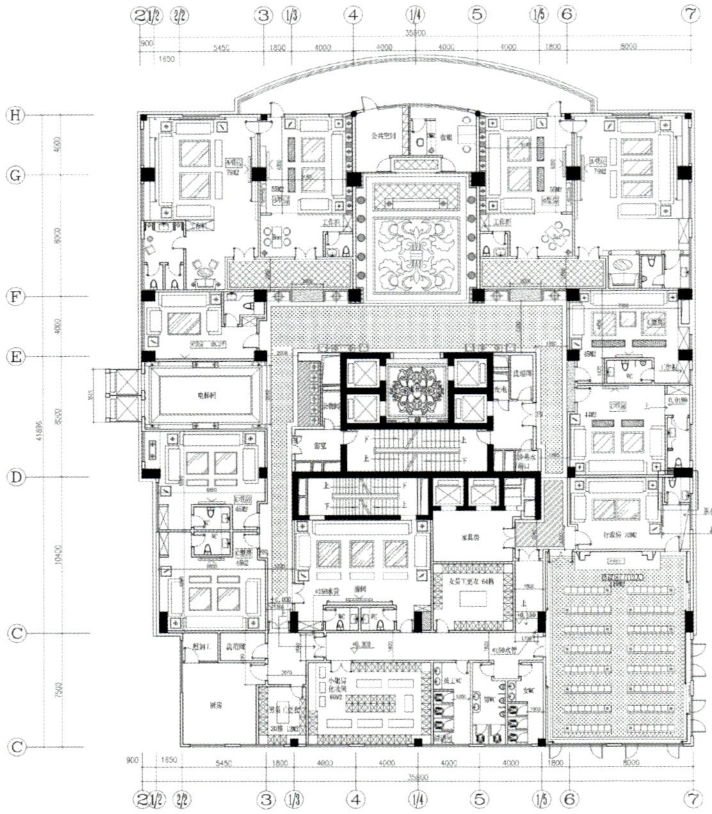

五层平面图

A 项目定位 Design Proposition

表达现代都会人理性与感性兼容的特质。

B 环境风格 Creativity & Aesthetics

灿烂富丽，满足着人们充满期望的眼睛。

C 空间布局 Space Planning

总体设计精致而独到。

D 设计选材 Materials & Cost Effectiveness

选材大胆，颜色绚丽。

E 使用效果 Fidelity to Client

客户满意，吸引大量顾客，回报高。

Project Name_Wuhan Lollipop KTV
Chief Designer_Kuleer•Litao
Location_Wuhan Hubei
Project Area_2,500sqm
Cost_8,000,000RMB

项目名称_武汉棒棒糖量贩KTV
主案设计_库勒尔•栗涛
项目地点_湖北 武汉
项目面积_2500平方米
投资金额_800万元

Wuhan Lollipop KTV

武汉棒棒糖量贩KTV

库勒尔•栗涛 *Kuleer•Litao*

博客：http:// 161297.china-designer.com
公司：库勒尔设计事务所有限公司
职位：创始人、总监
职称：
工艺美术师
高级室内建筑师
项目：
深圳家用公司综合楼
深圳名豪酒吧
秦皇岛海员俱乐部
深圳湾东方别墅
武汉司门口斯利达夜总会
东方明珠隆中号游船
营口海滨别墅区会所
营口海滨别墅美商两栋
河南南阳铝业大酒店夜总会
河南漯河市政府招待所
武汉市神龙火锅
武汉明月大酒店
武汉江岸电务段上尉娱乐城
玉龙岛，F天下等别墅20栋
丽花丝宝办公楼厂区
北京琪琪夜总会等

棒棒糖
超市
欢乐购
周六、周日
108 148 188 228 268

SUPERMARKET
SUPERMARKET

ABSOLUT VODKA
绝对伏特加
ABSOLUT VODKA
绝对伏特加

A 项目定位 Design Proposition
本案的消费人群以年轻时尚的大学生为主。

B 环境风格 Creativity & Aesthetics
大量采用了棒棒糖的图案作为设计元素，以烘托出卡通可爱的气氛。

C 空间布局 Space Planning
运用大量流线型珠帘装饰，曲线具有活跃的气氛，获得欢乐、休闲、愉快的享受。

D 设计选材 Materials & Cost Effectiveness
KTV房间采用了大量炫酷的墙纸图案带出新潮年轻的感觉。

E 使用效果 Fidelity to Client
很理想，是年轻时尚人群的首选KTV。

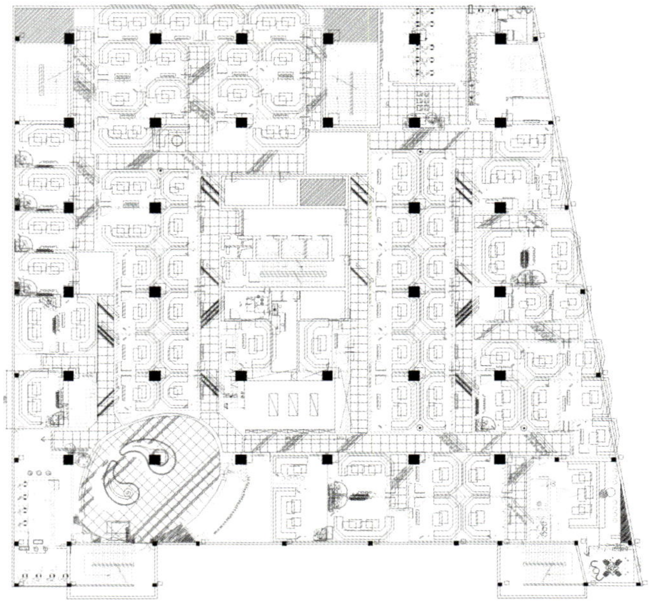
平面图

Project Name_Xi'an 1+1 Imperial Palace DJ Club
Chief Designer_Luo Zhuoyi
Project Team_Xie Yingkai
Location_Xi'an Shanxi
Project Area_1,200sqm
Cost_12,000,000RMB

项目名称_西安1+1后宫
主案设计_罗卓毅
设计团队_谢英凯
项目地点_陕西 西安
项目面积_1200平方米
投资金额_1200万元

Xi'an 1+1 Imperial Palace DJ Club

西安1+1后宫

汤物臣·肯文設計事務所™
InspirationStudio Design Co.,Ltd.

主案设计：罗卓毅 *Luo Zhuoyi*

博客：http://158266.china-designer.com
奖项：
2010年“全国优秀设计机构奖”
2009年“中国最具影响力的室内设计企业”
“中国十大室内设计团队－金羊奖”
2008年入选“中国最具影响力的室内设计企业十强”
“2007年被评为年度广州最具竞争力创意企业30强”
“会所设计十大最具品牌价值”等
项目：
广东德庆盘龙峡天堂度假区（AAAA）
广东花都王子山休闲生态度假区（AAAAA）
北京顺景园•温泉休闲度假酒店（全球最大SPA度假温泉酒店并被录入英国吉尼斯世界纪录大全）
西安1+1园林式酒吧
西安滚石新天地KTV
北京蓝黛俱乐部等
北京蓝黛俱乐部
西安滚石新天地KTV
广东德庆盘龙峡旅游度假酒店

A 项目定位 Design Proposition

业主本身在当地已成功建立了几个娱乐商业品牌，本案面向的是当地的高端消费人群，身处中国的著名古城西安，我们设定从悠久的历史上寻找空间元素。

B 环境风格 Creativity & Aesthetics

本案大胆结合中式的“天圆地方”与西式古典。为添加更多的现代感，我们改变空间中的比例关系和线条特点，以注入神圣的韵味。

C 空间布局 Space Planning

为建立室内的建筑感并营造出活跃温馨的人流气氛，设计上多运用阶级的形状和层次关系进行组合。

D 设计选材 Materials & Cost Effectiveness

采用欧式的家具和灯饰，使得整个设计绚烂奢华。

E 使用效果 Fidelity to Client

丰富的层次叠合簇拥人们自主地交流，产生商业空间中最宝贵的人气。

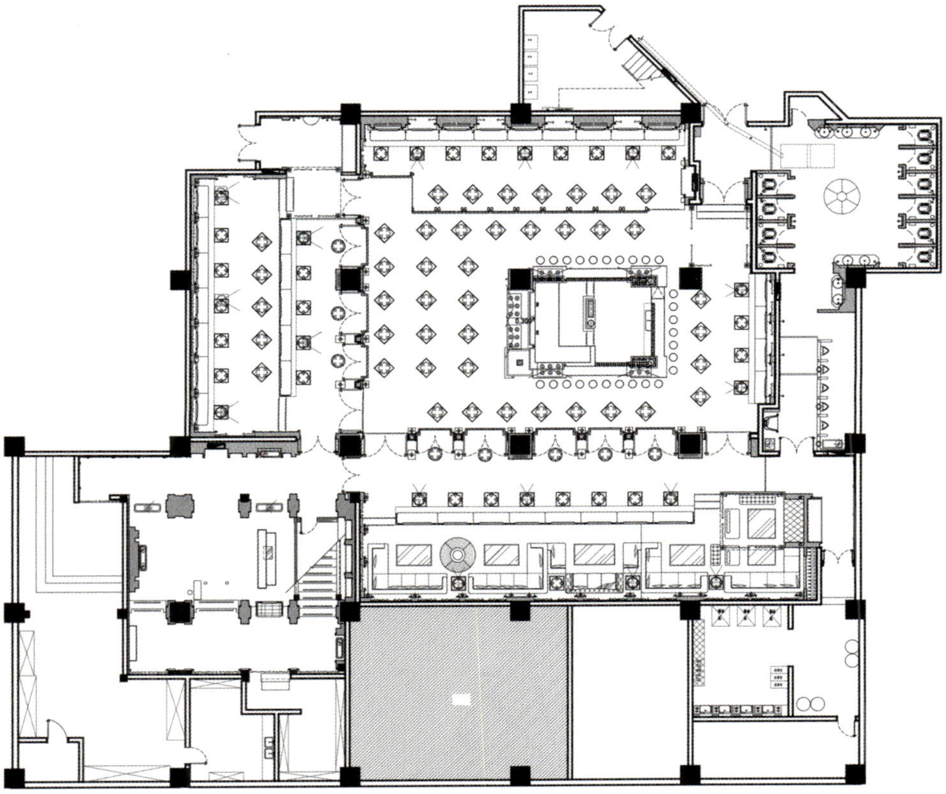

平面图

Xi'an Fantasy Club

西安Fantasy俱乐部

Project Name_Xi'an Fantasy Club
Chief Designer_Xie Yingkai
Project Team_Luo Zhuoyi
Location_Xi'an Shanxi
Project Area_3,000sqm
Cost_35,000,000RMB

项目名称_ 西安Fantasy俱乐部
主案设计_谢英凯
设计团队_罗卓毅
项目地点_陕西 西安
项目面积_3000平方米
投资金额_3500万元

汤物臣 · 肯文設計事務所™
InspirationStudio Design Co.,Ltd.

主案设计：谢英凯 *Xie Yingkai*

博客：http://158254.china-designer.com
奖项：
2010年 "全国优秀设计机构奖"
2009年 "中国最具影响力的室内设计企业"
"中国十大室内设计团队－金羊奖"
2008年入选 "中国最具影响力的室内设计企业十强"
"2007年被评为年度广州最具竞争力创意企业30强"
"会所设计十大最具品牌价值" 等
项目：
广东德庆盘龙峡天堂度假区（AAAA）
广东花都王子山休闲生态度假区（AAAAA）
北京顺景园•温泉休闲度假酒店（全球最大SPA度假温泉酒店并被录入英国吉尼斯世界纪录大全）
西安1+1园林式酒吧
西安滚石新天地KTV
北京蓝黛俱乐部等
北京蓝黛俱乐部
西安滚石新天地KTV
广东德庆盘龙峡旅游度假酒店

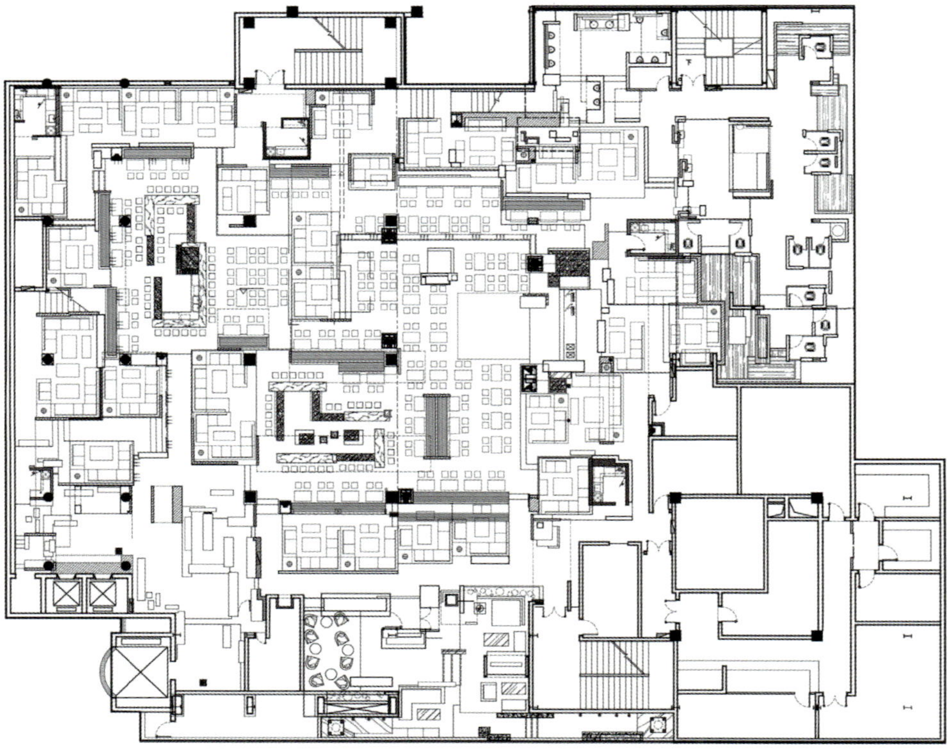

平面图

A 项目定位 Design Proposition

"Layer、passing、show"成为了本项目的设计主旨。项目融合建筑艺术、室内与生态自然的关系，以展示的概念，呈现出体贴、精致、奢华、唯一的设计空间。

B 环境风格 Creativity & Aesthetics

Layer层次将室内功能单元化，各单元以线性构造形成"虚"与"实"的相连，主动线或纵或横贯穿其中。

C 空间布局 Space Planning

各单元以线性构造形成"虚"与"实"的相连，主动线或纵或横贯穿其中。错落组合形成人流中速、缓慢、停息等状态，令空间具导向性。

D 设计选材 Materials & Cost Effectiveness

在这空间里每一个人都是主角，建筑变成承载"主角"们的"容器"，给顾客千万的空间可能性。选材大胆、新颖。

E 使用效果 Fidelity to Client

Show展示作为人的载体Box，被设计成展示的平台，以各种各样的展示手法充分表现人类的自信，把空间的气氛推上高潮。

Project Name_Music K KTV
Chief Designer_Yin Jie
Project Team_Zhu Xiaoming / Jiang Yin / Zeng Wenfeng
Location_Hangzhou Zhejiang
Project Area_2,600sqm
Cost_9,000,000RMB

项目名称_乐K量贩KTV
主案设计_尹杰
设计团队_朱晓鸣 / 姜寅 / 曾文峰
项目地点_浙江 杭州
项目面积_2600平方米
投资金额_900万元

ARCHITECTURE INTERIORS ACCESSORIES
杭州意内雅室内建筑设计有限公司

主案设计：尹 杰 *Yin Jie*

博客：http:// 69694.china-designer.com
奖项：
亚洲室内设计联合会AISIA新锐设计师奖
CIID浙江青年室内设计大赛一等奖
杭州十大室内设计师奖
中国广州国际设计周金羊奖
亚太室内设计“中国风”精英奖
浙江省优秀建筑装饰设计奖
浙江省十大新锐实力设计机构
亚细亚杯室内风格设计作品银奖
浙江省重质量守诚信示范单位
杭州房管局“杭州室内设计大赛”二等奖

Music K KTV
乐K量贩KTV

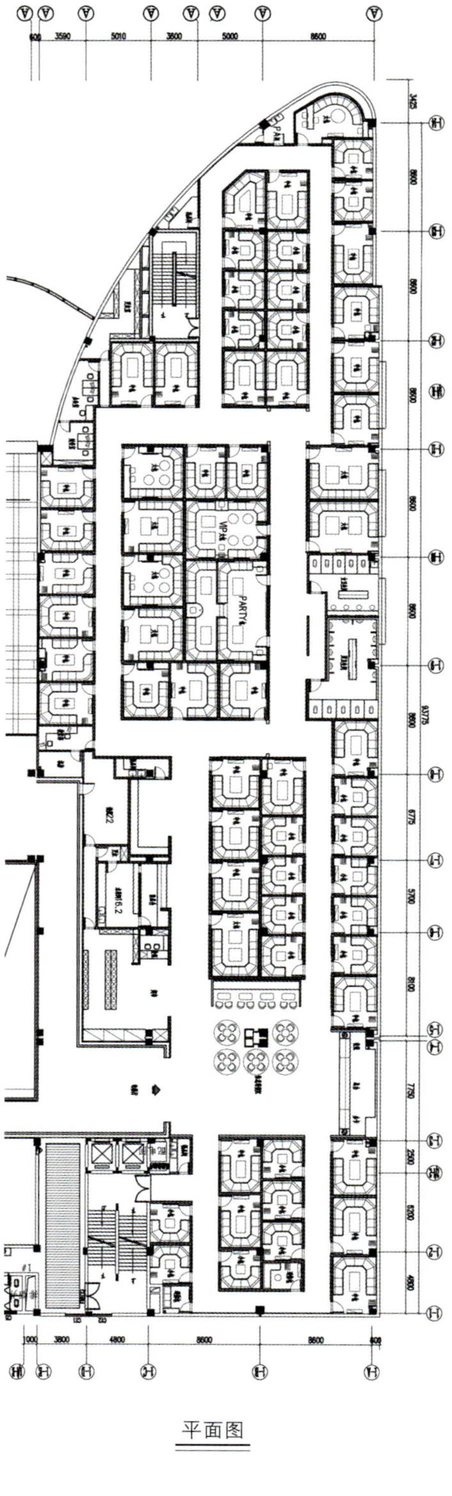

平面图

A 项目定位 Design Proposition

本案主要针对都市年轻消费群体，‘乐K’以“动感都市生活”为主题，由大量切割几何形体为构成空间的主元素，展现年轻一代的风采，空间氛围与年轻气息互补互存，产生强烈的共鸣。

B 环境风格 Creativity & Aesthetics

在空间的表现形式上，公共走道部分以立体构成切割几何形体为墙体主元素，搭配光线的漫射与折射。

C 空间布局 Space Planning

设计师以年轻群体的不同个性喜好，将包房做了多元化的设计，10余种不同风格，增添了设计的多元性和趣味性。

D 设计选材 Materials & Cost Effectiveness

设计选材上，以环保为宗旨，地面抛光砖为主，墙面是成品烤漆板人造石与镜面玻璃的组合，顶面天花软膜、石膏板，用最简单的材料组合表现出丰富有层次的艺术效果。

E 使用效果 Fidelity to Client

在全方位考虑把握的设计支撑下，‘乐K量贩KTV’在运营过程中达到的效果也是可喜的，完全符合前期市场定位策划的要求，不仅为业主带来了经济效应，更在顾客群中得到良好的反响。

Melody KTV Andingmen Branch

麦乐迪KTV安定门店

Project Name_Melody KTV Andingmen Branch
Chief Designer_Wang Junqin
Project Team_Peng Qing / Zhao Wenjing / Zhao Tao
Location_Chaoyang District Beijing
Project Area_5,000sqm
Cost_20,000,000RMB

项目名称_麦乐迪KTV安定门店
主案设计_王俊钦
设计团队_彭晴 / 赵文静 / 赵涛
项目地点_北京 朝阳
项目面积_5000平方米
投资金额_2000万元

睿智匯
WISDOM SPACE • DESIGN

睿智汇设计公司

主案设计：王俊钦 *Wang Junqin*

博客：http:// 461494.china-designer.com
职位：总经理兼总设计师
职称：
中国建筑学会室内设计分会 会员
中国照明学会 高级会员
奖项：
2009-2010年度中国室内设计百强人物
2010年中国室内设计师年度封面人物
奥德堡照明室内照明设计银奖
2010年金外滩奖“最佳餐厨空间优胜奖”
2009-2010年度中国国际设计艺术博览会商业空间类一等奖
西顿照明杯年度最具人气案例入围奖等
项目：
麦乐迪重庆店设计
麦乐迪北京中关村店
麦乐迪北京富力城店
麦乐迪南京山西路店
法蓝瓷北京银泰旗舰店等

A 项目定位 Design Proposition

集中了商务白领和大型居住区中高端人群，把客户带进一个真真的唱享乐，唱享时尚之地。

B 环境风格 Creativity & Aesthetics

用现代艺术理念来进行创作的道路，在空间中使用了传统水墨画的特质，黑白两色演绎到极致，同时又把墨的五个层次通过现代光效演绎了一番。

C 空间布局 Space Planning

设计之初，也有别于以往麦乐迪的个案设计，想给客户一种三进式的空间感受。在现实中，我们能看到水墨画的技法在场景中体现得淋漓尽致，我们带来了视觉盛宴，欢乐殿堂之感。

D 设计选材 Materials & Cost Effectiveness

用透明材质和不断变幻的LED灯光来“表现”艺术，表现“气韵”、“界”，借由立体而动态的多层次玻璃瀑布、玻璃及LED灯以似缎带，亦似流动般将空间完整的结合，将高挑的空间无时无刻的呈现如瀑布般的水流泄而下，同时用LED多彩灯效来演绎瀑布流动之景。

E 使用效果 Fidelity to Client

引领了京城娱乐界的新潮流，并被文化部评为“文化产业示范基地”，对京城娱乐界的健康发展影响深远.进入北京最有特色的十大KTV排行榜。

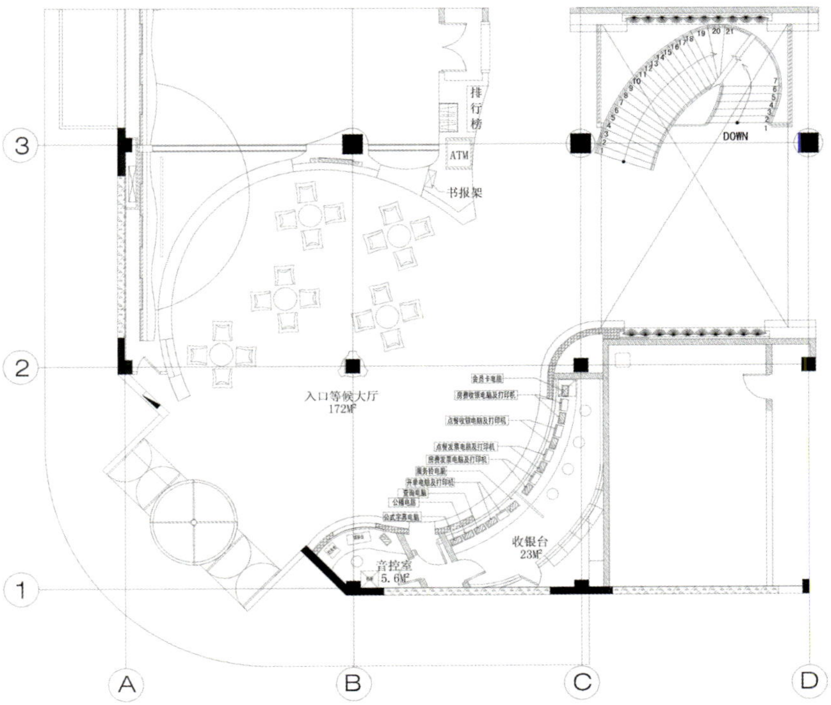

一层平面图

Project Name_Entertainment Club of Wujiang Hotel
Chief Designer_Fan Jianwei
Location_Suzhou Jiangsu
Project Area_3,500sqm
Cost_12,000,000RMB

项目名称_吴江宾馆娱乐会所
主案设计_范建卫
项目地点_江苏 苏州
项目面积_3500平方米
投资金额_1200万元

Entertainment Club of Wujiang Hotel
吴江宾馆娱乐会所

范建卫 *Fan Jianwei*

博客：http:// 452697.china-designer.com
公司：香港清水酒店设计咨询有限公司
职位：设计总监
职称：
国家高级室内建筑师
中国建筑学会室内设计会 会员
国际室内建筑师与议会专业会员及苏州地区 理事
奖项：
2006年 中国新明星室内设计大赛亚军；亚太室内设计双年大奖赛金奖；被评为中国金锐设计师
2007年 广州国际设计周金羊奖；被评为2007中国十大设计大师；被评为中国金锐设计师
2008年 亚太室内设计大奖赛铜奖
2009年 广州国际设计周金羊奖
2009年 亚太室内设计大奖优胜奖
2009年 中国室内设计大奖赛佳作奖

A 项目定位 Design Proposition

当推开会所的大门时，给人的感觉是，置于另一个时空，有素雅的装饰，有繁华的软装。

B 环境风格 Creativity & Aesthetics

整个场所设计师完全摒弃了一般场所的喧哗纷繁的高调和张扬，四处透露着奢华而低迷的美感。

C 空间布局 Space Planning

在本案中合理改造了“L”型建筑布局，利用转角设置大厅，发酒台等公共区域。

D 设计选材 Materials & Cost Effectiveness

暖色的灯光烘托出整个空间的高贵，顶面的钛金和镜面混合，大块的软包和云石在加上钛金的运用，灰色和红色的冷暖对比，空间上的层叠交错，使人产生迷离梦幻的感觉。

E 使用效果 Fidelity to Client

由于投资方的影响力，本案在设计之初就被多方关注。项目完成后对当地的会所型消费产生了巨大的影响。

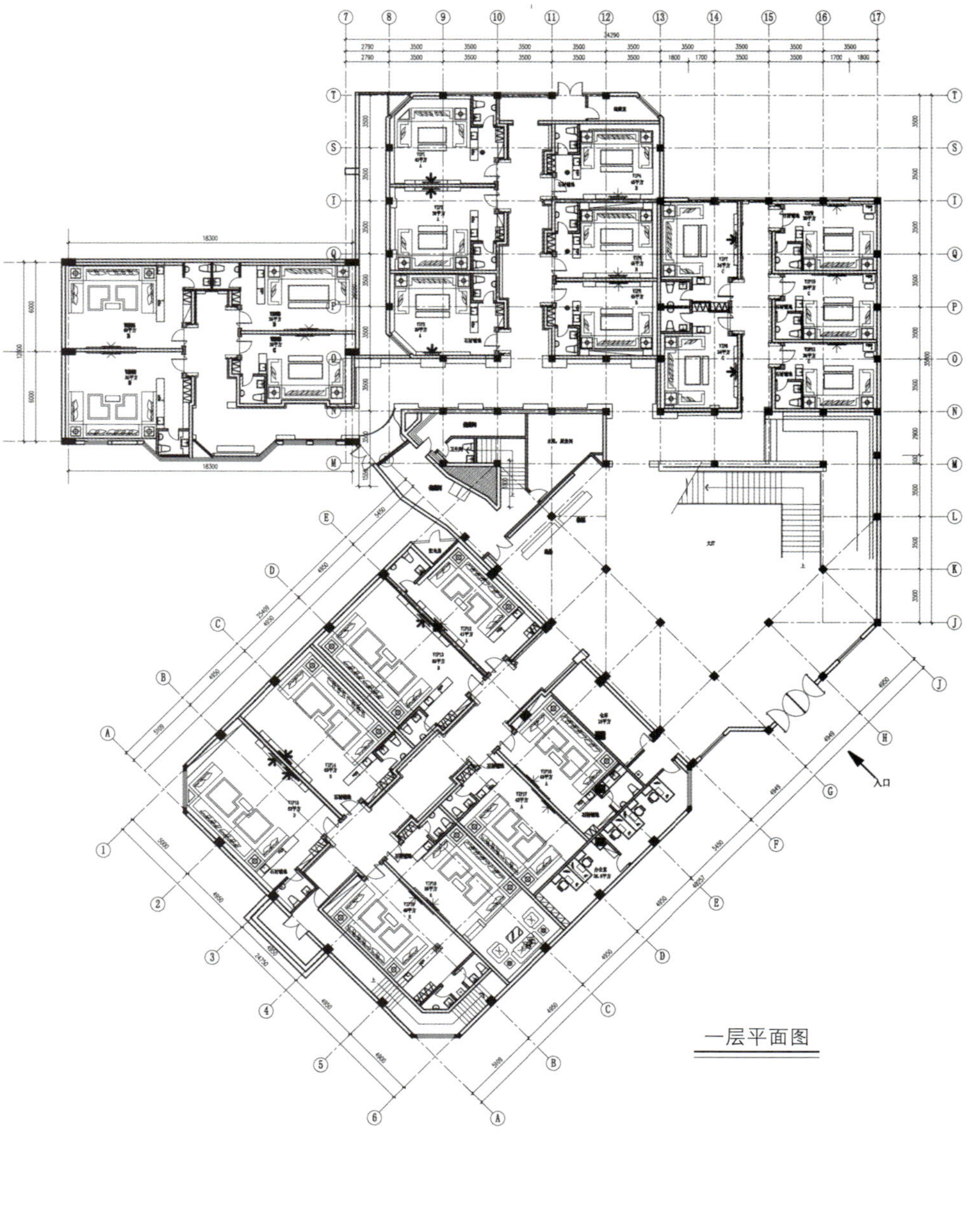

一层平面图

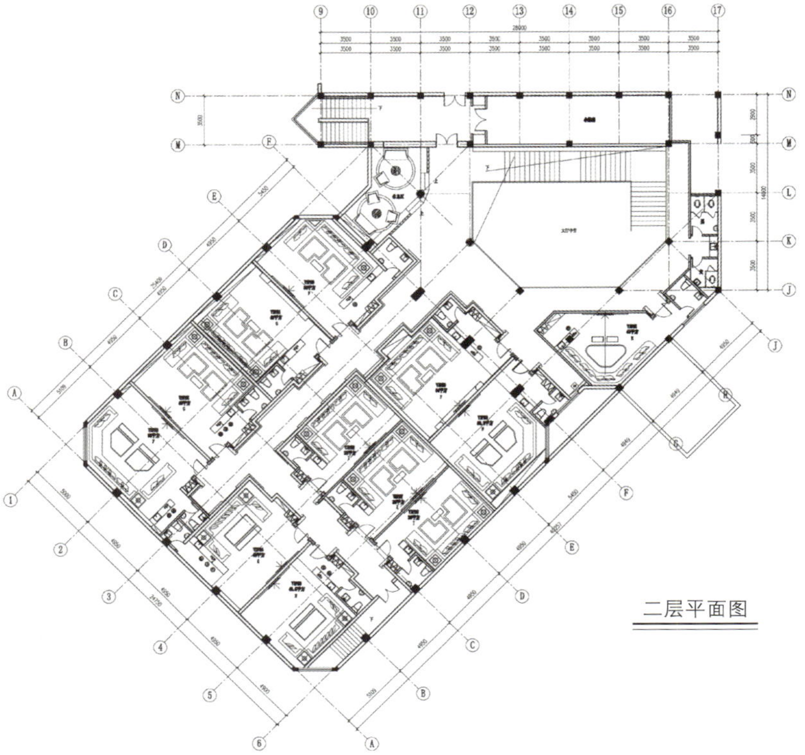

二层平面图

New Feelings Club KTV

新感觉会所量贩KTV

Project Name_New Feelings Club KTV
Chief Designer_Zhang Qinghua
Project Team_Wang Yanming / Lin Min
Location_Suizhou Hubei
Project Area_4,500sqm
Cost_13,000,000RMB

项目名称_新感觉会所量贩KTV
主案设计_张清华
设计团队_王焰铭 / 林闽
项目地点_湖北 随州
项目面积_4500平方米
投资金额_1300万元

张清华 *Zhang Qinghua*

博客：http:// 32512.china-designer.com
公司：福州维野餐饮娱乐空间设计工作室
职位：设计总监
职称：工程师
项目：
福州粤界时尚餐厅
新感觉音乐会所
金沙洲娱乐会所等

A 项目定位 Design Proposition

在做这个项目设计时，编钟是我脑子里的一个影子，这影子发起我对编钟在那个历史时代的音乐宫殿的一个想象。

B 环境风格 Creativity & Aesthetics

这时英雄的战甲结合东方文化的窗花格的演变就成了这项目的主导装饰元素，以金色、紫红色为这音乐宫殿的主导色，共同演译印象东方音乐宫殿。

C 空间布局 Space Planning

这音乐宫殿的门厅，前厅，中亭都以宫殿的中轴线的设计手法。一旦进入门厅就让客人感受到宾至如归，备受尊重。

D 设计选材 Materials & Cost Effectiveness

在前厅通过水景和曲线灯光让人感到舒适，在中亭听着悠扬的琴韵让人身心放松。这是商业的空间，我想带点文化，也给空间一个灵魂。

E 使用效果 Fidelity to Client

商业就是商业，当地客人说：到这玩有面子，有档次。

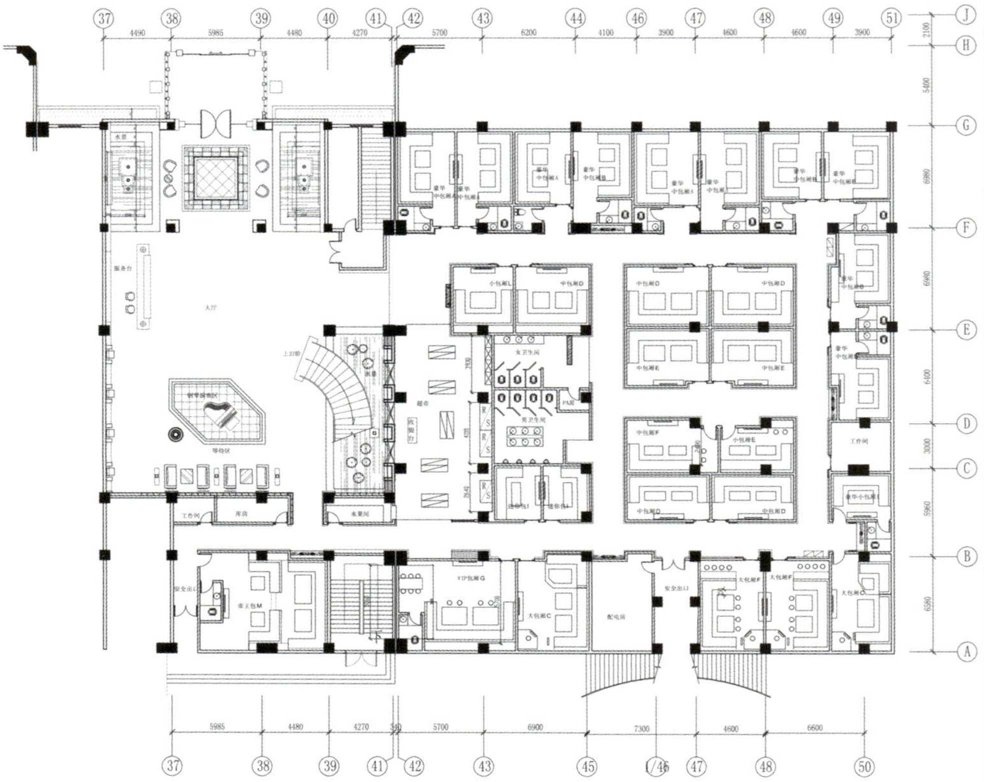

一层平面图

NEW FEEL

Xinliang Entertainment Club
新良娱乐会所

Project Name_Xinliang Entertainment Club
Chief Designer_Zhang Xi
Project Team_Xu Yi
Location_Chengdu Sichuan
Project Area_2,000sqm
Cost_7,000,000RMB

项目名称_新良娱乐会所
主案设计_张玺
设计团队_徐懿
项目地点_四川 成都
项目面积_2000平方米
投资金额_700余万元

张 玺 *Zhang Xi*

博客： http:// 348902.china-designer.com
公司： 香港喜力国际装饰设计股份有限公司
职位： 总经理
职称： 高级室内设计师

项目：

- 美国空间国际俱乐部
- 喜力娱乐会所
- 云龙酒店俱乐部
- 云龙酒店茶坊
- 蜀兰会所皇家壹号国际娱乐会所
- 云上娱乐会所
- 蜀兰酒店俱乐部
- 城市猎人KTV
- 凤凰大酒店

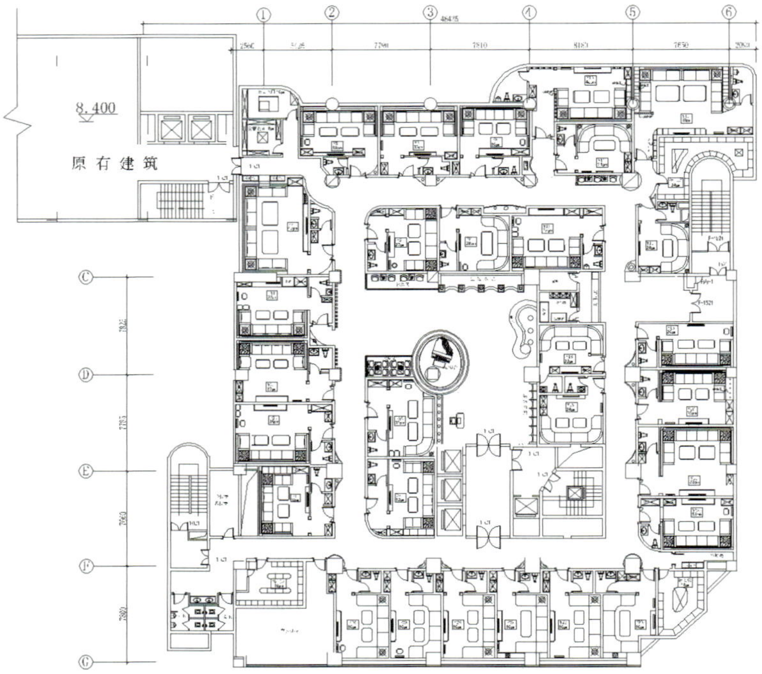

总平面图

A 项目定位 Design Proposition

由于会所在新良酒店三楼，停车间问题最难解决，因此在设计中首先考虑了由泊车员异地泊车停靠。

B 环境风格 Creativity & Aesthetics

我们把大厅设计作为主要创新点，利用大的立柱创意成森林中发光的树干和树冠，采用了金镜铺顶，点缀豪华欧式吊顶和水晶吊灯，极力打造生态、华丽的娱乐氛围。

C 空间布局 Space Planning

在空间布局上，采用了“回”字型布局，特别是在大厅休息区，在墙壁上创意了一个个抽象的“酒杯”给人以想象空间。

D 设计选材 Materials & Cost Effectiveness

在选材上，由于消防要求，许多基层不能使用木工板，因此在吊顶和立面大量采用了硅酸钙板做基层，上面粘贴仿实木面板，接缝处采用不锈钢条收口，效果很好。项目另一个亮点在于选材和灯光效果的搭配，其视觉效果远远超出实际投资预期效果，得到同行和消费者的普遍认可。

E 使用效果 Fidelity to Client

该项目投入营运后，参观者众多，受到消费者和业界的普遍好评。

Dalian FREE CLUB
大连FREE CLUB

Project Name_Dalian FREE CLUB
Chief Designer_Kuang Fei
Location_Dalian Liaoning
Project Area_1,500sqm
Cost_20,000,000RMB

项目名称_大连FREE CLUB
主案设计_匡飞
项目地点_辽宁 大连
项目面积_1500平方米
投资金额_2000万元

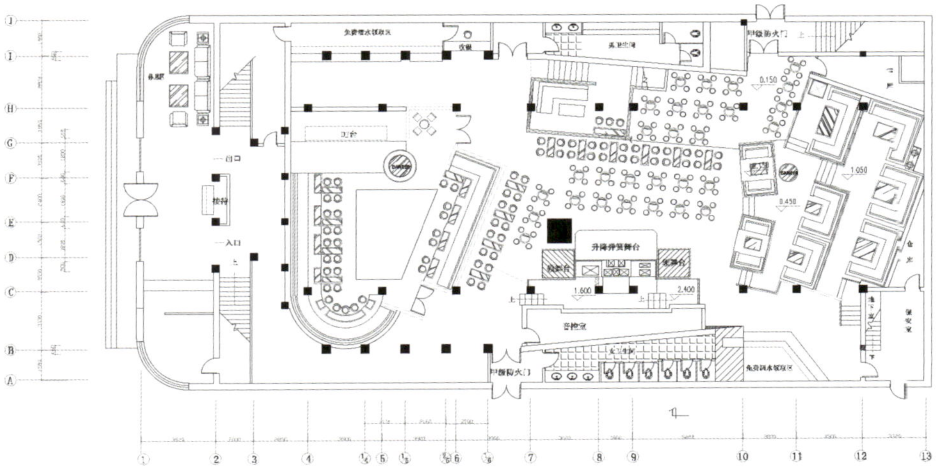

一层平面图

匡 飞 *Kuang Fei*

博客： http:// 157904.china-designer.com
公司： 匡飞设计顾问有限公司
职位： 总经理
职称：
高级室内建筑师
中国环境艺术设计联盟 理事
中国建筑装饰协会设计委员会 委员
中国建筑学会室内设计分会 会员
大连建筑装饰行业协会设计分会 理事

奖项：
2006年被评为“全国百名优秀室内建筑师”
2007年入编《设计中国——走进当代设计大师》
2008年第三届中国国际设计艺术观摩展荣获“设计艺术推动奖”
2008年荣获“大连市建筑装饰行业协会辉煌20年杰出设计师”称号
2009年荣获中国国际设计艺术博览会“2008年度优秀室内设计师”称号
2009年荣获中国国际设计艺术博览会“2008-2009年度室内设计创新人物”奖
2009年入编建设部中国建筑文化中心《优势互补共创辉煌——CEPA中华建设名家》专题邮册
2009年《大连匡飞设计顾问有限公司》荣获（2007-2008）年度大连市建筑装饰行业十佳具有影响力设计单位
2010年荣获中国国际设计艺术博览会室内设计十大新锐人物奖
2010年《大连匡飞设计顾问有限公司》荣获中国国际设计艺术博览会十大最具影响力会所设计机构
2010年荣获中国国际设计艺术博览会资深设计师称号
2010年荣获全国有成就的资深室内建筑师称号

A 项目定位 Design Proposition

地处大连市中山区繁华街，原建筑为剧院，历年来先后被改造成洗浴、KTV、舞厅等经营项目，各自不可或缺地演绎着自己的角色。不经意间诠释着一种人生，一种气质。

B 环境风格 Creativity & Aesthetics

本设计充分利用该空间独特的阶梯卡座和丰富的错层卡座以及巨大的LED灯屏创造出丰富的空间层次，变换无穷的LED环境光和独特的舞台灯光组合营造出高贵、梦幻的意境。

C 空间布局 Space Planning

主体为三层，框架结构，部分为钢结构建筑。本项目居一、二层。经改造将原有二层部分钢结构拆除，使之拥有一个挑高8m的大厅。

D 设计选材 Materials & Cost Effectiveness

升降弹簧舞台、升降“鸟笼”、“火柴盒”舞台、LED“波浪屏”、LED翻转舞台带来丰富的视觉盛宴；白钢、玻璃、皮革、亚克力这些垂手可得、极为普通的材料被巧妙地组合在一起既有张扬、闪光的不拘，也有沉稳、睿智的内敛。

E 使用效果 Fidelity to Client

运营后，顾客络绎不绝。业主满意度非常高。

Holiday Club of Diangu Jinjiang International Hotel

电谷锦江国际酒店
HOLYDAY CLUB

Project Name_Holiday Club of Diangu Jinjiang International Hotel
Chief Designer_Chen Wu
Location_Baoding Hebei
Project Area_700sqm
Cost_6,000,000RMB

项目名称_电谷锦江国际酒店HOLYDAY CLUB
主案设计_陈武
项目地点_河北 保定
项目面积_700平方米
投资金额_600万元

newera
DESIGN 新冶组設計
WWW.HK-NEWERA.COM

深圳市新冶组设计顾问有限公司

主案设计：陈　武 *Chen Wu*

博客： http:// 148826.china-designer.com
奖项：
获2010年CIDA"全国室内装饰优秀设计机构"荣誉称号
荣获ICIAD"金指环"全球设计大赛酒吧类银奖
荣获中国饭店业设计大赛"金堂奖"酒店娱乐空间银奖
获中国（上海）国际建筑及室内设计节金外滩"最佳餐厨空间奖"
荣获美国INTERIORDESIGN专业杂志评"2008年度中国最强室内设计（TOP100）企业"
荣获ICIAD国际室内设计师"金指环奖"双项银奖
荣获第四届中国（深圳）国际室内设计文化节酒店类双项佳作奖等
项目：
重庆夜色酒吧
武汉巴山夜雨大酒店—葡国城堡酒吧
深圳友谊书城龙华店
大浪商业广场
北京国际大马戏城
东莞三正半山酒店及娱乐广场

A 项目定位 Design Proposition

会所精心打造的数间超豪华KTV包房风格迥异，以开阔的视野展现豪华大气。针对高端客户，会所还配备了SPA水疗房。此外，会所还拥有配套香槟吧。

B 环境风格 Creativity & Aesthetics

这家酒店会所在建筑风格上撷采了18 世纪意大利佛罗伦萨别墅意蕴，内部设计更凸显国际化视野与高端品味，分别以好莱坞经典、南美风情、卡萨布兰卡及沙漠绿洲等为主题。

C 空间布局 Space Planning

浪漫简约的欧式布局风格，舒缓放松的轻音乐环绕着房间的每一个角落，浪漫、古典、绚烂、奢华装饰着每一个房间的布局。

D 设计选材 Materials & Cost Effectiveness

步入大门，就看见采自意大利的大理石衬托着各种光怪陆奇的装饰，耀眼夺目、极尽奢华，一场至尊探秘之旅也由此展开。矗立在前厅的巨型青铜金狮雕像，气势十足、尽显尊贵。天幕广场，以18k真金箔贴制的天花，充满欧洲文艺复兴时期风情的前厅设计，巴洛克风华绝代的巨型水晶吊灯，在1500m^2的广场中，惊鸿再现了里斯本中央车站的华丽气质与葡式浪漫。青铜旧色与柱石脉纹，又不时显现着几番历史的意蕴。

E 使用效果 Fidelity to Client

该会所投入运营后受各地名流所追捧，是目前华北地区休闲娱乐业独一无二的顶级酒店会所品牌。

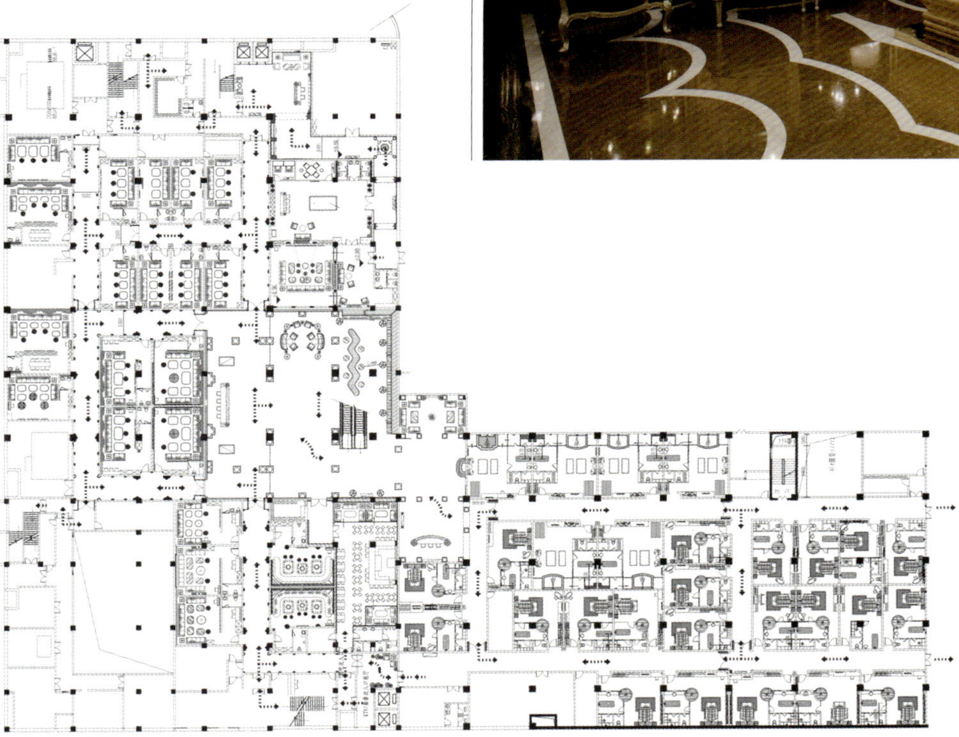

平面图

Shenyang Yeweiyang Club

沈阳 夜未央CLUB

Project Name_Shenyang Yeweiyang Club
Chief Designer_Kuang Fei
Location_Shengyang Liaoning
Project Area_5,000sqm
Cost_40,000,000RMB

项目名称_沈阳夜未央CLUB
主案设计_匡飞
项目地点_辽宁 沈阳
项目面积_5000平方米
投资金额_4000万元

匡 飞 *Kuang Fei*

博客：http:// 157904.china-designer.com
公司：匡飞设计顾问有限公司
职位：总经理
职称：
高级室内建筑师
中国环境艺术设计联盟 理事
中国建筑装饰协会设计委员会 委员
中国建筑学会室内设计分会 会员
大连建筑装饰行业协会设计分会 理事
奖项：
2006年被评为“全国百名优秀室内建筑师”
2007年入编《设计中国——走进当代设计大师》
2008年第三届中国国际设计艺术观摩展荣获“设计艺术推动奖”
2008年荣获“大连市建筑装饰行业协会辉煌20年杰出设计师”称号
2009年荣获中国国际设计艺术博览会“2008年度优秀室内设计师”称号
2009年荣获中国国际设计艺术博览会“2008-2009年度室内设计创新人物”奖
2009年入编建设部中国建筑文化中心《优势互补共创辉煌——CEPA中华建设名家》专题邮册
2009年《大连匡飞设计顾问有限公司》荣获（2007-2008）年度大连市建筑装饰行业十佳具有影响力设计单位
2010年荣获中国国际设计艺术博览会室内设计十大新锐人物奖
2010年《大连匡飞设计顾问有限公司》荣获中国国际设计艺术博览会十大最具影响力会所设计机构
2010年荣获中国国际设计艺术博览会资深设计师称号
2010年荣获全国有成就的资深室内建筑师称号

A 项目定位 Design Proposition

项目为三层钢结构建筑，一、二层为演艺大厅，三层为KTV包房。投资者的经营理念是前场（零点以前）演艺、后场DISCOY，本案的难点就在于必须同时满足这两种模式，就建筑空间本身而言气势宏大，极利于演艺表演，可是这样的优点却恰恰是后场DISCO的难点，宏大的空间极难凝聚氛围，为了满足演艺的要求就必须最大限度营造一个开放空间，尽量不让视线受阻。

B 环境风格 Creativity & Aesthetics

设计师借鉴大型体育馆演出理念，巧妙地在挑空区的中央位置设置了一个直径8m，三层可独立控制的升降机械智能舞台，观众可以360°观看演出，演员可以更好地和观众互动，当舞台降至和地面同一高度时可作为舞池，我们称之为“岛”式设置。

C 空间布局 Space Planning

对应舞台上方同样设置了一组机械升降莲花舞台，同时东、南、西、北四个方向四组“威亚”四个“神仙姐姐”从天而降，颠覆人们的视觉。

D 设计选材 Materials & Cost Effectiveness

完全采用绿色环保的材料设计。

E 使用效果 Fidelity to Client

营业后，生意非常火爆。

图书在版编目（CIP）数据

设计创造价值：金堂奖·2010中国室内设计年度优
秀作品集（上、下）/金堂奖组委会主编. ——北京：中国林业出版
社，2011.1
ISBN 978-7-5038-6079-9

Ⅰ. ①设… Ⅱ. ①金… Ⅲ. ①室内设计－作品集－中
国－现代 Ⅳ. ①TU238

中国版本图书馆CIP数据核字(2011)第011086号

中国林业出版社·建筑与家居出版中心

策划、责任编辑：纪亮、李顺
出版咨询：（010）83223051
在线对话：（QQ）1140437118
整体设计：北京湛和文化发展有限公司

出版：中国林业出版社（100009 北京西城区德内大街刘海胡同 7 号）
网址：www.cfph.com.cn
E-mail：cfphz@public.bta.net.cn
电话：（010）83227711
发行：新华书店
印刷：恒美印务（广州）有限公司
版次：2011年3月第1版
印次：2011年3月第1次
开本：230mm×300mm
印张：62.5
字数：600千字
定价：RMB 856.00（上、下册）
USD 150.00

国际建筑装饰设计+选材博览会<D+B博览会>主题评选

JINTANGPRIZE金堂奖

2010 CHINA-DESIGNER 中国室内设计年度评选

CHINA INTERIOR DESIGN AWARDS 2010

设计创造价值

—— 为百万设计师呐喊，向千万业主传播！

中国林业出版社

Projects of the Most Commercial Value

最具商业价值作品

A GOOD DESIGN OF THE YEAR HOTEL
年度优秀酒店空间

B GOOD DESIGN OF THE YEAR OFFICE
年度优秀办公空间

C GOOD DESIGN OF THE YEAR RETAIL
年度优秀购物空间

D GOOD DESIGN OF THE YEAR RESTURANT
年度优秀餐饮空间

E GOOD DESIGN OF THE YEAR ENTERTAINMENT SPACE
年度优秀娱乐空间

F

GOOD DESIGN OF THE YEAR LEISURE SPACE
年度优秀休闲空间

G

GOOD DESIGN OF THE YEAR SHOW FLAT& SALES OFFICE
年度优秀样板间／售楼处

Projects of the Most Life Value
最具生活价值作品

H GOOD DESIGN OF THE YEAR APARTMENTS
年度优秀住宅公寓

I GOOD DESIGN OF THE YEAR VILLA
年度优秀别墅

Projects of the Most City Value
最具城市价值作品

J GOOD DESIGN OF THE PUBLIC SPACE
年度优秀公共空间

D+B

DESIGN+BRANDS FAIR

国际建筑装饰设计+选材博览会

国际建筑装饰设计+选材博览会<D+B博览会>主题评选

JINTANGPRIZE 金堂奖

2010 CHINA-DESIGNER 中国室内设计年度评选

CHINA INTERIOR DESIGN AWARDS 2010

余 霖 *Yu lin*
Heyiting·Chinese Medicine Association Club
合一庭·中药医学联合会馆

曾建龙 *Zeng Jianlong*
Qingshuiwan - Spa Club
清水湾-SPA会所

马 辉 *Ma Hui*
Maotaihui Jiangnanzhijia Club
杭州茅台会江南之家会所

陈飞杰 *Chen Feijie*
Elizabeth Beauty Club
伊丽莎白乐从店

蔡 青 *Cai Qing*
Beijing Quadrangle Club
北京四合院会所

罗振华 *Luo Zhenhua*
Beijing Tuanjiehu Shanhailou Club
北京团结湖山海楼会所

程建陪 *Cheng Jianpei*
Beijing Fuyuantang Massage Center
北京扶元堂保健会馆

黄 河 *Huang He*
Chengdu Dujiangyan Yuleijinxiu Busines
成都 都江堰玉垒锦绣高级商务会所

GOOD DESIGN OF THE YEAR
LEISURE SPACE

年度
优秀
休闲
空间

何华武 *He Huawu*
Rongqiao Hotel Spa
融侨大酒店水疗中心

李 明 *Li Ming*
Shanghu Club
尚湖会所

倪镔 *Ni Bin*
K2 Qingshuiwan Club
K2清水湾会所

孙华锋 *Sun Huafeng*
Taipan Massage & Spa Club
大班会美容SPA会馆

孙 恺 *Sun Kai*
Xihai Private Club
西海某私人会所

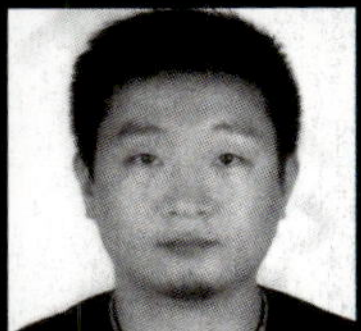
刘枫华 *Liu Fenghua*
Taiziwan club
太子湾会所

丁小龙 *Ding Xiaolong*
Guangzhou Yiyuan Salon
广州怡园沙龙

高 轶 *Gao Yi*
Jinfuren Beauty Spa Club
金夫人美容SPA会所

李向宁 *Li Xiangning*
王砚晨 *Wang Yanchen*
Mingteng Tea Experience Hall
茗腾茶叶北京体验馆

周 军 *Zhou Jun*
Yihe Golf Manor Private club
颐和高尔夫庄园私人会所

SOARING DESIGN

高 飞 *Gao Fei*
Beijing Planning Bureau Top Leisure Space
北京市规划局顶层休闲空间

蔡文齐 *Cai Wenqi*
Shanghai Vanke Lanshan Club
上海万科第五园蓝山会所

刘 志 *Liu Zhi*
Beijing Minghuasiji Leisure Club
北京名华四季休闲会所

陈 弘 *Chen Hong*
Chengdu Club
成都会馆

Project Name_Elizabeth Beauty Club
Chief Designer_Chen Feijie
Location_Foshan Guangdong
Project Area_1,023sqm
Cost_5,000,000RMB

项目名称_伊丽莎白乐从店
主案设计_陈飞杰
项目地点_广东 佛山
项目面积_1023平方米
投资金额_500万元

陈飞杰 *Chen Feijie*

博客：http://480826.china-designer.com
公司：飞杰室内装饰设计（深圳）有限公司
职位：首席设计师
职称：
鲁迅美术学院 客座教授
中国环境艺术设计联盟理事会 副秘书长
奖项：
深圳办公空间类银奖
深圳商场、展厅类佳作奖
深圳住宅、样板房类佳作奖
深圳商场展示类银奖
2008年度中国建筑装饰绿色环保设计百强企业
项目：
YING卫浴全国连锁终端店设计
厨子餐饮连锁机构欢乐颂店、天利店
Hacker（德国）橱柜上海店、杭州店展厅
伊丽莎白美容美体机构东莞店、南海店、乐从店
佛山宝嘉陶瓷展厅
杭州白马湖世界华人会
伊丽莎白美容美体机构佛山总部
深圳天琴湾会所
欧美家具香港有限公司展厅
NDS深圳总部办公楼
招商证券（香港）环球大厅总部
深圳圆博圆恐龙博物馆等

Elizabeth Beauty Club
伊丽莎白乐从店

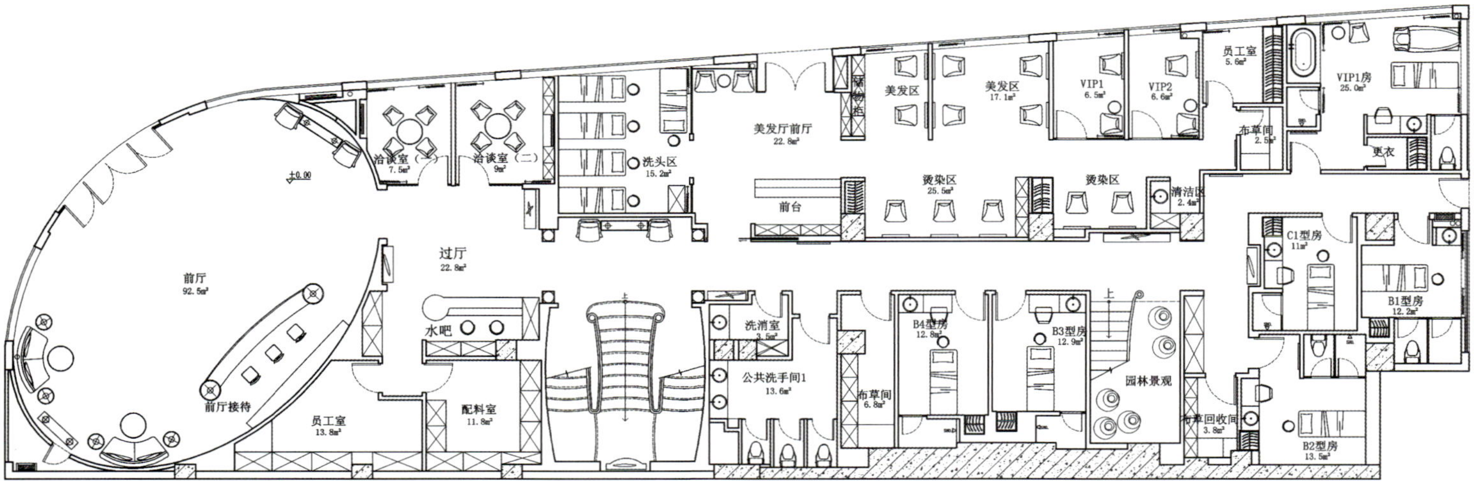

一层平面布置图

美发区	美容区
VIP房：2间	VIP房：3间
美发：6位	A型房：3间
烫染：5位	B型房：16间
洗头：5位	C型房：4间

A 项目定位 Design Proposition

原结构有7米高，设计上改造为上下两层的复式结构，充分的运用了原有的优势。

B 环境风格 Creativity & Aesthetics

低调奢华的经典欧式楼梯，高贵、典雅的休息区，透着朦胧柔和光线的壁灯，低调的环境中透出一丝妩媚。

C 空间布局 Space Planning

接待大厅采用椭圆形的围合结构，过厅一侧设水吧，增添些许时尚与悠闲。

D 设计选材 Materials & Cost Effectiveness

白色的座椅，白色墙壁偶有装饰，米白的地面可见人影，干净整洁的氛围带给客户更多舒适之感。

E 使用效果 Fidelity to Client

客户络绎不绝。

Beijing Quadrangle Club

北京四合院会所

Project Name_Beijing Quadrangle Club
Chief Designer_Cai Qing
Location_Chongwen District Beijing
Project Area_4,000sqm
Cost_20,000,000RMB

项目名称_北京四合院会所
主案设计_蔡青
项目地点_北京 崇文
项目面积_4000平方米
投资总额_2000万元

蔡 青 *Cai Qing*

博客：http:// 366313.china-designer.com
公司：清尚环艺建筑设计院
职位：主任设计师
职称：
中国高级室内建筑师
高级工艺美术师
中国建筑学会室内建筑师分会 会员
中国建筑装饰协会注册高级室内建筑师
北京市高级建筑装饰设计师
中国建筑装饰工程一级建造师
清华大学工程师
全国有成就的资深室内建筑师
北京市资深室内建筑师

A 项目定位 Design Proposition

本会所属专门接待高端宾客的场所，在室内装修设计及艺术陈设方面力求展现其独特的环境魅力，尽力突出个性。

B 环境风格 Creativity & Aesthetics

本会所仍坚持传统四合院清闲、优雅、品性高乘的本色，坚持继承和发扬地域传统建筑文化精神的理念，并将其品格定位于"别致"、"雅致"、"高贵"等几个要点，既"别致而不夸张、雅致而不单调、高贵而不浮华"。

C 空间布局 Space Planning

项目是以一座新建的三进四合院建筑为依托的会馆，一层、地下一层和局部二层共计4000平方米，其建筑风格和庭院环境基本保持了北京四合院的传统风貌。

D 设计选材 Materials & Cost Effectiveness

以砖为代表的灰色元素也被有机地引入室内，如在书房、茶室、接待厅等幽静、雅致的场所内，采用传统的磨砖对缝铺设地面，以及局部的灰砖墙面和砖雕，从材料的质感上有效地传达出一种清幽、静雅、带有些许书卷气的环境氛围。

E 使用效果 Fidelity to Client

四合院会所在诸多方面满足高端贵宾的不同需求，成为宾客感到最为享受的场所。

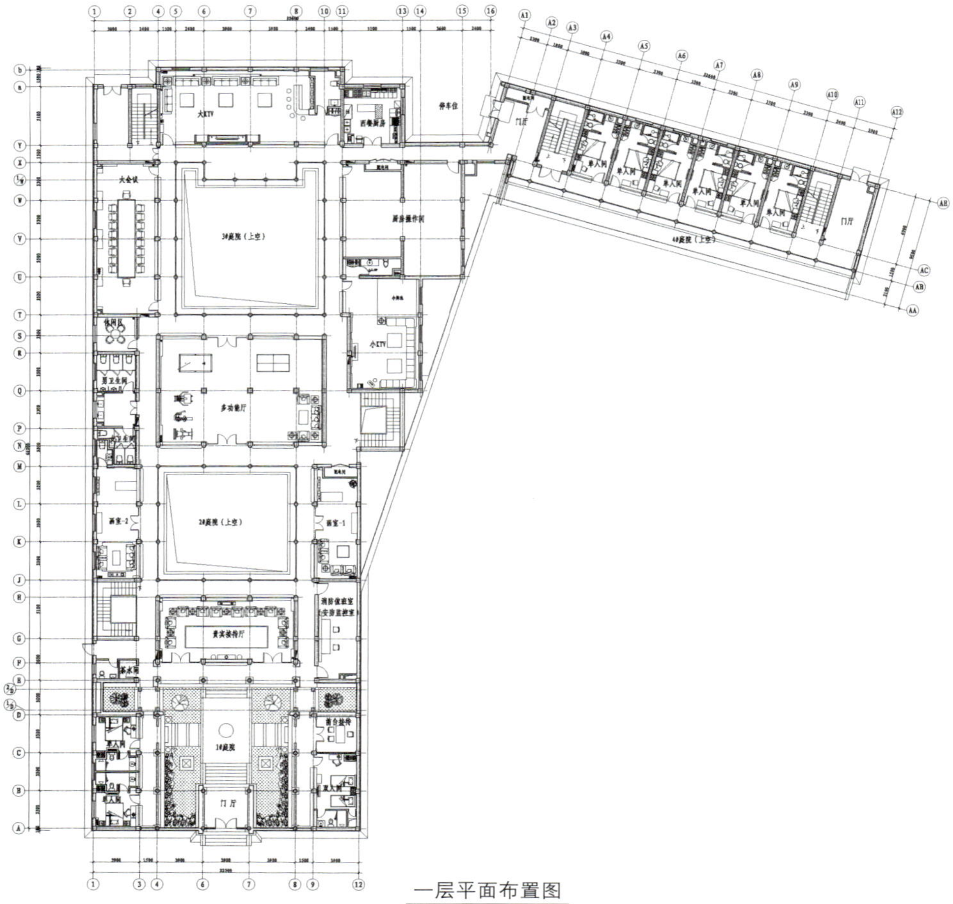

一层平面布置图

Beijing Tuanjiehu Shanhailou Club
北京团结湖山海楼会所

Project Name_Beijing Tuanjiehu Shanhailou Club
Chief Designer_Luo Zhenhua
Project Team_Song Junye / Wu Yiqun / Wang eryong / Nie Chunkai / Hao Yue / Pi Lei / Zhao Xu / Zhang Zhiqiang / Wang Xisa
Location_Chaoyang District Beijing
Project Area_1,000sqm
Cost_50,000,000RMB

项目名称_北京团结湖山海楼会所
主案设计_罗振华
设计团队_宋军晔 \ 吴逸群 \ 王二永 \ 聂春凯 \ 郝越 \ 皮蕾 \ 赵旭 \ 张志强 \ 王夕萨
项目地点_北京 朝阳
项目面积_1000平方米
投资总额_5000万元

集美组
NEWSDAYS
北京集美组装饰工程有限公司

主案设计：罗振华 *Luo Zhenhua*

博客： http://497839.china-designer.com
职位： 高级设计师
职称：
中国高级室内建筑师
CIDA 高级室内设计师
IDA 国际注册室内建筑师
中央美术学院城市设计学院主题空间工作室特聘教师
奖项：
团结湖山海楼——2009年中国室内空间环境艺术设计大赛餐饮空间类一等奖
北京国泰饭店——全国室内装饰优秀设计奖

肆
號

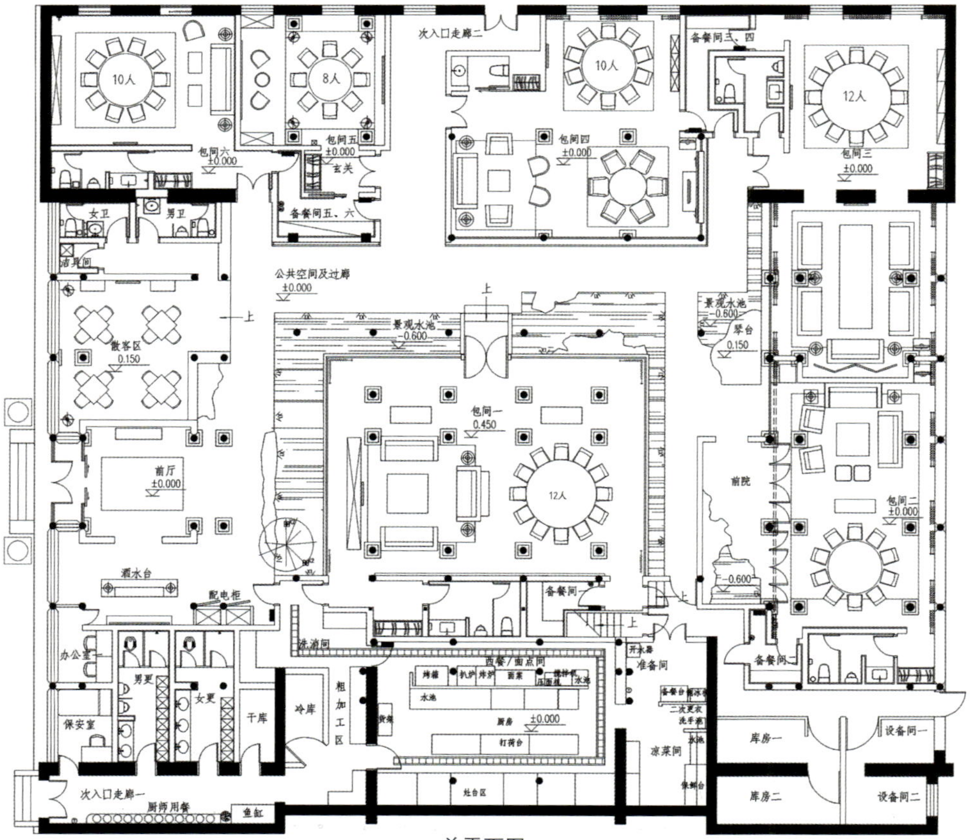

总平面图

A 项目定位 Design Proposition

将一个传统的四合院空间改造成一个当代的高端餐饮会所接待，是财富联合集团山海楼特色餐饮的一大特色。

B 环境风格 Creativity & Aesthetics

残破的建筑载体隐约还露出清末的繁复装饰，这与业主设计定位的西方巴洛克元素结合；两者风格截然不同却都体现了中西封建鼎盛时期的唯美。

C 空间布局 Space Planning

将原600平方米的四合院建筑扩建至1000平方米，中间庭院被改造成封闭的室内空间，并搭建了一个传统的大木作的一段，这是另一大特色——结构之美取代了常规的装饰隐喻高贵形制。

D 设计选材 Materials & Cost Effectiveness

香槟金银箔艺，白色大理石材等让残破的古建重新散发富丽华美。

E 使用效果 Fidelity to Client

与预期一样，团结湖山海楼获得了高端接待会所的出色经营效果。

Chengdu Dujiangyan Yuleijinxiu Business Club

成都 都江堰 玉垒锦绣高级商务会所

Project Name_Chengdu Dujiangyan Yuleijinxiu Business Club
Chief Designer_Huang He
Project Team_Huang Yi
Location_Chengdu Sichuan
Project Area_3,000sqm
Cost_2,000,000RMB

项目名称_成都 都江堰玉垒锦绣高级商务会所
主案设计_黄河
设计团队_黄燚
项目地点_四川 成都
项目面积_3000平方米
投资总额_2000万元

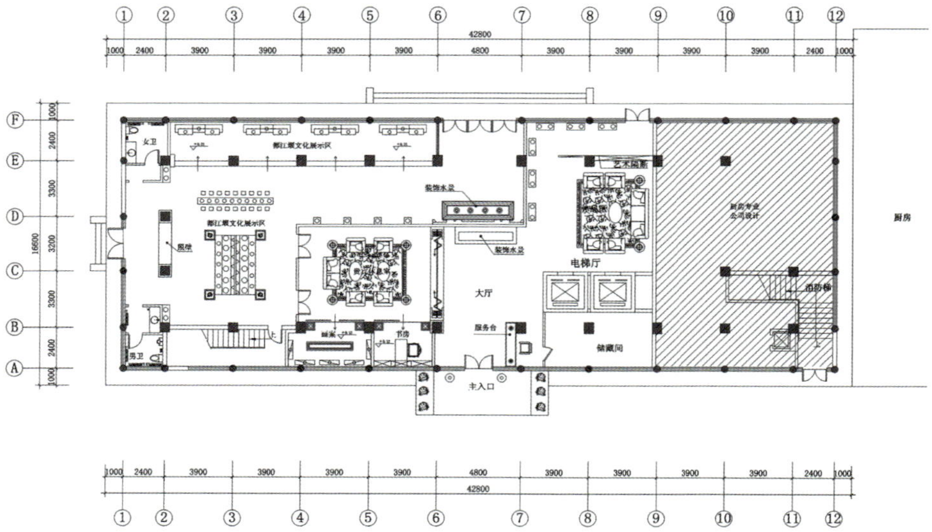

一层总平面布置图

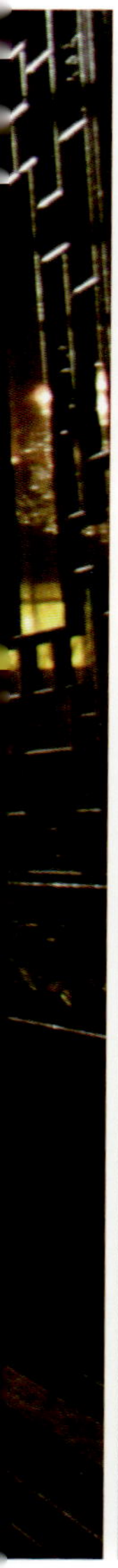

四川大唐世家室内装饰设计有限公司

主案设计：黄 河 *Huang He*

博客：http:// 82934.china-designer.com
职位：设计总监
职称：

国际室内装饰设计协会（IFDA）理事
国际室内建筑师/设计师联盟（IFI）专业会员
国际设计师协会专业委员会成都分会 副会长
中国酒店设计精英联盟第一届理事会 理事
中国建筑装饰协会设计委 委员
中国建筑装饰协会高级室内建筑师
中国建筑与室内设计师家园精英设计师
国际设计艺术博览会2009年度资深设计师

奖项：

2009年 浣花锦绣高级会所获首届中国最具商业价值餐饮娱乐类设计50强
2009年 成都潮皇阁高级商务会所获“岭南杯”优秀奖
2009年 浣花锦绣高级会所获 “照明周刊杯”优胜奖
2009年 黄河评选为“当代最受尊敬的杰出设计师”
2009年 合肥寒舍高级会所获 “金堂奖”铜奖
2010年 浣花锦绣高级会所获第五届中国国际设计艺术博览会商业空间奖
2010年 黄河获“年度资深设计师”奖
2010年 黄河评选为“全国最有成就的资深室内建筑师”

A 项目定位 Design Proposition
都江堰精品设计商务会所依托于自身的区位和文化优势，打造水主题文化商务会所，创造出自身独特的文化魅力，是其发展的机遇，也是其他酒店难有如此集天时、地利、人和诸多发展条件的优势。

B 环境风格 Creativity & Aesthetics
酒店装修布局充满中国传统建筑的美感，庭院里栽着梨树和玉兰花，当春风吹开花朵，月下漫步自然格外诗情画意。

C 空间布局 Space Planning
都江堰文化主题商务会所，应将主题文化内涵有机地贯穿到整个酒店氛围和功能之中，把水主题文化融入到商务会所的吃住游购娱等要素中。

D 设计选材 Materials & Cost Effectiveness
选材考究，精雕细琢，酒店整体呈枣红色，枣红色的立柱，枣红色的屏风，内部土黄色的木制家具，在柔美的灯光映衬下，也泛着淡淡的枣红色。

E 使用效果 Fidelity to Client
玉垒锦绣坐落于国家5A景区离堆公园，完美融入周围景致之中，与中式园林的完美结合，打造一个成功的园林式商务会所，其餐饮娱乐消费为中高档次，客人主要以外国政要、外国客人、中国各省级领导游客、离堆公园游客为组成。

Heyiting • Chinese Medicine Association Club

合一庭•中药医学联合会馆

Project Name_Heyiting • Chinese Medicine Association Club
Chief Designer_Yu Lin
Project Team_Li Jiezhi / Liu Jian / Yang Feng
Location_Chengdu Sichuan
Project Area_3,000sqm
Cost_20,000,000RMB

项目名称_合一庭•中药医学联合会馆
主案设计_余霖
设计团队_李杰智 / 刘健 / 杨峰
项目地点_四川 成都
项目面积_3000平方米
投资总额_2000万元

DOMANI®
東倉建設
香港东仓设计顾问有限公司

主案设计： 余 霖 *Yu Lin*

博客： http:// 463406.china-designer.com
奖项： 众多国际设计竞赛中屡获殊荣

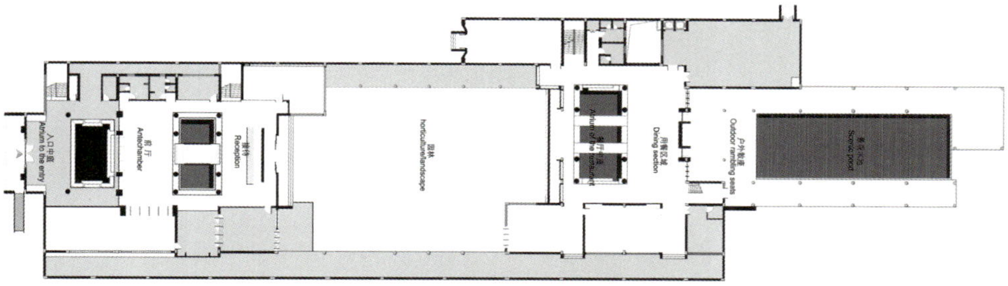

平面图

A 项目定位 Design Proposition

基于该类型的项目定位具有创新性与独特性，我们借由当代设计手法使其在以传统表现手法为主的中药医学空间跨越而出。

B 环境风格 Creativity & Aesthetics

室内空间与内部建筑环境着力体现淡定含蓄的东方之美。

C 空间布局 Space Planning

两局三进式空间，借经典古建之形还当代东方文艺之魂。

D 设计选材 Materials & Cost Effectiveness

结合造价与维护性质考虑大面积采用塑木材质作为建筑与室内的主要表皮。

E 使用效果 Fidelity to Client

该项目实际运营中定位为高层政经圈主题会所，并定位为当地国家级项目医学卫星城建设启始坐标点。

Project Name_Rongqiao Hotel Spa
Chief Designer_He Huawu
Project Team_Gong Zhiqiang / Chen Yiyuan / Li Jinzhen
Location_Fuzhou Fujian
Project Area_2,300sqm
Cost_6,000,000RMB

项目名称_融侨大酒店水疗中心
主案设计_何华武
设计团队_龚志强 / 陈亿元 / 李金珍
项目地点_福建 福州
项目面积_2300平方米
投资总额_600万元

Rongqiao Hotel Spa

融侨大酒店水疗中心

何华武 *He Huawu*

博客：http:// 447031.china-designer.com
公司：福建国广一叶建筑装饰设计工程有限公司
职位：副总设计师
职称：
中国建筑装饰协会高级室内建筑师
中国建筑学会室内设计分会高级室内建筑师
IFI国际室内建筑师联盟 会员
中国建筑学会室内设计分会 会员
亚洲室内设计联合会 会员
中国室内设计学会福建专业委员会 委员
奖项：
2009年第七届福建室内设计大奖赛（一等奖）
2009年中国（上海）国际建筑及室内设计节金外滩奖荣获（提名奖）
2009年中国室内空间环境艺术设计大赛（优胜奖）（北京人民大会堂颁奖）
2008年第六届福建室内设计大奖赛（一等奖）等
项目：
建瓯市委市政府办公大楼
福州海关办公大楼
中国工商银行（福建省分行）
福建新日鲜大厦
海峡都市报（名臻会所）
一信（福建）总部大楼
万达（福州广场）甲级写字楼等

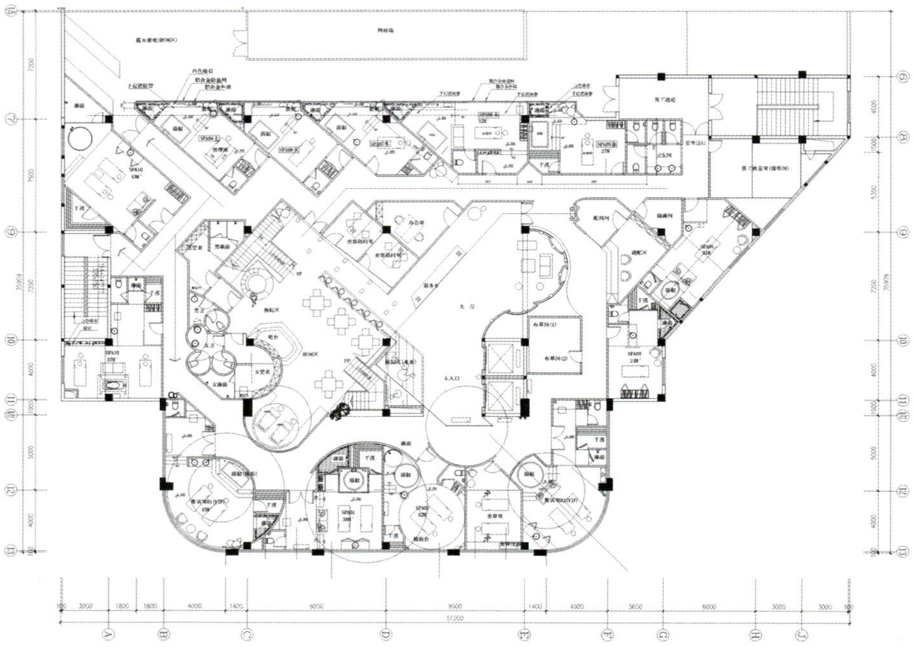

一层平面布置图

A 项目定位 Design Proposition

定位高端，装修奢华，格调幽美。

B 环境风格 Creativity & Aesthetics

私享静怡的设计风格，符合项目特点。

C 空间布局 Space Planning

在空间设计上，弧形空间使空间更加私密。采用镂空隔断划分空间，意境悠远。

D 设计选材 Materials & Cost Effectiveness

多使用特色黑色石材、木材，配以古典家居，使心情不由得静逸，享受。

E 使用效果 Fidelity to Client

得到了业主非常高的满意度。

Shanghai Vanke Lanshan Club

上海万科第五园蓝山会所

Project Name_Shanghai Vanke Lanshan Club
Chief Designer_Cai Wenqi
Project Team_Luo Zhenhua / Song Junye / Wu Yiqun / Nie Chunkai / Wang Eryong / Zhang Zhiqiang / Hao Yue / Wang Xisa / Pi Lei / Zhao Xu
Location_Pudong District Shanghai
Project Area_860sqm
Cost_5,000,000RMB

项目名称_上海万科第五园蓝山会所
主案设计_蔡文齐
设计团队_罗振华 / 宋军晔 / 吴逸群 / 聂春凯 / 王二永 / 张志强 / 郝越 / 王夕萨 / 皮蕾 / 赵旭
项目地点_上海 浦东
项目面积_860平方米
投资总额_500万元

集美组 NEWSDAYS

北京集美组装饰工程有限公司

主案设计：蔡文齐 *Cai Wenqi*

博客：http://497789.china-designer.com
职位：董事、总设计师
职称：
中国高级室内设计师
中国高级室内建筑师
高级环境艺术设计师
北京集美组装饰工程有限公司 董事
IFDA 国际室内装饰设计协会 会员
IFI 国际室内建筑师 / 设计师联盟 会员
全国杰出中青年室内建筑师
全国百名优秀室内建筑师
影响广州室内设计二十年二十人之一
奖项：
北京国泰饭店——全国室内装饰优秀设计奖
银城酒店——第九届全国美术作品展金奖
浙江世界贸易中心大饭店——第九届全国美术作品展优秀奖
广州番禺长隆酒店大堂——全国第四届室内设计大展金奖
南海内衣城、霓裳西餐厅、长沙神龙大酒店——全国第四届室内设计大展金奖
东莞御景湾酒店多功能厅、茶园、大堂——全国第四届室内设计大展金奖
御景湾酒店建筑及室内总体设计——第十届全国美术作品展优秀奖
银城酒店室内设计——第七届广东省鲁迅文学艺术奖
广州长隆酒店——“为中国而设计”首届全国环境艺术设计大展金奖
项目：
北京国泰饭店
浙江世界贸易中心大饭店
广州番禺长隆酒店大堂
东莞御景湾酒店多功能厅
御景湾酒店建筑及室内总体设计
广州长隆酒店等

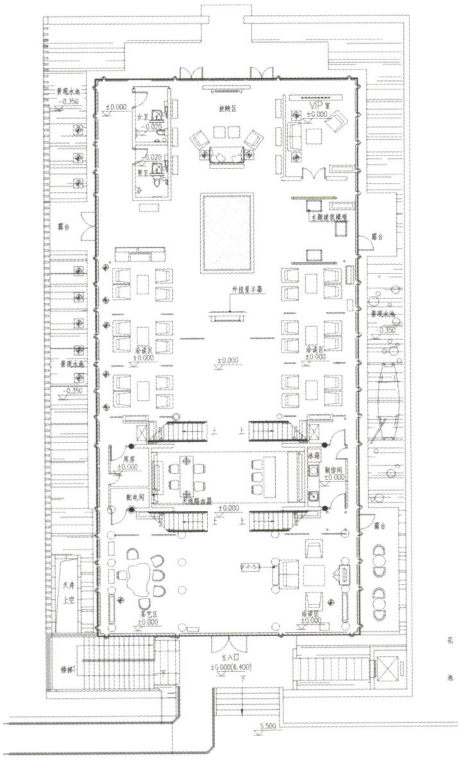

一层平面布置图

A 项目定位 Design Proposition

万科上海第五园会所像一个舞台剧场。“剧中”承载销售和高端接待。设计希望将贵气融入中国式的东方意境，用华美的元素演绎东方美学。

B 环境风格 Creativity & Aesthetics

荷叶、渔船、月影……以海派水墨的感觉演绎着一种江南的情境与上海滩的风情。

C 空间布局 Space Planning

设计根据当代会所的功能要求来分隔。以老房子为载体的场景将带给客户一种奇妙的购房体验和接待体验。

D 设计选材 Materials & Cost Effectiveness

大量的铜饰将凸显中国式的贵气；镂空透光的祥云楼梯力图隐藏尊贵；闪烁的LED灯珠力图墨绿色的地毯更为华美。竹木地板，青石板岩，透光绿石组成特色的地面。VIP室的墙面是整块的天然石材，名为：山水白；地面也是一种全新的材料，名为水墨竹。

E 使用效果 Fidelity to Client

会所的独特气质对楼盘的整体价值提升有积极推进的作用。

Shanghu Club

尚湖会所

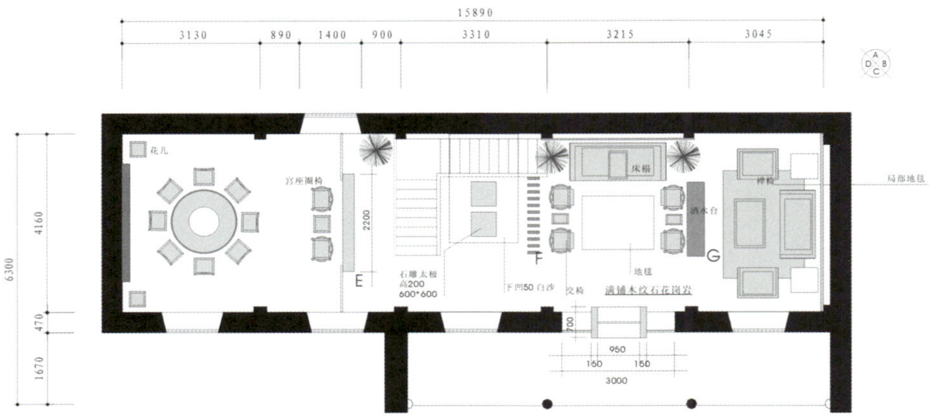

一层平面布置图

Project Name_Shanghu Club
Chief Designer_Li Ming
Location_Jinan Shandong
Project Area_300sqm
Cost_1,000,000RMB

项目名称_尚湖会所
主案设计_李明
项目地点_山东 济南
项目面积_300平方米
投资总额_100万元

李 明 *Li Ming*

博客：http:// 6617.china-designer.com
公司：LIGHT DESIGN
职位：设计总监

职称：

中国建筑装饰协会 会员
中国设计委 全国委员
山东设计联盟 资深会员
CCII国际设计协会 会员
中国工艺美术协会 会员
中国建筑学会装饰设计分会 会员
山东大学威海分校 艺术学院 兼职教授
山东轻工业学院 设计学院 客座教授

奖项：

2007齐鲁之星 招贴类 金奖
2007齐鲁之星 包装类 银奖
2007华东设计大奖 空间类 金奖
2006 中国设计之星 空间类 金奖
2005齐鲁之星艺术设计 空间类 金奖
2006中国第六届室内设计双年展 铜奖
全国第三届室内设计大展 优秀奖

A 项目定位 Design Proposition
设计策划，整体入手，在原建筑基础上改造市场，定位高端会所。

B 环境风格 Creativity & Aesthetics
环境优势为位于著名的大明湖公园内。

C 空间布局 Space Planning
因空间小，局部运用了镜面，拓宽了视野。

D 设计选材 Materials & Cost Effectiveness
主要运用原生态木料以及灯光的独特设计，赋予一种桃园意境。

E 使用效果 Fidelity to Client
运作良好，天天爆满。

K2 Qingshuiwan Club

K2清水湾会所

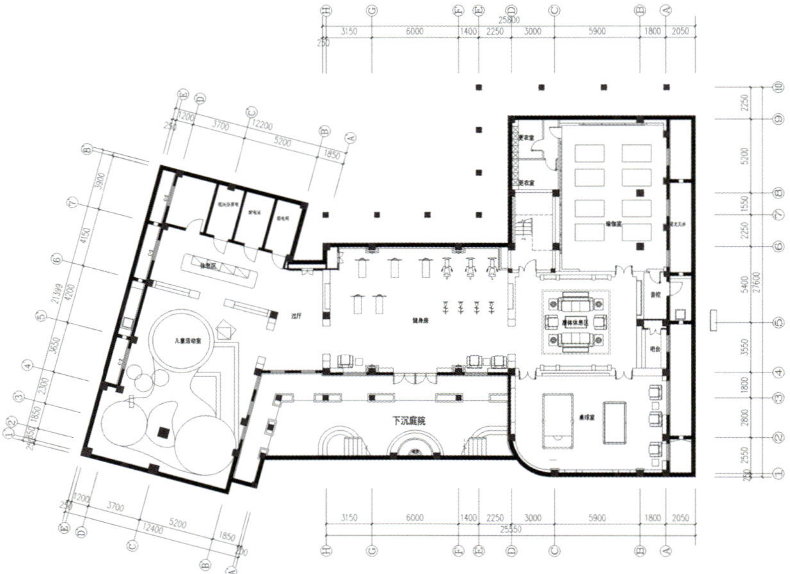

一层平面布置图

Project Name_K2 Qingshuiwan Club
Chief Designer_Ni Bin
Project Team_Yin Jinlong / Li Shuai
Location_Tongzhou District Beijing
Project Area_2,000sqm
Cost_5,000,000RMB

项目名称_K2清水湾会所
主案设计_倪镔
设计团队_尹金龙 李帅
项目地点_北京 通州
项目面积_2000平方米
投资总额_500万元

倪 镔 *Ni Bin*

博客：http:// 466280.china-designer.com
公司：北京清尚环艺建筑设计院
职位：建筑所所长

职称：
高级室内建筑师
资深工艺美术师
IFI国际室内建筑设计师联盟 专业会员
中国建筑学会室内设计分会 专业会员
中国工业设计协会 会员

奖项：
荣获中国百名优秀室内建筑师荣誉
2009年中国室内空间环境设计大赛（建设部中装协）一等奖
2009年中国风-IAI亚太室内设计精英大赛优胜大奖
2009年中国“尚高杯”室内设计大赛（建筑学会）佳作奖
2008年中国“尚高杯”室内设计大赛（建筑学会）优秀奖
2005年中国（深圳）首届国际品牌设计商年展设计大赛优秀奖

项目：
鄂尔多斯市易兴国际商贸城项目
鄂尔多斯市易兴高尔夫庄园住宅项目
2010上海世博会阿曼国家馆
北京广渠门内“自由季”房地产项目
浙江义乌新天地精品商厦项目
安邦保险办公环境SIS系统项目
北京嘉美中心（包括住宅、酒店、酒店式公寓、智能办公楼等约30万m^2）项目
北京高尔夫公寓1＃楼项目
大连裕景中心T3＃楼酒店式公寓项目

A 项目定位 Design Proposition

会所设计必须充分体现使用性理念。设计的适用性就是要求设计的功能必须考虑不同客人的需求特点，适合不同客人的使用，同时也要方便会所的经营管理。

B 环境风格 Creativity & Aesthetics

红瓦、黄墙、错落的屋檐；阳光、植物、飘然而至的花香…… 托斯卡纳风情万种，犹如溢满的美酒，韵味飘扬，扑面而来文艺复兴发祥地悠远深厚的文化底蕴，赋予了居住形式更艺术的生活。

C 空间布局 Space Planning

首层平面设计原则：满足销售功能需求及酒水配套服务为主。销售流程：迎客（接待）—模型讲解、资料介绍—参观社区环境—洽谈、讲解—收定金、签认购书。大堂：主要用于售楼、供客户参观为主，强调展示氛围，以有利于项目销售和形象展示为设计宗旨，功能分布上符合销售流程、有明确的销售动线组织。

D 设计选材 Materials & Cost Effectiveness

实木材质的大量运用还原质朴、舒适的田园风，温馨柔软的成套布艺装点出古典愉悦的视觉体验，色彩浓郁统一，丰富而不凌乱。

E 使用效果 Fidelity to Client

设计独特、创意新颖、造型别具一格，还可以成为会所的标志性代表，这无形中强化了会所在客人心中的形象，增加会所的品牌价格，给会所带来不可估量的经济效益。

Beijing Fuyuantang Massage Center

北京扶元堂保健会馆

Project Name_Beijing Fuyuantang Massage Center
Chief Designer_Cheng Jianpei
Location_Chaoyang District Beijing
Project Area_1,900sqm
Cost_5,000,000RMB

项目名称_北京扶元堂保健会馆
主案设计_程建陪
项目地点_北京 朝阳
项目面积_1900平方米
投资总额_500万元

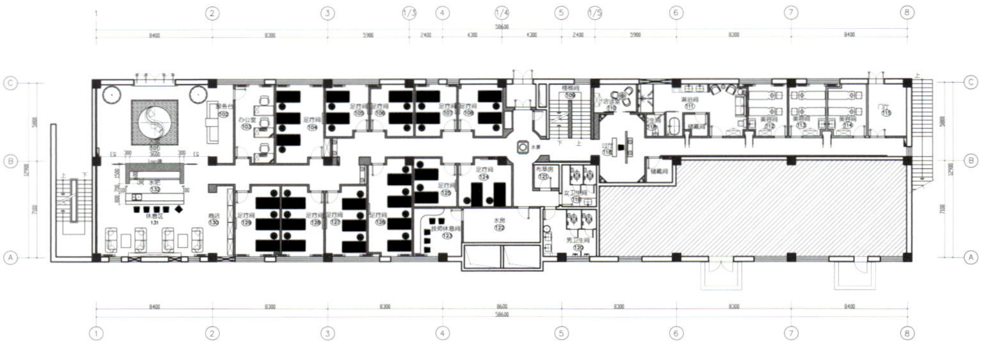

一层平面布置图

程建陪 *Cheng Jianpei*

博客： http:// 486078.china-designer.com
公司： 北京宇伦国际空间设计有限公司
职位： 创意总监
职称：
高级室内建筑师
中国室内设计师协会 专业会员
奖项：
荣获第四届全国室内设计大展金奖
第四届全国环境艺术设计大展铜奖
荣获第六届IDC酒店设计优秀奖

A 项目定位 Design Proposition

北京扶元堂保健会馆位于北京望京核心区域，会馆主要经营中医保健按摩，中药浴足，美容spa。

B 环境风格 Creativity & Aesthetics

大堂我们采用中国乾坤八卦为设计元素，沙发蕴含阴阳之义，穹顶为繁星点点的宇宙万物。设计中式传统人字顶及中药柜主题墙，突出中医药文化博大精深。

C 空间布局 Space Planning

在整体平面功能分区上我们把功能相对独立，这样会使不同目的的客人区域不同，会使经营的各种服务更加专业。

D 设计选材 Materials & Cost Effectiveness

接待台背景墙采用“生命树”元素配合发光led灯。二层，一尊石质佛像，禅境、神秘气息迎面扑来。右厅的正墙的“快雪时晴帖”的投影拓片像是雕琢在墙上一样，整个空间浑然天成。

E 使用效果 Fidelity to Client

客户对最终效果非常满意，吸引大批顾客光临。

Beijing Planning Bureau Top Leisure Space

北京市规划局顶层休闲空间

Project Name_Beijing Planning Bureau Top Leisure Space
Chief Designer_Gao Fei
Location_Changping District Beijing
Project Area_300sqm
Cost_250,000RMB

项目名称_北京市规划局顶层休闲空间
主案设计_高飞
项目地点_北京 昌平
项目面积_300平方米
投资总额_25万元

SOARING DESIGN
北京高飞建筑设计咨询有限公司

主案设计：高 飞 *Gao Fei*

博客：http:// 162681.china-designer.com
项目：
- 联想研发基地的空间规划
- 百度总部大厦
- 镇江市政府
- 中国教育台全国大学生创意产业基地
- 上海万科新里程售楼处的室内建筑
- 五方院及后院的厂房改建
- 北规委休闲空间的室内装置

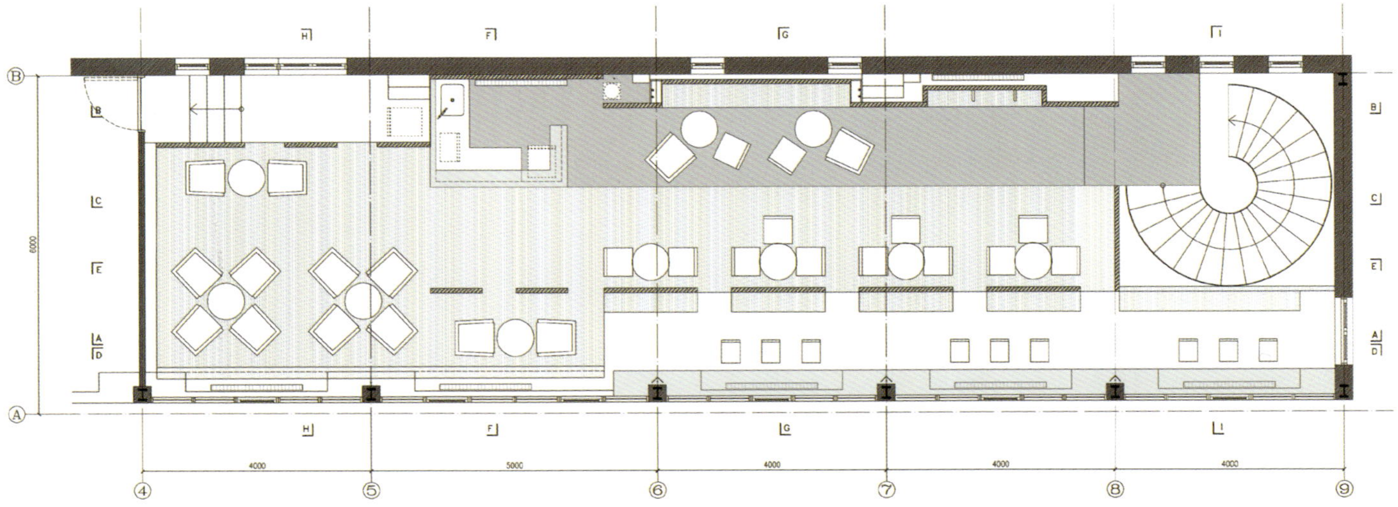

平面布置图

A 项目定位 Design Proposition

设计是为了解决问题，而并非只是为了视觉艺术。

B 环境风格 Creativity & Aesthetics

空间中的两种构件是阴柔、温暖的木材和阳刚、坚硬的钢板，它们相互咬合、彼此支撑，任何一方的独立存在都不能构成空间的整体，同时两种构件组合成的装置，也以一种整体的方式置入到原有空间中。

C 空间布局 Space Planning

如何让空间变得合理且富有层次，同时解决建筑隔热问题，是摆在设计师面前的难题。最简单的解决方案就是在空间中置入一件装置，这样一来即可以分隔空间弥补原有空间的缺陷，把凌乱的设备“藏”起来，又可以利用“剩余空间”设置吧台、书柜、以及方便阅读的卡座。两个套在一起的“盒子”的顶层之间，除了隐藏空调还有隔热的作用。

D 设计选材 Materials & Cost Effectiveness

为了让空间更具整体感，设计师只采用了木材和钢板两种材质，简单的色彩使空间变得简洁，强烈的质感对比营造出空间的层次感。

E 使用效果 Fidelity to Client

不管外面的世界是如何的浮躁，在这里总能给心灵找到一片静谧的空间。

Chengdu Club
成都会馆

Project Name_Chengdu Club
Chief Designer_Chen Hong
Project Team_Zhu Feng
Location_Chengdu Sichuan
Project Area_17,000sqm
Cost_170,000,000RMB

项目名称_成都会馆
主案设计_陈弘
设计团队_祝丰
项目地点_四川 成都
项目面积_17000平方米
投资总额_1.7亿元

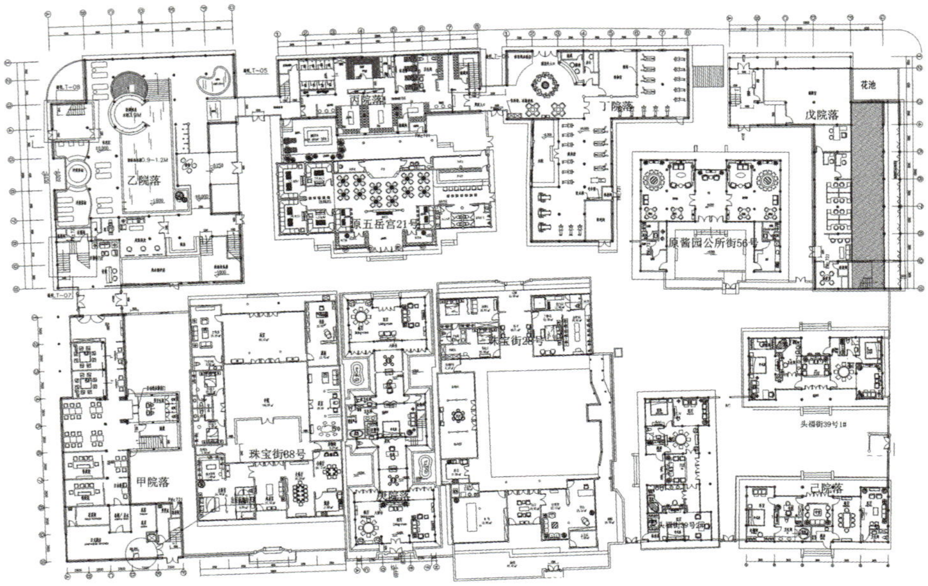

一层平面布置图

四川泰来装饰工程有限公司

主案设计：陈 弘 *Chen Hong*

博客：http:// 444290.china-designer.com

项目：

全国人大常委会议楼
中国会所
九寨沟中旅国际大酒店（四星级）
新疆库尔勒长伦大酒店及西安金石王府酒店（五星级）
山西太原晋祠国宾馆
文殊坊麻将与茶文化博物馆
成都会馆等

A 项目定位 Design Proposition

以川式古建为载体，打造五星级院落式会馆。

B 环境风格 Creativity & Aesthetics

以古人的思维方式思考现代功能的解决方案，以现代的技术眼光看待古典的装饰手段，在令人期望的奢华物质躯体内注入古人附庸风雅的精神世界。

C 空间布局 Space Planning

以禅味设计题目，取其传承之意，旨在传承复兴中华悠久建筑文化，深入探究古典人文精神。

D 设计选材 Materials & Cost Effectiveness

以简单、亲切、奢华又富有内涵的选材手段，给人呈现一种自然、不做作但又略显高贵的典雅风范。

E 使用效果 Fidelity to Client

体验过的人都很满意，尤其干净、安静、整齐有序的环境值得怀念。

Taipan Massage & Spa Club

大班会美容SPA会馆

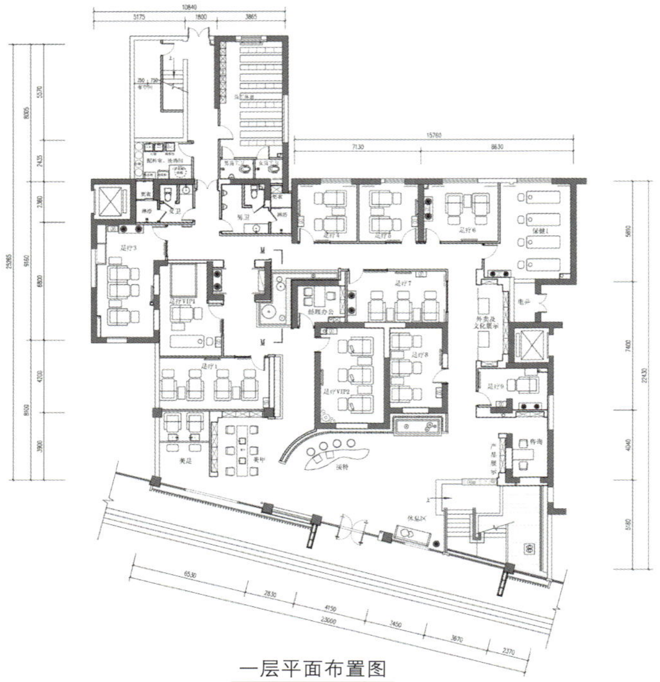

一层平面布置图

Project Name_Taipan Massage & Spa Club
Chief Designer_Sun Huafeng
Project Team_Liu Shiyao / Li Chuncai / Kong Zhongxun / Wang Fenli / Hu Jie / Sun Jian / An Hongyun / Shi Yunxiang
Location_Zhengzhou Henan
Project Area_1,200sqm
Cost_4,000,000RMB

项目名称_大班会美容SPA会馆
主案设计_孙华锋
设计团队_刘世尧 / 李春才 / 孔仲迅 / 王粉利 / 胡杰 / 孙健 / 安红云 / 师云香
项目地点_河南 郑州
项目面积_1200平方米
投资总额_400万元

河南鼎合建筑装饰设计工程有限公司

主案设计：孙华锋 *Sun Huafeng*

博客：http:// 487353.china-designer.com
职位：总经理
职称：
高级室内建筑师
中国建筑学会室内设计分会 常务理事
中国建筑学会室内设计分会第十五专业委员会 主任
奖项：
2009年获CIID中国室内设计二十年“杰出设计师”称号
2009年获第十七届亚太区室内设计大奖赛荣誉奖
2009年获中国室内设计大奖赛商业工程类二等奖
2009 年获中国风-IAI 2009亚太室内设计邀请赛铜奖
2008年获美国INTREIOR DESIGN 年度十大封面人物
2008年获第四届海峡两岸四地室内设计大赛铜奖
2008年获亚太地区室内设计双年大奖赛铜奖
2008年获中国室内设计大奖赛酒店、宾馆工程类三等奖
2008年获上海“金外滩”最佳色彩运用奖
2007年获IFI第三届国际室内设计大奖赛优秀奖及佳作奖

A 项目定位 Design Proposition

本案系女子SPA与男士足浴综合性空间.

B 环境风格 Creativity & Aesthetics

运用现代风格与泰式风情相融合的手法，从此而创造了异域风情及浓郁的空间氛围.

C 空间布局 Space Planning

空间风格简约现代，布局有条不紊，一楼的足疗区与二楼的SPA区清晰条理。

D 设计选材 Materials & Cost Effectiveness

浓厚的木色、光影、材料的质感，软装饰以泰式风情的家俱、饰品、布艺、陈设等为主调，恰如其分的使空间气氛呈现柔韧相间、巧拙搭配、唯美舒展。

E 使用效果 Fidelity to Client

较好的表达出空间的高贵品质和闲情逸致，回头客量大。

Project Name_Guangzhou Yiyuan Salon
Chief Designer_Ding Xiaolong
Location_Guangzhou Guangdong
Project Area_300sqm
Cost_1,000,000RMB

项目名称_广州怡园沙龙
主案设计_丁晓龙
项目地点_广东 广州
项目面积_300平方米
投资总额_100万元

Guangzhou Yiyuan Salon
广州怡园沙龙

丁晓龙 *Ding Xiaolong*

博客：http:// 27614.china-designer.com
公司：福州零界装饰设计有限公司
职位：设计总监
职称：
- 中国建筑装饰协会设计资格
- 室内建筑师
- 国际注册高级室内设计师
- 助理工程师

项目：
- 平顶山九天国际会所
- 三明0598酒吧
- 怡园酒庄厦门店怡园酒庄龙岩店
- 连云港百达菲力国际俱乐部
- 襄樊音画时尚国际俱乐部
- 沈阳纳帕阳光售楼部
- 福州怡园酒庄温泉店
- 福州怡园酒庄会所
- 福州本色酒吧
- 非常乐园夜总会
- 南京第六大街国际娱乐中心
- 福州欢乐频道中国城DISCO
- 福州百度酒吧
- 福州金碧辉煌夜总会官邸酒吧等

A 项目定位 Design Proposition

定位有品味的高端客户。

B 环境风格 Creativity & Aesthetics

黑色是整个空间主色调，带有神秘色彩。

C 空间布局 Space Planning

讲究安静舒适及私密性。

D 设计选材 Materials & Cost Effectiveness

利用葡萄酒的瓶塞穿成的帘，给人以神秘的感觉。

E 使用效果 Fidelity to Client

客户都比较喜欢在这种环境下品葡萄酒。

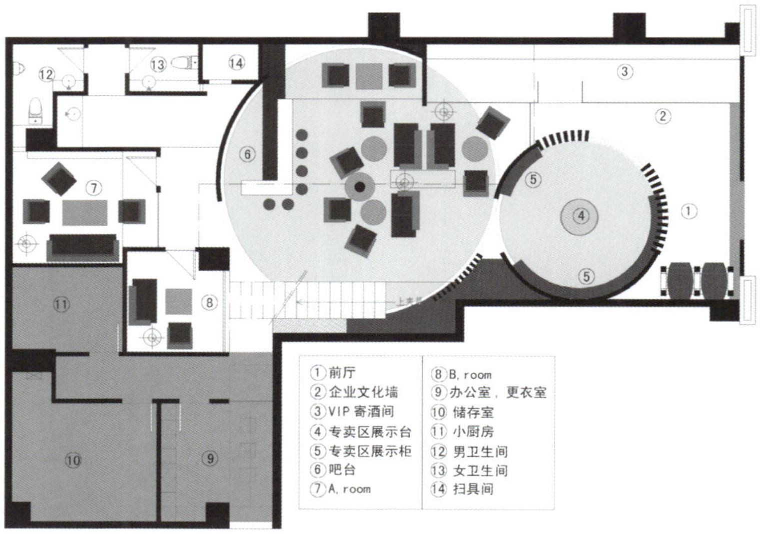
①前厅
②企业文化墙
③VIP 寄酒间
④专卖区展示台
⑤专卖区展示柜
⑥吧台
⑦A. room
⑧B. room
⑨办公室、更衣室
⑩储存室
⑪小厨房
⑫男卫生间
⑬女卫生间
⑭扫具间

一层平面布置图

Jinfuren Beauty Spa Club

金夫人美容SPA会所

Project Name_Jinfuren Beauty Spa Club
Chief Designer_Gao Yi
Location_Nanjing Jiangsu
Project Area_400sqm
Cost_1,000,000RMB

项目名称_金夫人美容SPA会所
主案设计_高轶
项目地点_江苏 南京
项目面积_400平方米
投资总额_100万元

高 轶 *Gao Yi*

博客：http:// 463246.china-designer.com
公司：南京高轶装饰设计有限公司
职位：总经理、创意总监
奖项：
2007年 南京室内设计大奖赛 华耐新中源杯 三等奖
2008年 南京室内设计大奖赛 华耐新中源杯 二等奖
2008年 南京室内设计大奖赛 华耐新中源杯 三等奖
2009年 南京室内设计大奖赛 L&D杯 一等奖
2009年 南京室内设计大奖赛 L&D杯 一等奖
2009年 南京室内设计大奖赛 L&D杯 三等奖

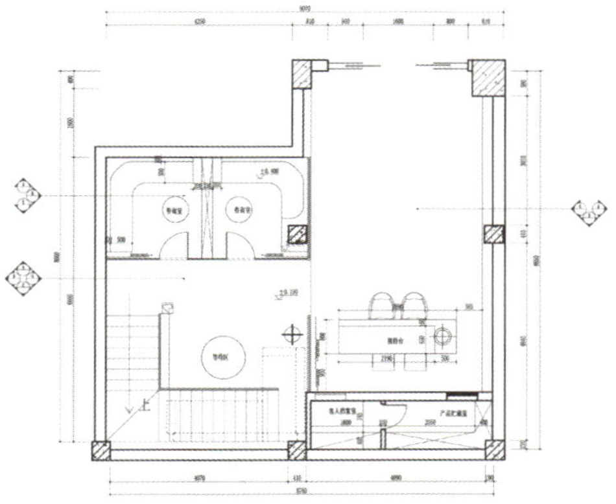

平面图一

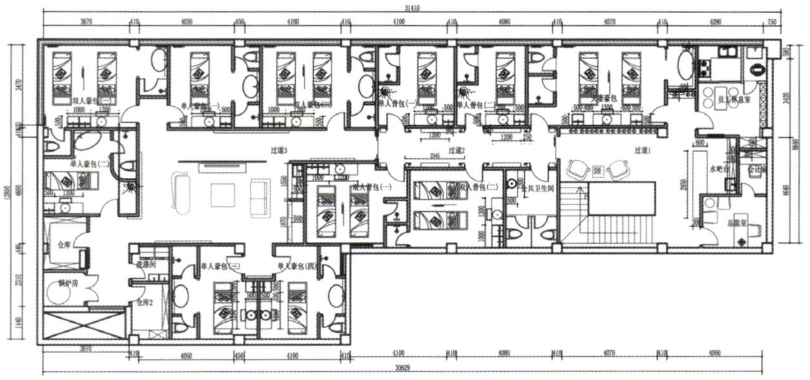

平面图二

A 项目定位 Design Proposition
本案定位高端，设计奢华。

B 环境风格 Creativity & Aesthetics
以具有独特风味的巴厘岛风情为创新点。

C 空间布局 Space Planning
跃层的层次性比较好，充分合理的利用使视觉效果更加显著。

D 设计选材 Materials & Cost Effectiveness
木制雕刻板的广泛运用使本案效果独具风格。

E 使用效果 Fidelity to Client
深得客户喜欢，顾客纷至沓来。

茅台會
江南分會

Project Name_Maotaihui Jiangnanzhijia Club
Chief Designer_Ma Hui
Project Team_Li Li
Location_Hangzhou Zhejiang
Project Area_210sqm
Cost_1,000,000RMB

项目名称_杭州茅台会江南之家会所
主案设计_马辉
设计团队_李丽
项目地点_浙江 杭州
项目面积_210平方米
投资总额_100万元

Maotaihui Jiangnanzhijia Club

杭州茅台会江南之家会所

易和設計 EHEDESIGN
杭州易和室内设计有限公司

主案设计：马 辉 *Ma Hui*

博客：http:// 280491.china-designer.com
职位：董事、设计总监
职称：
高级室内建筑师
中国建筑装饰协会设计委员会 副主任委员
IFI国际室内建筑师联盟 专业会员
奖项：
全国杰出中青年室内建筑师
中国室内设计二十年杰出设计师
2009年度中国百杰室内设计师
2009年度杭州十大室内设计师
2008年度中国室内设计精英
项目：
绿城台州玫瑰园售楼处
绿城宁波桂花园样板间
绿城嘉汇湖畔居样板房
苏州中新置地荣域样板房
宁波月湖盛园VIP会所
杭州N8会所
浙江省人大政协办公楼
天辰投资总部办公楼
贝利集团总部
加拿大多伦多教育局驻杭机构
潮宏基珠宝集团总部等

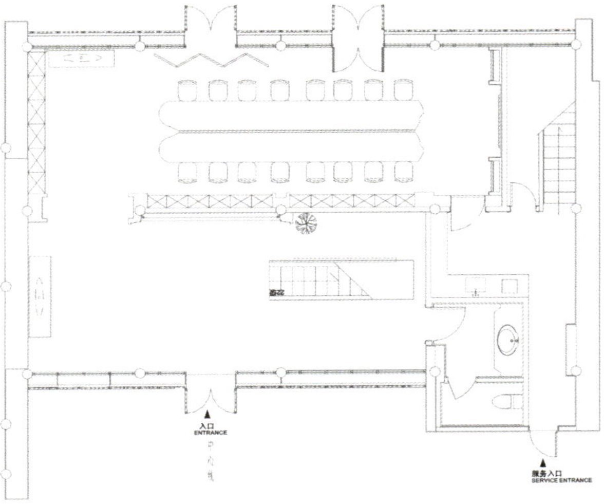

一层平面布置图

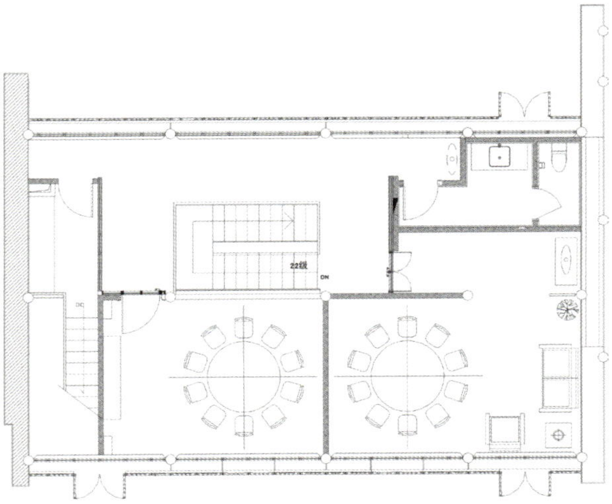

二层平面布置图

A 项目定位 Design Proposition

本案位于江南第一会所“江南会”内，专为接待高端人士的商务空间，同时作为百年茅台酒文化的传承展示地，更显其得天独厚的高贵和优雅。

B 环境风格 Creativity & Aesthetics

本案在风格上采用的是传统的中式风格，把传统的中式元素与建筑本身的风格巧妙融合。

C 空间布局 Space Planning

空间布局根据功能区域分为两层，一层为展示空间，附属空间；二层分别设包厢1、包厢2，附属空间。

D 设计选材 Materials & Cost Effectiveness

进厅的一堵由旧铜打造而成的刻有“茅台赋”的主题墙引人入胜，将人带入百年茅台酒文化的浓浓醇香之中。一层展示厅内的展示台采用整棵实木一气呵成，大气而富有历史沉淀感，呼应了传统而经典的整体氛围。

E 使用效果 Fidelity to Client

本案完工后达到了预期的效果，开放以来得到江南会以及客户的充分肯定。

Project Name_Mingteng Tea Experience Hall
Chief Designer_Li Xiangning / Wang Yanchen
Project Team_Zhuang Zhicheng / Nie Baoshun
Location_Chaoyang District Beijing
Project Area_200sqm
Cost_500,000RMB

项目名称_茗腾茶叶北京体验馆
主案设计_李向宁 / 王砚晨
设计团队_庄志成 / 聂宝顺
项目地点_北京 朝阳
项目面积_200平方米
投资总额_50万元

Mingteng Tea Experience Hall

茗腾茶叶北京体验馆

经典国际设计机构(亚洲)有限公司

主案设计：李向宁 *Li Xiangning*

博客：http:// 464835.china-designer.com
职位：艺术指导
职称：
意大利米兰理工大学国际室内设计硕士
中国建筑学会室内设计分会 会员

主案设计：王砚晨 *Wang Yanchen*

博客：http:// 456069.china-designer.com
职位：首席设计总监
职称：
意大利米兰理工大学国际室内设计硕士
中国建筑学会室内设计分会 会员

腾茶叶
Mingteng Tea

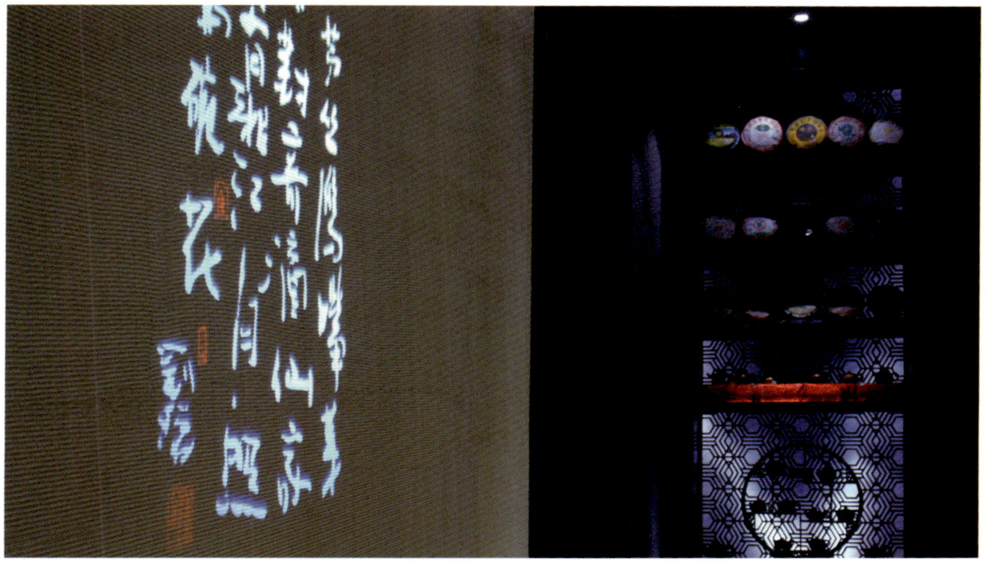

A 项目定位 Design Proposition

茶是文化，也是艺术，更是中国式的生活方式的表征，它深深融入中国人的血液和精神之中。

B 环境风格 Creativity & Aesthetics

设计师从接手打造“茗腾茶叶”全国第一家品牌体验馆（北京）之始，全面解读茗腾茶叶“茗腾生活.静时尚”的品牌个性，力图营造一种凌驾在奢华的外表与虚假的噱头之上，跨越了时间的局限和空间的束缚的东方人文意境。

C 空间布局 Space Planning

空间布局清晰简单，主要是给予各个空间的独立性，享受一份安宁。

D 设计选材 Materials & Cost Effectiveness

材料朴素，颜色淡雅，切合主题，服务理念。

E 使用效果 Fidelity to Client

顾客感受到了这种如高山流水般的意境，得到一种惊艳的享受！

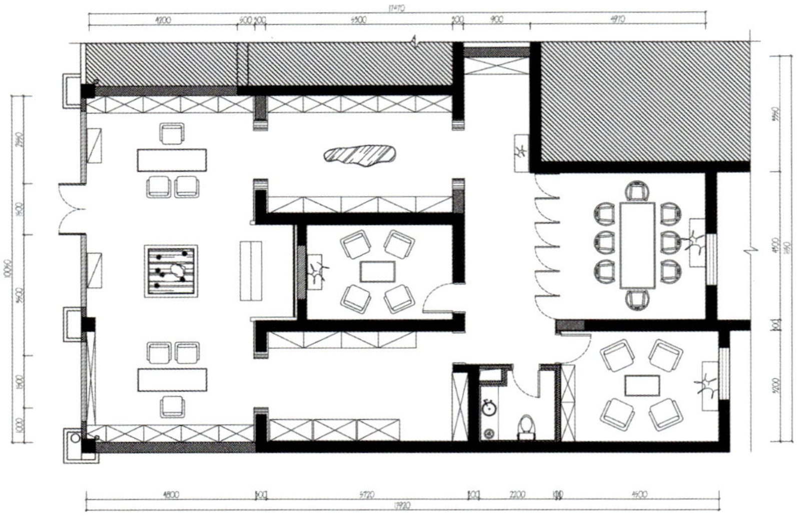

平面图

Nanjing Chic Image --Modeling Center

南京 东京秀客——造型中心

Project Name_Nanjing Chic Image--Modeling Center
Chief Designer_Gao Yi
Location_Nanjing Jiangsu
Project Area_400sqm
Cost_800,000RMB

项目名称_南京 东京秀客——造型中心
主案设计_高轶
项目地点_江苏 南京
项目面积_400平方米
投资总额_80万元

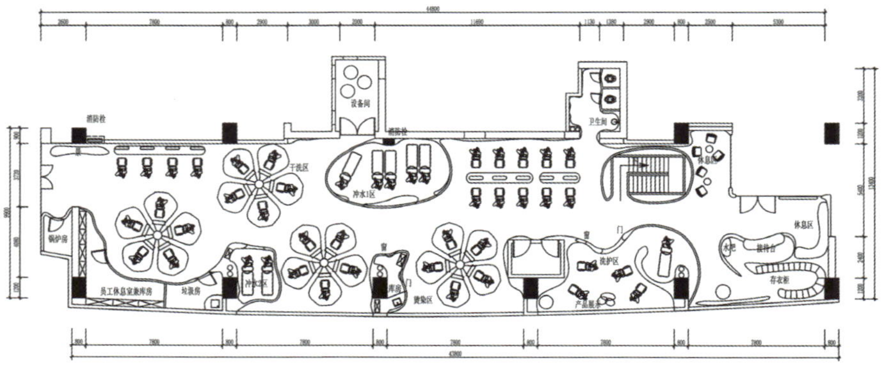

平面图

IMAGE

DREAMS

高 铁 *Gao Yi*

博客： http:// 463246.china-designer.com

公司： 南京高铁装饰设计有限公司

职位： 总经理、创意总监

奖项：

2007年 南京室内设计大奖赛 华耐新中源杯 三等奖
2008年 南京室内设计大奖赛 华耐新中源杯 二等奖
2008年 南京室内设计大奖赛 华耐新中源杯 三等奖
2009年 南京室内设计大奖赛 L&D杯 一等奖
2009年 南京室内设计大奖赛 L&D杯 一等奖
2009年 南京室内设计大奖赛 L&D杯 三等奖

A 项目定位 Design Proposition

秀客是一家偏向日式简约风格的发廊，在与店主交流中，设计师决定以白、灰两种色调作为店铺的主色调。

B 环境风格 Creativity & Aesthetics

一层玄关：通过楼梯到达2楼大厅，客人进门即被不规则的壁饰所吸引，仿佛进入白色的未来空间。

C 空间布局 Space Planning

前台：别具匠心的镜面和楼梯以及超大投影幕墙的设计，强烈突显现代感和梦幻色彩。

D 设计选材 Materials & Cost Effectiveness

镜台采用花瓣式设计直通天花板，镜面呈现不规则的花瓣状，令整个空间活泼、跳跃、流畅。另外，细节线帘的运用，也显示了另一番韵味。

E 使用效果 Fidelity to Client

得到一致的高度评价，大大提升客户量。

Xihai Private Club
西海某私人会所

Project Name_Xihai Private club
Chief Designer_Sun Kai
Project Team_Dong Weiqian / Qiu Aicheng / Chen Xiaoyan
Location_Xicheng District Beijing
Project Area_1,200sqm
Cost_6,000,000RMB

项目名称_西海某私人会所
主案设计_孙恺
设计团队_董维倩 / 邱爱成 / 陈晓艳
项目地点_北京 西城
项目面积_1200平方米
投资总额_600万元

银坐标设计
SILVERCOORDINATE
北京银坐标室内装饰设计有限公司

主案设计：孙 恺 *Sun Kai*

博客：http:// 504035.china-designer.com
职位：设计总监
职称：
高级室内建筑师
中国建筑装饰协会设计专业委员会 委员
奖项：
2004年中国室内设计大奖赛大连景垣建筑设计院室内设计佳作奖
2006年室内设计艺术观摩展北京世纪科贸大厦优秀奖2006
作品〝北京建国公寓售楼处〞获中国装饰协会2006年室内设计双年展金奖
第六届中国室内设计双年展金奖、铜奖
第七届中国国际室内设计双年展十佳设计机构
中国室内装饰协会全国百名优秀室内建筑师
IAID最具影响力中青年设计师

A 项目定位 Design Proposition

本项目由C型围合的院落，共计1200平方米，为一个青铜收藏者打造的院落。设计立意："京城中的唐汉神韵"。

B 环境风格 Creativity & Aesthetics

方案中希望保留中国传统的意味，而设计手法和材料方面呈现更多的时代感，希望传统元素和现代元素在这里形成碰撞。

C 空间布局 Space Planning

该项目虽为形似四合院的形制，但由于是新建项目，在抗震设防和加设地下一层等要求中未采用传统的砖木结构，而是采用砖混结构。

D 设计选材 Materials & Cost Effectiveness

为了让院落呈现出这一特性和气质，方案中用青铜器的材料及纹饰作为装饰主题，方案在柚木梁架、枋子、檩上关键部分饰以青铜纹饰，呼应了项目属性和应有的品质，而回避了梁架上用传统明清建筑彩绘形式。从青铜器上淘换出的纹样对空间的适当点缀，使空间气韵由明清风格向唐汉风格靠拢，是方案中设计对业主身份的一种尝试。

E 使用效果 Fidelity to Client

舒适、安逸、商务、休闲、展陈和聚会等诸项功能及唐汉气度的表达，令业主非常满意。

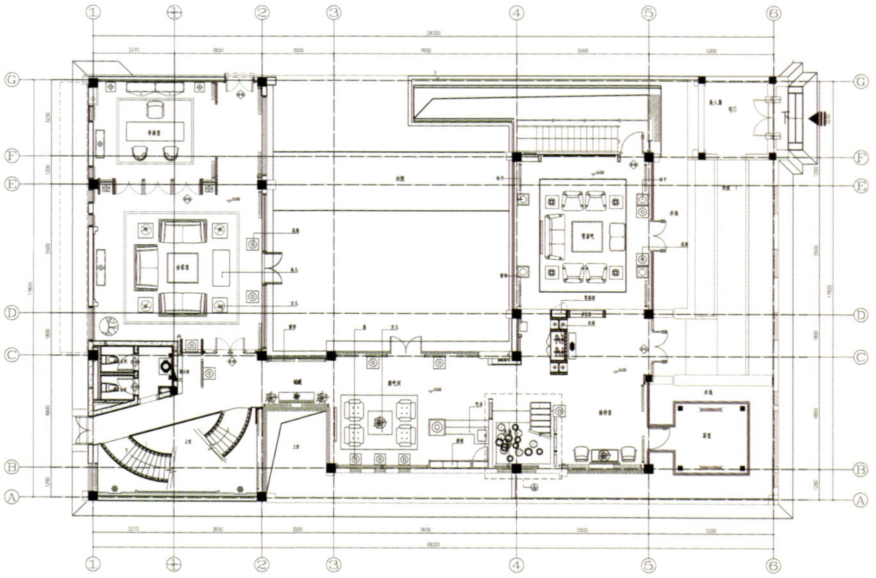

一层平面布置图

Yihe Golf Manor Private Club

颐和高尔夫庄园私人会所

Project Name_Yihe Golf Manor Private club
Chief Designer_Zhou Jun
Project Team_Gao Yang / Yuan Lei
Location_Guangzhou Guangdong
Project Area_5,916sqm
Cost_9,000,000RMB

项目名称_颐和高尔夫庄园私人会所
主案设计_周军
设计团队_高旸 / 苑蕾
项目地点_广东 广州
项目面积_5916平方米
投资总额_900万元

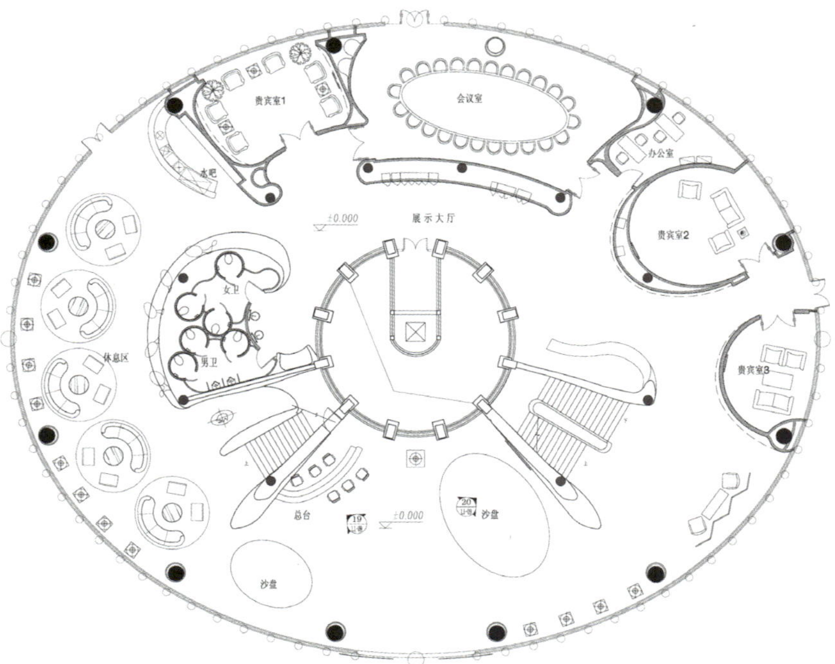

一层总平面图

银坐标设计
SILVERCOORDINATE

北京银坐标室内装饰设计有限公司

主案设计：周 军 *Zhou Jun*

博客： http:// 213533.china-designer.com
职位： 总经理
职称：
高级室内建筑师
中国建筑装饰协会设计专业委员会 委员
中国建筑装饰协会设计专业委员会 委员

奖项：

2004年“华耐杯”中国室内设计大赛评委会评“中国银行阜成门支行营业厅”为入围作品

2004年“华耐杯”中国室内设计大赛评委会评“北京石景山中级法院室内设计”为入围作品

2008年“北京金泉国际酒店公寓”获第七届中国国际室内设计双年展优秀奖

2008年被中国室内装饰协会授予中国室内设计精英奖

A 项目定位 Design Proposition

灵感来源：阳光——茵茵绿草——可以亲近的自然——橄榄的建筑形态——细胞——有生命的空间。

B 环境风格 Creativity & Aesthetics

变异的高尔夫球，挥动球杆时挥杆经过的弧线，自然中悠闲的风设计原则：用现代简约的手法，结合高尔夫主题，融入生态观念营造出一个具有动感品质的空间。

C 空间布局 Space Planning

流线顺畅，动线合理，模块功能完备，空间建筑语汇。

D 设计选材 Materials & Cost Effectiveness

利用机理材质，打造出柔性墙体，使其满足功能性、合理性、适用性、展示性。

E 使用效果 Fidelity to Client

功能齐全，环境优雅，满意度高。

Project Name_Taiziwan Club
Chief Designer_Liu Fenghua
Location_Hangzhou Zhejiang
Project Area_1,200sqm
Cost_5,000,000RMB

项目名称_太子湾会所
主案设计_刘枫华
项目地点_浙江 杭州
项目面积_1200平方米
投资总额_500万元

Taiziwan Club
太子湾会所

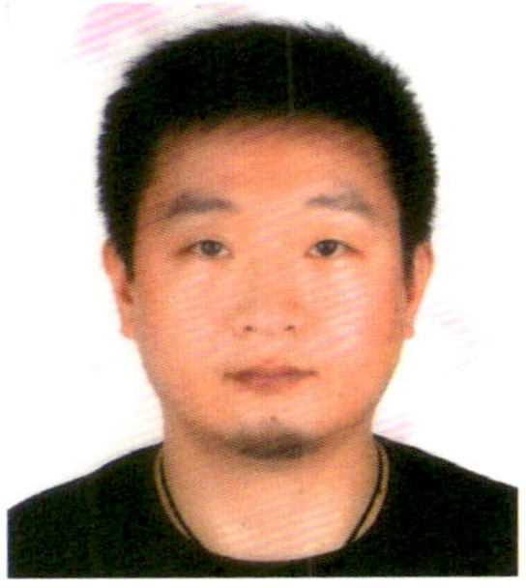

刘枫华 *Liu Fenghua*

博客：http:// 271702.china-designer.com
公司：中国美术学院风景建筑设计研究院
职位：设计所所长
职称：
高级室内建筑师
中国建筑装饰协会设计委 委员
IFI国际室内建筑师联盟 专业委员
中国美术学院风景建筑设计研究院 设计师
奖项：
杭州吴山会馆装饰工程——2009年度浙江省建设工程优秀装饰设计一等奖
浙江节能实业发展有限公司办公室装饰工程——2009年度浙江省建设工程优秀装饰设计二等奖

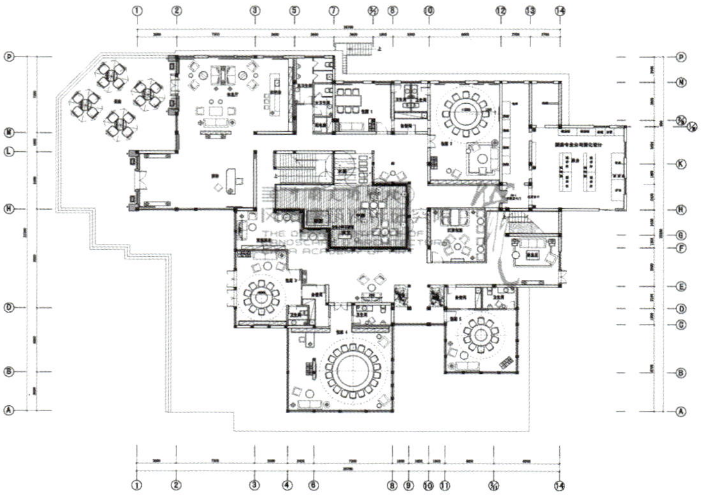

一层平面布置图

A 项目定位 Design Proposition

中西合璧、奢华、宁静、新古典、新贵族。

B 环境风格 Creativity & Aesthetics

一层有五个餐饮包厢，一个红酒展示品尝区，有雪茄展示，小型造景，不间断的休息位置。包厢设计采用新古典风格手法来表现。墙面简洁，没做太多造型，也不会觉得浪费，俗套。

C 空间布局 Space Planning

门厅设计中西结合，色彩、饰品、家具、灯具、墙面造型等，都有很强的新古典贵族气息。铜制书架形式隔断，把门厅和红酒吧很自然的分隔开来，既起到装饰作用，又有私密性。进入长长的走廊，半封闭的庭院。庭院与室内链接处，用铜雕鸟笼图案分隔。采用玻璃隔断加铜雕鸟笼图案造型，即通透，又私密，把美观形式淋漓体现。

D 设计选材 Materials & Cost Effectiveness

地面实木地板铺设黑色木纹石走边，整体、大气、稳重。顶面造型简洁，定制铜雕装饰画吊挂，目的也是让客人产生新颖感觉。现代奢华的设计语言，极具震撼的设计效果，夸张尺度的设计符号，各种高档的材质物料，这一切尽在这项目中体现。灯光在这里烘托了环境气氛，灯具除了照明还有了很强的造型效果。

E 使用效果 Fidelity to Client

红酒吧，营造优雅宁静的气氛，让客人在此很舒服的聊天，商务。红酒的魅力在其原木色装饰的衬托下显得更加自然得体。

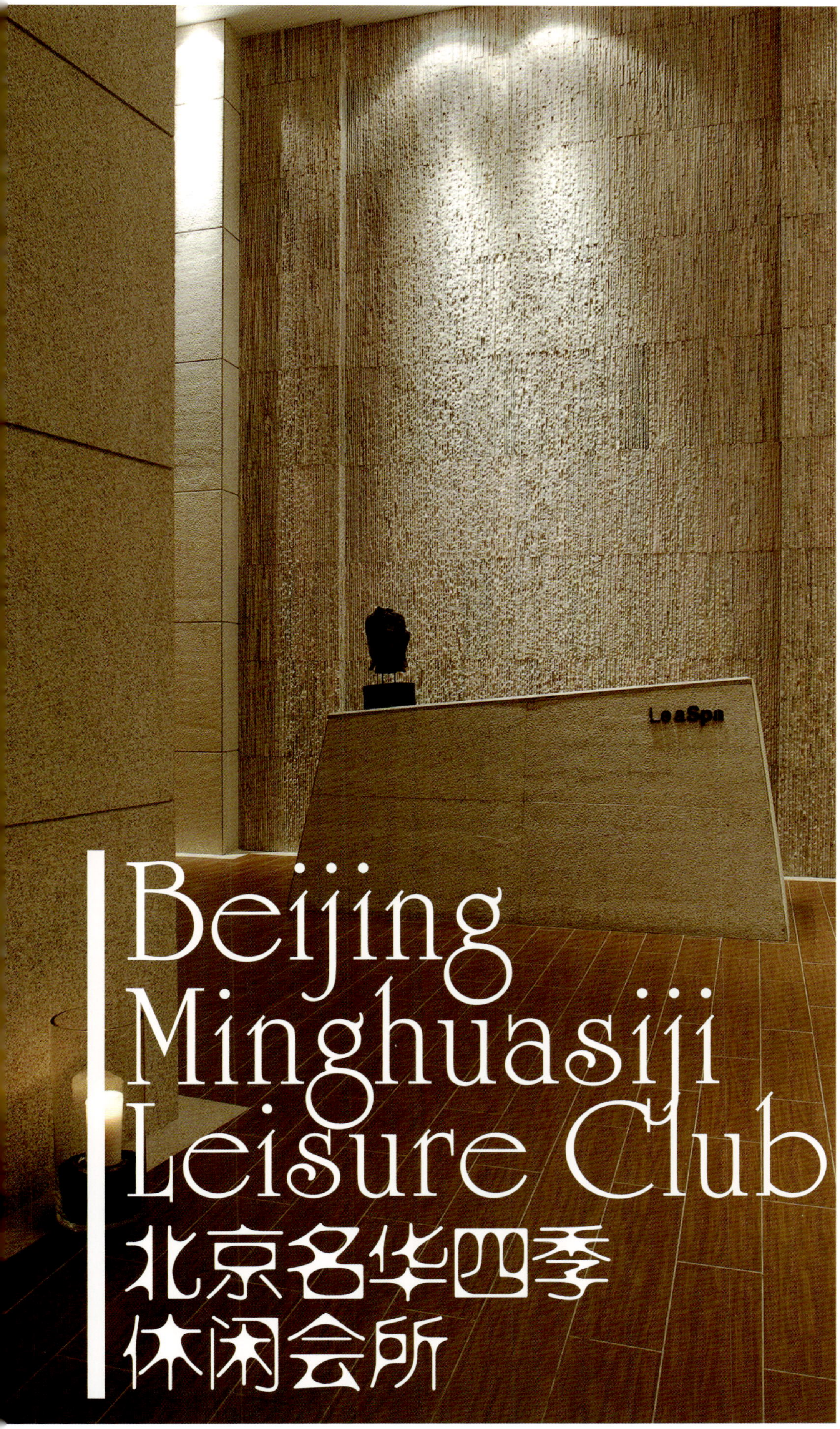

Beijing Minghuasiji Leisure Club

北京名华四季休闲会所

Project Name_Beijing Minghuasiji Leisure Club
Chief Designer_Liu Zhi
Project Team_Wang Zhongwen
Location_Shijingshan District Beijing
Project Area_20,000sqm
Cost_40,000,000RMB

项目名称_北京名华四季休闲会所
主案设计_刘志
设计团队_王仲文
项目地点_北京 石景山
项目面积_20000平方米
投资总额_4000万元

唯美源装饰设计有限公司

主案设计：刘 志 *Liu Zhi*

博客：http:// 490225.china-designer.com

职位：北京分部设计总监

职称：

中国建筑学会室内设计分会 会员

CIID全国百名优秀室内设计师

中国国际设计艺术博览会专家委员会 委员

奖项：

北京“牛肉工坊”西餐厅荣获2005年中国室内设计大奖赛佳作奖

成都世纪城假日酒店荣获2006年中国室内设计大奖赛二等奖

北京“大田韩式松骨”会馆荣获2006年中国室内设计大奖赛优秀奖

锦州“大连湾海鲜码头”餐厅荣获2006年中国室内设计大奖赛三等奖

北京名华四季国际会所荣获2010年中国室内设计大奖赛优秀奖

A 项目定位 Design Proposition

设计师结合了中国画中的抽象符号与写意风格，把“龙形与龙鳞”的样式运用到空间中，硬朗且不失柔美，极具视觉冲击力。个性与张扬、自然与活力的理念，使客人完全可以放怀体验写意的健康水疗之旅。

B 环境风格 Creativity & Aesthetics

客房着重的表现其清晰、明净、高雅、时尚之余；以强调别具匠心的现代环境，以迎合讲究简洁，注重品味的顾客心思，空间布局方面，寻求不同顾客所需，简约的空间语言中体现了稳健中的激情，低调奢华，简约时尚。

C 空间布局 Space Planning

整片的石材结构墙面，宽度、长度各异，但都遵循规律统一流畅，精心设计的灯光，共同渲染出素雅、宁静、祥和的气氛。

D 设计选材 Materials & Cost Effectiveness

传统与新潮的混合，运用不同材料的渴望，将大堂内部结构与设计完美的展现出来，在虚幻的灰镜上飘渺的云纹图案，围绕着，弥漫着，浓郁地流淌在我们地眼前。

E 使用效果 Fidelity to Client

悠闲与舒适，在时下生活压力的打磨下极具渴望和追求。这也成为此空间的表现主题，运营后得到一直好评，客源广。

Project Name_Qingshuiwan - Spa Club
Chief Designer_Zeng Jianlong
Project Team_Song Zhigang / Song Shaobo
Location_Shenyang Liaoning
Project Area_21,000sqm
Cost_90,000,000RMB

项目名称_清水湾-SPA会所
主案设计_曾建龙
设计团队_孙志刚 / 孙少博
项目地点_辽宁 沈阳
项目面积_21000平方米
投资总额_9000万元

NOT A STORY
LIMITED EDITION

NOTA * 香港格瑞龙国际设计有限公司

主案设计：曾建龙 *Zeng Jianlong*

博客：http:// 442748.china-designer.com
职位：艺术总监
职称：
- 高级室内建筑设计师
- 环境艺术设计硕士
- CIID中国建筑学会室内设计分会 会员
- ICIAD国际室内建筑师与设计师理事会 理事

奖项：
- 2008中国十大商业设计师奖
- 2008中国住宅十大设计师奖
- 2008中国展示空间十大设计师奖
- 2008中国十大设计师奖
- 2008中国室内设计大赛酒店类设计金奖
- 2009年中国上海国际建筑及室内设计节〝金外滩提名奖〞
- 2009年 中国室内设计三十三风云人物奖
- 2009年 中国十大餐厅空间设计师
- 2009年 中国饭店业设计装饰大赛-金堂奖银奖
- 2009年 IAI中国风设计大赛铜奖
- 2009年ic@ward金指环全球室内设计大赛荣誉奖
- 2010年365酒店精品设计大赛杰出奖
- 2010年IFI亚太双年大奖赛金奖等

Qingshuiwan-Spa Club

清水湾-SPA会所

A 项目定位 Design Proposition

本案SPR会所是酒店的配套项目，设计师设计的主旨是在北方都市中营造一个抒情婉约的东南亚风情，运用当代的手法，产生空间的延续。

B 环境风格 Creativity & Aesthetics

细腻柔和的空间呈现出如此协调的视觉感。柔和的音乐，帷幔随风飘动，不知不觉中已身临其境。

C 空间布局 Space Planning

空间分布均匀，且独立性高，私密性好。

D 设计选材 Materials & Cost Effectiveness

设计中采用的木、石、麻等质感的材料来凸显其会所本身回归自然的主题。设计的格调、柔和的灯光、木色的主调、木纹雕刻的门、以及对色彩的控制都不经意的传达出一种静谧，安静的气氛。

E 使用效果 Fidelity to Client

酒店独有特色吸引大量客户。

D+B
DESIGN+BRANDS FAIR
国际建筑装饰设计+选材博览会

国际建筑装饰设计+选材博览会〈D+B博览会〉主题评选

JINTANG PRIZE 金堂奖

2010 CHINA-DESIGNER 中国室内设计年度评选

CHINA INTERIOR DESIGN AWARDS 2010

PINKI INTERIOR DESIGN
品伊創意機構

刘卫军 *Liu Weijun*
Ziweiyonghefang Sales Office
紫薇永和坊

王正东 *Wang Zhengdong*
Guangguguoji Show Flat
光谷国际样板房

吴逸群 *Wu Yiqun*
Beijing Haitang I Show Flat
北京海棠一期工程样板间

蔡文齐 *Cai Wenqi*
Shanghai Vanke Diwuyuan TH Show Flat
上海万科第五园TH样板间

李 响 *Li Xiang*
Chengdu Jintangfuhe Gongyexincheng Sales Office
成都金堂复合工业新城招商中心

张晓莹 *Zhang Xiaoying*
Huarun 24 Cheng Show Flat
华润二十四城样板房E1-1户型

张 驰 *Zhang Chi*
Chongqing Junfeng·Shangri-la Show Flat
重庆峻峰 · 香格里拉样板间

左 加 *Zuo Jia*
Biyuan·Yinxiang Guilin life Art Sales Office
碧园•印象桂林生活艺术馆

陈志斌 *Chen Zhibin*
Changsha Xinguibo'an Show Flat
长沙心桂泊岸样板间

GOOD DESIGN OF THE YEAR SHOW FLAT OFFICE

年度优秀样板间/售楼处

胡若愚 *Hu Ruoyu*
Chengdu Jinshaludao Sales Office
成都金沙鹭岛售楼处

郭元山 *Guo Yuanshan*
Jinxiuyujing D Villa Show Flat
锦绣御景国际D型别墅样板房

李 玥 *Li Yue*
Haitanggongshe Show FLat
海棠公社样板间

梁景华 *Patrick Leung*
Chengdu Huayangnianjunshan Show Flat
成都花样年君山样板房

邓子豪 *Philip Tang*
Hong Kong shanglin Show Flat
香港上林样板房

胡志军 *Hu Zhijun*
Haonanjunyi·Apartment Show Flat I
濠南君邑•公寓样板房 I

李坚明 *Li Jianming*
Xinshiji·Qinghuaju Villa Show Flat
新世纪•清华居别墅样板房

邱宜平 *Qiu Yiping*
XingbiLegend Sales Office
星币传说售楼处

刘建明 *Liu Jianming*
Sunshine City Xinjie Sales Center
阳光城新界销售中心

宋昌虢 *Song Changguo*
Chongqingyuanshi Real Estate 'Q jia' Show Flat
重庆原石地产《Q家》样板房

张楗波 *Zhang Jianbo*
Zhongkaijiayuan Show Flat
众凯嘉园样板间

马 辉 *Ma Hui*
Weila Town Chinese Style Show Flat
维拉小镇中式样板房

陈任远 *Chen Renyuan*
Chuangyizongbu Sales Office
创意总部招商中心

贺钱威 *He Qianwei*
Jingugong Industrial Park Sales Office
金谷产业公园招商中心

吴 滨 *Wu Bin*
Jindiwan Liuyu Show Flat
金地湾流域样板房

Ziweiyonghefang Sales Office

紫薇永和坊

Project Name_ZiweiYonghefang Sales Office
Chief Designer_Liu Weijun
Location_Xi'an Shanxi
Project Area_1,900sqm
Cost_3,100,000RMB

项目名称_紫薇永和坊
主案设计_刘卫军
项目地点_陕西 西安
项目面积_1900平方米
投资总额_310万元

PINKI INTERIOR DESIGN
品伊®創意機構

PINKI（品伊）创意机构

主案设计：刘卫军 *Liu Weijun*

博客：http://175163.china-designer.com

资质：
中国最具价值的室内设计十强企业
中国最佳住宅室内设计十强企业
IAID全国最具影响力设计机构
中国十大最具潜力设计机构
深圳最佳室内设计公司
地产界最具合作价值设计机构

奖项：
2002年荣获APIDA国际亚太室内设计大赛冠军奖
2003年荣获APIDA "亚太室内设计大赛荣誉大奖"
2004年荣获全国商用空间设计大奖赛一等奖
2004年荣获中国、台湾、香港两岸三地室内设计大赛工程类二等奖
2007年荣获中国酒店设计大师大赛优胜奖
2007年荣获APIDA国际亚太室内设计大赛会所类银奖（中国区唯一）等

项目：
香港"九龙塘物业"豪宅
香港翡翠家具展示厅
澳大利亚"澳洲别墅18&20JUTALND PARADE DALKEITH"
深圳波托菲诺纯水岸别墅
东部华侨城水疗别墅
东海花园
黄埔雅苑
万科十七英里别墅
澳城别墅
台山东方豪庭会所
福州世欧彼岸城售楼处会所
佛山怡景丽苑会所等

A 项目定位 Design Proposition

位于具有历史文化底韵的西安曲江新区，是西安紫薇地产开发有限公司在曲江核心区域投资、开发的一个低密度高尚住宅项目，含有独栋、双拼与联排别墅及宽景HOUSE、空中美墅、精品高层等。

B 环境风格 Creativity & Aesthetics

紫薇永和坊会所的设计主题，意在营造一种包容的境界，是紫薇永和坊会所的文化与艺术的结合，是古典和现代的碰撞，是意境与理念的诠释。

C 空间布局 Space Planning

共分两层，一层分为模型展示区、洽谈区、水吧休闲区等，设计师在整体平面规划中利用原建筑柱子的网点，使各个空间形成大气而又对称的轴线关系，将空间分割成不同功能的区域，从而增强了空间与空间之间的对流及过度，既实用、美观，又体现融的理。

D 设计选材 Materials & Cost Effectiveness

入口大堂的天花采用山与水的表现方法和纹理，与水滴般的气泡灯融合在一起，构成一幅空中滴水的意境，同时，气泡灯又延伸至空间的各个角落，星星点点的灯光伴着涓涓溪水，点亮了整个空间。

E 使用效果 Fidelity to Client

突显空间的纯净、各种文化的融合与碰撞。赢得了广大顾客的好评。

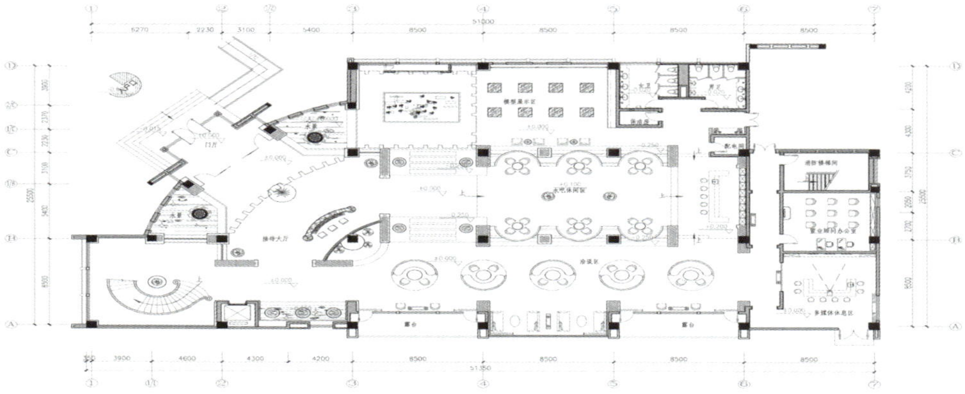

一层平面布置图

Project Name_Guangguguoji Show Flat
Chief Designer_Wang Zhengdong
Location_Wuhan Hubei
Project Area_95sqm
Cost_300,000RMB

项目名称_光谷国际样板房
主案设计_王正东
项目地点_湖北 武汉
项目面积_95平方米
投资总额_30万元

Guangguguoji Show Flat

光谷国际样板房

王正东 *Wang Zhengdong*

博客：http:// 503578.china-designer.com
公司：中国阿拉奇设计工程有限公司
职位：创意总监
职称：
室内建筑设计师
全国住宅行装饰行业优秀设计师
多家高等院校艺术设计系客座教授
奖项：
武汉市十大最具影响力设计师
武汉市十大设计明星
2008年中国室内设计大奖赛商业工程类“佳作奖”
2009年中国（武汉）国际建筑及室内设计节居住空间奖优秀奖
2009年武汉室内设计大赛“箭牌杯”室内设计大奖赛“十大设计师”称号。
2010年中国（上海）紫荆花杯最佳创作奖

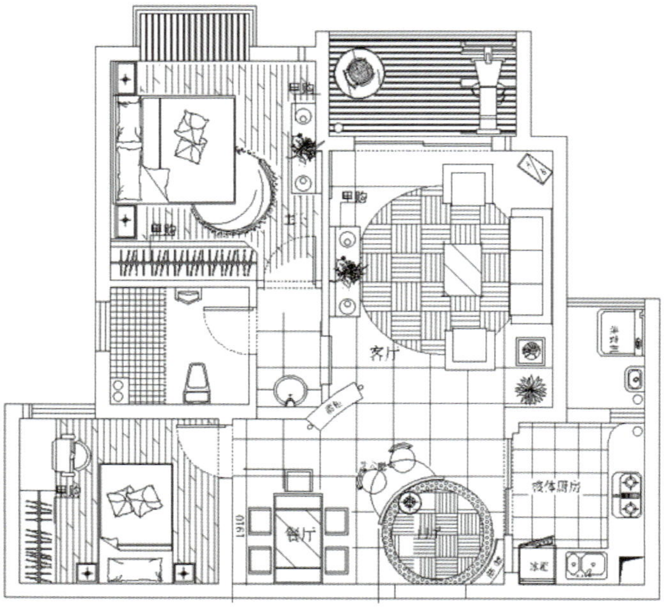

平面图

A 项目定位 Design Proposition

拘泥于快节奏的现代生活中的人们，在整日的忙碌工作与喧嚣城市间寻找着一片属于自己的心灵净土。

B 环境风格 Creativity & Aesthetics

居室的每一个细节的设计都是直接来源于生活的体验，人生的修养，时间的积累；既方便生活又添加了情趣。延续了阿拉奇的设计理念 "以人为本，让 '美' 更加有道理"。

C 空间布局 Space Planning

将不大的空间分割成多个小的房间，增加了房间的利用空间。

D 设计选材 Materials & Cost Effectiveness

大量运用实木的家具，使得整个房间变的比较轻松，到处充满着温馨。

E 使用效果 Fidelity to Client

客户很满意，提高销售量。

Lipton
NESCAFE

Project Name_Beijing Haitang I Show Flat
Chief Designer_Wu Yiqun
Project Area_She Wentao / Wang Eryong / Song Junye / Luo Zhenhua / Nie Chunkai / Zhang Zhiqiang / Pi Lei / Wang Xisa / Zhao Xu / Hao Yue
Location_Daxing District Beijing
Project Area_504sqm
Cost_4,200,000RMB

项目名称_北京海棠一期工程样板间
主案设计_吴逸群
设计团队_佘文涛 / 王二永 / 宋军晔 / 罗振华 / 聂春凯 / 张志强 / 皮蕾 / 王夕萨 / 赵旭 / 郝越
项目地点_北京 大兴
项目面积_504平方米
投资总额_420万元

Beijing Haitang I Show Flat

北京海棠一期工程样板间

集美组 NEWSDAYS
北京集美组装饰工程有限公司

主案设计：吴逸群 *Wu Yiqun*

博客：http://492850.china-designer.com
职位：设计部经理、高级设计师
职称：
中国建筑装饰学会高级室内建筑师；
中国室内装饰协会高级室内设计师
奖项：
金羊奖——2008年度中国十大商业空间设计师
金羊奖——2008年度中国十大别墅豪宅空间设计师
北京时尚大厦、北湖九号 ——第七届中国国际室内设计双年展金奖
北京时尚大厦——“为中国而设计”第三届全国环境艺术设计大展专业组入选
北京湾会所——“为中国而设计”第三届全国环境艺术设计大展专业组入选
北京一泉德私人会所——2008年第四届海峡两岸四地设计大赛住宅方案类银奖
北京湾会所——2008年第四届海峡两岸四地设计大赛公共建筑方案类铜奖
北京国泰饭店——全国室内装饰优秀设计奖

A 项目定位 Design Proposition

作品代表了新一代新贵阶层的生活态度及生活方式，体现了选择健康有机的生活态度。我们力求设计一种生活方式，一种能让居住者体会到有机建筑的精粹，同时强调以人为本、提供一种感性、生动的精神氛围。

B 环境风格 Creativity & Aesthetics

作品建筑部分是朱锫建筑师设计的原创建筑，室内设计的核心是〞和谐有机〞和〞雅致自然〞。设计一种无阶层、无国界、无领域划分的质朴文化，这也是源于生活在工业化时代的人们对于自然健康生活的向往与追求。

C 空间布局 Space Planning

作品在空间布局上独辟蹊径，打破传统销售的程序、布局与流程。充分体现高雅格致的自然主义、有机主义和新人文主义融合情调。

D 设计选材 Materials & Cost Effectiveness

作品抛弃传统石材做法，选用白色水磨石嵌入精致的不锈钢，原木等材料表达自然而然的设计气质。

E 使用效果 Fidelity to Client

项目完成后得到业主和客户的好评，目前销售情况非常好。

Shanghai Vanke Diwuyuan TH Show Flat

上海万科第五园TH样板间

Project Name_Shanghai Vanke Diwuyuan TH Show Flat
Chief Designer_Cai Wenqi
Project Area_Nie Chunkai / Wu Yiqun / Song Junye / Luo Zhenhua / Wang Eryong / Zhang Zhiqiang / Hao Yue / Wang Xisa / Pi Lei / Zhao Xu
Location_Pudong District Shanghai
Project Area_579sqm
Cost_3,000,000RMB

项目名称_上海万科第五园TH样板间
主案设计_蔡文齐
设计团队_聂春凯 / 吴逸群 / 宋军晔 / 罗振华 / 王二永 / 张志强 / 郝越 / 王夕萨 / 皮蕾 / 赵旭
项目地点_北京 浦东
项目面积_579平方米
投资总额_300万元

集美组
NEWSDAYS
北京集美组装饰工程有限公司

主案设计：蔡文齐 *Cai Wenqi*

博客：http://497789.china-designer.com
职位：董事、总设计师
职称：
中国高级室内设计师
中国高级室内建筑师
高级环境艺术设计师
北京集美组装饰工程有限公司 董事
IFDA 国际室内装饰设计协会 会员
IFI 国际室内建筑师 / 设计师联盟 会员
全国杰出中青年室内建筑师
全国百名优秀室内建筑师
影响广州室内设计二十年二十人之一
奖项：
北京国泰饭店——全国室内装饰优秀设计奖
银城酒店——第九届全国美术作品展金奖
浙江世界贸易中心大饭店——第九届全国美术作品展优秀奖
广州番禺长隆酒店大堂——全国第四届室内设计大展金奖
南海内衣城、霓裳西餐厅、长沙神龙大酒店——全国第四届室内设计大展金奖
东莞御景湾酒店多功能厅、茶园、大堂——全国第四届室内设计大展金奖
御景湾酒店建筑及室内总体设计——第十届全国美术作品展优秀奖
银城酒店室内设计——第七届广东省鲁迅文学艺术奖
广州长隆酒店——“为中国而设计”首届全国环境艺术设计大展金奖
项目：
北京国泰饭店
浙江世界贸易中心大饭店
广州番禺长隆酒店大堂
东莞御景湾酒店多功能厅
御景湾酒店建筑及室内总体设计
广州长隆酒店等

A 项目定位 Design Proposition

该项目在上海浦东新区蓝山别墅区内，定位为新中式庭院风格，力求打造内敛——低调的文人居所。设计上以“荷”为主题，寓意为“和”，强调雅致的生活状态。

B 环境风格 Creativity & Aesthetics

通过传统建筑语汇的现代提炼，以表达空间的时尚；通过陈设艺术的巧妙点缀，以彰显文人的生活。

C 空间布局 Space Planning

强调中式庭院的气脉，室内外浑然一体；强调中轴、递迈；强调收敛；强调空间的互相渗透以及使用上的有机灵活。

D 设计选材 Materials & Cost Effectiveness

将低廉的材料做特殊处理以表达传统气质，并衬托陈设品的精致材质之美。

E 使用效果 Fidelity to Client

项目完成后得到业主及客户的好评，目前销售非常好。

Huarun 24 Cheng

华润二十四城样板房E1-1户型

Show Flat

Project Name_Huarun 24 Cheng Show Flat
Chief Designer_Zhang Xiaoying
Project Team_Fan Bin
Location_Chengdu Sichuan
Project Area_89sqm
Cost_261,000RMB

项目名称_华润二十四城样板房E1-1户型
主案设计_张晓莹
设计团队_范斌
项目地点_四川 成都
项目面积_89平方米
投资总额_26.1万元

DODOV.COM
(大木)多维设计事务所
www.dodov.com
多维设计事务所

多维设计事务所

主案设计：张晓莹 *Zhang Xiaoying*

博客：http:// 149174.china-designer.com
职位：设计总监
职称：
成都市建筑装饰协会设计分会 理事长
大木设计联盟四川设计首席
中国百名优秀室内建筑师
中国建筑学会室内设计分会 理事
奖项：
2010年成都出版•版权奖的金创意奖
金指环-ic@ward2009国际设计大奖赛银指环大奖
2009第二届国际建筑景观室内设计大赛银奖
2009首届中国地域文化室内设计大赛重建家园特别奖
2009成都市第十届建筑装饰设计作品大赛金奖
2008年中国国际室内设计双年展金奖
2008中国（深圳）国际创意设计博览会大奖赛“最佳创意设计奖”
2008第四届海峡两岸四地室内设计大赛综合类佳作奖
2008第四届海峡两岸四地室内设计大赛创意奖
项目：
被媒体誉为“中国室内设计界整合设计第一人”，首次提出基于营销策划的室内整合设计理论和方法，并将其运用到商业空间和连锁卖场，坚持以终端客户需求分析为商业室内设计的起点。

NIKE

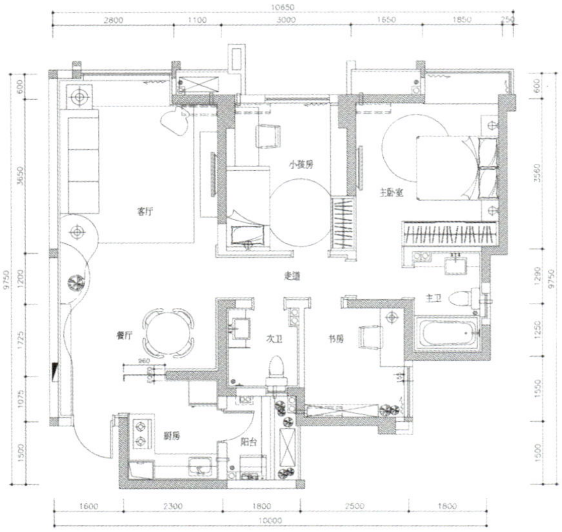

平面图

A 项目定位 Design Proposition

居住者设定为一家三口，夫妻二人加初一男孩。

B 环境风格 Creativity & Aesthetics

客厅的空间比较狭长，主墙面较整体，设计师在设计此墙面的时候充分利用了现有的条件，强调整个墙面的一个完整性，运用流线型家具设计的穿插，使工业设计与室内设计紧密结合。

C 空间布局 Space Planning

由于整个户型不大，设计师采用了体块穿插的设计手法，将飘窗纳入整体空间设计，节约了空间。

D 设计选材 Materials & Cost Effectiveness

软木世界地图可以记录主人的足迹；小孩房塌塌米和开放式书柜的结合的整个空间将主人的兴趣基调完美展现。

E 使用效果 Fidelity to Client

此设计一完工，就吸引了很多购房者，楼盘销售量直线上升。

Project Name_Jindiwan Liuyu Show Flat
Chief Designer_Wu Bin
Location_Pudong District Shanghai
Project Area_186sqm
Cost_1,300,000RMB

项目名称_金地湾流域样板房
主案设计_吴滨
项目地点_上海 浦东
项目面积_186平方米
投资总额_130万元

Jindiwan Liuyu Show Flat
金地湾流域样板房

W.DESIGN 香港无间建筑设计有限公司
Hong Kong W. Architectural Design Co., Limited
W.DESIGN香港无间建筑设计有限公司

主案设计：吴 滨 *Wu Bin*

博客：http:// 349590.china-designer.com
职位：设计总监
职称：
室内建筑硕士
国际室内建筑师与设计师理事会上海地区理事长
奖项：
2006亚太室内设计双年大奖赛金奖
2008金指环-全球室内设计大赛会所类金奖
2008亚太室内设计双年大奖赛铜奖、佳作奖
项目：
中海深圳康城
中海上海翡翠湖岸样板房
绿城新昌玫瑰园
富力上海青浦桃园
华润新鸿基钱江新城
波特曼上海建业里项目
金地湾流域、天御项目
华润松江项目

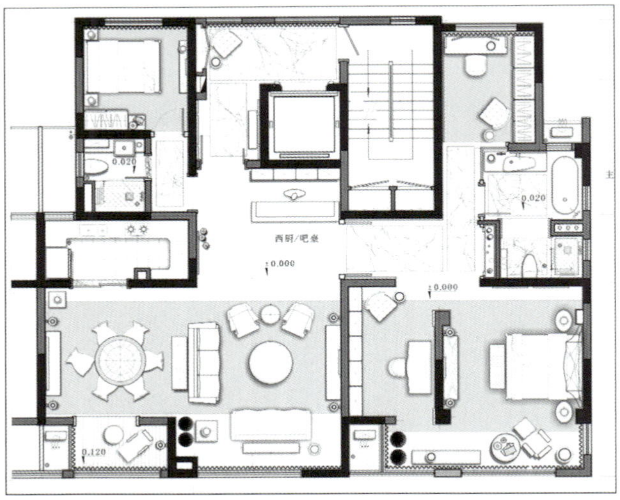

平面图

A 项目定位 Design Proposition

基于该类型的项目定位具有创新性与独特性，我们借由当代设计手法使其在以传统表现手法为主的中药医学空间跨越而出。

B 环境风格 Creativity & Aesthetics

该作品建筑外围基调为抽象东方元素，坐落与沿河湿地环境。室内空间与内部建筑环境着力体现淡定含蓄的东方之美。由于项目主题灌以中药医学主题，静以养生概念成为空间的设计元素。

C 空间布局 Space Planning

两局三进式空间，借经典古建之形还当代东方文艺之魂。

D 设计选材 Materials & Cost Effectiveness

结合造价与维护性质考虑大面积采用塑木材质作为建筑与室内的主要表皮。所有简约材质与手法的产生基于让空间下沉，感受上升的核心目的。

E 使用效果 Fidelity to Client

该项目实际运营中定位为高层政经圈主题会所，并定位为当地国家级项目医学卫星城建设启始坐标点。

Zhonghai Shanghai Feicuihu'an Villa

中海上海翡翠湖岸别墅

Project Name_Zhonghai Shanghai Feicuihu'an Villa
Chief Designer_Wu Bin
Location_Qingpu District Shanghai
Project Area_180sqm
Cost_1,300,000RMB

项目名称_中海上海翡翠湖岸别墅
主案设计_吴滨
项目地点_上海 青浦
项目面积_180平方米
投资总额_130万元

W.DESIGN 香港无间建筑设计有限公司 Hong Kong W. Architectural Design Co., Limited

W.DESIGN香港无间建筑设计有限公司

主案设计：吴 滨 *Wu Bin*

博客： http:// 349590.china-designer.com
职位： 设计总监
职称：
室内建筑硕士
国际室内建筑师与设计师理事会上海地区理事长
奖项：
2006亚太室内设计双年大奖赛金奖
2008金指环-全球室内设计大赛会所类金奖
2008亚太室内设计双年大奖赛铜奖、佳作奖
项目：
中海深圳康城
中海上海翡翠湖岸样板房
绿城新昌玫瑰园
富力上海青浦桃园
华润新鸿基钱江新城
波特曼上海建业里项目
金地湾流域、天御项目
华润松江项目

A 项目定位 Design Proposition

此案例整体设计传承经典气质，意在彰显尊贵品位。

B 环境风格 Creativity & Aesthetics

设计师提取古典风格中的经典元素后，将精湛工艺、华丽材质完美融合，创造出了丰富的细节和层次，尽显ART DECO的奢华气质。

C 空间布局 Space Planning

空间布局讲究美观性与功能性双齐，运用玻璃墙等饰品区分空间，美观大气。

D 设计选材 Materials & Cost Effectiveness

选用黑檀木、斑马毛、丝绒、雅士白大理石、黑金花大理石、仿古镜、贝壳壁纸、银箔等华丽材质，彰显奢华。

E 使用效果 Fidelity to Client

此项目完工以后，深受业主和顾客的喜欢，销售业绩大幅上升。

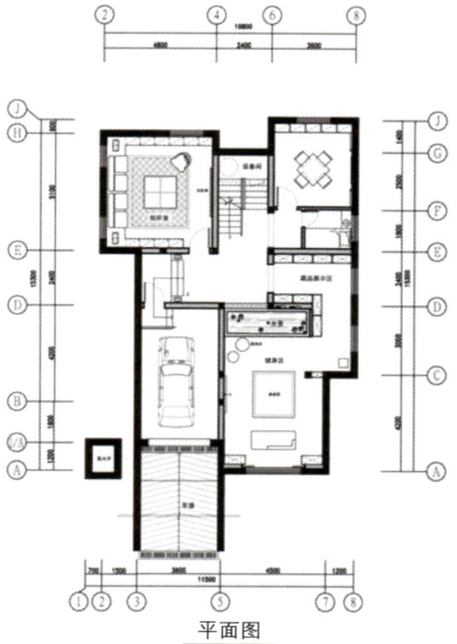

平面图

Project Name_Chongqing Junfeng • Shangri-la Show Flat
Chief Designer_Zhang Chi
Location_Shapingba District Chongqing
Project Area_3,500sqm
Cost_5,000,000RMB

项目名称_重庆峻峰•香格里拉样板间
主案设计_张驰
项目地点_重庆 沙坪坝
项目面积_3500平方米
投资总额_500万元

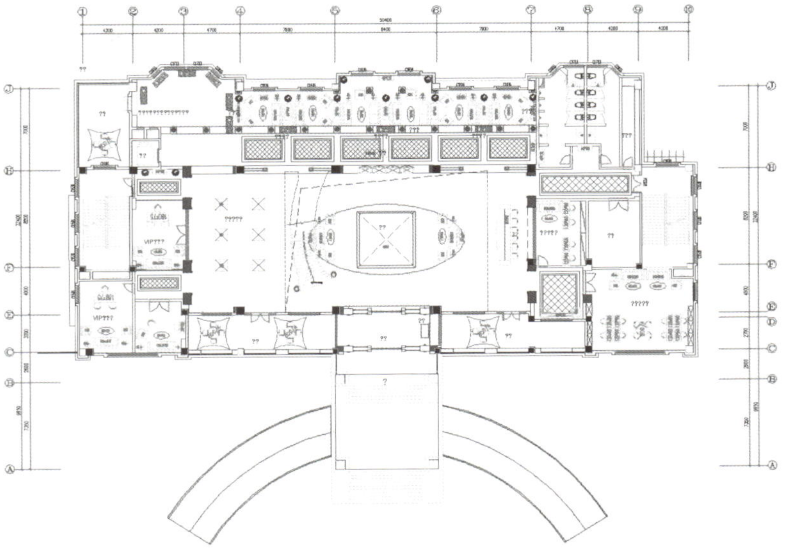

平面图

张 驰 *Zhang Chi*

博客：http://446582.china-designer.com
公司：重庆张驰室内建筑师事务所
职位：负责人
职称：
中国建筑学会重庆室内分会 副秘书长
中国装饰协会设计委员会 委员
中国百佳优秀室内建筑师
中国工商联合会 会员
西南精英室内设 计师
重庆装饰协会设计委 委员
中国杰出青年设计师
奖项：
2001年中国室内设计大奖赛二等奖
2003年中国室内设计大奖赛佳作奖
2005年中国室内设计大奖赛优秀奖
2007年中国室内设计大奖赛及第二届世界室内建筑师联盟大奖赛佳作奖
2009年中国〝金外滩〞最佳照明设计奖
2010年中国〝金外滩〞最佳酒店设计优秀奖
2010年美国〝酒店〞杂志最佳酒店餐饮奖
项目：
重庆华美达酒店（国际五星）
重庆杨子岛百林饭店
重庆和府酒店（四星）
贵州省政府花溪国宾馆（五星）
重庆世纪之星号涉外游轮（五星）
重庆世纪天子号涉外游轮（五星）
重庆荣昌和府酒店（五星）
重庆仙女山美林酒店（四星）

Chongqing Junfeng· Shangri-la Show Flat

重庆峻峰·香格里拉样板间

俊峰·香格里拉

A 项目定位 Design Proposition

项目位处于重庆市的文化区内，针对此区域范围入主的客群，其性情较为沉着，并考量于目前购屋者选购房产特征时，除了个案区段、价位及生活机能考量外，该地区特有的人文思维及大自然景观成为此次一个非常重要的参考指标。

B 环境风格 Creativity & Aesthetics

因本基地高差达5米，为增加气势及视野，接待中心本体设计抬高3米，经过第二道墙门入口则可望见往上走之入口景观阶梯，沿阶梯边设计有大量花台及植栽，途径一景观平台藉此更可鸟瞰基地外景，另有一观景坡道也在此交会，除增加本基地三度空间赏游度也提供无障碍设施使用，强调本案所重视的人文关怀精神。

C 空间布局 Space Planning

首先将接待中心尽量压缩配置，使基地户外景观绿地集中留设，空出一片迷人大草皮并将接待中心整体设计抬高3米，以配合60米长半户外景观的休闲平台，使购屋参观者能真正享受甚至体会到基地与大自然相容的亲合力与地缘的开拓性！

D 设计选材 Materials & Cost Effectiveness

走进迎宾接待大厅，沙盘模型居中，区位图装饰于正立面，两侧立有面贴夹板染色木皮柱廊，柱与柱间则有仿古玻璃窗格，此空间采用夹板染色木皮与马赛克材质，以透出原始自然气息的材料搭配出高贵情韵，给人以低调沉稳、充满人文气息的豪宅大院般的气势。

E 使用效果 Fidelity to Client

此项目完工以后，销售量快速递增，客户满意度很高。

Biyuan·Yinxiang Guilin Life Art Sales Office

碧园·印象桂林生活艺术馆

Project Name_Biyuan•Yinxiang Guilin Life Art Sales Office
Chief Designer_Zuo Jia
Project Team_Liu Lina
Location_Guilin Guangxi
Project Area_600sqm
Cost_2,000,000RMB

项目名称_碧园•印象桂林生活艺术馆
主案设计_左加
设计团队_刘丽娜
项目地点_广西　桂林
项目面积_600平方米
投资总额_200万元

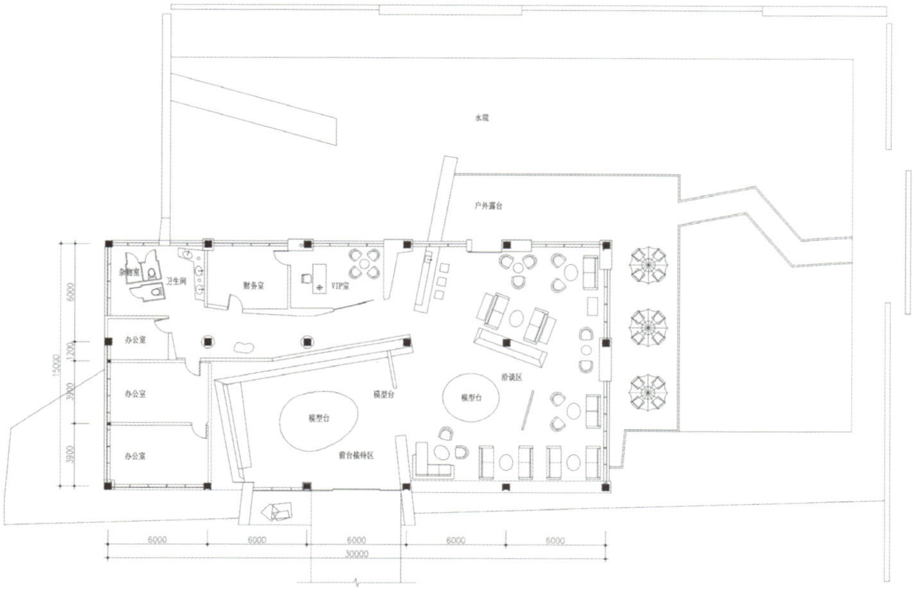

平面图

ZEN 左加环境设计有限公司 ZUO-JIA ENVIRONMENT DESIGN CO,LTD

广西南宁左加环境设计有限公司

主案设计：左　加 *Zuo Jia*

博客： http:// 488057.china-designer.com
职位： 设计总监
职称：
中国建筑学会室内设计分会　会员
第21专业委员会　副会长
室内设计联合会　会员
奖项：
入选2002年西安亚洲室内设计年会名家设计师走廊
入选2003年中国室内设计上海国际论坛中外最优秀作品展
2005年被评为全国百名优秀室内建筑师
入选2006年中国十大最具观摩展示奖
2010年入选广西室内设计名家

A 项目定位 Design Proposition

隽秀的山，柔美的水，奇丽的岩洞，在万年寂静的岁月中默默生长的钟乳石……桂林的美是女性化的，像温柔坚忍的母亲，又似灵性满身的爱人。

B 环境风格 Creativity & Aesthetics

大气中不失典雅，温馨简约，回归自然。

C 空间布局 Space Planning

布局分布整齐清晰，功能齐全，与整体风格浑然一体，不失格调。

D 设计选材 Materials & Cost Effectiveness

回归大自然的主体风调，大量运用石材，木材等自然材质。

E 使用效果 Fidelity to Client

给客户耳目一新的大气感，签单率大幅提升。

Changsha Xinguibo'an Show Flat

长沙心皈泊岸样板间

Project Name_Changsha Xinguibo'an Show Flat
Chief Designer_Chen Zhibin
Project Eeam_Li Zhiyong / Tan Li / Peng Hui
Location_Changsha Hunan
Project Area_160sqm
Cost_760,000RMB

项目名称_长沙心皈泊岸样板间
主案设计_陈志斌
设计团队_李智勇 / 谭丽 / 彭辉
项目地点_湖南 长沙
项目面积_160平方米
投资总额_76万元

陈志斌 *Chen Zhibin*

博客：http:// 501795.china-designer.com
公司：鸿扬集团
职位：首席设计师
职称：

高级室内建筑师
长沙市设计师协会 副主任
湖南省设计艺术家协会 委员
CIID中国建筑学会室内设计分会 全国理事
IFI国际室内建筑师设计师联盟 会员

奖项：

2010年中国国际室内空间环境艺术设计大赛住宅空间二等奖 商业空间三等奖
CIID中国建筑学会室内设计分会20周年全国杰出设计师奖
2009年中国室内空间环境艺术设计大赛展示空间一等奖板房空间二等奖
中国室内设计大赛住宅工程类、办公工程类及文卫工程类优秀奖
中国十大样板房设计师之最富创新精神样板设计
第四届海峡两岸四地室内设计大赛公共空间工程类佳作奖及住宅工程类特等奖
iC@ward-金指环全球室内设计大奖会所类银奖
金羊奖-2008年度中国十大样板房空间设计师
金羊奖-2008年度中国十大办公室空间设计师
中国室内设计大奖赛住宅类佳作奖及办公类三等奖
亚太室内设计双年大奖赛会所类佳作奖
中国室内装饰协会成立二十周年获中国室内设计精英奖
湖南2008突出成就设计师
陈志斌设计事务所荣获2007湖南十年最具影响力室内设计机构等

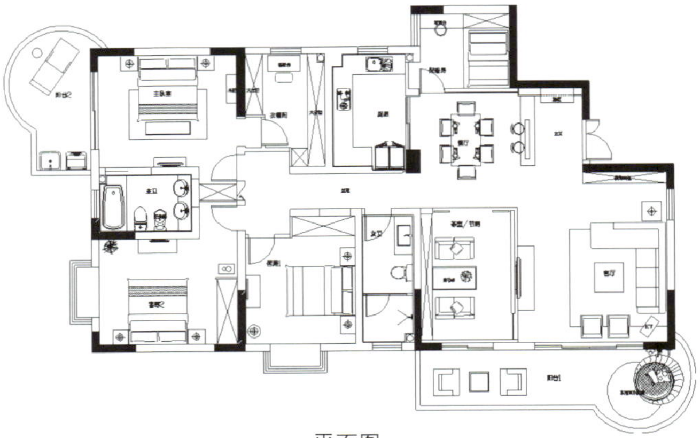

平面图

A 项目定位 Design Proposition
楼盘景色一流，麓山水岸，聆听击水，背靠麓山千年学府人文，南望橘洲滚滚湘江北上。

B 环境风格 Creativity & Aesthetics
样板房依承中西合璧的气质，把东方禅意、西方元素用现代空间手法融炼于一体。

C 空间布局 Space Planning
进门即是餐厅，利用吧台巧妙分割出玄关位置，不至太敞。在客厅中分隔出了书房；而隔断打开窗口与客厅保持着“息息相关”，动静相宜。

D 设计选材 Materials & Cost Effectiveness
如屏风一般的壁柜排列有序，玲珑通透，储存功能都隐藏在了壁柜之中，卧室延续了屏风的特点，表现丰富而温馨的质感。

E 使用效果 Fidelity to Client
本项目通过样板房的设计提升价值，山水洲城，皈依心灵，给潜在的消费者留下了深刻的印象，促进了楼盘的销售。

Chengdu Jinshaludao Sales Office

成都金沙鹭岛售楼处

Project Name_Chengdu Jinshaludao Sales Office
Chief Designer_Hu Ruoyu
Project Team_Zhao Daiqing / Lai Anguo
Location_Chengdu Sichuan
Project Area_640sqm
Cost_3,500,000RMB

项目名称_成都金沙鹭岛售楼处
主案设计_胡若愚
设计团队_赵代清 / 赖安国
项目地点_四川 成都
项目面积_640平方米
投资总额_350万元

胡若愚 *Hu Ruoyu*

博客：http:// 485347.china-designer.com
公司：厦门喜玛拉雅设计装修有限公司
职位：总经理
职称：国家注册建筑师
奖项：在央视及建设部国家六部委合办的设计大赛中获优胜奖

A 项目定位 Design Proposition

为达至室内外相融，建筑的围护为无框钢化玻璃，支撑钢构屋顶的钢柱也尽量纤细，钢构屋顶仿佛漂浮在空中。

B 环境风格 Creativity & Aesthetics

密林中一片石墙斜穿，毛面、哑面、光面质感的黑色花岗岩混搭；一面水镜，几点星灯，几段木化石横卧，几阶木平台错落。

C 空间布局 Space Planning

接待台为花岗岩方料切凿，地灯映衬下自然断裂面的力度感更为强化；围绕着接待台的是几片横向延伸的木作承板，任意角度的黑钢斜片穿插其间。

D 设计选材 Materials & Cost Effectiveness

一片镜面将椭圆形花岗岩方料一剖为二，门字形木格架又隔出几分私密；地面皇室木纹大理石从室内延伸至户外平台与天棚冲砂木的凹凸肌理相呼应。

E 使用效果 Fidelity to Client

效果显著，吸引大量客户，高回报。

Chuangyizongbu Sales Office

创意总部招商中心

Project Name_Chuangyizongbu Sales Office
Chief Designer_Chen Renyuan
Location_Chengdu Sichuan
Project Area_2,000sqm
Cost_6,000,000RMB

项目名称_创意总部招商中心
主案设计_陈任远
项目地点_四川 成都
项目面积_2000平方米
投资总额_600万元

陈任远 *Chen Renyuan*

博客：http:// 200983.china-designer.com
公司：深圳瑞和建筑装饰股份有限公司
职位：设计总监
职称：
高级工程师
高级室内设计师
深圳市室内设计师设计师协会 常务理事
中国室内建筑学会室内设计分会 专业会员
IFI国际室内建筑师/设计师联盟 专业会员
IFI国际设计师协会 深圳专业委员会 副会长
奖项：
全国杰出中青年室内建筑师
中国十大室内设计师(商业类)
深圳十佳室内设计师

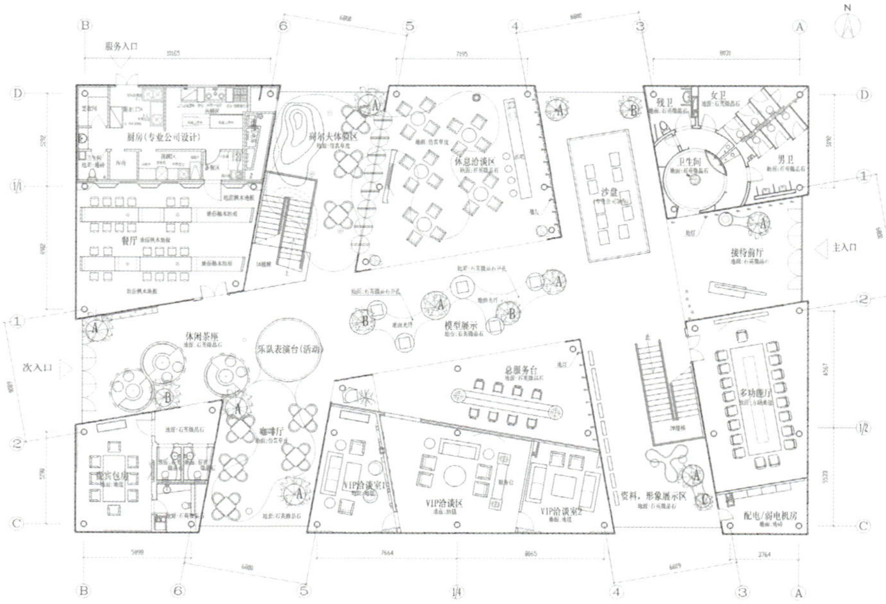

一层平面布置图

A 项目定位 Design Proposition

该建筑的设计概念来源于传统的“竹签游戏”，即一个玻璃盒子的穿插体，四面采用“U”型彩色玻璃，部分顶面和立面运用钢化清波，清波的透与“U”型玻璃的半透，在立方体块上形成有致的穿插错落感，在形体和色彩上很富有冲击力，是一个时尚个性的玻璃建筑。

B 环境风格 Creativity & Aesthetics

我们在设计室内时延续了整体建筑的设计理念，在表现形式上追求建筑与室内的统一，充分利用建筑立面和天棚的通透区域做成室内景观花园，使原本冰冷的建筑充满情趣，打造一个自然、生态、优雅的室内环境。

C 空间布局 Space Planning

在室内空间的平面、立面和形体的处理上主要运用“交积”的处理手法和整体建筑保持和谐的统一，但在一些具体的空间如休闲茶座区和休息洽谈区等采用了一些“圆”的概念，以求在表现形式上有所变化，同时也给空间一些“柔”的感觉，更具亲和力，富有时尚的个性。

D 设计选材 Materials & Cost Effectiveness

在材质上大量运用了“U”型玻璃。部分微晶石、艺术玻璃、不锈钢等简洁性材料，在色彩上保持整个空间纯净的基础上点缀了一些红色，活跃了整个空间气氛，以形成一个简约、纯净的空间。

E 使用效果 Fidelity to Client

设计独特，雅致清新，吸引客户。

Chengdu Jintangfuhe Gongye Xincheng Sales Office

成都金堂复合工业新城招商中心

Project Name_Chengdu Jintangfuhe Gongye Xincheng Sales Office
Chief Designer_Li Xiang
Project Team_Hu Rong / Chen Xiangzhe / Song Huazhen
Location_Chengdu Sichuan
Project Area_1,400sqm
Cost_2,800,000RMB

项目名称_成都金堂复合工业新城招商中心
主案设计_李响
设计团队_胡蓉 / 陈湘浙 / 宋华珍
项目地点_四川 成都
项目面积_1400平方米
投资总额_280万元

李 响 *Li Xiang*

博客： http:// 447964.china-designer.com
公司： KEASS 凯文及合伙人机构 罗斯凯文设计（四川）有限公司
职位： 艺术总监
职称：
高级工程师
高级室内设计师
英国网页设计协会 高级会员
项目：
缤纷假日水疗会所室内空间设计
置信国色天乡乐园法国馆天乡物语室内设计
置信国色天乡乐园德国馆电玩城室内设计
成都置信总部大楼室内空间设计
恺厶腾定制毛衣连锁 品牌及室内空间设计
四川省人民政府金牛宾馆 芙蓉楼室内设计
同人华塑股份办公空间设计等

THE BAY OF

NCIC
NCIC

CHENGDU
NCIC

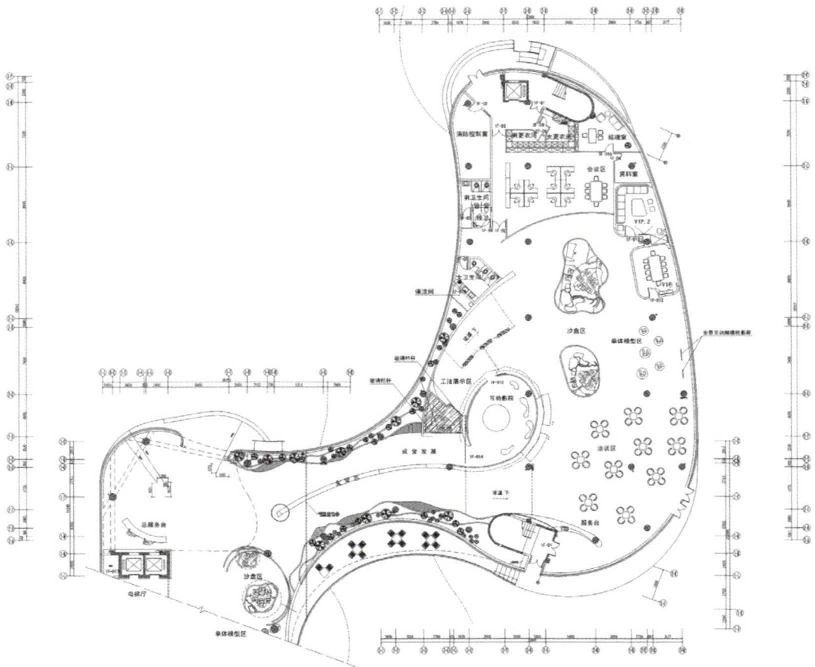

平面图

A 项目定位 Design Proposition

此案结合园区项目特点及招商中心性质，以卵细胞为概念，寓意潜在客户经由招商中心洽谈、签约、入驻直至成长的过程。

B 环境风格 Creativity & Aesthetics

在环境风格上，此案利用白色调突出体现其项目的工业感及现代感，并利用大量的弧形线条呼应建筑特点及卵细胞的设计概念。空间中央的影音播放室更是引用了卵细胞的细胞壁网状结构，在呼应设计概念的同时，将此设为空间的视觉焦点。

C 空间布局 Space Planning

因建筑结构的限制及设计概念的需要，此案需要大量的弧形线条，为解决空间功能需要，设计师巧妙的将影音播放室设置于空间中部，并赋予“细胞核”的概念，使其它功能分区围绕于其周，使整个功能动线完整、流畅。

D 设计选材 Materials & Cost Effectiveness

为很好的诠释“细胞壁”的网状结构，同时又要兼顾其环保性和持久性，此案在“细胞壁”的选材上选用了GRG（Glass Fiber Rainforced Gypsum -预铸式玻璃纤维增强石膏成型品），其优秀的可塑性使在表现网状结构或弧形曲面时都显得游刃有余。

E 使用效果 Fidelity to Client

在工业地产项目中，此案无论在设计风格的前卫性还是设计概念的创新性上在西南地区乃至全国都是出众。这也间接地增加了项目潜在客户对开发商的可信度，及对项目未来发展的信心。

Haitanggongshe Show Flat

海棠公社样板间

Project Name_Haitanggongshe Show Flat
Chief Designer_Li Yue
Location_Chaoyang District Beijing
Project Area_300sqm
Cost_1,800,000RMB

项目名称_海棠公社样板间
主案设计_李玥
项目地点_北京 朝阳
项目面积_300平方米
投资总额_180万元

davidlin DESIGN / ASSOCIATES

北京中美圣拓建筑工程设计有限公司

主案设计：李 玥 *Li Yue*

博客：http:// 442748.china-designer.com
职位：设计经理
项目：
奥林匹克花园
中体奥园
奥运村会所
新天地一期
保利金泉
新天地二期
新天地三期
怀柔雁栖湖高尔夫球会所
新天地四期
海棠公社

A 项目定位 Design Proposition
时尚，品质，奢华。

B 环境风格 Creativity & Aesthetics
ART DECO WITH CHINESE TOUCH。

C 空间布局 Space Planning
布局规划方正，尽量展示空间的通透性。

D 设计选材 Materials & Cost Effectiveness
石材与毛皮，细腻与粗糙的对比，以及玫瑰金不锈钢出风口的运用，达到了点睛的作用。

E 使用效果 Fidelity to Client
吸引众多高端客户。

Weila Town Chinese Style Show Flat

维拉小镇中式样板房

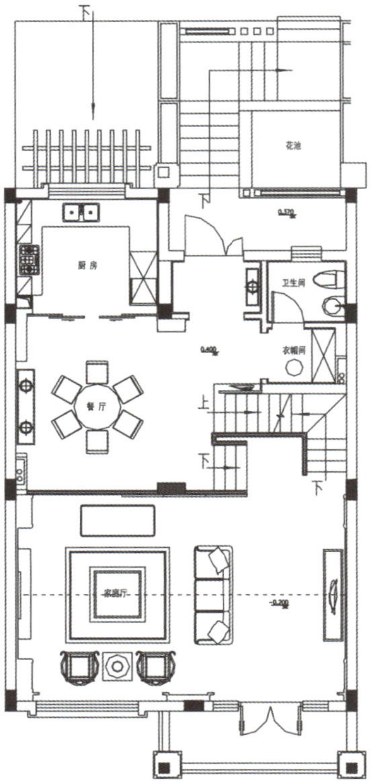

一层平面布置图

Project Name_Weila Town Chinese Style Show Flat
Chief Designer_Ma Hui
Project Team_Mo Yaping / Shen Weijia / Ge Xulian / Jiang Ting
Location_Ningbo Zhejiang
Project Area_332sqm
Cost_1,800,000RMB

项目名称_维拉小镇中式样板房
主案设计_马辉
设计团队_莫雅萍 / 沈唯佳 / 葛旭莲 / 蒋挺
项目地点_浙江 宁波
项目面积_332平方米
投资总额_180万元

易和設計 EHEDESIGN
杭州易和室内设计有限公司

主案设计：马 辉 *Ma Hui*

博客： http:// 280491.china-designer.com
职位： 董事、设计总监
职称：
高级室内建筑师
中国建筑装饰协会设计委员会 副主任委员
IFI国际室内建筑师联盟 专业会员
奖项：
全国杰出中青年室内建筑师
中国室内设计二十年杰出设计师
2009年度中国百杰室内设计师
2009年度杭州十大室内设计师
2008年度中国室内设计精英
项目：
绿城台州玫瑰园售楼处
绿城宁波桂花园样板间
绿城嘉汇湖畔居样板房
苏州中新置地荣域样板房
宁波月湖盛园VIP会所
杭州N8会所
浙江省人大政协办公楼
天辰投资总部办公楼
贝利集团总部
加拿大多伦多教育局驻杭机构
潮宏基珠宝集团总部等

A 项目定位 Design Proposition

维拉小镇是宁波首个湖滨别墅排屋小镇，面对的客户群体为超高端人群，因此样板房在强调奢华感和价值感的基础上，更要体现出居住的品质。

B 环境风格 Creativity & Aesthetics

本案风格为新中式，新中式并非完全意义上的复古明清，而是通过中式风格的特征，表达对清雅含蓄、端庄丰华的东方式精神境界的追求。

C 空间布局 Space Planning

在空间布局上营造各种不同场景，讲述生活故事，模拟超高端客户的生活环境，功能齐全，豪华、舒适的室内装饰环境，从内心深处打动客户。

D 设计选材 Materials & Cost Effectiveness

本案在设计用材上主要采用了大量的带有浓浓中国风的壁纸、原木、软包、中式家具等，再配以一些色彩跳跃的配饰点缀其中，将古典的韵致巧妙的揉入十足的现代感中。

E 使用效果 Fidelity to Client

该样板间自开放以来，接待了众多业主和房产同行的参观品鉴，获得一致好评，很大程度上促进了维拉小镇楼盘的销售量。

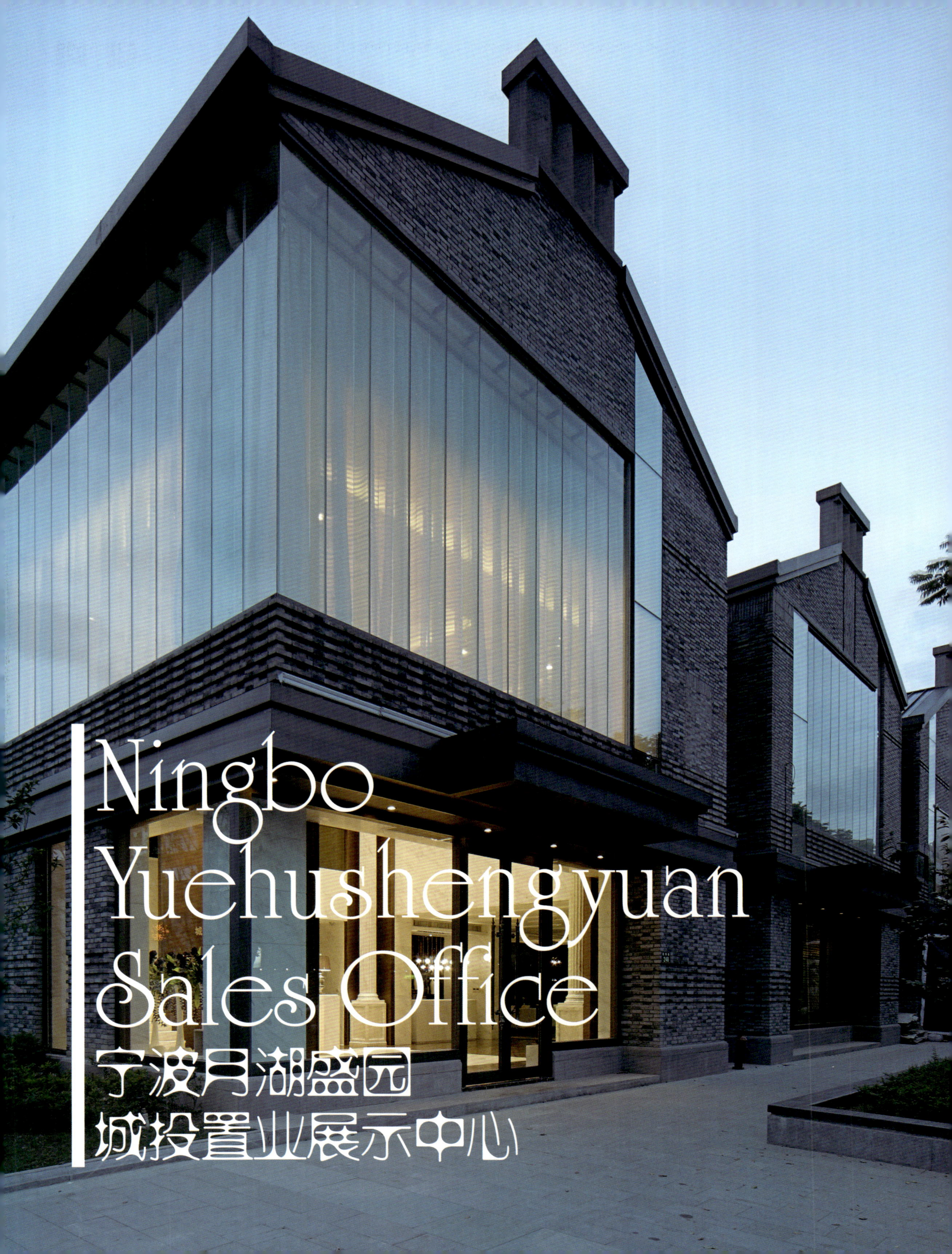

Ningbo Yuehushengyuan Sales Office

宁波月湖盛园城投置业展示中心

Project Name_Ningbo Yuehushengyuan Sales Office
Chief Designer_Ma Hui
Project Team_Zhuang Hongyi / Tang Jianhua / Ge Xulian / Jiang Ting
Location_Ningbo Zhejiang
Project Area_390sqm
Cost_3,500,000RMB

项目名称_宁波月湖盛园城投置业展示中心
主案设计_马辉
设计团队_庄弘毅 / 汤建华 / 葛旭莲 / 蒋挺
项目地点_浙江 宁波
项目面积_390平方米
投资总额_350万元

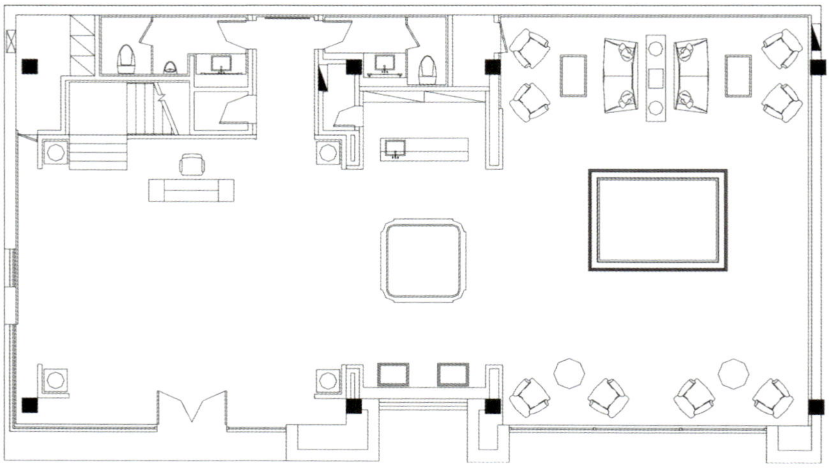

一层平面布置图

易和設計 EHEDESIGN

杭州易和室内设计有限公司

主案设计：马 辉 *Ma Hui*

博客：http:// 280491.china-designer.com
职位：董事、设计总监
职称：
高级室内建筑师
中国建筑装饰协会设计委员会 副主任委员
IFI国际室内建筑师联盟 专业会员
奖项：
全国杰出中青年室内建筑师
中国室内设计二十年杰出设计师
2009年度中国百杰室内设计师
2009年度杭州十大室内设计师
2008年度中国室内设计精英
项目：
绿城台州玫瑰园售楼处
绿城宁波桂花园样板间
绿城嘉汇湖畔居样板房
苏州中新置地荣域样板房
宁波月湖盛园VIP会所
杭州N8会所
浙江省人大政协办公楼
天辰投资总部办公楼
贝利集团总部
加拿大多伦多教育局驻杭机构
潮宏基珠宝集团总部等

A 项目定位 Design Proposition

该会所客户覆盖面广，人流大，高端客户多，也是企业宣传的窗口，室内面积390平方米，主要以接待、洽谈、会晤、聚会、展示企业楼盘品质和文化内涵为主要目的。

B 环境风格 Creativity & Aesthetics

设计师把整体风格定位为“ArtDeco”，即是“艺术装饰风格”，这是现代与古典融合的过程中产生的装饰艺术。表达了高端阶层所追求的高贵感，而摩登的形体又赋予古老的、贵族的气质，代表的是一种复兴的城市精神。

C 空间布局 Space Planning

在这个有限空间里，设计师把点、线、面与空间体系构成语言有机组合，个性化的色彩与质感搭配，自然纯色的材料组合，整体空间简洁明快、通透前卫，抓人眼球。

D 设计选材 Materials & Cost Effectiveness

紫铜质地的大幅背景墙体现出尊贵的价值感，与整体的浅色调形成强烈的对比，充满视觉冲击力。两边的罗马柱高耸挺拔，配上造型优美精致的水晶吊灯，古典与现代的碰撞，使整个空间流露着大气、尊贵的气质。

E 使用效果 Fidelity to Client

开业以来，接待了众多高端的客户，成为城投置业的一张靓丽的名片，为企业的形象和销售都带来了很大程度的提升。

Xiamen Lianfawuyuanwan No.1 Show Flat

厦门 联发五缘湾一号 样板房

Project Name_Xiamen Lianfawuyuanwan No.1 Show Flat
Chief Designer_Hu Ruoyu
Project Team_Lai Anguo / Su Haixin
Location_Xiamen Fujian
Project Area_240sqm
Cost_1,500,000RMB

项目名称_厦门联发五缘湾一号样板房
主案设计_胡若愚
设计团队_赖安国 / 苏海新
项目地点_福建 厦门
项目面积_240平方米
投资总额_150万元

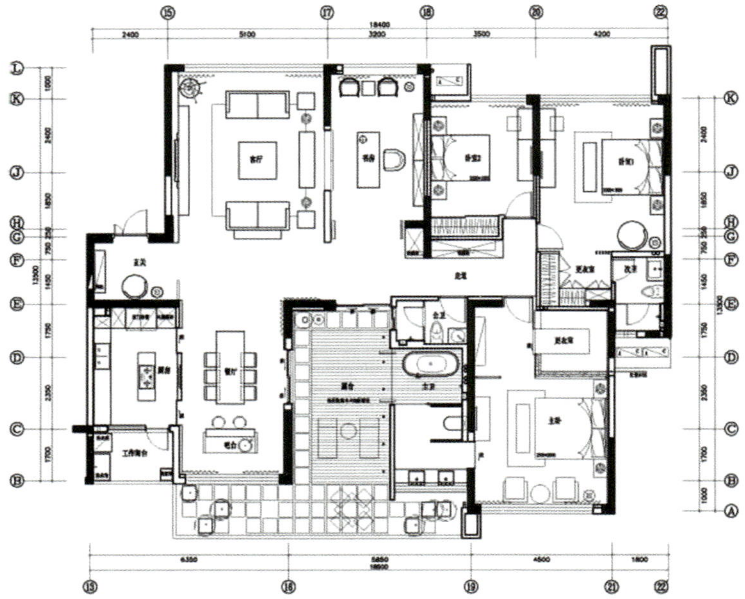

平面图

胡若愚 *Hu Ruoyu*

博客： http:// 485347.china-designer.com
公司： 厦门喜玛拉雅设计装修有限公司
职位： 总经理
职称： 国家注册建筑师
奖项： 在央视及建设部国家六部委合办的设计大赛中获优胜奖

A 项目定位 Design Proposition

在不大的居家格局内，尝试在空间的设计整合中体现东方的审美情趣。

B 环境风格 Creativity & Aesthetics

内阳台既是第二会客厅，也丰富了餐厅的景观视野，同时又是饱读之余养目静心的所在，而泡澡之后推门而出在躺椅上放松身心也是一种享受。

C 空间布局 Space Planning

空间系列围绕半室外的内凹阳台而展开，以此为中心完成空间的层次节奏变化和内外交融：海景→书房→过道→内阳台→小区内院是一条轴线，相垂直的是厨房→餐厅电视墙→餐厅→内阳台→主卫淋浴区的另一条轴线。

D 设计选材 Materials & Cost Effectiveness

客餐厅主卫墙地面为意大利木纹石，走道墙面及卧室木地板为柏丽复合强化木地板，内阳台为绿可木和火烧水洗石，显得自然且不俗气。

E 使用效果 Fidelity to Client

整体风格体现现代东方情调，时尚简约中隐约着东方的飘逸大气。效果格外显著，吸引众人眼球儿，促进销售。

Project Name_HongKong Shanglin Show Flat
Chief Designer_Philip Tang
Project Area_Brian Ip / Cameron Kam
Location_Zhongxi District HongKong
Project Area_360sqm
Cost_7,800,000RMB

项目名称_香港上林样板房
主案设计_邓子豪
设计团队_Brian Ip / Cameron Kam
项目地点_香港 中西
项目面积_360平方米
投资总额_780万元

HongKong Shanglin Show Flat
香港上林样板房

PTang Studio Ltd

天豪设计有限公司

主案设计：邓子豪 *Philip Tang*

博客：http:// 442748.china-designer.com
职位：设计总监
职称：英国伦敦大学建筑系获取一级荣誉学位及硕士学位

A 项目定位 Design Proposition

此单位为香港极罕有的一梯一户，位于半山大厦的68楼，但拥有私人升降机。

B 环境风格 Creativity & Aesthetics

单位享有360度景观，眺望世界闻名的维多利亚港景色。

C 空间布局 Space Planning

单位平面成"口"字型，将大厦的结构及电梯等公共设施包围，单单位内以一条长走廊连接，由大门口一直行，最后可以行回起点。

D 设计选材 Materials & Cost Effectiveness

单位内利用了很多不同物料来美化饰面，包括布、仿皮、镜、墙纸、木条、油画、玻璃、金属，令整个设计非常丰富。

E 使用效果 Fidelity to Client

单位以极高价钱出售，成为香港豪宅市场的指标。

Xinshiji · Qinghuaju Villa Show flat
新世纪·清华居别墅样板房

Project Name_Xinshiji • Qinghuaju Villa Show Flat
Chief Designer_Li Jianming
Location_Dongguan Guangdong
Project Area_394sqm
Cost_1,380,000RMB

项目名称_新世纪•清华居别墅样板房
主案设计_李坚明
项目地点_广东 东莞
项目面积_394平方米
投资总额_138万元

SCALE DESIGN 尺度空間設計

东莞尺度室内设计有限公司

主案设计：李坚明 *Li Jianming*

博客： http:// 488504.china-designer.com

职位： 设计总监

职称： ICIAD协会东莞区理事

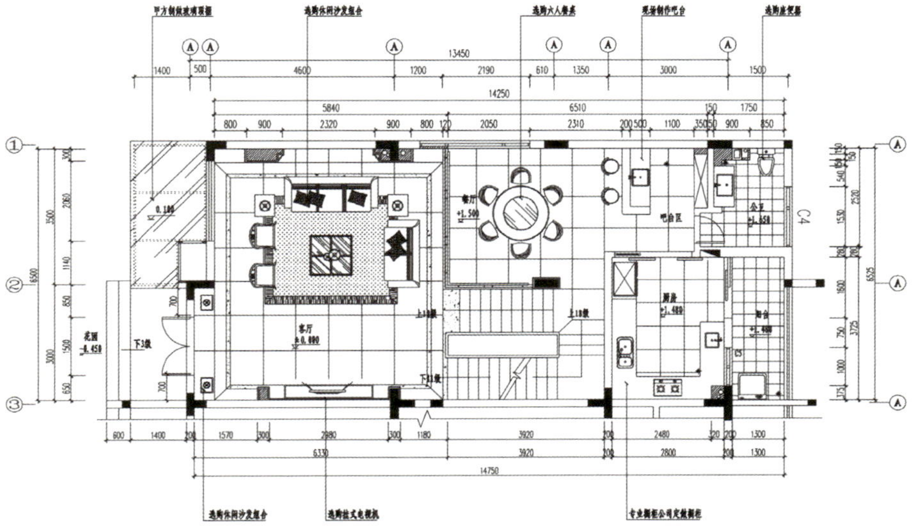
选购休闲沙发组合
选购六人餐桌
现场制作吧台
选购座便器
13450
14250
5840
6510
选购休闲沙发组合
选购挂式电视机
专业橱柜公司定做橱柜
6330
14750

一层平面布置图

A 项目定位 Design Proposition

目前最流行装饰设计风格的还是现代中式和欧式新古典两种风格。现代风格的东西永远让人感觉简单直白，很难给客人留下深刻的印象，而中式和欧式等复古风格更容易让人细细品味，所以将设计风格定位于现代中式风格。

B 环境风格 Creativity & Aesthetics

本案的设计风格是现代中式。简洁有力的线条勾勒出中式的韵味，博古纹元素的使用透露出禅的意韵。在融入中国传统元素上，在现代材料的运用上，更在整个空间所蕴涵的内在气质上矜持、内敛、中庸，做到浑然天成，收放自如。

C 空间布局 Space Planning

通过对空间的规划，地下室的影视厅与品茶区两个空间自然融合在一起，空间显得更加的宽阔，使宽敞的空间自然的流畅起来。一层的客厅与餐厅的高低落差，增强了空间的动感，使空间的流动性更加合理。二层的房间都利用空间做衣柜位，使空间的功能得到更好的完善。三层的书房与楼梯使用通透的玻璃，巧妙的打破传统隔墙的概念，使空间看似开阔灵动。

D 设计选材 Materials & Cost Effectiveness

在本案中，材质对空间的诠释作用不可小视，地面石材的冷艳加上坚实的木质，则是高贵典雅的最佳代表。

E 使用效果 Fidelity to Client

本项目通过样板房的设计提升价值，塑造差异化和个性化，给潜在的消费者留下了深刻的印象，突出了品牌和产品，促进了楼盘的销售。

Xingbi Legend Sales Office

星币传说售楼处

Project Name_XingbiLegend Sales Office
Chief Designer_Qiu Yiping
Location_Xi'an Shanxi
Project Area_600sqm
Cost_1,000,000RMB

项目名称_星币传说售楼处
主案设计_邱宜平
项目地点_陕西　西安
项目面积_600平方米
投资总额_100万元

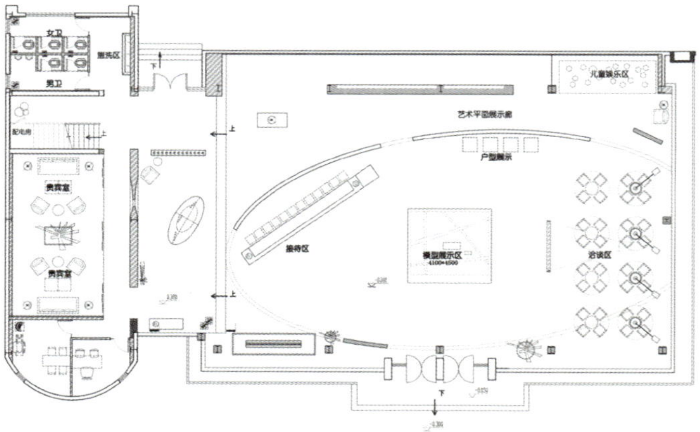

平面图

HEYILANZE
深圳合宜兰泽环境艺术设计有限公司

主案设计：邱宜平 *Qiu Yiping*

博客： http:// 20740.china-designer.com
职位： 设计总监
职称： 高级室内设计师

A 项目定位 Design Proposition
用文化来表现企业形象，增加了楼盘品质。

B 环境风格 Creativity & Aesthetics
“星星”“流水”是本案的设计原始元素，通过空间的分隔及灯光的运用来表现售楼处“星币传说”的主题。

C 空间布局 Space Planning
室内采用三维椭圆形体，利用线条强化斜面的动性，打破室内单调的方正空间，使其在功能上更有层次，更具观赏性。

D 设计选材 Materials & Cost Effectiveness
在材料上大量采用木线条以及亚克力发光体营造的满天星效果，很好的体现出楼盘的主题及气质。

E 使用效果 Fidelity to Client
在投入使用过程中，本案在销售过程中对传递楼盘文化以及楼盘品质方面发挥了重要作用，增加了楼盘品质。

Project Name_Sunshine City Xinjie Sales Center
Chief Designer_Liu Jianming
Location_Fuzhou Fujian
Project Area_1,360sqm
Cost_60,000,000RMB

项目名称_阳光城新界销售中心
主案设计_刘建明
项目地点_福建 福州
项目面积_1360平方米
投资总额_6000万元

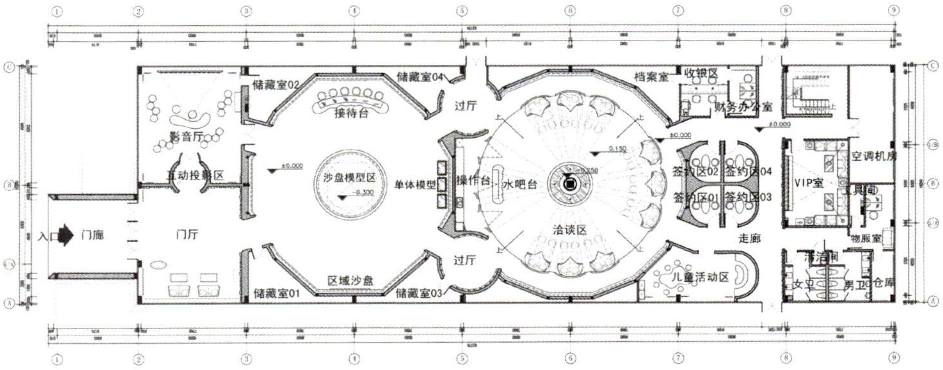

一层平面布置图

GRAIN.RAIN
Architectural Design
北京谷雨建筑设计有限公司

北京谷雨建筑设计有限公司

主案设计：刘建明 *Liu Jianming*

博客： http:// 512591.china-designer.com
职位： 设计总监
项目：

- 北京京仪酒店
- 河南艺术中心室内设计
- 北京中关村美嘉影城
- 越南佛学会议中心项目
- 北京万科金阳公共区室内设计
- 北京万科天津东丽湖体验学校设计
- 北京万科假日风景样板间设计施工
- 武汉万科西半岛项目样板间
- 武汉万科金色家园项目
- 武汉万科高尔夫城市花园项目
- 北京沿海塞洛城4期——丽江新城，样板间
- 青岛万科四季花城项目，售楼处，样板间，室内设计
- 北京万科金隅万科城项目
- 西安万科新地城公共区设计等

Sunshine City Xinjie Sales Center

阳光城新界销售中心

A 项目定位 Design Proposition

阳光城新界销售中心坐落于福州金山区，是新兴的居住开发区。项目客户定位为追求时尚的年轻中产，白领。

B 环境风格 Creativity & Aesthetics

整体的设计思路是围绕光线感知形式表达开始的。提炼主题：光线的感觉，是平静的，是流动的，是强烈的，是柔和的，是明亮的，是色彩丰富的。

C 空间布局 Space Planning

阳光透过外幕墙彩色贴膜玻璃，形成的彩色光晕映射在白色墙面地面上，空间充满丰富的色彩变化，这正是设计师想表达的富于变化的流动的光线。有了最初的感受很快就会发现一处光线变化的极致。

D 设计选材 Materials & Cost Effectiveness

采用锥形折面灰镜饰面，以参观者视线高度看向锥形侧面有向沙盘下的无限延伸感。中心沙盘与吊顶中心呼应，采用了灰镜材料，与外围白色曲线墙面形成强烈灰度对比，吸引参观者注意力，强化中心沙盘的重要性。白色三维弧形线条接待台与曲线墙面很好的融合在一起，完美诠释了设计师虚化周边强化中心的目的。

E 使用效果 Fidelity to Client

得到了业主非常高的满意度。

Project Name_Chongqing Yuanshi Real Estate *'Q jia'* Show Flat
Chief Designer_Song Changguo
Project Team_He Tao / He Yihong
Location_Yubei District Chongqing
Project Area_120sqm
Cost_350,000RMB

项目名称_重庆原石地产《Q家》样板房
主案设计_宋昌虢
设计团队_何涛 / 贺乙洪
项目地点_重庆 渝北
项目面积_120平方米
投资总额_35万元

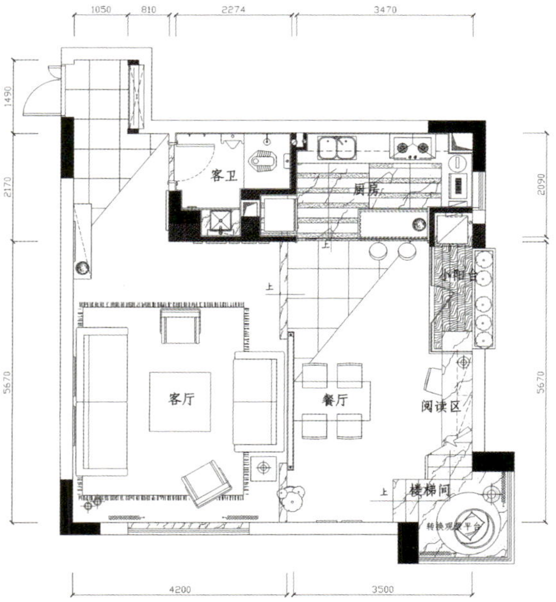

一层平面布置图

宋昌虢 *Song Changguo*

博客：http:// 207764.china-designer.com
公司：宋昌虢设计机构
职位：设计总监
职称：
- 高级室内建筑师
- 设计策划师
- IAI亚太建筑师与室内设计师联盟 理事会员
- 中国建筑学会室内设计分会会员中国室内装饰协会 会员
- 中国文化部文化信息协会学术性文献特邀编委
- 中国风设计联盟室内设计联盟团队
- 重庆高端设计师联盟 理事会员

奖项：
- 2006年中国室内设计双年展优秀奖
- 2007年中国室内设计大奖赛佳作奖
- 2007第三届IFI国际室内建筑师联盟大奖赛三等奖
- 2008年第七届中国国际室内设计双年展银奖
- 2009年中国首届地域文化设计大赛金奖

项目：
- 广东梅州千佛塔寺建筑景观规划设计
- 海南花药园地产项目建筑景观规划
- 云南昆明色季酒店设计
- 重庆大足华地王朝(五星级)大酒店会所
- 重庆行知现代中国私家园林式(五星级)会所酒店
- 四川大竹东湖国际(四星级)酒店
- 云南丽江四季丽江售楼部
- 重庆安利红鼎国际办公室设计
- 重庆骑士医院室内设计
- 重庆金科天湖美镇别墅设计
- 重庆龙湖蓝湖郡别墅设计
- 重庆龙湖香樟林别墅设计等

Chongqing Yuanshi Real Estate 'Qjia' Show Flat

重庆原石地产《Q家》样板房

A 项目定位 Design Proposition

还原样板房的真实目的，对目标人群的购房和居住使用进行真正的专业引导，通过设计很好的解决原户型设计在针对目标客户使用中会产生的缺陷和矛盾。

B 环境风格 Creativity & Aesthetics

以空间设计为主。在基本功能的基础上，根据目标人群的特点衍生出基本功能以外的衍生功能。强调主题性和人性化的功能性。

C 空间布局 Space Planning

本案最大的亮点在于结合目标客户的生活方式，巧妙的改变原楼梯位置，并且把一、二楼原房间内的飘窗位置设计成为一楼的楼梯转换景观平台和二楼卧室里的观景休闲平台。

D 设计选材 Materials & Cost Effectiveness

“空间是骨架，装饰是肌肤。”这一直是我们坚持的设计理念。基于以上的观点设计师在完成了对空间的重新切割后，只在立面形体、色彩和材料上略作处理，一种纯粹的室内空间便浮现出来。黑白灰色彩和简洁形体的处理，不是对视觉的诱惑，而是对空间的愉悦体验。

E 使用效果 Fidelity to Client

很好的吸引了目标客户，为甲方的销售起到了推动作用。并且在空间的再造、功能布局上，为目标客户提供了很好的借鉴典范。

Project Name_Zhongkaijiayuan Show Flat
Chief Designer_Zhang Jianbo
Location_Cangzhou Hebei
Project Area_160sqm
Cost_400,000RMB

项目名称_众凯嘉园样板间
主案设计_张楗波
项目地点_河北 沧州
项目面积_160平方米
投资总额_40万元

Zhongkaijiayuan Show Flat

众凯嘉园样板间

张楗波 *Zhang Jianbo*

博客：http:// 158235.china-designer.com
公司：北京大木博维建筑装饰设计有限公司
职位：负责人、设计总监
职称：
高级室内建造师
大木设计中国理事
中国室内装饰学会会员
中国建筑装饰协会会员
中国建筑学会室内设计分会会员
中国环境艺术设计联盟理事
中国建筑装饰协会设计委员会委员
奖项：
欧派杯-2006厨房设计大赛 二等奖
2008年海峡两岸四地设计大赛 佳作奖
第三届中国国际设计艺术观摩展成就奖 成就奖
2008年中国国际室内设计双年展 银奖
项目：
甘肃省黄河石林博物馆
瀛香园小区建筑及景观整体规划
海南梅州湾景观规划
宣化裕华大酒店
天津神华集团国华电力海水淡化展厅设计
北京华瑞百诚投资公司室内设计
内蒙古呼伦贝尔医院整体规划
北京军区整形总医院室内设计
中国银行办公楼室内设计
福州市某工商银行室内设计等

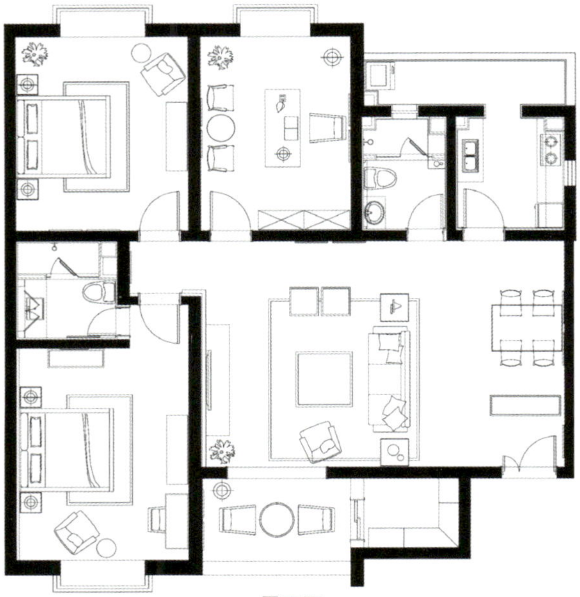

平面图

A 项目定位 Design Proposition

定位在当地中高端市场。整体空间用现代的表现手法，有机结合搭配出时尚简约风格，引领潮流。

B 环境风格 Creativity & Aesthetics

本案整体风格新古典主义，从繁杂到简单、从整体到局部，精雕细琢，镶花刻金都给人一丝不苟的印象。

C 空间布局 Space Planning

人性化的功能分区与整体空间完美搭配，营造出低调奢华、沉稳华贵的舒适空间。

D 设计选材 Materials & Cost Effectiveness

整体空间局部用现代的表现手法，光影、材质与色彩的搭配，赋予空间层次感和节奏感。

E 使用效果 Fidelity to Client

经营效果很好，销售的速度明显上升。

Project Name_Chengdu Huayangnianjunshan Show Flat
Chief Designer_Patrick Leung
Location_Chengdu Sichuan
Project Area_300sqm
Cost_1,000,000RMB

项目名称_成都花样年君山样板房
主案设计_梁景华
项目地点_四川 成都
项目面积_300平方米
投资总额_100万元

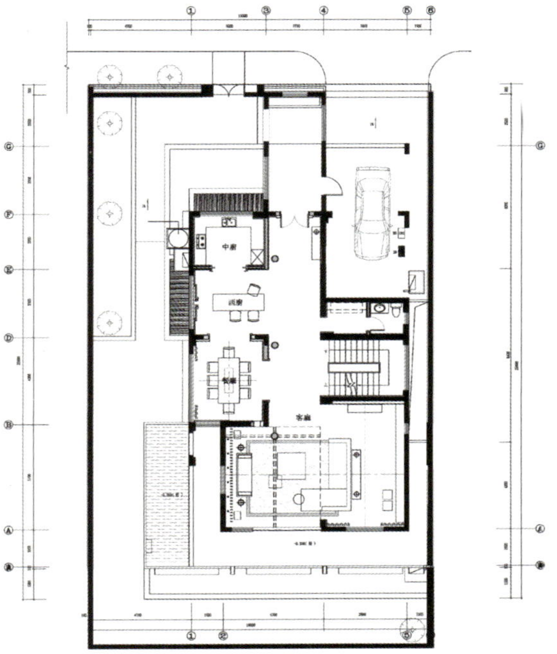

平面图

PAL DESIGN CONSULTANTS LTD
PAL 設計事務所有限公司

PAL设计事务所有限公司

主案设计：梁景华 *Patrick Leung*

博客：http:// 163557.china-designer.com
公司：PAL 设计事务所有限公司
职位：创办人及首席设计师
职称：
英国特许设计师协会 会员
澳洲设计学会 国际会员
香港室内设计师协会 荣誉顾问
香港贸易发展局 设计、市场推广及专利授权服务业咨询委员会 委员
中国美术家协会环境设计艺术委员会 委员
中国建筑装饰与照明设计师联盟 副主席
深圳市形象设计行业协会（SZIDIA）荣誉顾问
前香港室内设计师协会 副会长
奖项：
香港十大杰出设计师
中国室内设计风云人物奖
中国十大样板房设计师奖
连续3度成为室内设计奥斯卡之称的ANDrew Martin International Interior Design Awards选为全球首50名最顶尖设计师
获得由国际室内设计师联盟颁发的"IFI卓越设计大奖"
"北京希尔顿逸林酒店"荣获美国室内权威杂志"Interior Design"颁发"全球室内设计最佳设计嘉许奖"
（SZIDIA）荣誉顾问

Chengdu Huayangnianjunshan Show Flat

成都花样年君山样板房

A 项目定位 Design Proposition

以现代中式手法，表达中式设计的丰饶。拥有丰富之中式特色，却表现时尚，舒适及平衡的气质。室内空间含蓄地流露东方美态，完美地演绎项目之独特个性，互相紧扣。

B 环境风格 Creativity & Aesthetics

以罕有的绿色为主调色，是少有以绿色主题表现绿林峻巅之境，那份清高的素质，又同时丰富视觉的美感。并不只有中国红才能表现东方特色。

C 空间布局 Space Planning

空间布局极为细致，以骨子风尚表达东方丰裕的一面。层次分明，空间运用掌握精心准确。空间与空间之间亦可串连，通过不同角度，透视空间的美景美事。

D 设计选材 Materials & Cost Effectiveness

很多样板间会以建筑风格为主题，而这间设计有别于其他，是含蓄表现建筑风格，如梁柱之运用，从地下主客厅伸展至2楼家庭厅，不刻意地展示，却有画龙点睛之奇效。

E 使用效果 Fidelity to Client

此样板间营造一种独特的氛围，拥有吸引客人细味的魅力，停留在此，赏心悦目，成为发展项目之亮点。

Project Name_Haonanjunyi•Apartment Show Flat I
Chief Designer_Hu Zhijun
Location_Nantong Jiangsu
Project Area_76sqm
Cost_90,000RMB

项目名称_濠南君邑•公寓样板房 I
主案设计_胡志军
项目地点_江苏 南通
项目面积_76平方米
投资总额_9万元

Haonanjunyi· Apartment Show Flat I

濠南君邑· 公寓样板房 I

胡志军 *Hu Zhijun*

博客：http:// 87003.china-designer.com
公司：朱永春设计有限公司
职位：设计部主管
职称：高级室内建造师
项目：
徐州市第四人民医院
大连市吴越楼古董店
盐城凤鸣半岛别墅
南通濠南君邑酒店公寓等

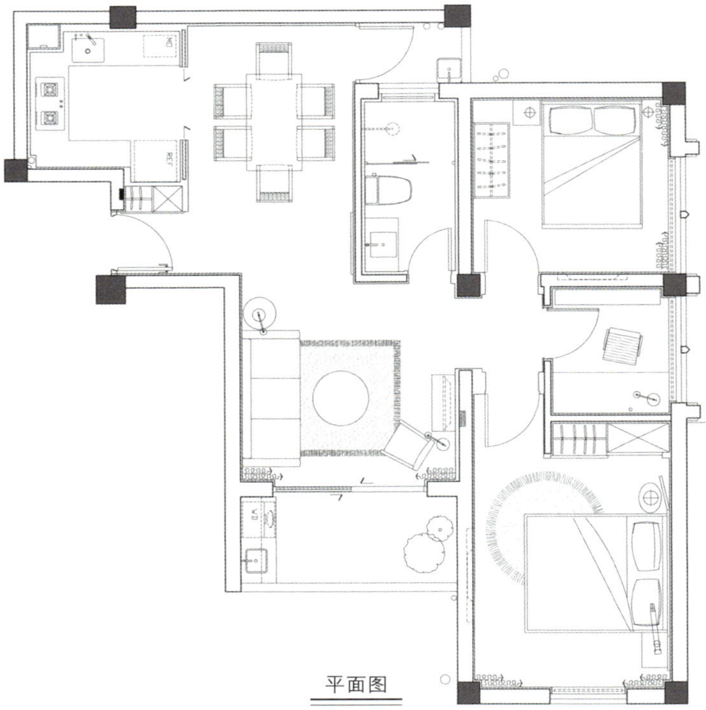

平面图

A 项目定位 Design Proposition

注重现代人对中式文化的理解，现代文化与中式文化的有机融合。

B 环境风格 Creativity & Aesthetics

墙面造型采用中式家具的基本造型语言，进行提炼升华。

C 空间布局 Space Planning

在空间立面的造型上，我们吸取了中国箱柜家具侧面的造型原理，注重功能的合理布局，家具与空间的融为一体。

D 设计选材 Materials & Cost Effectiveness

地面仿古砖的拼贴采用中式纹样，镜面与镂空屏风有机组合，丰富扩大了空间。在窗棂纹样的设计运用上吸取了中国园林门窗窗棂的设计方法，结合现代的审美进行了专门的设计。在灯具的选择、画作的悬挂上吸取了中国画中的强调精神与均衡的思想，选择具有东方气质的现代灯具和使用不对称布局法来布置。

E 使用效果 Fidelity to Client

本案样板房尚未完全竣工，即有客户预定本案样板房。

Project Name_Haonanjunyi•Apartment Show Flat II
Chief Designer_Hu Zhijun
Location_Nantong Jiangsu
Project Area_47sqm
Cost_60,000RMB

项目名称_濠南君邑•公寓样板房 II
主案设计_胡志军
项目地点_江苏 南通
项目面积_47平方米
投资总额_6万元

Haonanjunyi•Apartment Show Flat II

濠南君邑•公寓样板房 II

胡志军 *Hu Zhijun*

博客：http:// 87003.china-designer.com
公司：朱永春设计有限公司
职位：设计部主管
职称：高级室内建造师
项目：
徐州市第四人民医院
大连市吴越楼古董店
盐城凤鸣半岛别墅
南通濠南君邑酒店公寓等

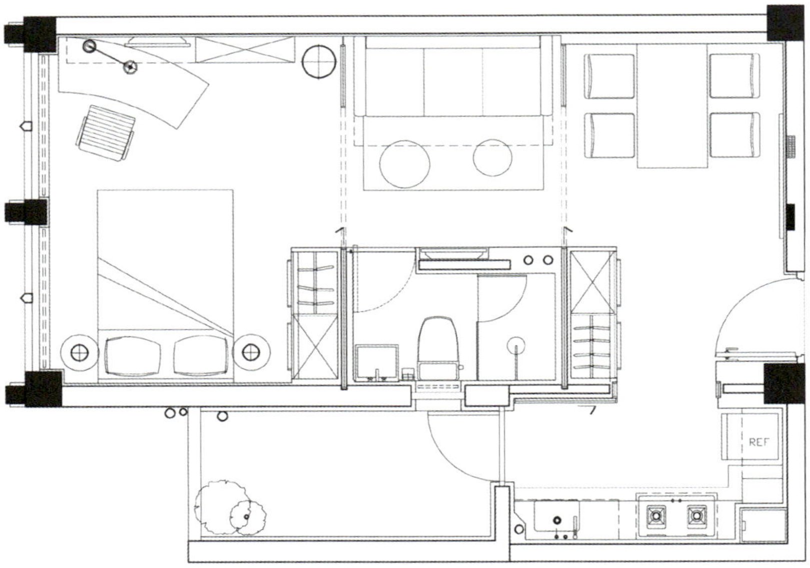

平面图

A 项目定位 Design Proposition

对客厅、客卧空间的深度挖掘，有效提高空间利用率。纯净简洁的造型，婉转流畅的江水，美观与实用得到统一。

B 环境风格 Creativity & Aesthetics

绘画作品与家具、空间进行了有机结合，空间利用率高，现代、简约，具有现代时尚气息。

C 空间布局 Space Planning

空调风口隐于灯带暗槽，衣物收纳隐于"小桥流水"，机电箱盒隐于"一江春水"，房门移门隐于空间造型。抽拉玻璃门在空间上进行了有效的分割整合。

D 设计选材 Materials & Cost Effectiveness

日夜窗帘的运用，恰到好处。

E 使用效果 Fidelity to Client

成为小户型装饰典范，提高销售额。

Jingu Industrial Park Sales Office

金谷产业公园招商中心

Project Name_Jingu Industrial Park Sales Office
Chief Designer_He Qianwei
Location_Hefei Anhui
Project Area_1,000sqm
Cost_1,500,000RMB

项目名称_金谷产业公园招商中心
主案设计_贺钱威
项目地点_安徽 合肥
项目面积_1000平方米
投资总额_150万元

LA.H
贺钱威设计事务所
LA.H InteriorDesign

LA.H 贺钱威室内设计有限公司

主案设计：贺钱威 *He Qianwei*

博客：http:// 39284.china-designer.com
职位：总设计师

职称：

中国建筑装饰协会设计委员会 委员
ICIAD国际室内建筑师与设计师理事会 理事
IFI国际室内建筑师
设计师联盟专业会员
CIID中国建筑学会室内设计专业会员

奖项：

2010年荣获“中国杰出的中青年室内建筑师”称号
荣获“首届中国国际空间环境艺术设计大赛筑巢奖”三等奖
IDCF2008年度国际设计大奖住宅/样板房类金奖、办公空间类铜奖
IAIC亚太室内设计双年大奖赛佳作奖
CIDA第七届中国国际室内设计双年展 银奖、铜奖
广州国际设计周“赢在设计”2006-2007年度精英人物
金羊奖－2008年度中国十大室内设计师等等

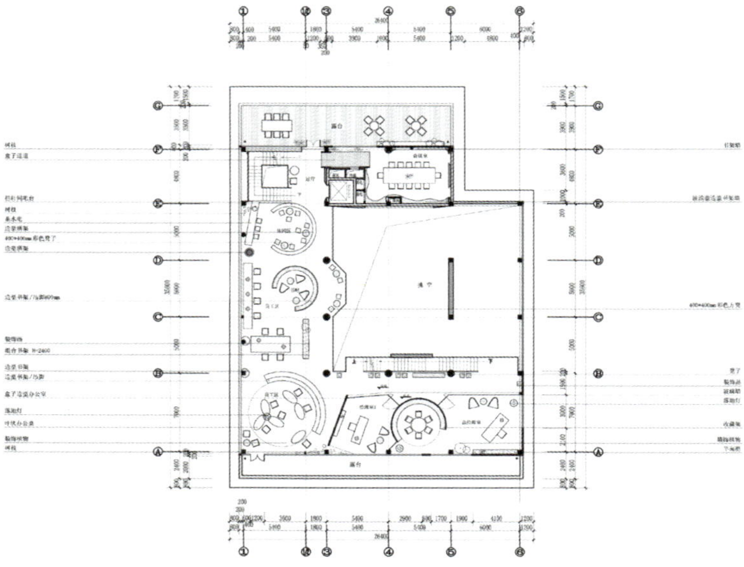

平面图

A 项目定位 Design Proposition

金谷产业公园以“总部级生态商务特区”为理念，总部基地是独栋楼宇独自享用，打造企业生态化办公新模式。为不同的客户提供定制化办公产品。产品不仅具有多样性、品质高、产品线长的特点，建筑单体还可在平层和垂直方向上自由拆分、组合，并为企业预留了二次装修弹性空间，提供了适合入住企业个性需求和无限发展的可能。

B 环境风格 Creativity & Aesthetics

金谷A区打破合肥商务办公楼市场传统的以毛坯示人的做法，装修精美风格各异的样板间、生态大气的景观园林，以更直观的形象诠释了“总部经济时代”的商务特色。

C 空间布局 Space Planning

在金谷A区样板间内，可以俯瞰整个生态园林，为办公创造绿色生态的环境，让工作其中的人感受到愉悦和轻松。各个办公空间独立存在却又通过开放式的公共区域相连，形成一个个既有私密性又自然地衔接在一起的空间。

D 设计选材 Materials & Cost Effectiveness

素朴的白、高雅的灰构成销售中心的主色调，独特的复式设计极大提升了空间品质。格状玻璃隔断、宽大的玻璃墙面，令空间更为通透。

E 使用效果 Fidelity to Client

在这里办公，将享受到视觉与心理上的愉悦。

Project Name_Jinxiuyujing D Villa Show Flat
Chief Designer_Guo Yuanshan
Location_Guangzhou Guangdong
Project Area_130sqm
Cost_500,000RMB

项目名称_锦绣御景国际D型别墅样板房
主案设计_郭元山
项目地点_广东 广州
项目面积_130平方米
投资总额_50万元

郭元山 *Guo Yuanshan*

博客： http:// 23801.china-designer.com
公司： 广州市敏捷投资有限公司
职位： 总设计师
项目：
锦绣国际花城销售中心
海湾城大酒楼
锦绣棕榈园二期销售中心
锦绣半山御景销售中心
海湾城休闲中心
锦绣棕榈园一期销售中心
锦绣新天地销售中心
锦绣银苑销售中心
锦绣莱茵明苑销售中心
锦绣阳光花园会所/销售中心
锦绣御景苑销售中心
锦绣银湾国际幼儿园
锦绣半山御景75#别墅板房
锦绣国际花城1座301型板房
锦绣御景国际D型别墅板房等

Jinxiuyujing D Villa Show Flat

锦绣御景国际D型别墅样板房

A 项目定位 Design Proposition

气氛在于格调，内涵在于主题。

B 环境风格 Creativity & Aesthetics

本案以整理与传播信息最为迅速的，最能体现整合功能的高科技智能系统电脑主板上的电路形态为室内空间的设计元素。

C 空间布局 Space Planning

在约130平方米的建筑面积，却提供了4卫3房两厅1厨1梯间1玄关的使用功能空间，且空间感舒适，堪称奇迹。

D 设计选材 Materials & Cost Effectiveness

本案适当通过不同的表现方式，将电路形态设计元素付予不同的材料实体上，如石、不锈钢、镜、木等介质上，表现出不同的材质肌理、空间层次与光影效果，令其与建筑外立面形成了外表经典，内里时尚的建筑载体。

E 使用效果 Fidelity to Client

特别的主题使本案散发出更强的视觉感染力，更加体现出产品的稀缺性与不可复制性，也令该板房甫一开放，即售空盘源。

Minhang Xinghewan Show Flat A

闵行
星河湾A户样板房

Project Name_Minhang Xinghewan Show Flat A
Chief Designer_Chen Huiting
Location_ Minhang District Shanghai
Project Area_550sqm
Cost_10,000,000RMB

项目名称_闵行星河湾A户样板房
主案设计_陈蕙婷
项目地点_上海 闵行
项目面积_550平方米
投资金额_1000万元

邱德光設計事務所
T.K. CHU DESIGN GROUP

陈蕙婷 *Chen Huiting*

博客：http:// 512394.china-designer.com
职位：设计总监
职称：高级室内建筑师
项目：参与邱德光设计事务所所有著名工程项目

A 项目定位 Design Proposition

“经典Art Deco的重现”是脑海中当时所闪过的一个意念。

B 环境风格 Creativity & Aesthetics

真正想传达的意象是一种融合东方人文思想并结合时尚潮流的新风貌。

C 空间布局 Space Planning

希望多一些“老上海”的味道，让进入空间的人有一种打通时空的奇妙感受。

D 设计选材 Materials & Cost Effectiveness

用当前的材料表现经典Art Deco的设计元素，使空间富有时尚奢华感。再与具有传统中国味的艺术品及家饰巧妙结合，散发浓厚的怀旧气息。正好响应的当代人对中国文化的思古情怀。

E 使用效果 Fidelity to Client

这个作品会像一瓶有年份的上等好酒，越陈越香。

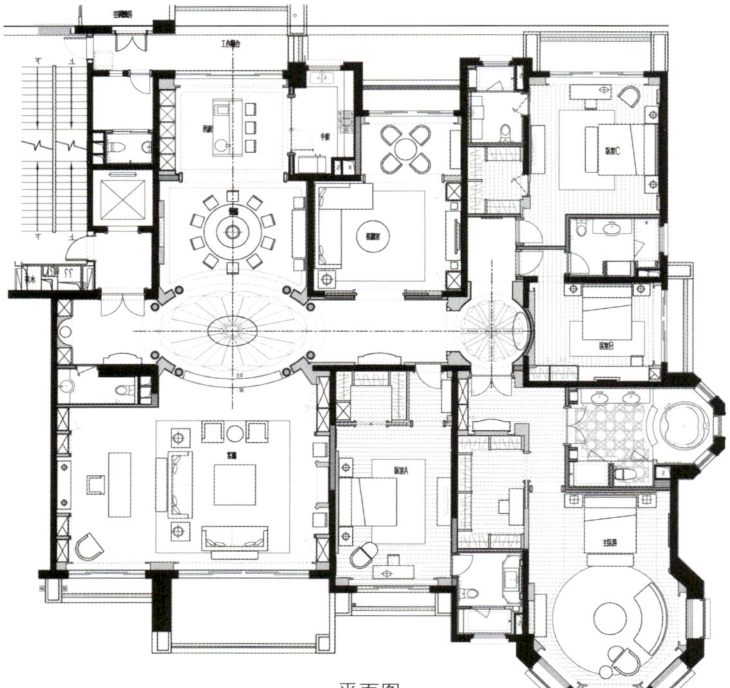

平面图

D+B
DESIGN+BRANDS FAIR
国际建筑装饰设计+选材博览会

国际建筑装饰设计+选材博览会〈D+B博览会〉主题评选

JINTANGPRIZE 金堂奖

2010 CHINA-DESIGNER 中国室内设计年度评选

CHINA INTERIOR DESIGN AWARDS 2010

徐旭俊 *Xu Xujun*
Pure Space
纯净的空间

杨 旭 *Yang Xu*
Shanghai Quiet Home
上海静谧家园

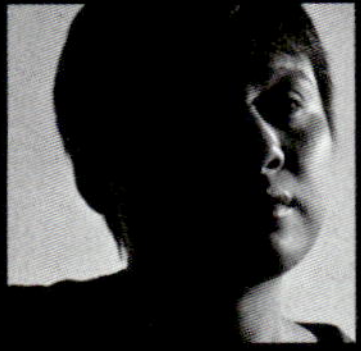

董 龙 *Dong Long*
Oriental Feelings
东方情怀

邱万星 *Qiu Wanxing*
Encounter Of Light And Shadow
光和影的邂逅

田 径 *Tian Jing*
Chongqin Sunshine 100
International Metro Apartments
重庆阳光100国际新城

武俊文 *Wu Junwen*
Taiyuan Simplicity Apartments
太原简约中的丰富公寓

宋春吉 *Song Chunji*
Suzhou Donghujinghua
苏州东湖京华

彭志雄 *Peng Zhixiong*
GoneWith The Wind
飘影

GOOD DESIGN OF THE YEAR APARTMENT

年度优秀住宅公寓

王 者 *King*
Shanghaibaoshan French Xuhuiyiyunwan
上海宝山法式旭辉依云湾

李孝都 *Li Xiaodu*
Wenzhou ' White' Apartments
温州"白色"居家

邓子豪 *Philip Tang*
HongKong Xiaofengge
香港晓峰阁

杨尹赢 *Yang Yinying*
Li's Apartments
李公馆

邓云庭 *Deng Yunting*
Xiangtan Napa Valley Apartments-
Non-loundary
湘潭纳帕溪谷小区-无界

方路沙 *Fang Lusha*
Hunan Provincial Government Jiufeng Ap
湖南省政府九峰公寓

由伟壮 *You Weizhuang*
Suzhou Black and White Space
苏州黑白空间

王卫东 *Wang Weidong*
Freehand China
写意中国

谢绍贤 *Xie Shaoxian*
Beijing Metro International
Apartments 3701
北京新城国际3701

吕爱华 *Lv Aihua*
Mixed Emotional Space
混搭情绪空间

祝 猛 *Zhu Meng*
Oriental Flower City
东方花城

欧 慧 *Ou Hui*
Xiamen Fashion International Residence
厦门时尚国际住宅

贺钱威 *He Qianwei*
Colorful Score
五色音谱

张 健 *Zhang Jian*
Timeless Fashion Dalian Times
Square Boutique Apartments
永恒时尚大连时代广场精装公寓

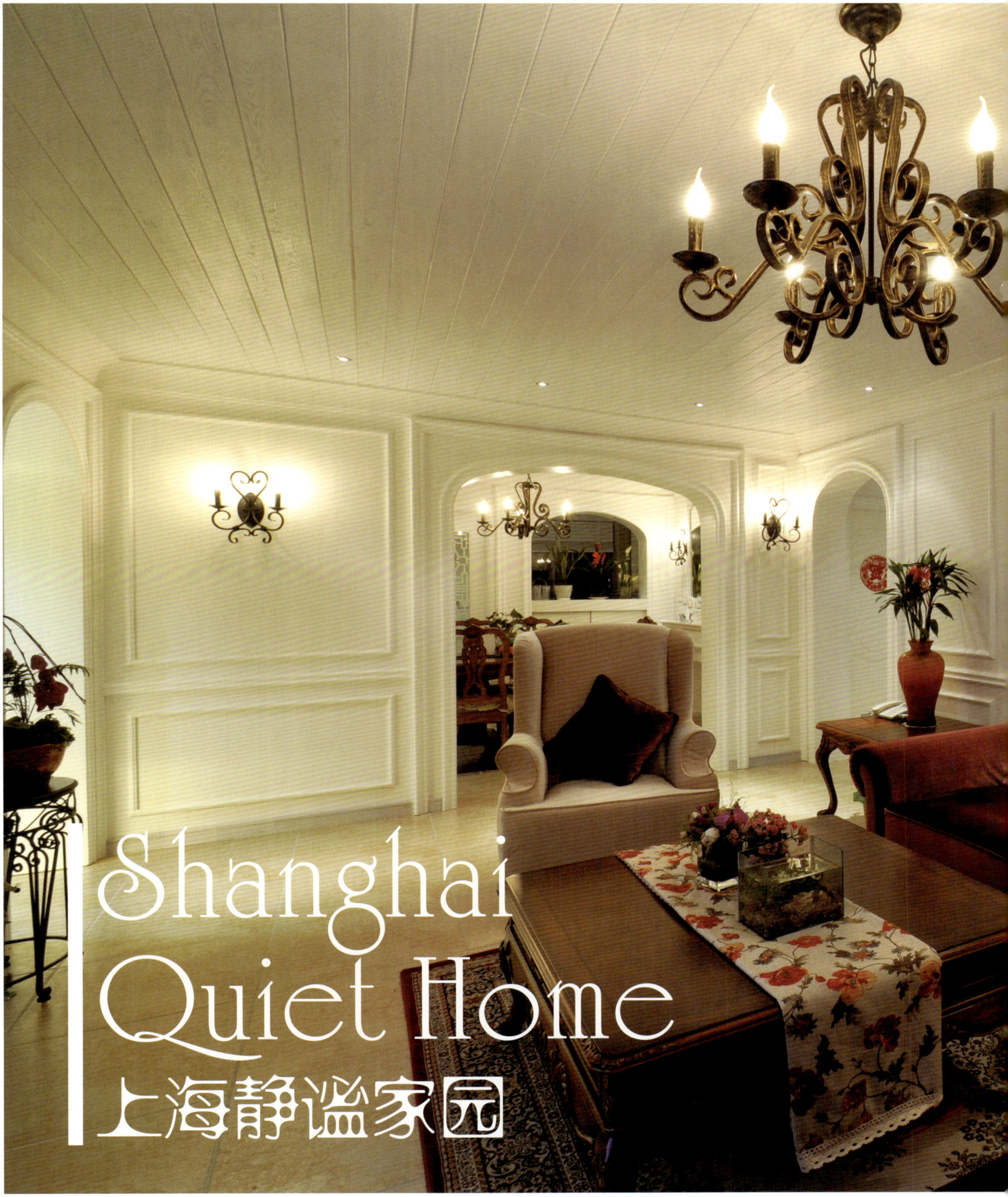

Shanghai Quiet Home
上海静谧家园

Project Name_Shanghai Quiet Home
Chief Designer_Yang Xu
Location_Pudong District Shanghai
Project Area_100sqm
Cost_200,000RMB

项目名称_上海静谧家园
主案设计_杨旭
项目地点_上海 浦东
项目面积_100平方米
投资总额_20万元

杨 旭 *Yang Xu*

博客：http://165873.china-designer.com
公司：巫小伟设计事务所
职位：首席设计师

职称：

国家注册室内建筑师
国家注册高级住宅室内设计师
中国建筑装饰协会 会员
中国建筑装饰协会官方网站 推荐会员

奖项：

2008年作品入选中国最具价值商业设计50强
2009搜弧焦点全国10大公益设计师

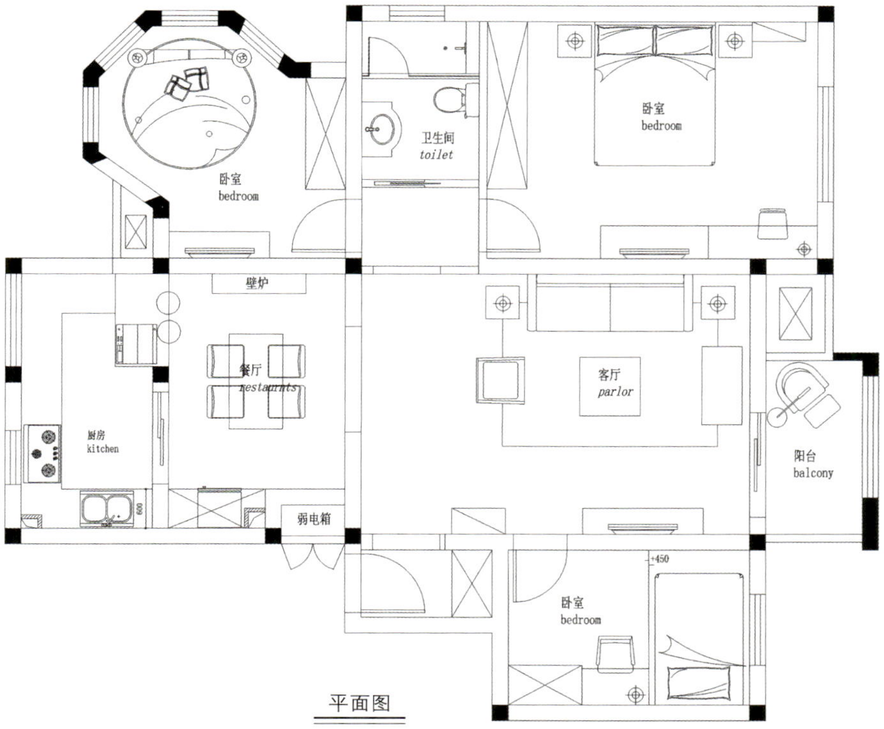

平面图

A 项目定位 Design Proposition

小空间，大智慧，适合三代人居住。

B 环境风格 Creativity & Aesthetics

扮演着客厅主要角色的风格自然不容忽视，而地中海风格再次脱颖而出，阳光而不失随意与柔和，质朴而温暖，层次丰富而不拥挤。

C 空间布局 Space Planning

卫生间的门改到靠主卧的边上，过道的门套做窄点，圆拱造型，更符合地中海风格的特点。把卫生间的门挡在门套的后面，卫生间的门就是移门，纯白色的门板看着单调，其实里面别有洞天。

D 设计选材 Materials & Cost Effectiveness

采用环保的材料，融合自然。

E 使用效果 Fidelity to Client

赢得了业主的强烈好评。

Project Name_Suzhou Donghujinghua
Chief Designer_Song Chunji
Location_Suzhou Jiangsu
Project Area_180sqm
Cost_350,000RMB

项目名称_苏州东湖京华
主案设计_宋春吉
项目地点_江苏 苏州
项目面积_180平方米
投资总额_35万元

Suzhou Donghujinghua
苏州东湖京华

宋春吉 *Song Chunji*

博客：http:// 165599.china-designer.com
公司：巫小伟设计事务所
职位：设计部经理
职称：
国家注册室内建筑师
中国建筑装饰协会 会员
国家注册高级住宅室内设计师
中国建筑装饰协会官方网站 推荐会员
奖项：
2007年10月嘻徕乐家居设计大赛二等奖
2008年5月上海绿地-常熟老街杯设计大赛得到最佳视觉奖
2009年5月荣获首届中国最具商业价值样板房设计50强
2009年11月中国首届室内空间环境艺术设计大赛获奖
项目：
常熟佳乐宾馆装修设计
花溪自建别墅装修设计
浙江云梦茶业办公室装修设计
上海鼎鑫餐厅装修设计
常熟天使造型发廊设计
东南开发区红衣少女服饰公司办公室设计
嘻徕乐家居广场售楼处改建设计等

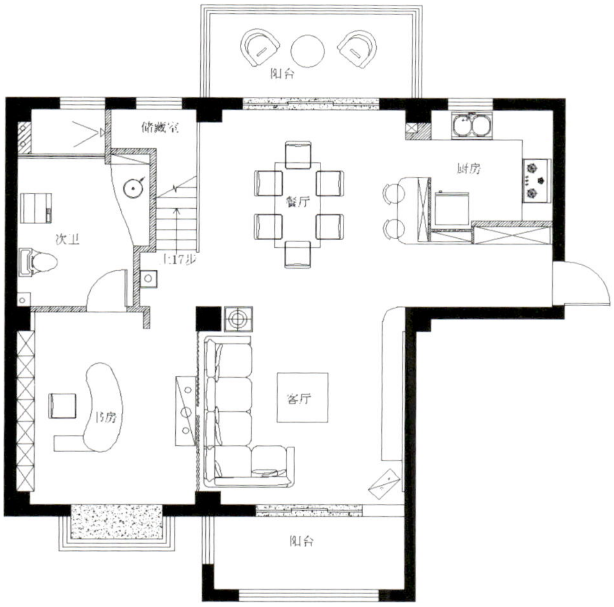

一层平面图

A 项目定位 Design Proposition

业主是位白领，希望有个安静的区别于钢筋混凝土的空间。

B 环境风格 Creativity & Aesthetics

空间以简约的现代处理手法，点、线面流畅衔接，却巧妙地温涵人文修养，从细节处增添了空间的阅读层次。

C 空间布局 Space Planning

空间设计就像一本书，不同的空间会有不同的内容。每个空间都应该体现出使用者的文化与精神。

D 设计选材 Materials & Cost Effectiveness

这是位于闹市的顶层公寓，处处充满着这样的反差与和谐共存的"对话"。最前卫的灯具，最东方的表情，在这个完美的戏台上将一起上演出文化碰撞的好戏。

E 使用效果 Fidelity to Client

业主对设计师的设计很满意！

Project Name_Pure Space
Chief Designer_Xu Xujun
Location_Minhang District Shanghai
Project Area_138sqm
Cost_260,000RMB

项目名称_纯净的空间
主案设计_徐旭俊
项目地点_上海 闵行
项目面积_138平方米
投资总额_26万元

Pure Space
纯净的空间

徐旭俊 *Xu Xujun*

博客：http:// 225258.china-designer.com
公司：上海亿端国际设计工作室
职位：负责人
职称：国际建筑装饰室内设计高级设计师
奖项：
2008年获得第三届《世界建筑》杂志
"WA•总统家杯"建筑手绘设计大赛优秀奖
2009年获得第四届《世界建筑》杂志
"WA•总统家杯"建筑手绘设计大赛佳作奖
2009年美标卫浴空间大赛优秀奖
2009年作品刊登在《新锐设计》杂志
2009年上海星锐《室内装饰》杂志推荐优秀设计师

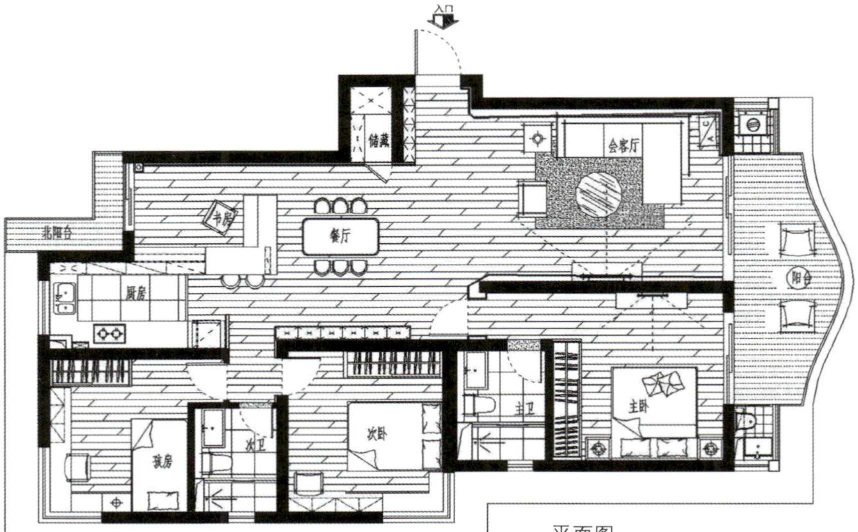

平面图

LAO MIAN NONG

A 项目定位 Design Proposition
本案平面布局追求以人为本，做到开敞、通透、舒适、通风为原则，空间上力求简洁唯美，连贯大气，不落俗套，有一种空间美感。

B 环境风格 Creativity & Aesthetics
设计以突破常规的手法，大胆的造型与色彩及灯光来营造一种极简现代风格及奢华感！

C 空间布局 Space Planning
功能分布满足人的精神需求，开放式的休闲书房与开敞式的厨房有机的完美结合，使人产生对生活美好向往和眷恋家的情感，也是本案的亮点，符合当代人的情感需求。

D 设计选材 Materials & Cost Effectiveness
色彩上处理非常单纯而温馨，白黑是整个空间的平衡点，大面积的浅黄白橡木是整个空间的基色，空间的意境美是本案的原创动力。

E 使用效果 Fidelity to Client
业主以拥有这样一个创意之家，感到非常的满意！

Project Name_Oriental Feelings
Chief Designer_Dong Long
Location_Suzhou Jiangsu
Project Area_138sqm
Cost_1,500,000RMB

项目名称_东方情怀
主案设计_董龙
项目地点_江苏 苏州
项目面积_138平方米
投资总额_150万元

Oriental Feelings

东方情怀

Dolong 董龙设计

南京DOLONG董龙设计

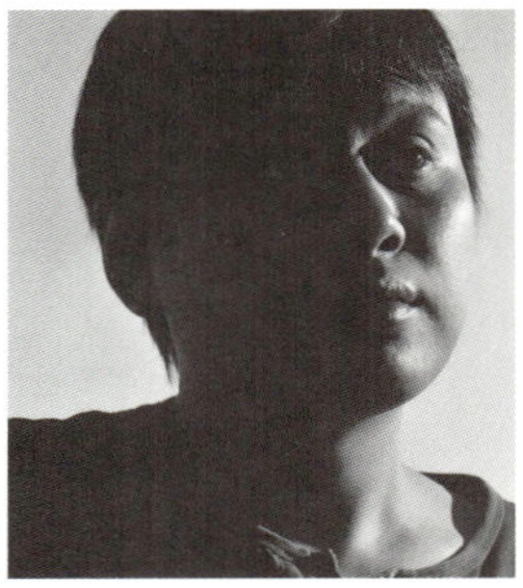

主案设计：董 龙 Dong Long

博客：http:// 379561.china-designer.com

奖项：

荣获 2009搜狐“奥特朗杯”第六届中国室内设计明星博客大赛南京赛区“专业组冠军”

2009搜狐“奥特朗杯”第六届中国室内设计明星博客大赛全国专业组铜奖（最佳设计服务奖）

2009中国室内空间环境艺术设计大赛住宅工程类的三等奖

2009南京精品住宅设计作品展最佳家具陈设奖

2009“L&D杯”南京室内设计大奖赛家装工程类一等奖

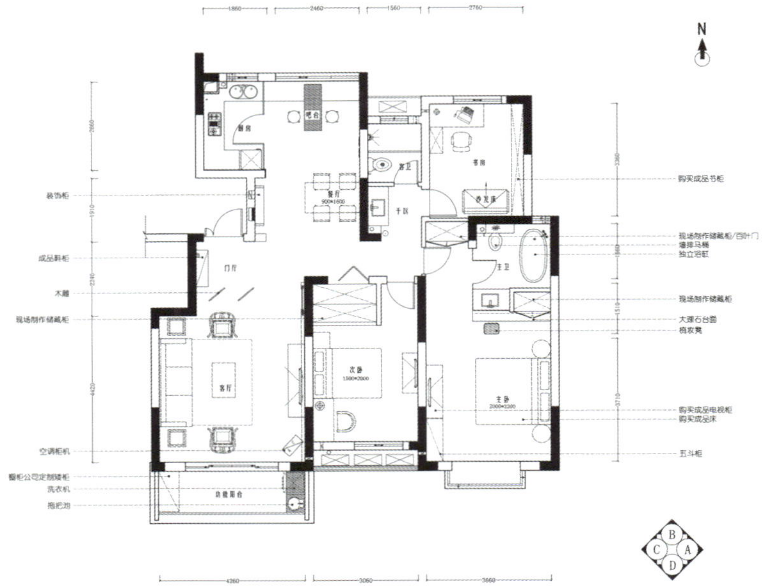
N
装饰柜
成品鞋柜
木雕
现场制作储藏柜
空调柜机
洗衣机
拖把池
门厅
客厅
厨房
吧台
防腐阳台
购买成品书柜
现场制作储藏柜/百叶门
墙排马桶
独立浴缸
现场制作储藏柜
大理石台面
梳妆凳
购买成品电视柜
购买成品床
五斗柜
B
C
A
D

平面图

A 项目定位 Design Proposition
时尚现代的东方风情，是这个房子的最大特色。

B 环境风格 Creativity & Aesthetics
没有华贵的古董，也没有复杂的设计，大厅是带有点混搭风情的，黑色沙发，左侧是中式风情的屏风，搭配随意摆放的一个新中式花瓶，洋溢着浓浓的东方情怀，却不让人觉得繁复。

C 空间布局 Space Planning
空间布局在不失功能性的前提下尽量简约化，不用过多的装饰，却让人感受到了最新式、最独特的东方情怀。

D 设计选材 Materials & Cost Effectiveness
多种壁纸和马赛克的搭配使用使整体表现别具风格，主卧背景墙为大片的国画花鸟图，充满了诗情画意、浪漫雅致。

E 使用效果 Fidelity to Client
超出业主预料，给予高度评价。

Encounter of Light and Shadow

光和影的邂逅

Project Name_Encounter of Light and Shadow
Chief Designer_Qiu Wanxing
Location_Fuzhou Fujian
Project Area_280sqm
Cost_360,000RMB

项目名称_光和影的邂逅
主案设计_邱万星
项目地点_福建 福州
项目面积_280平方米
投资总额_36万元

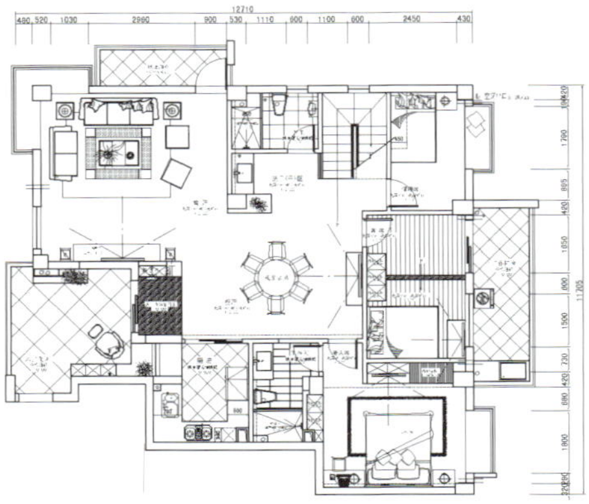

平面图一

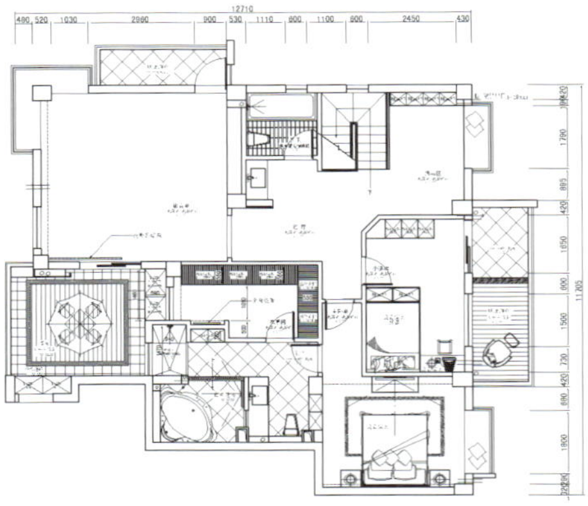

平面图二

邱万星 *Qiu Wanxing*

博客： http:// 26706.china-designer.com
公司： 上海百安居装饰工程有限公司
职位： 福州分公司首席设计师
职称： 室内建筑师、室内设计师

A 项目定位 Design Proposition

追求古朴，自然，时尚。

B 环境风格 Creativity & Aesthetics

整个室内设计没有任何厚重的装饰，浅黄色的主调搭配咖啡色的家具，使居室氛围变得轻盈，淡雅。

C 空间布局 Space Planning

本案是两套单层公寓改造成的一套复式结构。在建筑结构上设计师与业主经过多方的努力及各个相关部门的审批才得以完成该作品。

D 设计选材 Materials & Cost Effectiveness

设计师将古朴，自然，时尚的元素完美的混搭其中，并且着重通过各种材质及元素来表达“光和影的邂逅”的主题，最终才有这般动人的空间气质。

E 使用效果 Fidelity to Client

业主反馈非常舒适，自然，彰显自己的个性。

Black and White Melody

黑白流韵

Project Name_Black and White Melody
Chief Designer_Dong Long
Location_Nanjing Jiangsu
Project Area_180sqm
Cost_1,500,000RMB

项目名称_黑白流韵
主案设计_董龙
项目地点_江苏 南京
项目面积_180平方米
投资总额_150万元

南京DOLONG董龙设计

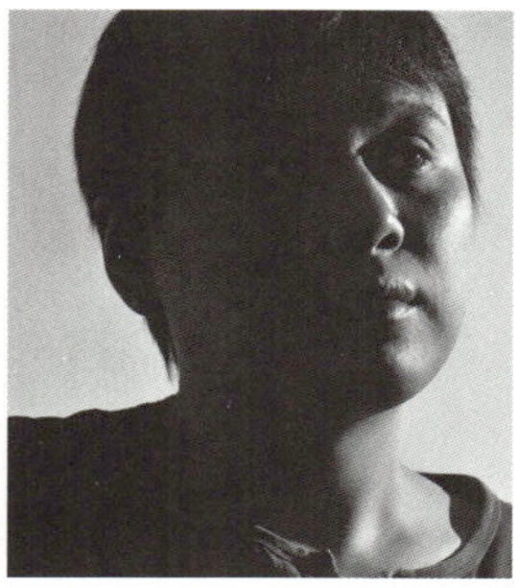

主案设计：董 龙 *Dong Long*

博客：http:// 379561.china-designer.com

奖项：

荣获 2009搜狐“奥特朗杯”第六届中国室内设计明星博客大赛南京赛区“专业组冠军”

2009搜狐“奥特朗杯”第六届中国室内设计明星博客大赛全国专业组铜奖（最佳设计服务奖）

2009中国室内空间环境艺术设计大赛住宅工程类的三等奖

2009南京精品住宅设计作品展最佳家具陈设奖

2009“L&D杯”南京室内设计大奖赛家装工程类一等奖

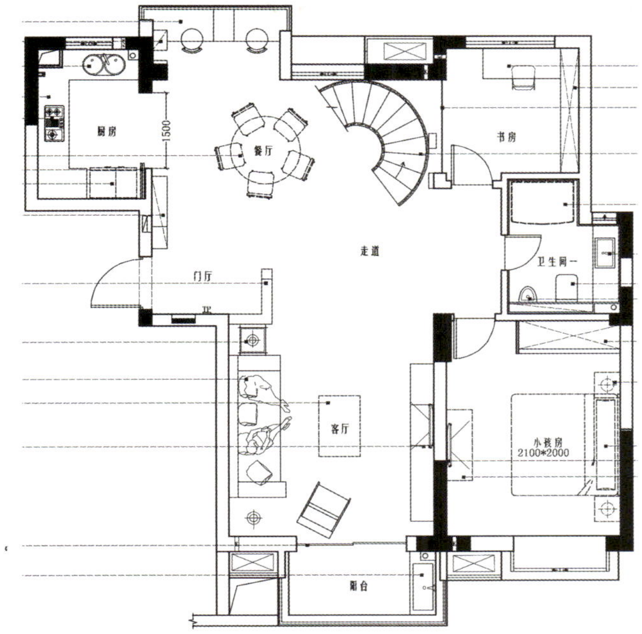

平面图一层

A 项目定位 Design Proposition

在不同的时代，人们对奢华的理解与表现都会有所不同。本案以现代的设计手法与工艺演绎出奢华经典，体现出设计者对现代简约的奢华风格的思考。

B 环境风格 Creativity & Aesthetics

表达上含蓄而内敛，简约中散发着华贵与时尚的气息，满足现代社会中的新贵阶层在艺术与文化精神上的追求。

C 空间布局 Space Planning

奢华有了更宽泛的含义，空间规划上，在满足实用的基础上追求开放与自由，赋予空间层次感和结构美。

D 设计选材 Materials & Cost Effectiveness

品质精良的大理石，富有时尚气息的反光金属材料，再配以现代工艺的钢琴烤漆木饰面，通过不同形式的玻璃类材质丰富空间层次，与浅色基调的空间结构形成对比，再配以现代手法重新演绎的经典家具，饰品，从而营造一个简约大方，雍容华贵，而又充满艺术文化品位的家。

E 使用效果 Fidelity to Client

业主一家非常满意，评价极高。

Taiyuan Simplicity Apartments

太原简约中的丰富公寓

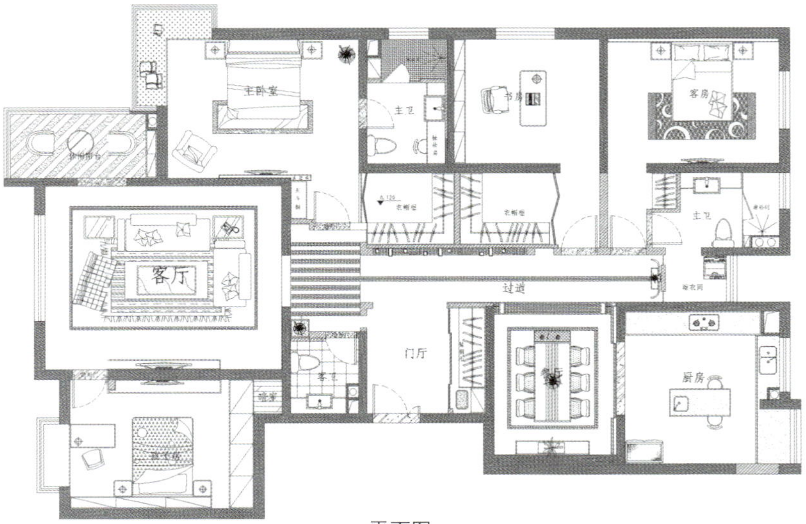

平面图

Project Name_Taiyuan Simplicity Apartments
Chief Designer_Wu Junwen
Location_Taiyuan Shanxi
Project Area_180sqm
Cost_683,000RMB

项目名称_太原简约中的丰富公寓
主案设计_武俊文
项目地点_山西 太原
项目面积_180平方米
投资总额_68.3万元

武俊文 *Wu Junwen*

博客：http:// 508440.china-designer.com
公司：山西满堂红装饰集团
职位：首席设计师
职称：
中国建筑学会室内设计分会 理事
中国室内装饰协会设计专业委员会 委员
奖项：
《鳞鳞居大厦》荣获第三届IFI国际室内设计大赛一等奖
荣获2007年山西省室内装饰行业协会 "山西省十大杰出设计师"
《远古的呼唤》荣获第七届中国国际室内设计双年展酒店类银奖
《单元楼里的大家庭》荣获第七届中国国际室内设计双年展住宅类银奖
《远古的呼唤》荣获海峡两岸四地室内设计大赛创意奖
荣获中国装饰协会20年（1988—2008） "中国室内设计精英奖"
《返土归真》荣获中国室内设计大赛 优秀奖
《家中世界》荣获亚洲室内设计大赛优胜奖等
2009年上海星锐《室内装饰》杂志推荐优秀设计师
项目：
鳞鳞居大厦
太原市中心医院
山西平陆黄河文化家庭驿站
新晋窑
龙观天下别墅群
半山别墅群
五龙湾别墅群等

A 项目定位 Design Proposition
设计紧紧围绕“高品质，合理性”的宗旨。

B 环境风格 Creativity & Aesthetics
风格上具有鲜明的现代简约特征。

C 空间布局 Space Planning
空间上改变原来的生活轴线，以面，线或垂直或延伸向空间平衡点为中心，产生很强的稳定感，同时改变空间狭小封闭的公共部分，以开放的格局出现，改善生活交流、教育等原来封闭的矛盾。

D 设计选材 Materials & Cost Effectiveness
从后期配饰和选材上，使整个细小空间都成为生活艺术的一部分，处处体现希望和追求，如餐，厨部分在一边做饭可一边与孩子进行学习、交流。改善枯燥的生活。相信一板一凳皆生活，一花一木皆艺术。

E 使用效果 Fidelity to Client
高创意设计，低成本制作。得到了业主的一致好评。

Smart Space
灵动空间

Project Name_Smart Space
Chief Designer_Qiu Wanxing
Location_Fuzhou Fujian
Project Area_200sqm
Cost_280,000RMB

项目名称_灵动空间
主案设计_邱万星
项目地点_福建 福州
项目面积_200平方米
投资总额_28万元

邱万星 *Qiu Wanxing*

博客：http:// 26706.china-designer.com
公司：上海百安居装饰工程有限公司
职位：福州分公司首席设计师
职称：室内建筑师、室内设计师

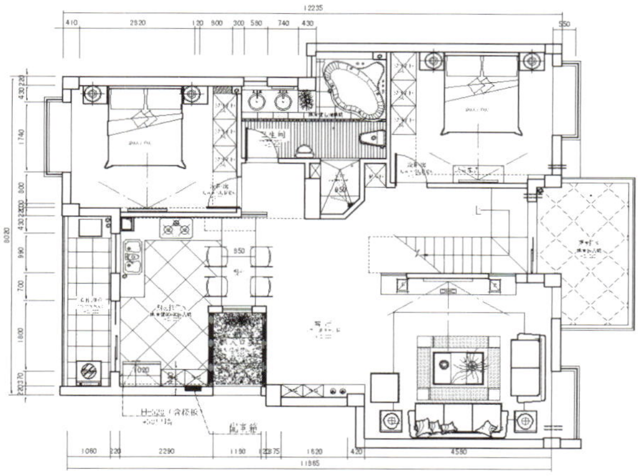

平面图一层

A 项目定位 Design Proposition

新婚的喜悦生活，并绽放着传奇的烂漫。

B 环境风格 Creativity & Aesthetics

丰富了空间的视觉效果，体现了线条的节奏。

C 空间布局 Space Planning

设计师以简约为基调，融合舒适理念，透过亮白与粉紫的色彩，玻璃饰块及彩色纹饰搭配，诱发出一段梦幻般的体验。

D 设计选材 Materials & Cost Effectiveness

材质及平面的流线型设计勾勒出空间的轮廓，制造出视野的流动。

E 使用效果 Fidelity to Client

满意，不仅实用而且体现了业主对生活态度。

Gone with the Wind
飘影

Project Name_Gone with the Wind
Chief Designer_Peng Zhixiong
Location_Xiangtan Hunan
Project Area_180sqm
Cost_130,000RMB

项目名称_飘影
主案设计_彭志雄
项目地点_湖南 湘潭
项目面积_180平方米
投资总额_13万元

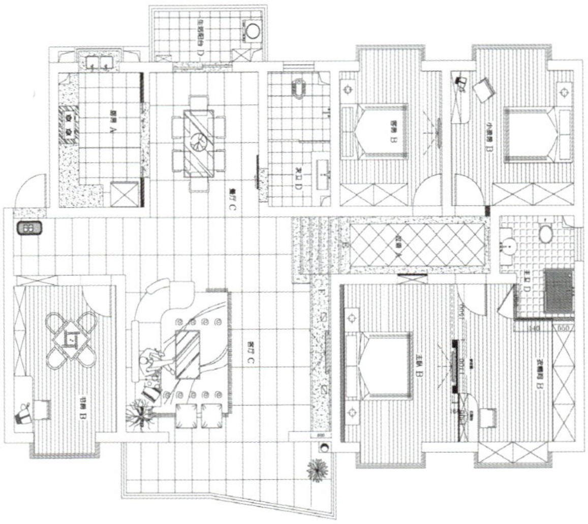

平面图

彭志雄 *Peng Zhixiong*

博客： http:// 477187.china-designer.com
公司： 湖南名帝装饰公司
职位： 设计总监
职称： 中国建筑学会室内设计分会 CIID会员

A 项目定位 Design Proposition
符合业主居住生活需要，特别是黑白色彩的格调，体现业主对生活品质的追求。

B 环境风格 Creativity & Aesthetics
黑白两色的极致的对比，运用更艺术化的表现手法来营造其与众不同的空间感受。

C 空间布局 Space Planning
本案以樱花飘零的感觉，利用黑白虚实，点线面结合构成语言来设计这个空间。楼梯踏步和电视背景墙的整体设计，简单而大气，化解了对栏杆的需要。

D 设计选材 Materials & Cost Effectiveness
爵士白和灰镜的合理搭配，黑白风格特点突出。

E 使用效果 Fidelity to Client
设计主题突出，业主很喜欢。

Shanghai Baoshan French Xuhuiyiyunwan

上海宝山法式旭辉依云湾

Project Name_Shanghai Baoshan French Xuhuiyiyunwan
Chief Designer_King
Location_Baoshan District Shanghai
Project Area_145sqm
Cost_130,000RMB

项目名称_上海宝山法式旭辉依云湾
主案设计_王者
项目地点_上海 宝山
项目面积_145平方米
投资总额_13万元

王 者 *King*

博客：http:// 366897.china-designer.com
公司：王牌设计工作室
职位：负责人
职称：高级室内建筑师

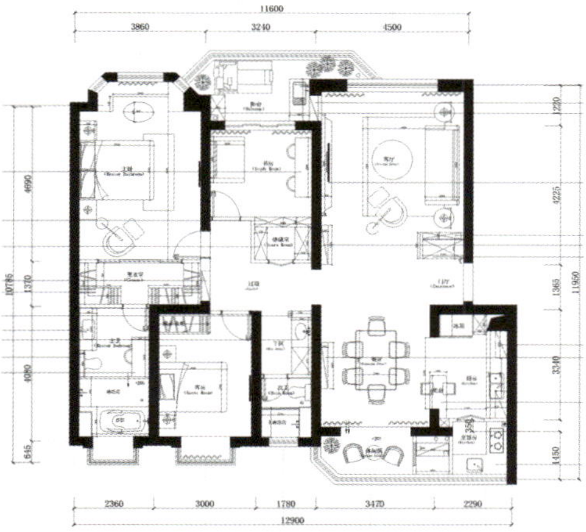

平面图

A 项目定位 Design Proposition

设计风格简欧，没有欧式的繁冗，更加气质、时尚、舒适。

B 环境风格 Creativity & Aesthetics

热闹是绝大部分夫妇喜欢的设计，尤其是餐厅，不惜重金购买的豪华餐桌配上精致优雅的水晶吊灯，这样的点缀更加提升整体质量。

C 空间布局 Space Planning

主卧更衣室的选用镜面移门，利用镜面发射效果让空间感增强，花型背景墙纸让卧室整体增加了一些情趣。次卧布局上面风格化更加明显，干净利落，简洁明了。

D 设计选材 Materials & Cost Effectiveness

设计师用竖条纹的窗帘综合不同色调的沙发，中和了客厅的地砖的冷硬感，体现了家的温馨。

E 使用效果 Fidelity to Client

业主极满意，高度评价。

Wenzhou 'White' Apartments

温州“白色”居家

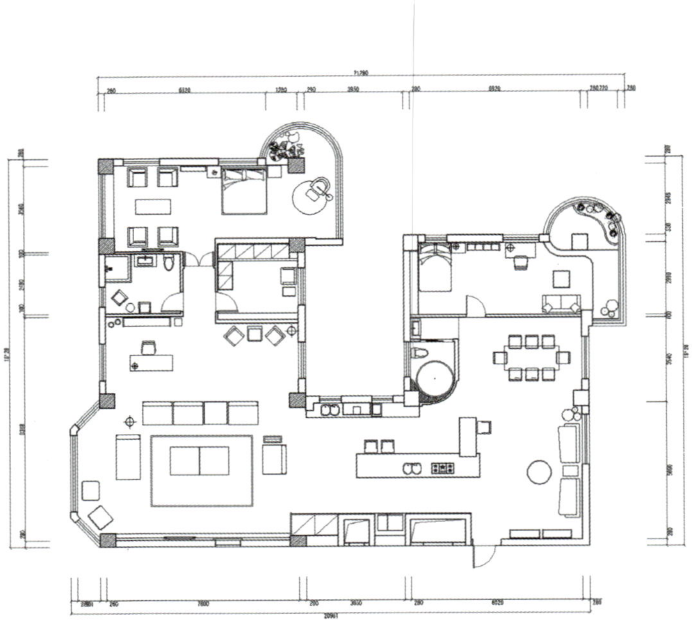

平面图

Project Name_Wenzhou ' White' Apartments
Chief Designer_Li Xiaodu
Location_Wenzhou Zhejiang
Project Area_300sqm
Cost_800,000RMB

项目名称_温州"白色"居家
主案设计_李孝都
项目地点_浙江 温州
项目面积_300平方米
投资总额_80万元

李孝都 *Li Xiaodu*

博客： http:// 489855.china-designer.com
公司： 温州贝克装饰有限公司
职位： 首席设计师
职称：
CIDA中级室内设计师
中国建筑学会室内设计分会 会员
奖项：
2010"亚洲室内设计竞赛中国区选拔赛"优胜奖
2010"亚洲室内设计竞赛"公寓类提名奖
2010"首届中国国际空间环境艺术设计大赛"住宅工程类优秀奖
2010"首届中国国际空间环境艺术设计大赛"住宅方案类二等奖

A 项目定位 Design Proposition

白天的清爽与夜晚温馨浪漫反映着不同的情节，居住过的人都分别在白天、夜晚体会到不同的效果，尽情随性的享受每一个角落。

B 环境风格 Creativity & Aesthetics

现代北欧格调，纯白空间的联想。品味家具与饰品精至的点缀。

C 空间布局 Space Planning

布局大胆打破常规，具有空间穿透性。

D 设计选材 Materials & Cost Effectiveness

现代的装饰元素，不锈钢与漆面的结合给人焕然一新的感觉，石材与布艺的冲击更彰显出现代化的气息。

E 使用效果 Fidelity to Client

业主对最终效果给予高度评价。

HongKong Xiaofengge

香港晓峰阁

Project Name_HongKong Xiaofengge
Chief Designer_Philip Tang
Project Area_Brian Ip / Harvey Tsang
Location_Zhongxi District HongKong
Project Area_120sqm
Cost_1,800,000RMB

项目名称_香港晓峰阁
主案设计_邓子豪
设计团队_Brian Ip / Harvey Tsang
项目地点_香港 中西
项目面积_120平方米
投资总额_180万元

PTang Studio Ltd

天豪设计有限公司

主案设计：邓子豪 *Philip Tang*

博客： http:// 442748.china-designer.com
职位： 设计总监
职称： 英国伦敦大学建筑系获取一级荣誉学位及硕士学位

A 项目定位 Design Proposition

满足业主将空间加大的需求，储物空间少，与外景呼应，融为一体。

B 环境风格 Creativity & Aesthetics

全白的墙身，棕色地板及绿色家具共有大自然感觉，融入室外的大自然中。

C 空间布局 Space Planning

设计师把书房墙拆去，换上玻璃间隔，而书房与睡房之间也开了一个窗。浴室的墙身上方也是玻璃，令空间更一体化。

D 设计选材 Materials & Cost Effectiveness

部分家具用上激光切割技术，部分用上了仿皮，独具特色。

E 使用效果 Fidelity to Client

空间感大增，有度假感，业主非常满意。

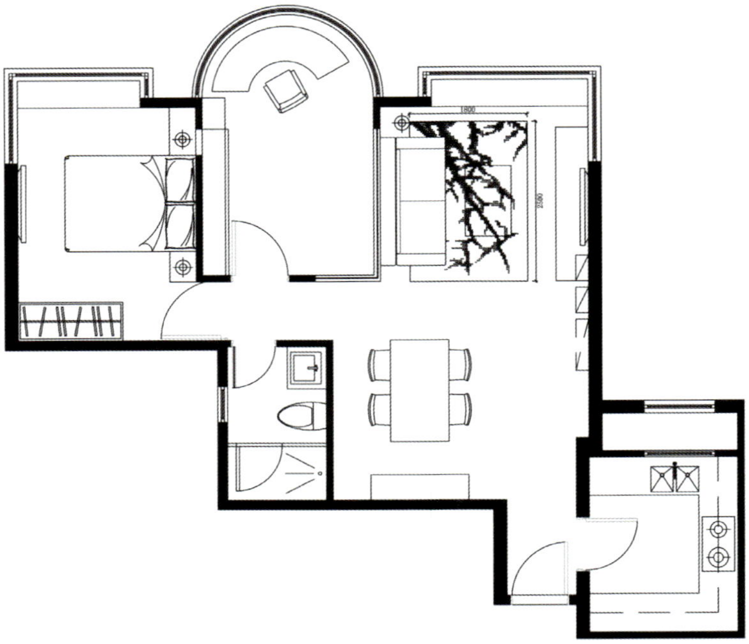

平面图

Xiangtan Napa Valley Apartments--Non-loundary

湘潭纳帕溪谷小区-无界

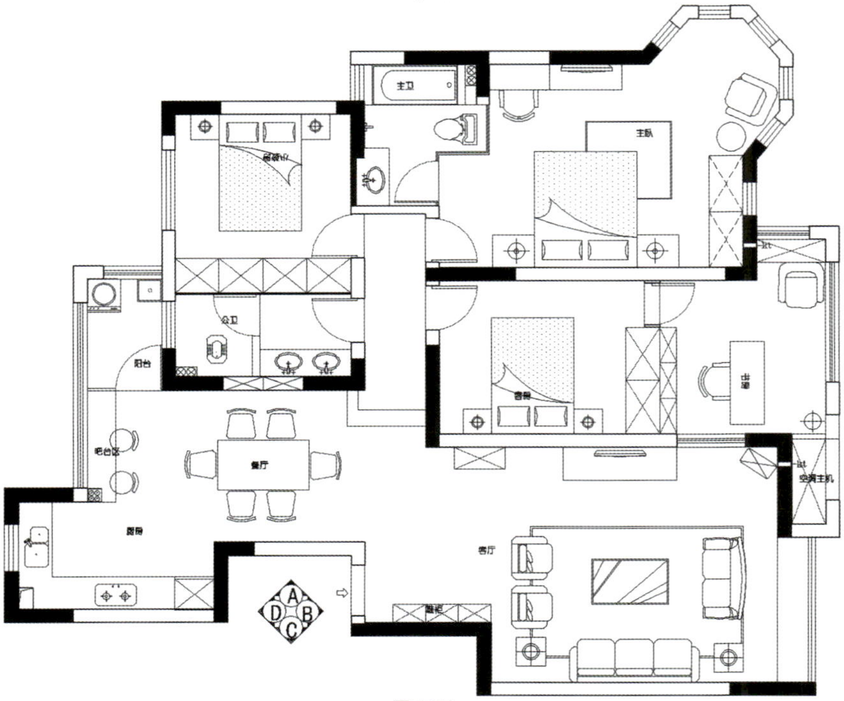

平面图

Project Name_Xiangtan Napa Valley Apartments--Non-loundary
Chief Designer_Deng Yunting
Project Team_Yi Juan
Location_Xiangtan Hunan
Project Area_140sqm
Cost_500,000RMB

项目名称_湘潭纳帕溪谷小区-无界
主案设计_邓云庭
设计团队_易娟
项目地点_湖南 湘潭
项目面积_140平方米
投资总额_50万元

邓云庭 *Deng Yunting*

博客： http:// 484913.china-designer.com
公司： 湖南邓云庭设计事务所
职位： 设计总监
职称： 中国建筑学会室内设计分会 专业会员

A 项目定位 Design Proposition

业主是一位从事艺术工作的小资高雅人士，对审美有着独特的要求与理解，要求体现在现代，时尚，简约，高贵的气质生活。

B 环境风格 Creativity & Aesthetics

在环境风格上本案运用极致的混搭风格，用无界的设计手法诠释现代与高雅，简约与文化的碰撞。水平开敞的流动的空间，在它的空间当中剩下的是空间的品质，剩下材质本身的美感和形体的纯粹，使空间呈现出多元的艺术元素与生活情趣。

C 空间布局 Space Planning

在空间布局上设计师力求合理利用每一寸空间，如：把厨房空间打通和餐厅融为一体，小阳台改成书房和客厅互通，柜体充分利用墙体空间，主卫打通与卧室共享。

D 设计选材 Materials & Cost Effectiveness

运用环保的、科技的、人文的材质，体现美学价值与设计鉴赏，带给受众审美的愉悦。

E 使用效果 Fidelity to Client

业主对最终效果非常满意。

Freehand China
写意中国

Project Name_Freehand China
Chief Designer_Wang Weidong
Location_Shijiazhuang Hebei
Project Area_220sqm
Cost_850,000RMB

项目名称_写意中国
主案设计_王卫东
项目地点_河北 石家庄
项目面积_220平方米
投资总额_85万元

王卫东 *Wang Weidong*

博客：http:// 155253.china-designer.com
公司：东合空间创意设计机构
职位：设计总监
职称：高级室内建筑师
奖项：
2004石家庄首届"福人地板杯"绿色家居室内设计大赛一等奖
2005石家庄第三届绿色家居室内设计大赛优秀奖
2006"金意陶"杯室内应用设计大赛铜奖
2006石家庄第六届建筑装饰设计大赛优秀奖
2009中国室内空间环境艺术设计大赛住宅空间类优秀奖
2009"照明周刊杯"中国照明应用设计大赛石家庄赛区优秀奖
2009石家庄建筑装饰行业优秀设计师
2009箭牌瓷砖杯河北省第二届环境艺术设计大赛家装类一等奖

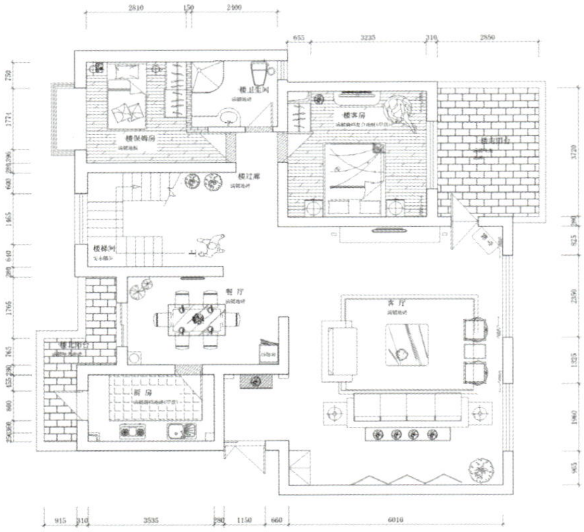

平面图一层

A 项目定位 Design Proposition

本案结合业主需求采用新中式风格为主题来进行构思和深度挖掘。

B 环境风格 Creativity & Aesthetics

设计着重表现现代中式风格，并力求从现代气息中延伸出具有内涵的中国文化。

C 空间布局 Space Planning

设计思路上结合了中国特有的科学风水文化，同时体现了明清时期的装饰要素，同时注重风格背后的本质表达，不仅体现出业主对于空间结构的理解和对中国传统家居文化的认识，而且合理的空间布局规划和恰到好处的家居用品的搭配来表达出这种具有特殊文化气质的东方精神。

D 设计选材 Materials & Cost Effectiveness

中国精神的表达要体现出中国的特有文化，家具及饰品的选择要有主次性，要有时代特色，并能适合设计的需要，比如古典家具，书法绘画，木雕陶瓷等等。并把这些元素通过各自的关系合理有机的融合在一起，避免堆砌和拼凑。

E 使用效果 Fidelity to Client

达到了业主的审美需求与功能需求，业主高度满意。

Beijing Metro International Apartments 3701

北京新城国际3701

Project Name_Beijing Metro International Apartments 3701
Chief Designer_Xie Shaoxian
Project Team_Wang Junhui
Location_Chaoyang District Beijing
Project Area_362sqm
Cost_3,880,000RMB

项目名称_北京新城国际3701
主案设计_谢绍贤
设计团队_王君慧
项目地点_北京 朝阳
项目面积_362平方米
投资总额_388万元

谢绍贤 *Xie Shaoxian*

博客：http:// 491717.china-designer.com
公司：腾飞（香港）空间设计公司
职位：设计总监
职称：英国皇家特许设计师会员

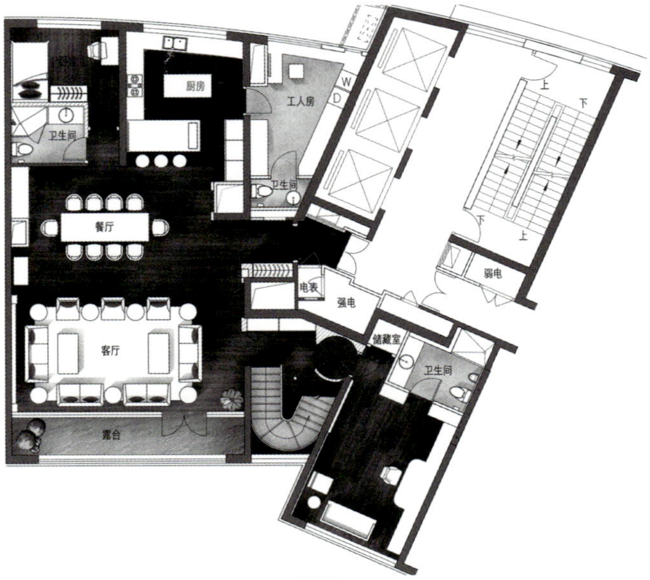

一层平面图

A 项目定位 Design Proposition

美国的丈夫，台湾的太太与一只猫咪，就是这个设计的主题。

B 环境风格 Creativity & Aesthetics

中西合璧，在时尚的架构上还是十分的明显。

C 空间布局 Space Planning

全屋原结构布局奇怪，改良后更见宽敞；台湾太太热爱的和室，在日常生活是家庭厅的一部分，在客人来时就成为客房。

D 设计选材 Materials & Cost Effectiveness

选材大部分应用暖色的木质，映衬出整个空间的舒适感。

E 使用效果 Fidelity to Client

客人特别喜欢这个设计。

Chongqing Sunshine 100 International Metro Apartments

重庆阳光100国际新城

Project Name_Chongqing Sunshine 100 International Metro Apartments
Chief Designer_Tian Jing
Location_Nan'an District Chongqing
Project Area_130sqm
Cost_500,000RMB

项目名称_重庆阳光100国际新城
主案设计_田径
项目地点_重庆 南岸
项目面积_130平方米
投资总额_50万元

田 径 *Tian Jing*

博客： http:// 420518.china-designer.com
公司： 重庆四通装饰工程有限公司
职位： 设计总监
职称：
高级室内建筑师
国际注册室内设计师协会 注册高级设计师
国际注册室内设计师协会 专业级会员
中国建筑装饰协会 高级室内建筑师
中国建筑装饰协会重庆分会 会员
奖项： 2009年中国室内空间环境艺术设计大赛住宅工程类优秀奖

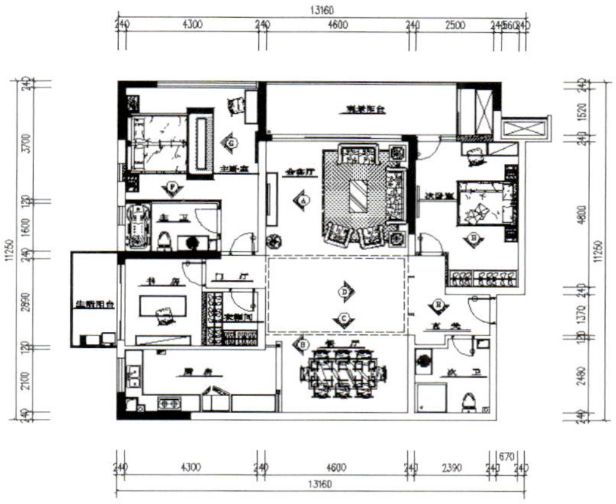

平面图

A 项目定位 Design Proposition

业主对田园风格相当偏爱，本套房屋地理位置面朝长江，正处于两江交汇的地方，环境非常惬意。

B 环境风格 Creativity & Aesthetics

在现代风格建筑的基础上，创造出英式田园的自然与写意，宁静与和谐，恰当的融合了室外与室内的大小环境。

C 空间布局 Space Planning

把狭小的空间通过墙体的改造与木制隔断的区分，呈现出若隐若现的空间错觉与延伸。

D 设计选材 Materials & Cost Effectiveness

大量运用了白色做旧的处理手法，采取了实木做隔断，尽量呈现出自然的元素。

E 使用效果 Fidelity to Client

本套设计不但打造出小环境的休闲，也打造出大环境的写意，充分满足了业主多年来对休闲生活的愿望。

Oriental Flower City

东方花城

Project Name_Oriental Flower City
Chief Designer_Zhu Meng
Location_Wuhan Hubei
Project Area_163sqm
Cost_200,000RMB

项目名称_东方花城
主案设计_祝猛
项目地点_湖北 武汉
项目面积_163平方米
投资总额_20万元

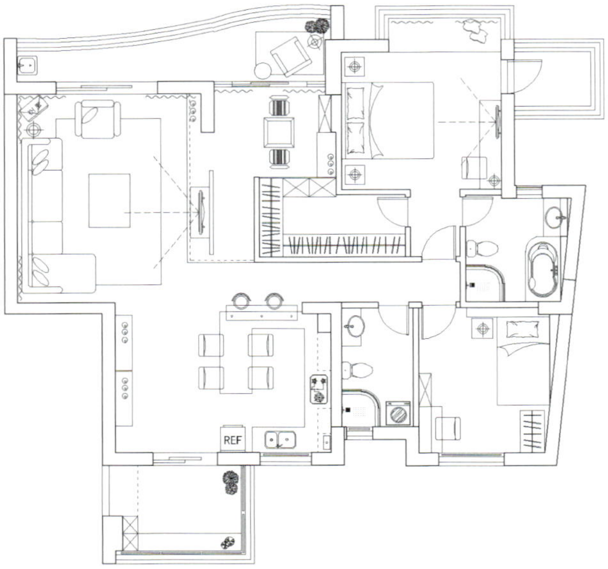

平面图

祝 猛 *Zhu Meng*

博客： http:// 508489.china-designer.com
公司： 武汉市观品室内设计有限公司
职位： 设计总监
职称： 高级室内建筑师

奖项：

武汉DK设计师
2007武汉别墅豪宅家居文化论坛华表奖
2008武汉家居十大明星设计师
2009雷士照明周刊杯优胜奖

A 项目定位 Design Proposition

鉴于客户的个人内涵、修养、气质、以及对设计的需求，表现出其知性美的女性特征。

B 环境风格 Creativity & Aesthetics

整个设计风格简约时尚，体现了这个都市白领的生活起居的特色。

C 空间布局 Space Planning

设计上以后现代风格为主导思想，简约的点线面，表现其理性的思维空间。

D 设计选材 Materials & Cost Effectiveness

对比色及柔和色，配以软化的装饰品，体现女性柔美的一面，质感而不失柔美，个性而又要中性，时尚但不花哨。

E 使用效果 Fidelity to Client

业主对此项目的设计非常满意，给她带来了便捷舒适的生活环境。

Hunan Provincial Government Jiufeng Apartments

湖南省政府九峰公寓

Project Name_Hunan Provincial Government Jiufeng Apartments
Chief Designer_Fang Lusha
Location_Changsha Hunan
Project Area_158sqm
Cost_300,000RMB

项目名称_湖南省政府九峰公寓
主案设计_方路沙
项目地点_湖南 长沙
项目面积_158平方米
投资总额_30万元

方路沙 *Fang Lusha*

博客：http://9415.china-designer.com
公司：长沙市“人与空间规划与设计事务所”
职位：设计总监

职称：
高级室内设计师
中国室内装饰协会 会员
中国陈设艺术专业委员会 会员

奖项：
长沙第一大道时尚厨房——获2006年首届“简一杯”中国别墅、酒店设计精英邀请赛优秀奖
湖南徐记酒店管理有限公司曙光路分店——获2006年第三届“欧神若杯”瓷砖设计应用，款式花色大奖赛优秀奖

项目：
美国西部牛仔烧烤城成都领事馆店
长沙蓉泰大酒楼总店
长沙DD酒吧
杭州美国西部牛仔自助火锅城
湖南徐记海鲜伍家岭店
长沙和园茶府
银川宁夏人民大会堂后台及接待厅
长沙大蓉和酒店迎宾路店
大连四星戴斯大酒店
银川西湖宾馆
北京金莎苑海鲜酒楼等

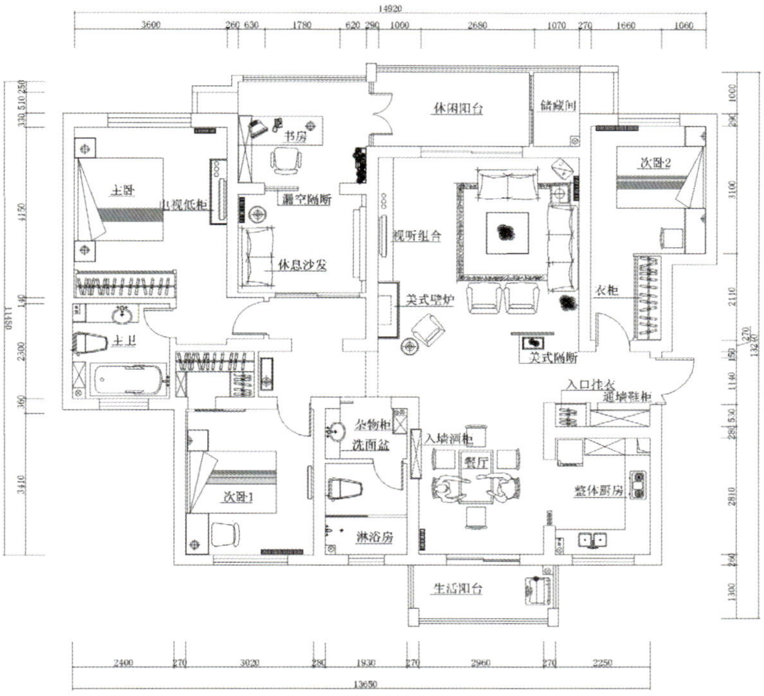

平面图

A 项目定位 Design Proposition

低调：隐藏，不平庸，不争强好胜，不引人注目，谦虚忍让，名利观淡泊。 奢华：奢侈华丽，在这里代表一种生活态度，跟金钱没关系，这是一种积极的处世态度，极力追求个人生活品质的提高，从而鞭策自己更加努力。低调奢华是从容的面对高品质生活。

B 环境风格 Creativity & Aesthetics

在灯火辉煌的城市里，端一杯茶，安静地从窗口眺望，任外面车来车往，家里淡然平和，黄色暗花的墙纸，薄纱的窗帘，水晶灯的剔透闪光，白色的隔断优雅地站立着。在匆忙的工作和生活中，感受家的惬意温暖。将精致与闲适漫不经心地对撞。低调中的平和，让你走近它。

C 空间布局 Space Planning

布局注重功能与设计的完美结合，在风格上既有欧式的家具，又有中式的镂花隔断，华而不奢、丽而不骄。

D 设计选材 Materials & Cost Effectiveness

本方案主色调采用黄色暗花墙纸、白色喷漆构件与咖啡色木地板勾勒经典怀旧气氛，用水晶灯点亮渴望。材料上用茶镜、大理石、软包使空间生动而富有变化，绿色的植物散发着勃勃生机。

E 使用效果 Fidelity to Client

低调中的奢华，奢华中的低调，花开彼岸，花落幽香。业主高度评价。

Mixed Emotional Space

混搭情绪空间

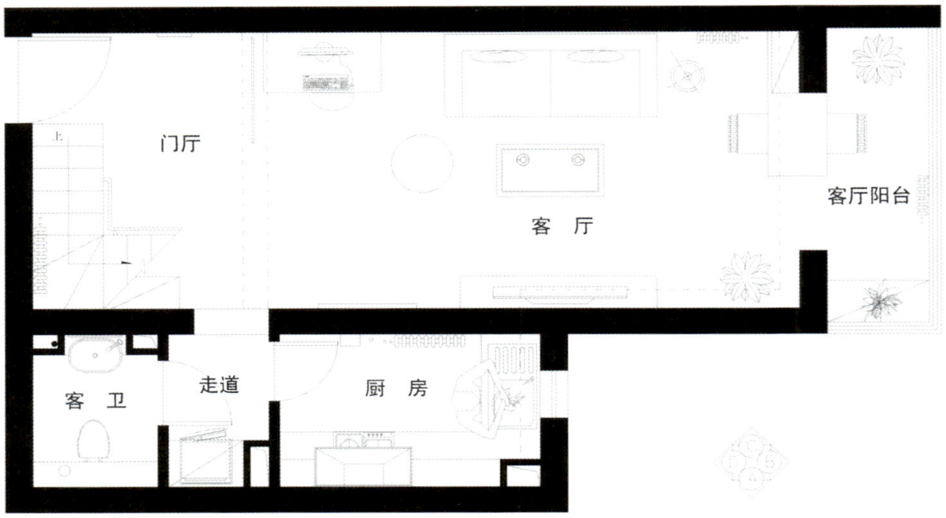

一层平面图

Project Name_Mixed Emotional Space
Chief Designer_Lv Aihua
Location_Dongcheng District Beijing
Project Area_160sqm
Cost_330,000RMB

项目名称_混搭情绪空间
主案设计_吕爱华
项目地点_北京 东城
项目面积_160平方米
投资总额_33万元

吕爱华 *Lv Aihua*

博客： http:// 310769.china-designer.com
公司： 北京尚界装饰有限公司
职位： 首席设计师
奖项：
2006年获国内首届室内设计观摩展优秀奖
2006年中国十佳住宅设计师优秀奖
2007年创立北京尚界装饰有限公司
2009年获得中国空间环境艺术设计大赛入围奖
2010年获得全国十佳配饰设计师奖等众多奖项

SHOW DESIGN

A 项目定位 Design Proposition

业主是一对年轻的新婚夫妇，个性时尚，想尽多的享受二人世界，但又喜欢家人、朋友一起欢聚。

B 环境风格 Creativity & Aesthetics

整体色调呈中性色，基本以灰、白、棕为主，为了增加新房的喜气，在局部空间的设计上加入了喜庆的色彩。

C 空间布局 Space Planning

原本是一套格局紧凑的复式三居室，由于是老房子所以在设计上会有所受局限，一层作为公共空间的客厅、餐厅打掉原有的隔断改成通透的空间，二层更改了局部空间使一些狭小的空间使用起来不那么局促，在细节上如保留二层原有的挑高卧室、把露台改造为阳光房等。

D 设计选材 Materials & Cost Effectiveness

玄关的玻璃隔断与壁纸的相呼应，给人一种树影婆娑的浪漫感觉；楼梯踏步的马赛克与板材的结合，增强层次感；白色素砖和报纸纹砖使狭小的卫生空间个性而明亮；卧室与起居室间的过道采用了大胆的深色壁纸，增添了几分空间的私密性；阳光房的实木餐桌借助大理石平台，既可以拉出容纳多人，又可以推进去节省空间。

E 使用效果 Fidelity to Client

改造后的阳光房有了足够的聚会空间，业主在完工之后就迫不及待的招待朋友、家人欢聚，共同分享新房的甜蜜和幸福。

Project Name_Suzhou Black and White Space
Chief Designer_You Weizhuang
Location_Suzhou Jiangsu
Project Area_138sqm
Cost_130,000RMB

项目名称_苏州黑白空间
主案设计_由伟壮
项目地点_江苏 苏州
项目面积_138平方米
投资总额_13万元

由伟壮 *You Weizhuang*

博客： http:// 257999.china-designer.com
公司： 百姓装饰A3设计工作室
职位： 首席创意总监
职称：
IFDA国际室内协会 注册高级设计师
中国室内装饰协会 会员
中国室内装饰注册室内设计师
奖项：
2009年，中国室内空间环境艺术设计大赛一等奖
2009年，作品入选交换空间家装气象站
2009年，奥特朗设计大赛南京赛区最佳团体奖
2009常熟最具影响力十大风云人物
2009南京精品住宅设计作品展一等奖
2009年，苏州华耐杯最佳设计师大奖
2008威能杯南京赛区金奖
2008威能杯全国大赛银奖
2008设计大赛最佳创意奖
项目：
江苏常熟市滨海实业办公楼
江苏省太仓华侨花园
江苏省常熟市八号时尚广场
江苏省常熟市八号商务会所
江苏省常熟市雅兰美地别墅（多套）
江苏省常熟市名流世纪庄园（多套）
江苏省常熟市国美山庄（多套）
江苏省常熟市康乐苑别墅等

Suzhou Black and White Space

苏州黑白空间

A 项目定位 Design Proposition

主人追求个性，厌倦城市生活及节奏太快的工作，希望家能让心情放松，女主人表达了她对新居的憧憬和选择。

B 环境风格 Creativity & Aesthetics

这套作品最突出的就体现在这顶面和圆形的灯上，顶面的圆有三层之多，一层一层的圆，高度不同，它反而突显了房间的层高而感觉并不压抑，并且空调的出风口也巧妙的隐藏在里面了，客厅、餐厅及沙发后面的壁灯造型都是相同的。

C 空间布局 Space Planning

整个空间都是正方形的圆，只有客厅和阳台之间的造型是椭圆形的，是为了拉大视觉的破点。地面采用地板和地砖的结合，做成环绕的弧形，同时抬高地板，也烘托出沙发背景和电视背景，电视背景的软包巧妙的隐藏了次卧的门。主卧同样充满了“缘”，天花板用一黑一白的两个同心圆，配合星星点点的射灯，宛如浪漫的夜。

D 设计选材 Materials & Cost Effectiveness

主卧的背景灵感来源于俄罗斯方块，黑白的对比让空间散发出活跃的张力。餐桌墙面的处理用带有珍珠光泽的马赛克做成波浪造型，现代时尚又动感。整个的沙发部分是为了配合设计主题，沙发是用木工板加软包现场制作的。

E 使用效果 Fidelity to Client

在这个喧嚣而满负的城市里，寻找着一个属于自己的空间，是低调的奢华，亦或是寂静的张扬。给业主提供了一个舒适轻松的生活环境，业主极满意。

Project Name_Colorful Score
Chief Designer_He Qianwei
Location_Huainan Anhui
Project Area_70sqm
Cost_100,000RMB

项目名称_五色音谱
主案设计_贺钱威
项目地点_安徽 淮南
项目面积_70平方米
投资总额_10万元

Colorful Score
五色音谱

LA.H
贺钱威设计事务所
LA.H InteriorDesign

LA.H 贺钱威室内设计有限公司

主案设计：贺钱威 *He Qianwei*

博客： http:// 39284.china-designer.com
职位： 总设计师
职称：
中国建筑装饰协会设计委员会 委员
ICIAD国际室内建筑师与设计师理事会 理事
IFI国际室内建筑师
设计师联盟专业会员
CIID中国建筑学会室内设计专业会员
奖项：
2010年荣获"中国杰出的中青年室内建筑师"称号
荣获"首届中国国际空间环境艺术设计大赛筑巢奖"三等奖
IDCF2008年度国际设计大奖住宅/样板房类金奖、办公空间类铜奖
IAIC亚太室内设计双年大奖赛佳作奖
CIDA第七届中国国际室内设计双年展 银奖、铜奖
广州国际设计周"赢在设计"2006-2007年度精英人物
金羊奖－2008年度中国十大室内设计师等等

A **项目定位** Design Proposition

这是一套复式的小空间，30多平方米的地面面积考验设计师对空间和视觉的掌控能力，如何克服小空间带来的狭隘感和视觉困顿，成为设计者必须首先解决的问题。

B **环境风格** Creativity & Aesthetics

在这个空间中，设计者沿墙打造了一个巨大的陈列架，除了以此抵消原本空间的"小感"之外，最重要的是其中多彩夹膜玻璃的使用，丰富了整个空间的视觉构成。红、蓝、橙、青、绿五色错落有致的分布在白色的柜架上，仿佛五线谱上跳动的音符，传达出一种流畅的节奏和意境，给人带去惬意的心情和浪漫的情调。

C **空间布局** Space Planning

这套住宅采用了敞开式的空间设计概念，上下二层除了必要的私密空间，全无阻隔，而且在客厅位置，设计者将上下二层打通，形成挑高的格局，带给人"小空间、大气魄"的感觉，而从顶部垂下的水晶灯，以及它所折射的璀璨光芒，将浪漫的气息辐射到整个空间。

D **设计选材** Materials & Cost Effectiveness

卫生间的玻璃天花设计依然贯穿了"大"的思想，而厨房和餐桌的简洁设计则是为了平衡功能与空间的矛盾。

E **使用效果** Fidelity to Client

时尚，业主满意度很高。

Xiamen Fashion International Residence

厦门时尚国际住宅

Project Name_Xiamen Fashion International Residence
Chief Designer_Ou Hui
Location_Xianmen Fujian
Project Area_90sqm
Cost_200,000RMB

项目名称_厦门时尚国际住宅
主案设计_欧慧
项目地点_福建 厦门
项目面积_90平方米
投资总额_20万元

厦门慧驰装饰设计有限公司

主案设计：欧 慧 *Ou Hui*

博客：http:// 4746.china-designer.com
职位：设计总监及合伙人
职称：
高级室内建筑师
工艺美术师
中国建筑装饰协会 会员
中国建筑及室内设计师网 推荐设计师
IAI亚太建筑师与室内设计师联盟 资深会员
项目：
漳州华安远光制釉厂（办公综合楼外观及室内设计）
厦门亚马迅巴西烤肉餐厅（石狮店）
厦门瑞景公园5#楼黄宅
厦门米兰春天22#蔡宅
厦门喜乐福台湾美食餐厅（嘉禾店）
Judy's café（鼓浪屿店）
kstina（吉思堤那）高挡服装专卖店
厦门亚马迅巴西烤肉餐厅厦禾分店
深圳德卡科技有限公司写字楼等

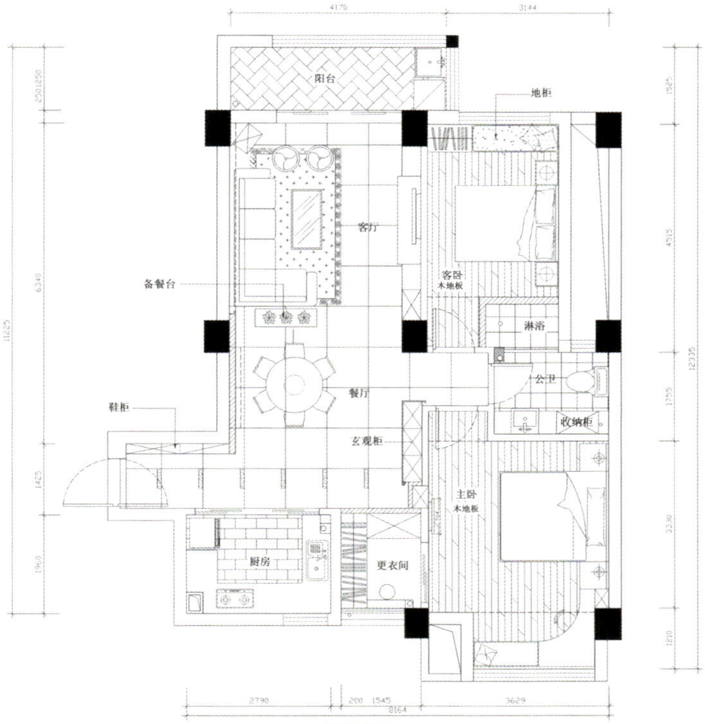

平面图

A 项目定位 Design Proposition

业主一个人生活，工作性质决定对生活的高要求和高品味。

B 环境风格 Creativity & Aesthetics

风格上时尚简约为主，给予自由发挥的空间，大方自然。

C 空间布局 Space Planning

空间布局基本不变，增强入户走廊的实用性和装饰性，克服业主对建筑结构上的不满。

D 设计选材 Materials & Cost Effectiveness

利用玻璃灰镜增加窄小空间的视觉扩展。客厅沙发墙以及卧室背景墙灯光的运用给人温馨感，小装饰品的无孔不入给予轻松地居家感。

E 使用效果 Fidelity to Client

完成后的效果业主非常满意，特别是她认为最不喜欢的结构都变成设计精彩点。

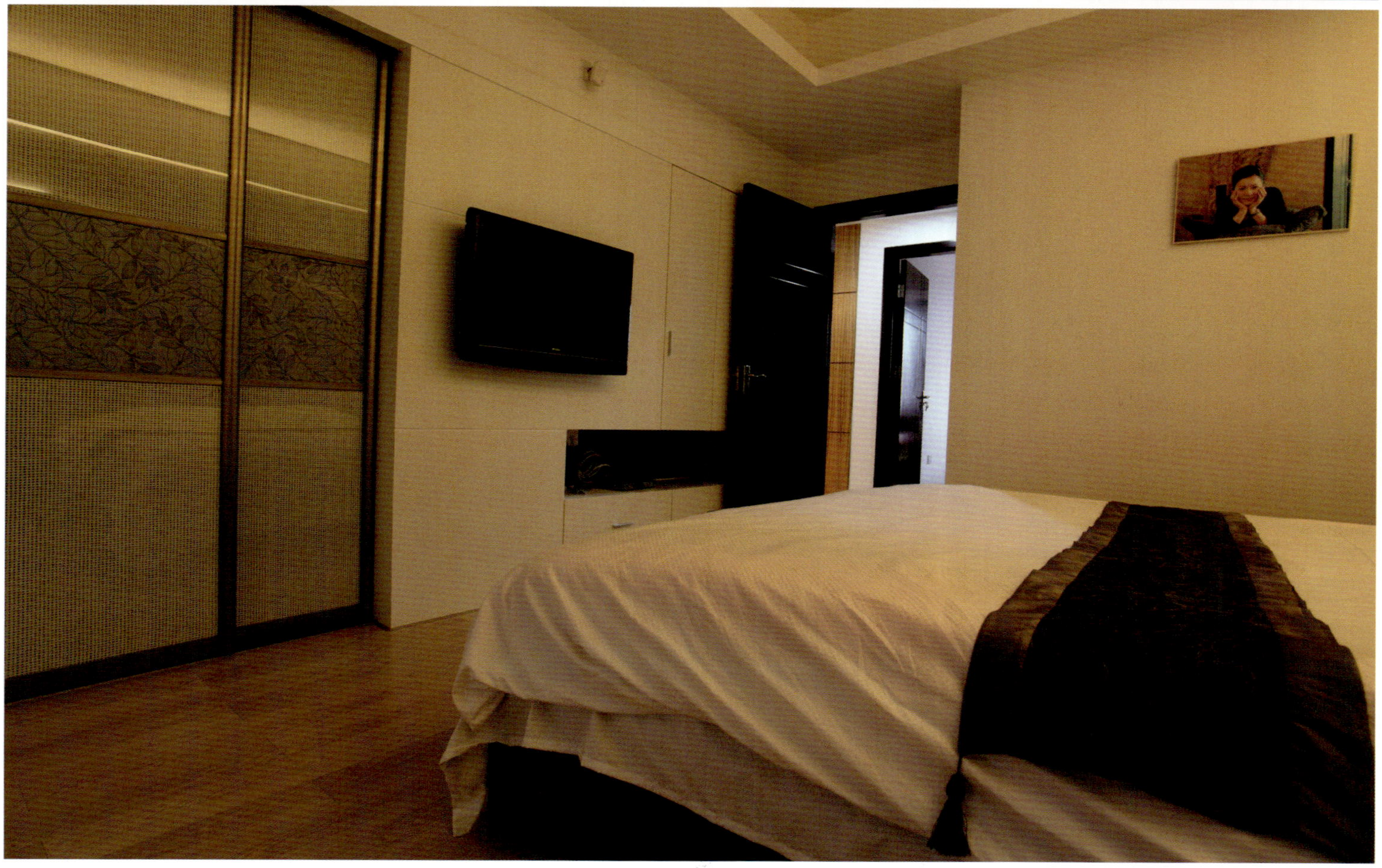

Timeless Fashion Dalian Times Square Boutique Apartments

永恒时尚大连时代广场精装公寓

Project Name_Timeless Fashion Dalian Times Square Boutique Apartments
Chief Designer_Zhang Jian
Project Team_Guo Jia / Li Yu / Zhou Haitao / Li Saifei / Yan Xiangzhi / Yang Dapeng
Location_Zhongshan Disrtict Dalian
Project Area_120sqm
Cost_550,000RMB

项目名称_永恒时尚大连时代广场精装公寓
主案设计_张健
设计团队_郭佳 / 李禹 / 周海涛 / 李赛飞 / 阎湘之 / 杨大鹏
项目地点_大连 中山
项目面积_120平方米
投资总额_55万元

张 健 *Zhang Jian*

博客： http:// 11127.china-designer.com
公司： 大连工业大学艺术与信息工程学院
职位： 专业教师
职称：
高级室内建筑师
中国建筑装饰协会设计委员会 委员
中国高校美术家协会 理事
辽宁建筑装饰协会 会员
所获奖项：
2010年，2009-2010年度杰出设计师
2010年，首届全国室内墙艺设计大赛特等奖
2009年，设计作品评选为中国“最具商业价值”设计50强作品
2008年，第七届中国国际室内设计双年展铜奖

A 项目定位 Design Proposition

业主为时尚人士，在满足功能基础上，在空间装饰上选用黑白灰色调为主题，尝试空间的永恒，进而实现空间的价值。

B 环境风格 Creativity & Aesthetics

黑白灰配以香槟金色，时尚且雅致。简欧新古典，丰富却不繁乱。

C 空间布局 Space Planning

合理利用空间，将主卧打造出换衣间，更方便且实用。玻璃的墙面，使客卧变得通透，不在阴暗。

D 设计选材 Materials & Cost Effectiveness

同一空间变化的壁纸，使空间中的主次更加分明，和谐统一。天然石材使得空间更具品味。绒面窗饰及布面沙发与水晶灯饰，衬托摩登的靓丽精彩。

E 使用效果 Fidelity to Client

业主对最终效果很满意，高度评价。

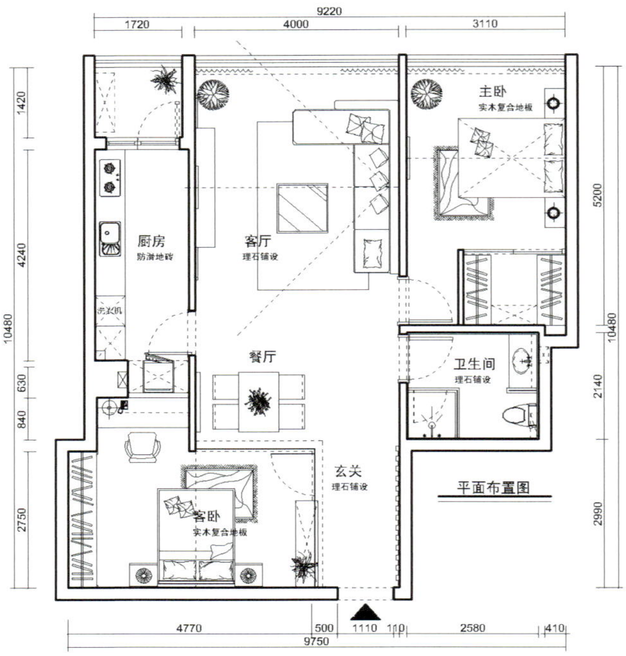
9220
1720
4000
3110
主卧
实木复合地板
厨房
防滑地砖
客厅
理石铺设
餐厅
卫生间
理石铺设
玄关
理石铺设
客卧
实木复合地板
平面布置图
1420
4240
10480
630
840
2750
5200
10480
2140
2990
4770
500
1110
110
2580
410
9750

平面图

Li's Apartments
李公馆

Project Name_Li's Apartments
Chief Designer_Yang Yinying
Location_Chaoyang District Beijing
Project Area_205sqm
Cost_25,000,000RMB

项目名称_李公馆
主案设计_杨尹赢
项目地点_北京 朝阳
项目面积_205平方米
投资金额_2500万元

邱德光設計事務所
T.K. CHU DESIGN GROUP

邱德光设计事务所

主案设计：杨尹赢 *Yang Yinying*

博客： http:// 512418.china-designer.com
职位： 经理设计师
职称： 高级室内建筑师
项目：
大陆北京naga上院
北京星河湾
广州四季酒店等

A 项目定位 Design Proposition
项目表现出贯穿古今、中西融合的空间美学，传达当代中国君子之精神、当代中国大家之风范，经营出住宅博物馆的气度之作。

B 环境风格 Creativity & Aesthetics
设计师对于此案也并不是以一般的室内空间设计案处理，而是以“生活博物馆”的高度来做设计，展现设计大家的风范。

C 空间布局 Space Planning
甫入玄关，眼前立即揭示了此案一贯的简约Art Deco东方美学设计，以Art Deco风格设计的玄关柜，上方是为古董家具的佛龛，巧妙融合东西风格，从玄关通往厅堂的走廊，则摆设艺术品宛如艺廊，开展全案的艺术气息。

D 设计选材 Materials & Cost Effectiveness
大厅堂中的家具、家饰摆设，全部是古今混搭，以玻璃扶手、银箔和钢板结构体锻造的楼梯，彷佛就像一件现代雕塑，更衬托出此案浑然的艺术气息，以意大利黑金纹石打造的壁炉与壁面，也是亮体之一，巴洛克风格的壁炉摆放中国古董，营造引人入胜的绮丽风景。西式书桌与明式椅并置，而西式沙发后方是中式案几、柜，呈现出当代中国文人的书卷气质，处处显露中西共处的智慧，不但不冲突，且甚为搭衬。

E 使用效果 Fidelity to Client
此案融合中国传统文化精髓、西洋当代艺术概念与现代机能生活，塑造出满溢当代中国文人气息的收藏家住所，业主非常满意。

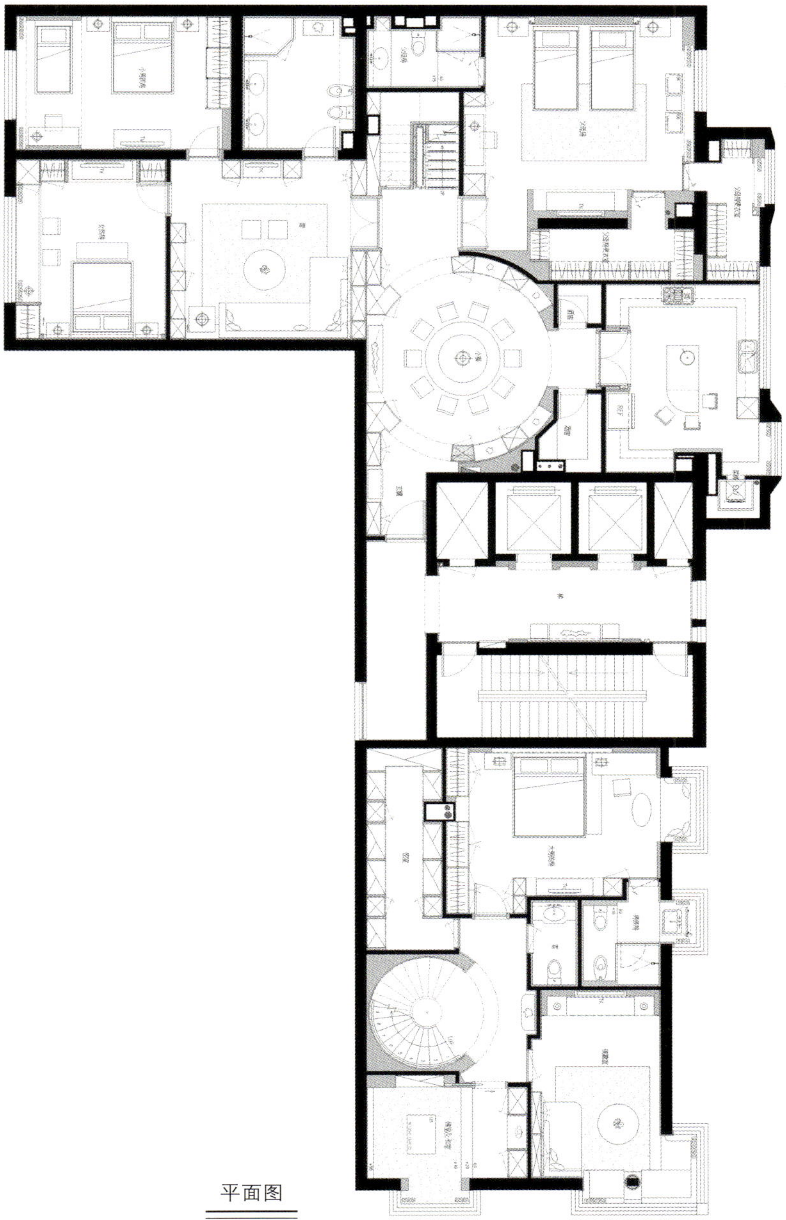

平面图

所居廣漠之間
自謂羲皇以上

D+B
DESIGN+BRANDS FAIR
国际建筑装饰设计+选材博览会

国际建筑装饰设计+选材博览会〈D+B博览会〉主题评选

JINTANGPRIZE 金堂奖

2010 CHINA-DESIGNER 中国室内设计年度评选

CHINA INTERIOR DESIGN AWARDS 2010

姜 涛 *Jiang Tao*
Xi'an Yajian Golf 7# Course Villa
西安亚建高尔夫7号球场别墅

屈慧颖 *Qu Huiying*
Chongqing Spring Forest Sea Villa
重庆小泉森林海别墅

庄 磊 *Zhuang Lei*
Zen Villa Oujingyuan 363#
禅意宅邸欧景园363#

朱赞浩 *Zhu Zanhao*
Hangzhou Vanke Villa in Liangzhu Culture Village
杭州万科良渚文化村别墅

GOOD DESIGN OF THE YEAR VILLA

年度优秀别墅空间

廖昕曜 *Liao Xinyao*
Nanjing American villa
南京美式别墅休闲生活

邓子豪 *Philip Tang*
HongKong Xindeyuan Villa
香港新德园别墅

范 魁 *Fan Kui*
Beijing Bishui Manor Villa
北京碧水庄园别墅

武俊文 *Wu Junwen*
Taiyuan Family World Villa
太原家中世界别墅

由伟壮 *You Weizhuang*
Suzhou Jinfeng Garden
苏州金风花园

应海洋 *Ying Haiyang*
Shanghai Santaluz Villa
上海圣塔路斯别墅

祝建深 *Zhu Jianshen*
Taizhou Jingyuan Garden Villa
台州景元花园别墅

Xi'an Yajian Golf 7# Course Villa

西安亚建高尔夫7号球场别墅

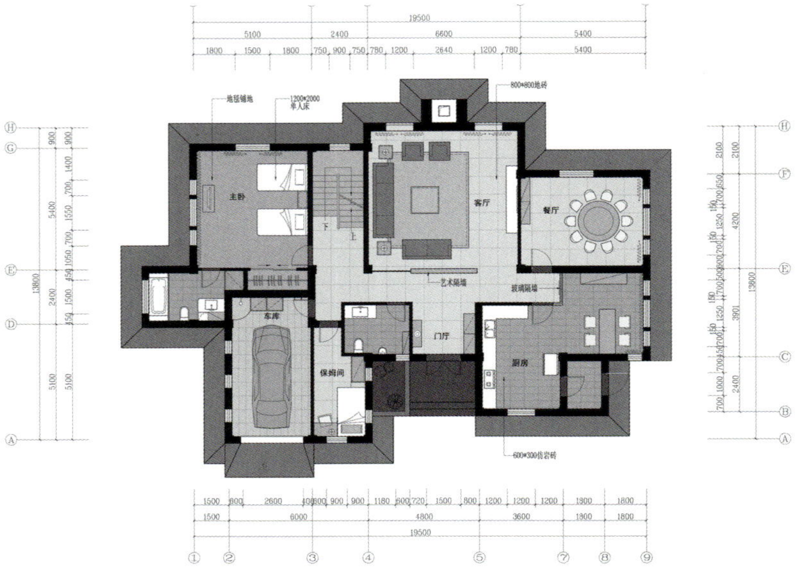

一层平面图

Project Name_Xi'an Yajian Golf 7# Course Villa
Chief Designer_Jiang Tao
Location_Xi'an Shanxi
Project Area_800sqm
Cost_2,100,000RMB

项目名称_西安亚建高尔夫7号球场别墅
主案设计_姜涛
项目地点_陕西 西安
项目面积_800平方米
投资总额_210万元

姜 涛 *Jiang Tao*

博客：http:// 157337.china-designer.com
公司：陕西新大空间装饰设计有限公司
职位：总经理兼设计总监
职称：甲级施工企业资质证书和室内装饰设计资质证书
奖项：

2003年12月，公司被评为西安装饰行业“优秀企业”。

2004年，姜涛本人被评为陕西省优秀青年兴业领头人。

2005年1月，公司荣获2004年度装饰行业优秀企业。

2006年12月姜涛本人被评为“第十届陕西省优秀青年企业家”

2008年4月在第三届中国国际设计艺术观摩展中，姜涛荣获2007年度设计艺术推动奖。

2009年7月获得“西安市建筑行业突出贡献奖”同年8月公司“绵州酒店纬一街店”的建筑装修装饰施工工程项目获得“雁塔杯”。

2010年6月荣获“2010照明周刊杯”中国照明应用设计大赛西北赛区“三等奖”。

A 项目定位 Design Proposition

前期与业主沟通在室外新增加了新建泳池、浅水景观池、观景亭，外形式上保持与别墅外观一致的简欧风格，并依托地形错落排布，疏密有秩，相映成趣。

B 环境风格 Creativity & Aesthetics

这里有西北最大的高尔夫球场，和多功能俱乐部。7号别墅在球场以北的别墅群，原建筑为欧式外观，所处的位置在靠近山坡，园林景观相对重要。

C 空间布局 Space Planning

负一层酒吧采用下沉空间设计，在突出酒吧围和感的同时也弥补了空间高度的不足；一层为餐厅、会客厅、厨房、客房，原客厅南侧墙体只留一小门洞，后改造为两侧通透只留中间一处砂岩景墙，显出客厅的气度与空间上的舒展连贯；二层主人房、男孩房依据业主的生活习惯协调整体空间设计，突出舒适典雅之感。

D 设计选材 Materials & Cost Effectiveness

地面和墙面公共部分采用米色大理石，进口壁布。家具选用简欧风格、饰品、装饰画、窗帘等结合欧式灯具，体现低调奢华与大气。二层为主人卧室、次卧和两间客房。设计力求温馨时尚，材料选用木地板和墙纸搭配。灯光以实用人性化为主导，去掉了繁琐的灯具和刺眼的射灯。

E 使用效果 Fidelity to Client

客户很满意，高度评价。

Project Name_Chongqing Spring Forest Sea Villa
Chief Designer_Qu Huiying / Ran Xu
Location_Banan District Chongqing
Project Area_160sqm
Cost_1,200,000RMB

项目名称_重庆小泉森林海别墅
主案设计_屈慧颖 / 冉旭
项目地点_重庆 巴南
项目面积_160平方米
投资总额_120万元

Chongqing Spring Forest Sea Villa

重庆小泉森林海别墅

屈慧颖 *Qu Huiying*

博客： http:// 501362.china-designer.com
公司： 重庆旋木室内设计有限公司
职位： 设计总监

冉 旭 *Ran Xu*

公司： 重庆旋木室内设计有限公司
职位： 设计总监

奖项：

重庆小泉森林海别墅——2010中国<上海>国际建筑及室内设计节"金外滩"奖最佳饰品搭配奖优秀奖

重庆市北部新城柏林公园建设成果展示厅——IFI首届国际室内设计大赛暨"华耐碑"中国室内设计大奖赛佳作奖——2006中国<上海>国际建筑及室内设计节"金外滩"奖创新设计最佳奖提名奖

重庆城市投资大厦办公楼——IFI首届国际室内设计大赛暨"华耐碑"中国室内设计大奖赛佳作奖

重庆庆铃对外会议中心——IFI首届国际室内设计大赛暨"华耐碑"中国室内设计大奖赛佳作奖

重庆星河城——IFI首届国际室内设计大赛暨"华耐碑"中国室内设计大奖赛佳作奖

项目：

上海恒隆广场尚渝餐厅
中国味道概念餐厅
FOX酒店
重庆洪崖洞大酒店
重庆川剧艺术中心
重庆国泰艺术中心
重庆劲力酒店保利夜总会
台湾矽统科技办公楼
重庆国际信托投资有限公司办公楼等

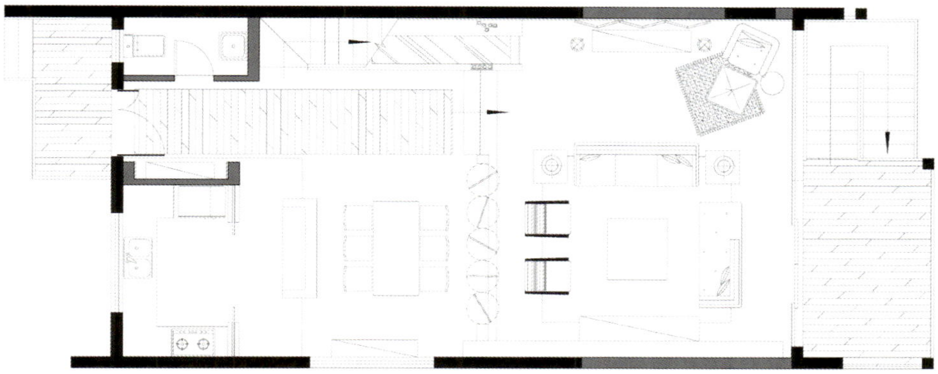

一层平面图

A 项目定位 Design Proposition

从设计的角度来说，要做一个有中国情绪的住宅，传统与现代的完美关系是最大的挑战，太具象，是仿古的中国室内空间，太抽象，不能表达中国气质。

B 环境风格 Creativity & Aesthetics

通过仔细分析、筛选、否定和梳理，结合建筑的风格、地理环境和客观条件、业主的性格特点和文化背景，我们抓住现代住宅这个“核”，在东方禅意生活的基调上，试着让传统的元素诗意地融入现代生活空间，使用克制的色彩，摒弃繁复的细节，最大限度尊重客观建筑条件以达到居住与自然的最佳融合，使这栋方盒子住宅婉转清丽、淡泊隽永，质朴动人。

C 空间布局 Space Planning

这是一个自然与生活水乳交融的宁静空间，“云无心以出岫，鸟倦飞而知还”，在雾霭重庆的山林中，听雨、品茗、挥霍阳光空气，找到心灵深处最能打动你的那道风景。

D 设计选材 Materials & Cost Effectiveness

米白色亚麻布上的水墨，让客厅的电视和厨房在不使用时都隐于其后；黑色如镜的地面、水泥的台面和墙面、砖红色厚实的电视墙，在微风吹起树影时也变得摇曳生姿；温暖的实木百叶，梳子一样让阳光和空气穿过。

E 使用效果 Fidelity to Client

业主对此项目的设计非常满意，给他们带来另一个舒心的生活环境。

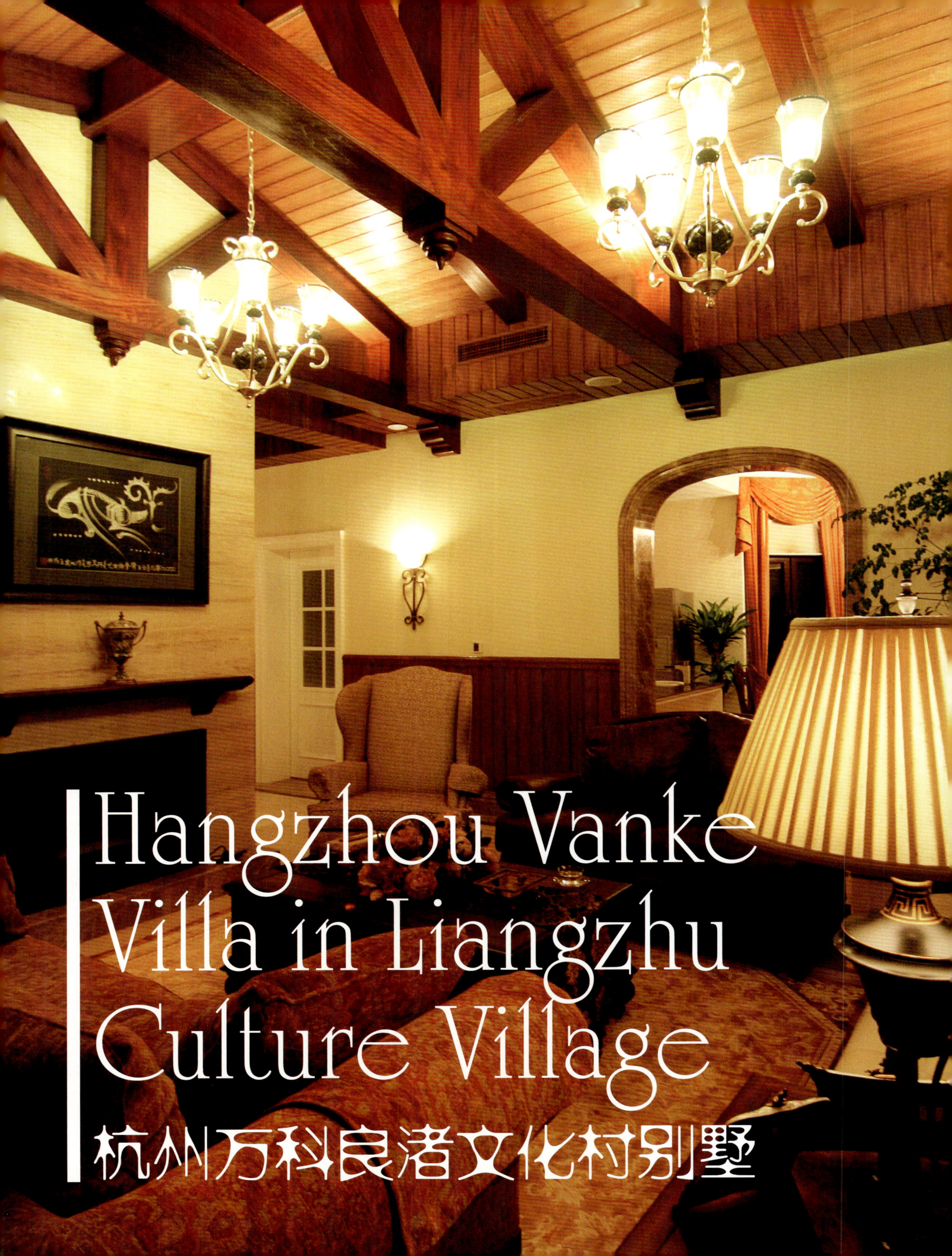

Hangzhou Vanke Villa in Liangzhu Culture Village
杭州万科良渚文化村别墅

Project Name_Hangzhou Vanke Villa in Liangzhu Culture Village
Chief Designer_Zhu Zanhao
Location_Hangzhou Zhejiang
Project Area_368sqm
Cost_2,600,000RMB

项目名称_杭州万科良渚文化村别墅
主案设计_朱赞浩
项目地点_浙江 杭州
项目面积_368平方米
投资总额_260万元

朱赞浩 *Zhu Zanhao*

博客：http:// 220180.china-designer.com
公司：东易日盛杭州原创别墅设计中心
职位：资深设计师
职称：
国家一级注册建筑室内设计师
高级住宅室内设计师
IFI国际室内设计 / 室内建筑师联盟 会员
CIDA中国室内装饰协会 会员

A 项目定位 Design Proposition

给顾客装修的风格定位是新古典/乡村主义风格。

B 环境风格 Creativity & Aesthetics

所谓风格，即不同的民族在特定的地理环境和历史发展进程中形成的独特形式，这种形式反过来表达某种情绪和氛围。

C 空间布局 Space Planning

针对客户的情况，强调舒适感和价值感，主题风格与建筑风格相结合，体现新古典与乡村的结合。

D 设计选材 Materials & Cost Effectiveness

选择合适的形式以表达人在该产品中的理想的生存状态和氛围。

E 使用效果 Fidelity to Client

让客户对家有一个直观的感觉和印象，很满意。

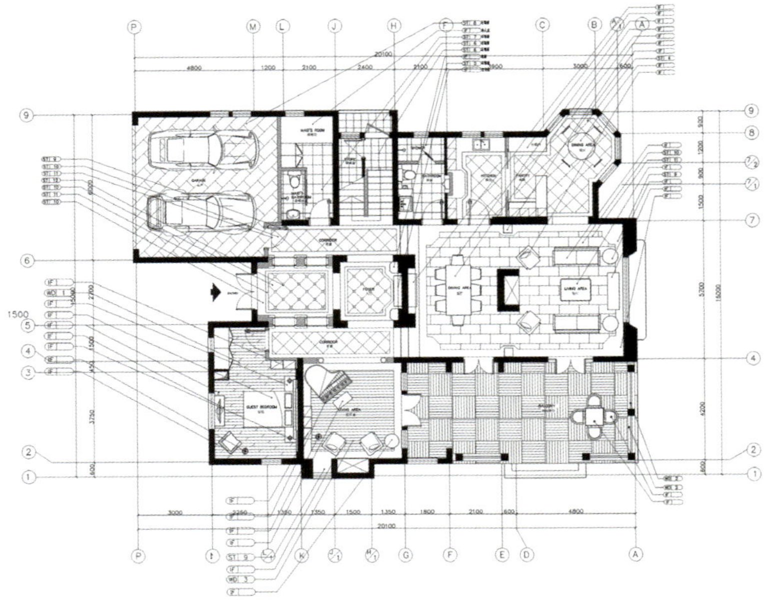

一层平面图

Zen Villa Oujïngyuan 363#

禅意宅邸欧景园363#

Project Name_Zen Villa Oujingyuan 363#
Chief Designer_Zhuang Lei
Location_Wuhan Hubei
Project Area_600sqm
Cost_8,000,000RMB

项目名称_禅意宅邸欧景园363#
主案设计_庄磊
项目地点_湖北 武汉
项目面积_600平方米
投资总额_800万元

现代设计
Xian Dai Architectural Design

上海现代建筑装饰环境设计研究院有限公司

主案设计：庄 磊 *Zhuang Lei*

博客： http:// 511905.china-designer.com
职位： 艺术总监
职称： 高级室内建筑师
奖项：

上海市市政府接待厅及大堂改造项目获中国•上海第四届建筑装饰设计大赛三等奖

武汉F1天下样板房187号获中国•上海第四届建筑装饰设计大赛（住宅类）一等奖

武汉F1天下样板房82号获中国•上海第四届建筑装饰设计大赛（住宅类）二等奖

武汉美术馆室内设计方案获2007年中国上海第六届建筑装饰设计大赛，公共建筑（博物馆、展示厅、影剧院、会场类）二等奖

项目：

武汉F天下样板房
武汉莲花湖酒店外立面及标准房设计
武汉F天下会所室内设计
武汉融侨生活会馆室内设计
上海市市政府接待厅及大堂设计
上海陆家嘴财富海景会所，样板房设计深化
昆明市市级党政机关办公楼室内设计
昆明市呈贡会议中心室内设计
上海外高桥文化中心室内设计等

A 项目定位 Design Proposition

设计没有绝对。各种对生活的感知、生活的习惯，对会影响人们对于居住环境的审美及思维。

B 环境风格 Creativity & Aesthetics

设计师的设计，有责任去引导，居住环境的审美取向，使居家也能拥有独立自主的性格。

C 空间布局 Space Planning

让家具、空间、陈设彼此串联，铺陈出一种关于生活的想象力。

D 设计选材 Materials & Cost Effectiveness

别墅的表情是多样的，选材大胆、新颖，中式风格同样能和家居的舒适相协调。

E 使用效果 Fidelity to Client

舒适，满意。

Taiyuan Family World Villa

太原家中世界别墅

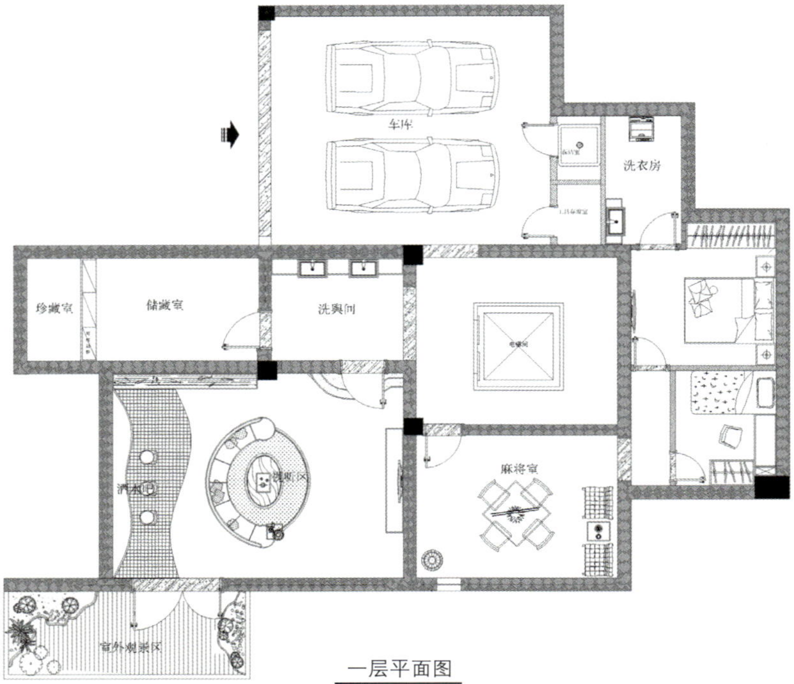

一层平面图

武俊文 *Wu Junwen*

博客： http:// 508440.china-designer.com
公司： 山西满堂红装饰集团
职位： 首席设计师
职称：
中国建筑学会室内设计分会 理事
中国室内装饰协会设计专业委员会 委员
奖项：
《鳞鳞居大厦》荣获第三届IFI国际室内设计大赛一等奖
荣获2007年山西省室内装饰行业协会 "山西省十大杰出设计师"
《远古的呼唤》荣获第七届中国国际室内设计双年展酒店类银奖
《单元楼里的大家庭》荣获第七届中国国际室内设计双年展住宅类银奖
《远古的呼唤》荣获海峡两岸四地室内设计大赛创意奖
荣获中国装饰协会20年(1988—2008) "中国室内设计精英奖"
《返土归真》荣获中国室内设计大赛 优秀奖
《家中世界》荣获亚洲室内设计大赛优胜奖等
2009年上海星锐《室内装饰》杂志推荐优秀设计师
项目：
鳞鳞居大厦
太原市中心医院
山西平陆黄河文化家庭驿站
新晋窑
龙观天下别墅群
半山别墅群
五龙湾别墅群等

Project Name_Taiyuan Family World Villa
Chief Designer_Wu Junwen
Location_Taiyuan Shanxi
Project Area_357sqm
Cost_2,585,000RMB

项目名称_太原家中世界别墅
主案设计_武俊文
项目地点_山西 太原
项目面积_357平方米
投资总额_258.5万元

A 项目定位 Design Proposition

甲方为一位成功人士，对于他的居住空间而言，其好比繁华，吵杂都市中的一处世外桃源。

B 环境风格 Creativity & Aesthetics

设计风格上，主要是奢华尊贵，中性的典雅灰调，打破阳刚与阴柔的界限。

C 空间布局 Space Planning

主旨为了表现局部细节耐看的效果，我们对设计细节反复推敲，灵活调整，使整个空间显得优雅宁静。

D 设计选材 Materials & Cost Effectiveness

水晶灯搭配壁纸显得优雅宁静，石材和简约家具的完美结合，烘托出了空间的高贵奢华。

E 使用效果 Fidelity to Client

简约而不简单，高贵而不张扬。

Project Name_Nanjing American Villa
Chief Designer_Liao Xinyao
Project Team_Chen Yuqin / Ma Jian / Yang Rong
Location_Nanjing Jiangsu
Project Area_350sqm
Cost_2,000,000RMB

项目名称_南京美式别墅休闲生活
主案设计_廖昕曜
设计团队_陈玉琴 / 马健 / 杨荣
项目地点_江苏 南京
项目面积_350平方米
投资总额_200万元

Nanjing American Villa

南京美式别墅休闲生活

UDi一格设计

UDi一格设计事务所

主案设计：廖昕曜 *Liao Xinyao*

博客： http:// 157887.china-designer.com
职位： 首席设计师
奖项：
第十四届亚太设计大奖赛住宅类优秀奖
江苏省海事大厦办公空间方案设计，获得了“华耐”杯设计大赛二等奖

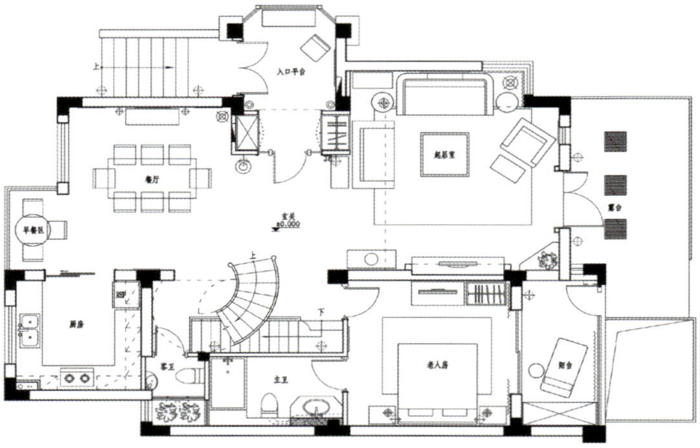

一层平面图

A 项目定位 Design Proposition

业主爱抽烟，爱摄影，特别推崇美式生活的休闲氛围和艺术气息。

B 环境风格 Creativity & Aesthetics

本案摒弃了繁琐和奢华，以舒适机能为导向，强调自然休闲。

C 空间布局 Space Planning

将原来的三层楼梯及卫生间完全打掉，重新构建楼板布置楼梯及卫生间位置，使得所有的卧室都是带卫生间的套房，楼梯的改动为连接客厅、餐厅的过厅引入空间重点，又满足了业主对弧型楼梯的偏爱。客厅落地窗改门，餐厅东墙开大窗，将户外景观引入客厅，让室内外活动更为便捷，更为亲近自然。将北露台改为卫生间，非常好的采光通风效果，扩大了使用面积从而让业主有了更多的储藏空间。

D 设计选材 Materials & Cost Effectiveness

美式家具、仿古地板，宽大的布艺沙发，碎花窗帘，色彩典雅温和。配饰加入古典元素，动物造型，营造出一种令人向往的舒适宁静。硅藻泥的大量使用满足了设计上复古的质感要求，同时也能净化空气，另外强调材料的质感变化和统一。

E 使用效果 Fidelity to Client

业主非常满意，感谢我方帮助他实现了家的梦想。

HongKong Xindeyuan Villa

香港新德园别墅

Project Name_HongKong Xindeyuan Villa
Chief Designer_Philip Tang
Project Area_Brian Ip / Cameron Kam
Location_Jiulong District HongKong
Project Area_240sqm
Cost_2,500,000RMB

项目名称_香港新德园别墅
主案设计_邓子豪
设计团队_Brian Ip / Cameron Kam
项目地点_香港 九龙
项目面积_240平方米
投资总额_250万元

PTang Studio Ltd

天豪设计有限公司

主案设计：邓子豪 *Philip Tang*

博客：http:// 442748.china-designer.com
职位：设计总监
职称：英国伦敦大学建筑系获取一级荣誉学位及硕士学位

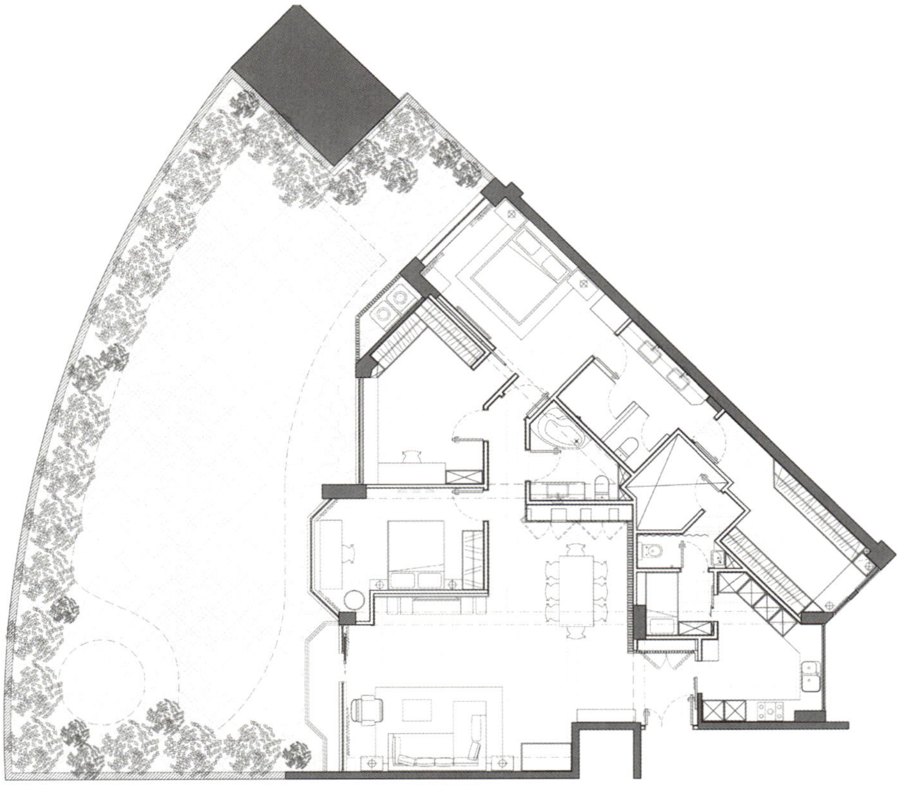

平面图

A 项目定位 Design Proposition

业主对空间使用的要求很高，使每个区域分布明确，且不同区域的设计都有自己的特色是这次设计重点。

B 环境风格 Creativity & Aesthetics

利用了大花园的长处，利用大玻璃，把窗外的花园将室内的装修融为一体，各有一冷一暖的感觉。

C 空间布局 Space Planning

满足业主对空间功能性的要求，两个房间及衣帽间互通，用几何形状玻璃墙面或其他材质的墙体划分区域，清晰、特色。

D 设计选材 Materials & Cost Effectiveness

餐厅部分利用了古铜金属造了一个大的饰物储物柜，整个柜本身已经是一个艺术品。另外，整个单位内运用了不少不同的物料，包括墙纸、玻璃、布、仿皮，令整个空间扩阔得来更丰富。

E 使用效果 Fidelity to Client

设计新颖，业主非常满意。

Beijing Bishui Manor Villa

北京碧水庄园别墅

Project Name_Beijing Bishui Manor Villa
Chief Designer_Fan Kui
Location_Changping District Beijing
Project Area_620sqm
Cost_2,260,000RMB

项目名称_北京碧水庄园别墅
主案设计_范魁
项目地点_北京 昌平
项目面积_620平方米
投资总额_226万元

范 魁 *Fan Kui*

博客：http:// 123320.china-designer.com
公司：FKD国际家居设计机构
职位：负责人
职称：高级室内设计师、建筑设计师
奖项：
2004年获北京第五届美化家居设计大赛优秀设计奖
2004年获北京7台《精品指南》精品家居设计奖
2005年欧神诺杯陶瓷应用设计大赛优秀奖
2006年华耐杯中国室内设计大赛银奖
2007年IFI国际室内设计大赛佳作奖
2008年威能杯中国室内设计明星博客大赛优秀设计奖

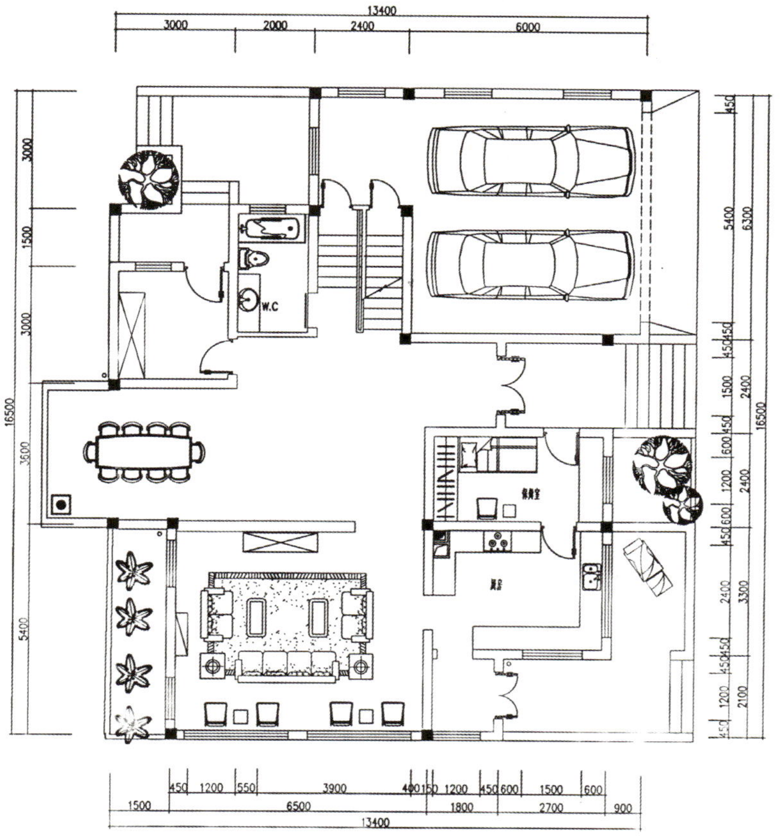

一层平面图

A 项目定位 Design Proposition

本案的主人对建筑和空间的理解有自己的独特见解，设计上主要以简洁明快为主要特色，重视功能，强调室内宽敞大气现代简约的原则。

B 环境风格 Creativity & Aesthetics

本设计的主要风格以现代简约家为主要特点，但在不同的界面处理构成中加入了自然庄园的设计元素，使不同的空间用不同的材料和创作手法来设计。

C 空间布局 Space Planning

本案在布局上通过三进式的宫廷格局的设计理念，将现有空间划分为四个区域，即礼仪区、社交区、休息区、主人区。每个区域均保持着适宜的尺度，即独立又相互联系，避免了空间与空间之间的功能性干扰。

D 设计选材 Materials & Cost Effectiveness

本案利用多元化、珍贵的装饰材料、以及运用高难度的复杂工艺，形成变化多端的空间感。

E 使用效果 Fidelity to Client

在整个的家居装饰完成后，业主明确表示非常满意最终效果。

Project Name_Shanghai Santaluz Villa
Chief Designer_Ying Haiyang
Location_Songjiang District Shanghai
Project Area_335sqm
Cost_1,800,000RMB

项目名称_上海圣塔路斯别墅
主案设计_应海洋
项目地点_上海 松江
项目面积_335平方米
投资总额_180万元

Shanghai Santaluz Villa
上海圣塔路斯别墅

应海洋 *Ying Haiyang*

博客：http:// 156672.china-designer.com
公司：香港尊筑设计
职位：设计总监
职称：室内设计师
项目：
湖山在望别墅
汤臣湖庭别墅
大华西郊别墅
圣塔路斯别墅
兰桥圣菲别墅
白金翰宫别墅
西郊华城别墅
西郊美林馆别墅
欧香名邸别墅
佘山高尔夫别墅
银都名墅
尚海湾等

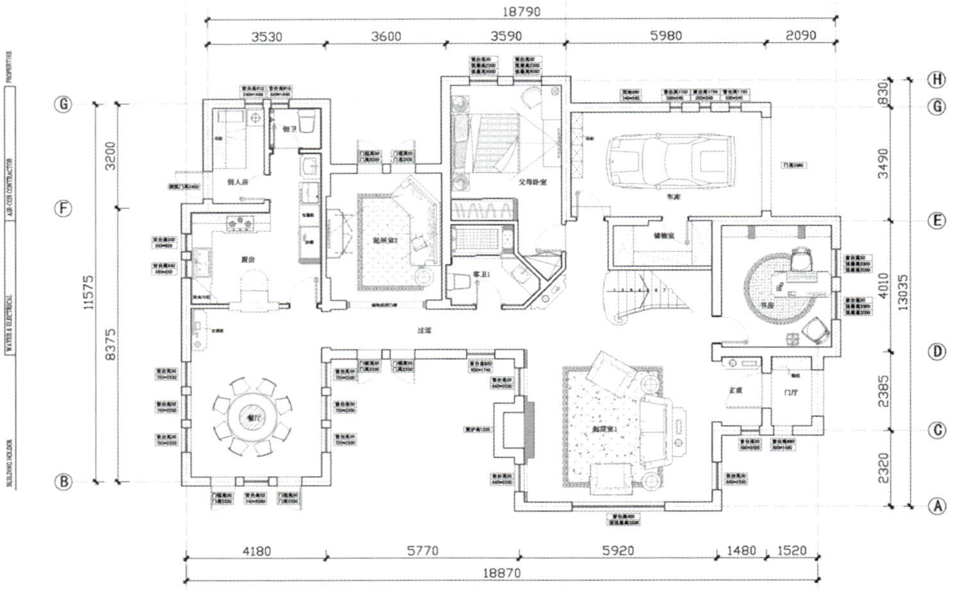
18790
3530
3600
3590
5980
2090
3200
11575
8375
3490
4010
13035
2385
2320
830
4180
5770
5920
1480
1520
18870

一层平面图

A 项目定位 Design Proposition

温馨舒适的居家风格，怀旧经典的人文关怀。

B 环境风格 Creativity & Aesthetics

整个小区外立面都是美式南加州风格，室内设计遵循外观设计，独具一格。

C 空间布局 Space Planning

拱形设计将空间分布的清晰合理，功能齐全。

D 设计选材 Materials & Cost Effectiveness

选材、家具陈列的选择上都强调整体风格的统一，非常配合的呈现出美式的家居风格。

E 使用效果 Fidelity to Client

业主非常满意，给予高度评价。

Project Name_Suzhou Jinfeng Garden
Chief Designer_You Weizhuang
Location_Suzhou Jiangsu
Project Area_600sqm
Cost_2,400,000RMB

项目名称_苏州金风花园
主案设计_由伟壮
项目地点_江苏 苏州
项目面积_600平方米
投资总额_240万元

Suzhou Jinfeng Garden
苏州金风花园

由伟壮 *You Weizhuang*

博客：http:// 257999.china-designer.com
公司：百姓装饰A3设计工作室
职位：首席创意总监
职称：
IFDA国际室内协会 注册高级设计师
中国室内装饰协会 会员
中国室内装饰注册室内设计师
奖项：
09年中国室内空间环境艺术设计大赛一等奖
09年作品入选交换空间家装气象站
09年奥特朗设计大赛南京赛区最佳团体奖
09常熟最具影响力十大风云人物
09南京精品住宅设计作品展一等奖
09年苏州华耐杯最佳设计师大奖
08威能杯南京赛区金奖
08威能杯全国大赛银奖
08设计大赛最佳创意奖
项目：
江苏常熟市滨海实业办公楼
江苏省太仓华侨花园
江苏省常熟市八号时尚广场
江苏省常熟市八号商务会所
江苏省常熟市雅兰美地别墅（多套）
江苏省常熟市名流世纪庄园（多套）
江苏省常熟市国美山庄（多套）
江苏省常熟市康乐苑别墅等

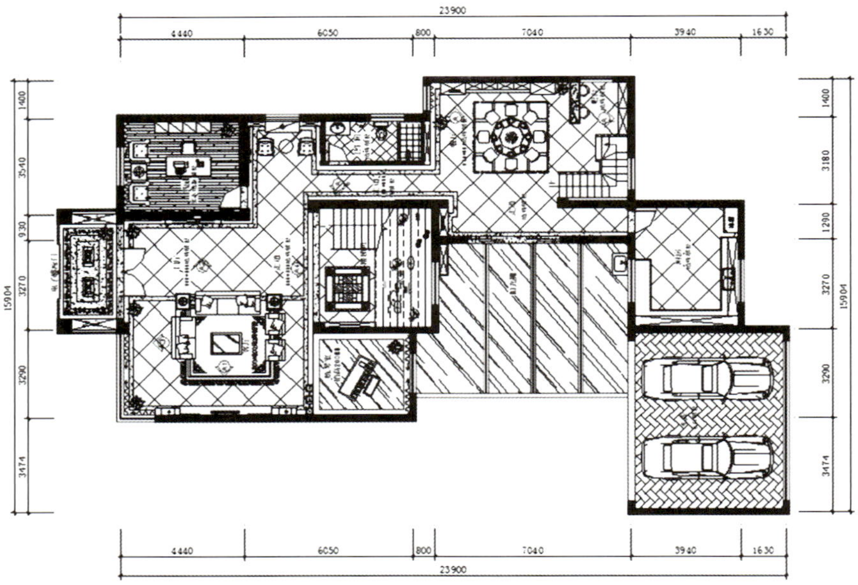
23900
4440
6050
800
7040
3940
1630
1400
3540
930
3270
3290
3474
15904
3180
1290

一层平面图

A 项目定位 Design Proposition

在设计上，改变原建筑单一乏味的设计，提升建筑外观的整体性和大气感，简单的变化更能体现空间的整体和稳重。

B 环境风格 Creativity & Aesthetics

通过精益求精的细节处理，带给家人不尽的舒服触感。

C 空间布局 Space Planning

欧式是讲究玄关和房间之间的关系的，在空间和空间之间必须有一个过厅才进入到另一个空间，在这方面我们精心考虑也设立了玄关，这样可以缓冲人和人之间在进出时的碰撞。餐厅以上下相呼应的象征性分割空间的方式，让餐厅区能更稳重和更对称的和谐，旁边增加了个酒吧台，酒吧台和酒柜有个共同的使用空间。

D 设计选材 Materials & Cost Effectiveness

各种石材与高档木饰的布局分布合理、错落有致，处处展示尊贵，若隐若现之中，仿佛让人置身仙境，涤荡身心疲惫，尽显无尚荣耀，体现不凡品位，书写上流生活。

E 使用效果 Fidelity to Client

体验都市生活，休闲自在其中，业主非常满意。

Taizhou Jingyuan Garden Villa

台州景元花园别墅

Project Name_Taizhou Jingyuan Garden Villa
Chief Designer_Zhu Jianshen
Location_Taizhou Zhejiang
Project Area_300sqm
Cost_3,000,000RMB

项目名称_台州景元花园别墅
主案设计_祝建深
项目地点_浙江 台州
项目面积_300平方米
投资总额_300万元

祝建深 *Zhu Jianshen*

博客：http://140035.china-designer.com
公司：深度设计顾问
职位：资深设计顾问
职称：
高级室内建筑师
IAI亚太建筑师与室内设计师联盟 专业会员
中国室内设计学会 专业会员
中国TOP家居设计师同盟 会员
中装协设计委员会 专业会员
奖项：
中国最具商业价值设计50强
全国杰出中青年室内建筑师
华东区十大新锐设计师
项目：
黄岩消防大队综合办公楼
稼源模具厂综合办公楼
三星五金办公楼
朗饰壁纸路桥旗舰店
德国玛堡墙纸专卖店
金沙滩假日宾馆
景元别墅
云顶别墅
欧洲花园别墅
龙潭别墅
豪门别墅
滨江别墅等

A 项目定位 Design Proposition

本案建筑面积300平方米，共两层，是独栋别墅，带南北室外花园，是专为成功且品位优雅的人士量身定做的。

B 环境风格 Creativity & Aesthetics

此案的空间定为美式风格。便捷、随意、休闲时美式家居最为强调的，因此整个环境部做刻意卖弄性的无所谓的装点，强调的是交通流线的合理，起居休闲的舒适与和谐，功能布置的实用与方便。

C 空间布局 Space Planning

为了提炼出整个空间层次与文化积淀，纵览整个别墅，饰面板，窗帘布艺，墙纸起了不可忽视的作用，其自身独特的花纹为这个以美式定义的空间增添了浪漫、个性、舒适、大气的视觉美感。

D 设计选材 Materials & Cost Effectiveness

用材上考虑的都是仿旧仿古系列。在家具陈列选择上强调整体风格的统一、大气、随意、轻松。每个个体家具表现出来的气质同样非常独到，同时也非常配合地表现出怀旧与人文传承的个性。

E 使用效果 Fidelity to Client

客户非常满意，对签单率起到促进作用。

D+B
DESIGN+BRANDS FAIR
国际建筑装饰设计+选材博览会

国际建筑装饰设计+选材博览会〈D+B博览会〉主题评选

JINTANGPRIZE 金堂奖

2010 CHINA-DESIGNER 中国室内设计年度评选

CHINA INTERIOR DESIGN AWARDS 2010

谢英凯 *Xie Yingkai*
Booth of Inspiration Studio Design Co., Ltd at 2009 Guangzhou Design Week
广州市汤物臣•肯文设计事务所2009广州国际设计周展位

任清泉 *Ren Qingquan*
Guangzhou Kaiyi Dental Clinic
广州凯怡牙科会所

梁思佳 *Liang Sijia*
Chengdu OCT Theater
成都华侨城剧场

潘 勇 *Pan Yong*
Asian Games Town Grymnasium
广州亚运城综合体育馆

俞国民 *Yu Guomin*
Hangzhou Public Service Center Library
杭州市民中心图书馆

吴瑶君 *Wu Yaojun*
Guangzhou Chess Venues
广州棋院

穆金山 *Mu Jinshan*
Baotou Baiyunebo Culture Center Longmeiyurong Gallery
包头市白云鄂博文化馆龙梅玉容展厅

刘涛 *Liu Tao*
Kunshan ETD Branch of The First People's Hospital
昆山市第一人民医院开发区分院

GOOD DESIGN OF THE YEAR PUBLIC SPACE

年度优秀公共空间

李 晖 *Li Hui*
Hangzhou City Planning Exhibition Hall
杭州市规划展览馆

阮 菲 *Ruan Fei*
China Maritime Museum
中国航海博物馆

于奕文 *Yu Yiwen*
West Terminal Building of Shanghai Hongq International Airport
上海虹桥综合交通枢纽机场西航站楼

陈 勤 *Chen Qin*
Huabin Museum
华彬博物馆

李 响 *Li Xiang*
Chengdu Jintang Compound Industrial Metro International Conference Center
成都金堂复合工业新城 国际会议中心

姚康荣 *Yao Kangrong*
Vanke Liangzhu Culture Village Children's Club II
万科良渚文化村少儿会所二期

赵 樱 *Zhao Ying*
Shanghai Museum of Animation
张江动漫博物馆

刘长东 *Liu Changdong*
Taihu International Conference Center
太湖文化论坛－国际会议中心

马晓星 *Ma Xiaoxing*
Public Areas of Africa Pavilion of Expo 2010 Shanghai
上海世博会 非洲联合馆公共区域

刘晓峰 *Liu Xiaofeng*
Seagull Watch Museum
海鸥表博物馆

皇甫丽君 *Huangfu Lijun*
Multi-functional Show Field of SIFC
上海国际时尚中心综合秀场

李俊瑞 *Li Junrui*
Ordos ICEC of Inner Mongolia
内蒙古鄂尔多斯会展中心

王 河 *Wang He*
Mayor Village of Guangzhu Asian Games Village
广州亚运村"村长院"

邱德光 *T. K. Chu*
Taiwan Decoration Art Booth at Beijing ICCIE
北京文博会台湾陈设艺术中心

Guangzhou Kaiyi Dental Chinic
广州凯怡牙科会所

任清泉 *Ren Qingquan*

博客：http://46433.china-designer.com
公司：任清泉设计有限公司
职位：设计总监
职称：深圳室内设计师协会 常务理事
项目：
广州凯怡牙科会所
广州中信车仔茶餐厅
广州南湖半岛别墅
广州君汇世家私人住宅
浙江台州仙居花园样板房
珠海中天维港私宅
深圳任清泉设计有限公司
海南三亚七仙瑶池热带雨林产权式酒店
湖北襄樊美易.美家快捷酒店
海口新领益.半岛一号C户型别墅样板房
成都南天府创意公园售楼会所
成都南天府创意公园独栋别墅私家会所
成都南天府创意公园联排别墅样板房等

Project Name_Guangzhou Kaiyi Dental Chinic
Chief Designer_Ren Qingquan
Location_Guangzhou Guangdong
Project Area_700sqm
Cost_1,800,000RMB

项目名称_广州凯怡牙科会所
主案设计_任清泉
项目地点_广东 广州
项目面积_700平方米
投资总额_180万元

牙醫世家

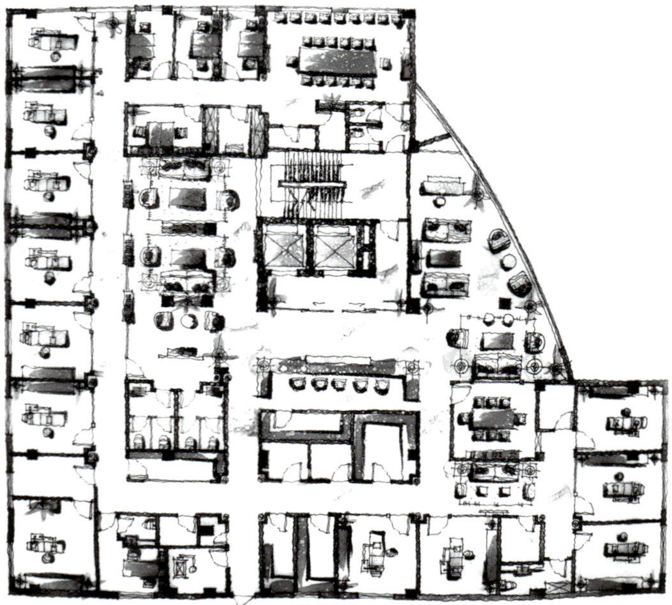

平面图

A 项目定位 Design Proposition

在这个有限的空间要融入候诊室、医疗室、服务区、从空间形式上来看局促感会比较强；各个区域既要有个体的独立性，也要有整体的融合。

B 环境风格 Creativity & Aesthetics

相较于中国风浓烈的新中式风格候诊区，为国外患者量身定做的西式候诊区同样设计得丝丝入扣。

C 空间布局 Space Planning

整个诊所空间最具特色的是两个不同风格的候诊区。一个是新中式风格。一个是西式风格。新中式式风格的候诊区占据一个规则的长方体空间，虽分为两部分，但同样地采用方正的布局，讲究的秩序，大面积采用色调偏红的摆设。

D 设计选材 Materials & Cost Effectiveness

采用了大面积玻璃，运用借景借光的视觉技术把空间感扩大，既协调了整体和个性的空间关系，又巧妙地解决了空间的局促问题。

E 使用效果 Fidelity to Client

远眺窗外的景色，直达城市的核心闹市，高楼大厦的空隙间，青山绿黛隐约可见，往下可以看到底下川流不息的车流人流，置身都市的强烈时尚之感毫无客气直达心房，会让人忘了疼痛。

Project Name_Hangzhou Public Service Center Library
Chief Designer_Yu Guomin
Project Team_Li Jingyuan /Wang Yimin / Chen Siyuan / Cao Shu / Deng Hai / Wang Jieying / Wang Jianhong
Location_Hangzhou Zhejiang
Project Area_40,000sqm
Cost_10,000,000RMB

项目名称_杭州市民中心图书馆
主案设计_俞国民
设计团队_李静源 / 王亦民 / 陈思元 / 曹舒 / 邓海 / 王洁莹 / 王建红
项目地点_浙江 杭州
项目面积_40000平方米
投资总额_1000万元

俞国民 *Yu Guomin*

博客：http:// 475791.china-designer.com
公司：杭州国美建筑装饰设计院
职位：副院长
职称：
建筑装饰设计高级工程师
中华人民共和国注册建筑师
浙江省勘察设计协会建筑装饰设计委员会 副主任
中国建筑学会室内设计分会 会员
奖项：
2004年被中国建筑装饰协会评为“全国杰出中青年室内建筑师”
2004年被浙江省建筑装饰行业协会评为“优秀中青年室内建筑师”
2009年被中国建筑学会室内设计分会评为“杰出室内设计师”
UT斯达康杭州研发中心（23万平方米） 评为第二届IFI国际室内设计大赛优秀奖
嘉兴市行政中心（5万平方米） 获鲁班奖及装饰金奖
杭州阳光电信大楼（5万平方米）获鲁班奖及装饰金奖
浙江电力生产调度大楼（8.9万平方米） 入围“华耐”杯大奖赛浙江省优秀装饰设计奖
项目：
西湖国宾馆改建
上海奉贤大酒店
杭州金都宾馆
杭州瑞丰格林酒店
浙江省人民大会堂宴会厅
杭州柳莺宾馆总统楼
大型公共建筑项目（3万平方米以上）
国华宁海电厂生活区及综合楼（3.8万平方米）
UT斯达康杭州研发中心
嘉兴市行政中心
杭州阳光电信大楼
浙江电力生产调度大楼等

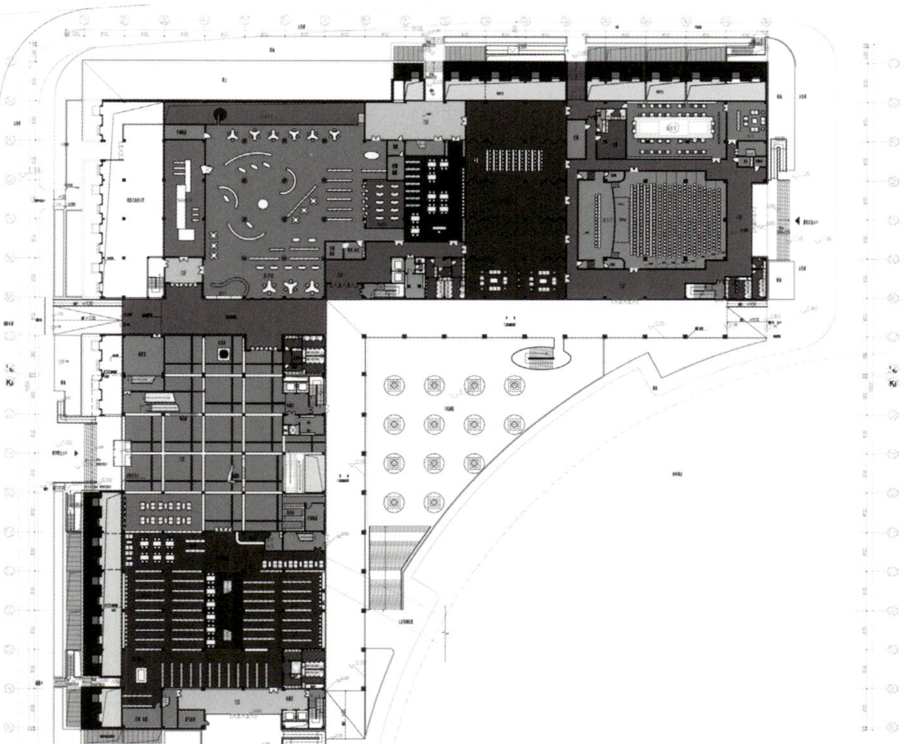

一层平面图

Hangzhou Public Service Center Library

杭州市民中心图书馆

A 项目定位 Design Proposition

一切从读者需求考虑的"亲民"、"便民"来展开家居化的风格设计，把整个图书馆做成"私家大书房"，同时展示杭州的非物质文化遗产，利用馆藏善本等都将使其成为"国际一流"。

B 环境风格 Creativity & Aesthetics

考虑到读者其个性化的需求，设置了部分半开敞式阅览区，完全按照私家书房来营造，刻意营造一种居家式的书房氛围，是本案的个性，做到"人无我有"。

C 空间布局 Space Planning

在布局上把目录检索和开架书柜结合，就近检索；音乐图书馆针对不同的人群，划分不同的功能区，功能细分把"音乐咖啡馆"的理念引入设计；低幼区，提出"寓教于乐""家长参与"的模式，阅览和游戏混合布局，色调明快。

D 设计选材 Materials & Cost Effectiveness

将环保、节能的材料，运用在整理设计中。

E 使用效果 Fidelity to Client

评价极高，阅读人士络绎不绝。

Guangzhou Chess Venues
广州棋院

Project Name_Guangzhou Chess Venues
Chief Designer_Wu Yaojun
Project Team_Chen Xiangjing
Location_Guangzhou Guangdong
Project Area_1,200sqm
Cost_12,000,000RMB

项目名称_广州棋院
主案设计_吴瑶君
设计团队_陈向京
项目地点_广东 广州
项目面积_1200平方米
投资总额_1200万元

集美组
NEWSDAYS

广州集美组室内设计工程有限公司

主案设计：吴瑶君 *Wu Yaojun*

博客：http:// 504173.china-designer.com
职位：高级设计师
职称：
中级环境艺术设计师
IDA国际设计师协会 会员
中国建筑学会室内设计分会 会员
项目：
苏州太湖艾美国际酒店
湖南岳阳云梦宾馆改造
杭州保利东湾售楼部及样板间
开封九鼎三期样板间
江苏溧阳天目湖南山竹海温泉度假酒店
宁波石浦半岛酒店
杭州千岛湖开元龙庭大酒店

A 项目定位 Design Proposition

项目总体设计以岭南风格为基调，室内空间主要划分为A、B、C三大功能区域。

B 环境风格 Creativity & Aesthetics

B区主要以比赛大厅1、2及棋文化精粹馆为重点空间，比赛大厅1、2以"雅"作为主基调，白色墙身成为了空间的背景，空间的焦点集中在天花造型上，纵横交错的木结构造型，突显出岭南建筑的结构之美。

C 空间布局 Space Planning

C区主要以运动员休息间及特别对局室为重点空间，特别对局室以屏风为空间分隔的主体元素，对称、简洁的表达融合虚实的转换，从而对应不同的使用功能。

D 设计选材 Materials & Cost Effectiveness

它与透光软膜天花成就出一种刚柔之美，中式韵味由然而生；棋文化精粹馆以白色墙体作分隔，木条造型充斥了整个天花，中心"天井"强调了岭南的建筑特色，自然光由此洒落在空间内，把满洲窗格的元素运用在标识中，赋予了它对岭南风格的另一种诠释。

E 使用效果 Fidelity to Client

整体空间朴素而淡雅，增加了空间的亲和力，突显出空间的平和、稳重与大气。

Baotou Baiyun'ebo Culture Center Longmeiyurong Gallery

包头市 白云鄂博文化馆 龙梅玉容展厅

Project Name_Baotou Baiyun'ebo Culture Center Longmeiyurong Gallery
Chief Designer_Mu Jinshan
Project Team_Mu Yan
Location_Baotou Inner Mongolia
Project Area_490sqm
Cost_2,600,000RMB

项目名称_包头市白云鄂博文化馆龙梅玉容展厅
主案设计_穆金山
设计团队_穆妍
项目地点_内蒙古 包头
项目面积_490平方米
投资总额_260万元

穆金山 *Mu Jinshan*

博客：http://3492.china-designer.com
公司：北京清尚环艺建筑设计院
职位：设计总监
职称：
中国资深室内建筑师
中国高级室内建筑师
国际特级景观建筑师
中国高级环境艺术师
项目：
昭君大酒店设计与施工
内蒙古维多利商厦设计
内蒙古时代广场设计
人民大会堂内蒙古厅设计
唐山开滦招待所四季厅设计与施工
北京大兴法院设计与施工
西藏活佛住京私宅设计
呼和浩特中级人民法院设计
深圳波顿香精香料研发基地规划设计
包头市人民检察院刑侦技术指挥中心设计等

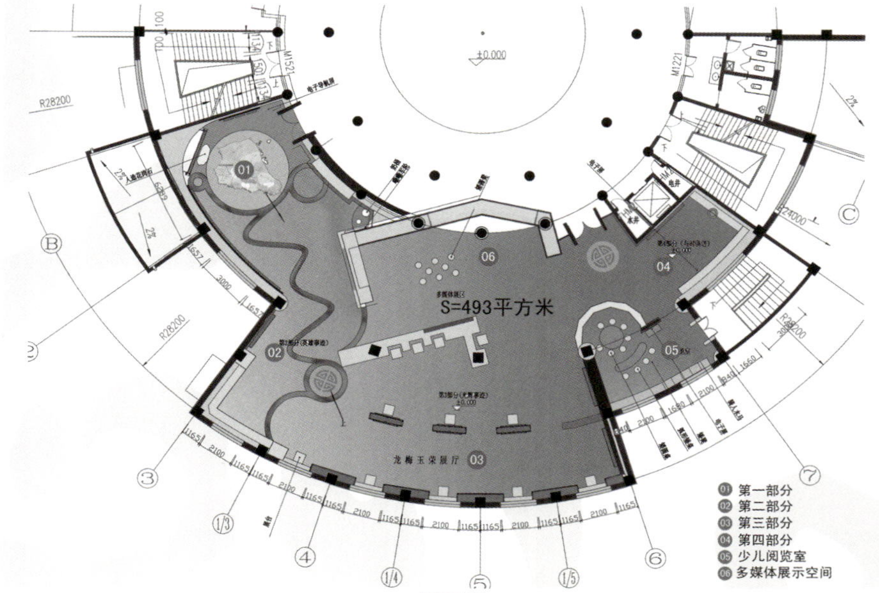

平面图

A 项目定位 Design Proposition

展厅与建筑进行一体化的设计，以达到充分体现出民族文化的特色和优势。

B 环境风格 Creativity & Aesthetics

具有民族感和现代感，使整个展厅更加具有趣味性。

C 空间布局 Space Planning

流线型的空间布局。

D 设计选材 Materials & Cost Effectiveness

多媒体互动的现代设计手法。

E 使用效果 Fidelity to Client

客户很满意，吸引大量客户观看。

眷眷情怀

Project Name_Chengdu OCT Theater
Chief Designer_Liang Sijia
Project Team_Yang xin / Zhang Yun
Location_Chengdu Sichuan
Project Area_21,000sqm
Cost_20,000,000RMB

项目名称_成都华侨城剧场
主案设计_梁思佳
设计团队_杨鑫 / 张云
项目地点_四川 成都
项目面积_21000平方米
投资总额_2000万元

TRUEBOND
北京筑邦建筑装饰工程有限公司

主案设计：梁思佳 *Liang Sijia*

博客： http:// 494041.china-designer.com
职位： 设计总监
职称： 高级建筑师
奖项： 2005年获IAID最具影响力中青年设计师
项目：
中关村国际商城
青岛国际商业城商场部分
鄂尔多斯市商业楼
北京通盈中心项目
沈阳•沿海国际中心
北京人寿保险大厦
北京市崇文区地方税务局办公楼室内设计
北京市通州区地方税务局办公楼室内设计
北京市门头沟区地方税务局办公楼室内设计
国家税务局北京培训中心改扩建工程
北京理工大厦大堂室内设计
中国驻约旦大使馆
中国城市规划设计研究院办公楼
富凯大厦
中科院计算机所办公楼
山东威海剧院
天域新城大厦（京美国际学校）
国家体育总局彩票管理中心办公楼
北京大学政府管理学院
首都机场大通关综合办公大楼
四川国际网球中心
海淀区人民检察院办公楼改造
北京广播电台综合业务楼等

Chengdu OCT Theater

成都
华侨城剧场

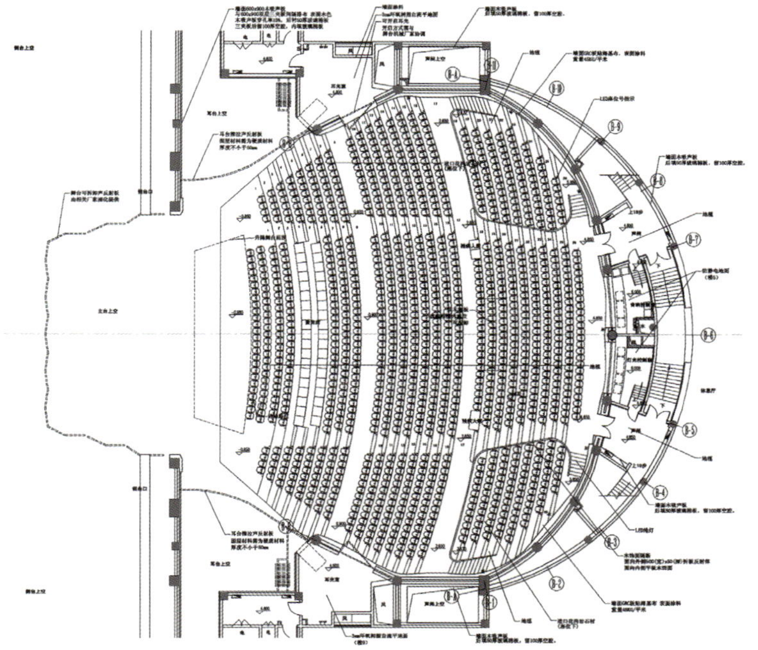

平面图

A 项目定位 Design Proposition

成都华侨城剧场位于成都欢乐谷主题公园园区外，是成都市文化产业重点项目和旅游产业重点项目，周边环境包括主题公园游乐设施和商业辅助性项目。

B 环境风格 Creativity & Aesthetics

本项目设计了四个独立的VIP包间以满足不同的观众人群需要，为改善声学反射，我们将墙面设计为GRG板不规则曲线，并以2000mm为单位向下方稍作倾斜。减少混响时间过长的问题，并保证声音向观众席反射。

C 空间布局 Space Planning

本项目以位于建筑中心部分的剧场观众厅为功能核心。前厅以环状将剧场半围合。由五个独立入口进入观众厅，每个入口都设计了声闸，保证剧场内部的声学效果本项目以位于建筑中心部分的剧场观众厅为功能核心。

D 设计选材 Materials & Cost Effectiveness

顶部和侧墙面约2/3以上面积为反射和低频吸声材料（25mm厚GRG板）后面铺100mm厚超细玻璃棉，包玻璃丝布，后部为100mm空腔。

E 使用效果 Fidelity to Client

剧场内部的声学效果，四个独立的VIP包间满足不同的人群需求，吸引大量顾客。

Chengdu Jintang Compound Industrial Metro International Conference Center

成都金堂复合工业新城国际会议中心

Project Name_Chengdu Jintang Compound Industrial Metro International Conference Center
Chief Designer_Li Xiang
Project Team_Hu Rong / Chen Xiangzhe / Song Huazhen
Location_Chengdu Sichuan
Project Area_2,020sqm
Cost_4,000,000RMB

项目名称_成都金堂复合工业新城 国际会议中心
主案设计_李响
设计团队_胡蓉 / 陈湘浙 / 宋华珍
项目地点_四川 成都
项目面积_2020平方米
投资总额_400万元

kevin&associates 凯文及合伙人机构 KEASS

KEASS凯文及合伙人机构
罗斯凯文设计（四川）有限公司

主案设计：李 响 *Li Xiang*

博客： http:// 447964.china-designer.com
职位： 艺术总监
职称：
高级工程师
高级室内设计师
英国网页设计协会 高级会员
项目：
缤纷假日水疗会所室内空间设计
置信国色天乡乐园法国馆天乡物语室内设计
置信国色天乡乐园德国馆电玩城室内设计
成都置信总部大楼室内空间设计
恺ㄙ腾定制毛衣连锁品牌及室内空间设计
四川省人民政府金牛宾馆芙蓉楼室内设计
同人华塑股份办公空间设计等

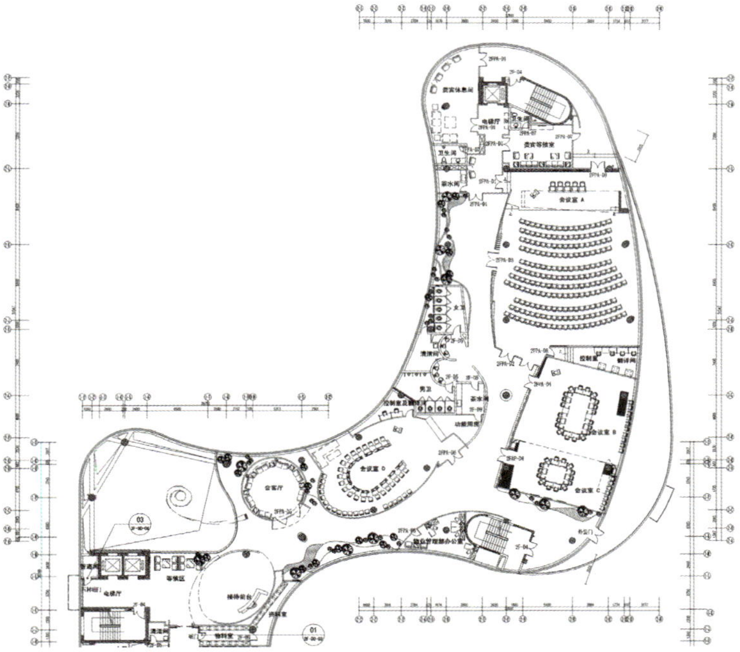

平面图

A 项目定位 Design Proposition

本案建筑本身线条流畅犹如一滴纯净的水滴，完美的融入园林当中。

B 环境风格 Creativity & Aesthetics

本案在设计之初就确立以流动的理念，以大量的弧形线条营造出动感的空间，虚实结合完美的将窗外的景色融入其中。

C 空间布局 Space Planning

本案以灵活多变的空间形式出现。让人耳目一新的感觉，流动的线条贯穿不同形式的会议室中，大面积的绿化空间，打破了会议中心的沉闷感，让人们对会议中心有了全新的认识和体验。

D 设计选材 Materials & Cost Effectiveness

便捷准确的流线至关重要，本案的设计以简洁但有效的流线设计提升了整个会议中心的使用效率，环保材质的运用更加新颖、独特。

E 使用效果 Fidelity to Client

为人们提供了一个新颖生动的会议中心，打破了会议中心的沉闷感，让人们对会议中心有了全新的认识和体验。

Asian Games Town Gymnasium

广州亚运城综合体育馆

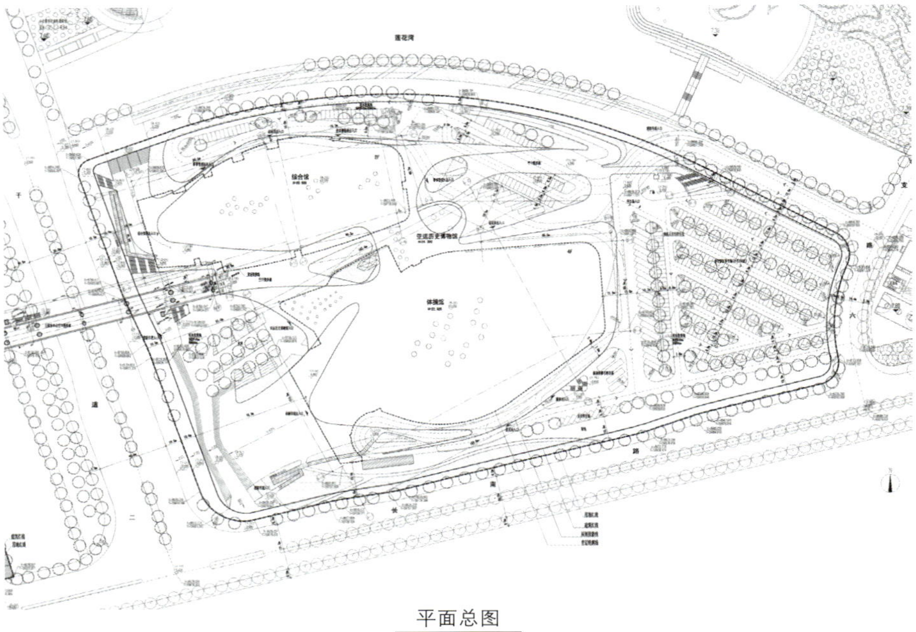

平面总图

Project Name_Asian Games Town Gymnasium
Chief Designer_Pan Yong
Project Team_Chen Xiong / Zhou Chang / Wang Ni / Song Dingkan / Liu Zhidan / Deng Zaipeng / Liu Dehua / Wang Jing
Location_Guangzhou Guangdong
Project Area_52,123sqm
Cost_600,000,000RMB

项目名称_广州亚运城综合体育馆
主案设计_潘勇
设计团队_陈雄 / 周昶 / 王昵 / 宋定侃 / 刘志丹 / 邓载鹏 / 刘德华 / 王靖
项目地点_广东 广州
项目面积_52126平方米
投资总额_6亿元

ADG 广东省建筑设计研究院ADG建筑设计所 AIRPORT DESIGN GROUP

主案设计：潘 勇 *Pan Yong*

博客：http:// 523615.china-designer.com

奖项：

2010年广州亚运会主场馆亚运城体育综合馆及主媒体中心为ADG设计独立原创

广州新白云国际机场一期工程获得2006年度国家设计金奖

项目：

广州新白云国际机场
武汉火车站
揭阳潮汕机场
亚运花都新体育馆
惠州金山湖游泳跳水馆
东莞海德广场
广州科学城科技人员公寓等

A 项目定位 Design Proposition

本场馆作为广州亚运会唯一的新建主场馆，而且是国际竞赛国内设计院原创中标方案，更彰显广州的魅力。

B 环境风格 Creativity & Aesthetics

亚运场馆区的连桥空间从地铁海傍站开始途径媒体中心一直不间断的延续到主体育馆。连续的交通灰空间是岭南建筑文化中骑楼空间的精髓。

C 空间布局 Space Planning

由"空中漫步廊"为纽带的易辨识连接布置。将公共空间与工作服务空间进行明确功能分区的区域规划。洋溢着象征性及活跃动感的空间构成与整体感的立面构成。

D 设计选材 Materials & Cost Effectiveness

为了满足绿色建筑的节能和安全的要求，亚运体育馆的玻璃选择了中空夹胶low-e玻璃。深远的挑檐，也缓解了建筑东西侧日照和节能的矛盾。西侧的幕墙也有搭配了很多中空夹胶彩釉玻璃，与透明玻璃构成了图案的同时，也降低了建筑的能耗，一举多得。

E 使用效果 Fidelity to Client

自竣工以来，亚运体操馆已经通过了多次的不同种类项目的测试赛，场馆的运营完全能满足各类比赛要求。

116, 117

Hangzhou City Planning Exhibition Hall

杭州市规划展览馆

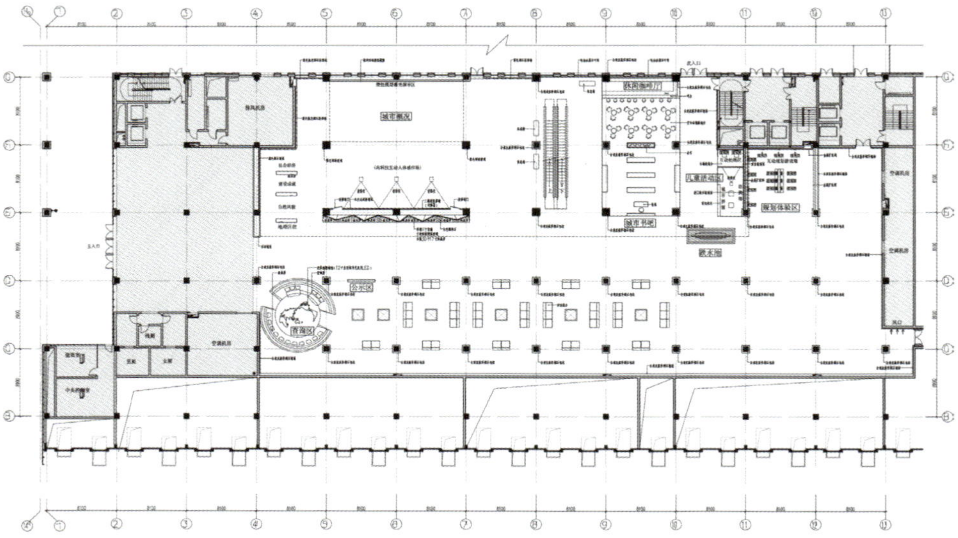

平面图

Project Name_Hangzhou City Planning Exhibition Hall
Chief Designer_Li Hui
Project Team_Bian Yang / Xiao Baifeng
Location_Hangzhou Zhejiang
Project Area_10,000sqm
Cost_80,000,000RMB

项目名称_杭州市规划展览馆
主案设计_李晖
设计团队_边杨 / 肖柏峰
项目地点_浙江 杭州
项目面积_10000平方米
投资总额_8000万元

上海风语筑展览有限公司

主案设计：李 晖 *Li Hui*

博客：http:// 505819.china-designer.com
职位：设计总监
职称：
世界华人建筑师协会 创始会员
《时代建筑》杂志 编委
项目：
天津城市规划展览馆
杭州市规划展览馆
石家庄市规划展览馆
呼和浩特市规划展览馆
大庆市规划展览馆等

A 项目定位 Design Proposition

杭州规划馆已成为钱江新城乃至杭州的城市新名片，吸引了大量的国内外游客、学者，增加了整个钱江新城的人气与魅力，作为钱江新城CBD中心，促进了的经济发展。

B 环境风格 Creativity & Aesthetics

阳光长廊是最具特色之处，采用玻璃屋顶，让阳光能直接照射，在节能环保的同时，寓意公平、公正、公开的阳光规划。在三层，大片的玻璃窗引入自然光的同时，还将室外钱塘江的优美景色引入室内，使市民在参观过程中也能领略江景，增添了观赏的趣味。窗户上安装有自动卷帘，在展示时，可关闭以满足展示需要。

C 空间布局 Space Planning

展馆共分四层，以印象杭州——解读杭州——展望杭州，为展示主线，设置城市记忆、名城保护、山水之城、蓝图总绘、和谐人居、品质服务、通达出行、基础命脉、亮点前瞻、城市立方、网络都市等主题展区，介绍杭州这座历史文化名城的悠久历史和当今城市规划建设的伟大成就。

D 设计选材 Materials & Cost Effectiveness

展馆作为“亲民、互动、前瞻”的“城市窗口”，在进行色彩设计，充分考虑展览馆作为城市规划专业展馆的权威性、亲民性、开放性的特点，以黑白灰等中性色系为基调，重点突出展馆内的展板、模型和多媒体等展陈内容。局部点缀少量的红色，起到画龙点睛的作用。

E 使用效果 Fidelity to Client

规划馆以优质的服务受到了社会各界的一致好评。

规划构筑品质生活
杭州

China Maritime Museum
中国航海博物馆

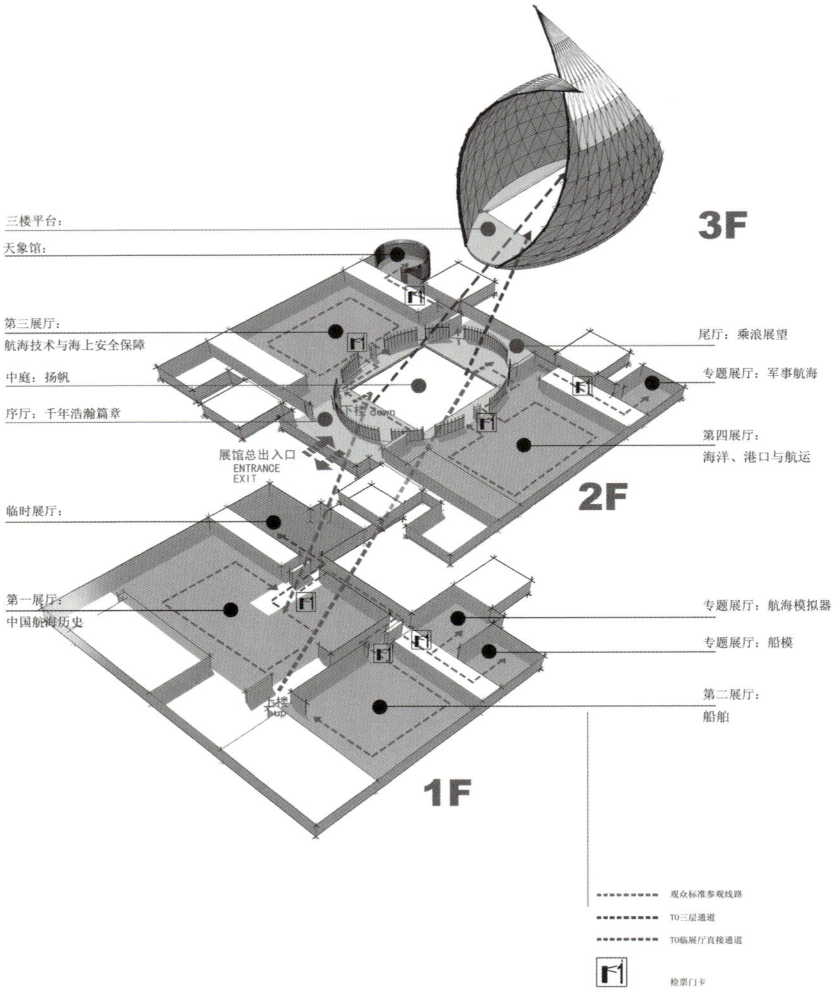

平面图

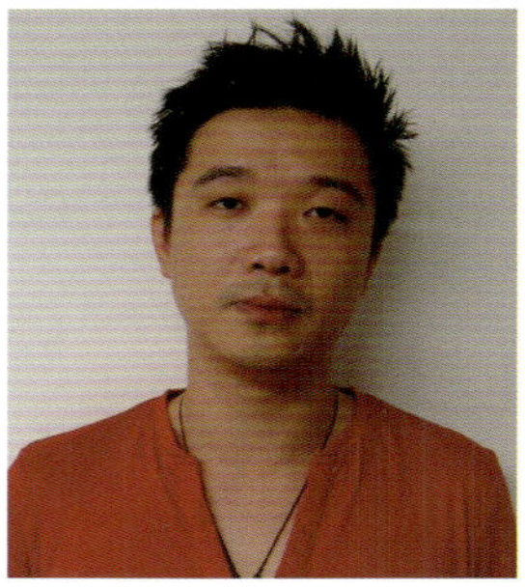

阮 菲 *Ruan Fei*

博客： http:// 482121.china-designer.com
公司： 上海波特曼装饰设计工程有限公司
职位： 设计总监
奖项：
"史丹利"杯中国室内设计大奖赛佳作奖
中国（国际）会展业最佳创意设计师20强
项目：
上海鲁迅纪念馆
上海科技馆AV乐园
国家电力科技展示中心
上海邮政博物馆
上海电信博物馆
上海禁毒教育馆
中国航海博物馆等

Project Name_China Maritime Museum
Chief Designer_Ruan Fei
Project Team_Wei Qihao / Zhu Hongyan
Location_Pudong District Shanghai
Project Area_21,000sqm
Cost_180,000,000RMB

项目名称_中国航海博物馆
主案设计_阮菲
设计团队_韦奇浩 / 朱鸿雁
项目地点_上海 浦东
项目面积_21000平方米
投资总额_1.8亿元

A 项目定位 Design Proposition

中国航海博物馆的建成对于推动航海事业发展、弘扬我国航海文明具有积极意义。

B 环境风格 Creativity & Aesthetics

在场馆内设计了很多不同环境风格的区域，自然的区分开不同的展示内容和重点，通过场景和环境的营造，加强观众的融入感。

C 空间布局 Space Planning

“银帆外的天空”呈现“大航海”——中央展区策划与设计：建筑物中央是高达70m的船帆造型，内部空间是博物馆的核心——中央展区，面积达2000cm^2。

D 设计选材 Materials & Cost Effectiveness

一层历史馆展区多运用石材，营造历史感觉。一层墙面大面积运用林德纳钢板墙，从工艺和效果上追求质感和品质，同时也便于墙面展示的处理，展品和图文都能很好的墙面装饰材料融合、粘接。

E 使用效果 Fidelity to Client

中国航海博物馆作为一个国家级专业博物馆投入运营以来，接待了来自各方的专业参观者和普通参观者，受到了大量好评。

West Terminal Building of Shanghai Hongqiao International Airport

上海虹桥综合交通枢纽机场西航站楼

Project Name_West Terminal Building of Shanghai Hongqiao International Airport
Chief Designer_Yu Yiwen
Project Team_Mao Xiaodong / Mei Jingyan / Jiang Tao / Ren Yili / Ji Jiangfeng
Location_Minhang District Shanghai
Project Area_26sqkm
Cost_3,000,000,000RMB

项目名称_上海虹桥综合交通枢纽机场西航站楼
主案设计_于奕文
设计团队_毛小冬 / 梅竞妍 / 江涛 / 任意立 / 吉江峰
项目地点_上海 闵行
项目面积_26平方公里
投资总额_30亿元

上海现代建筑装饰环境设计研究院有限公司

主案设计：于奕文 *Yu Yiwen*

博客：http:// 515208.china-designer.com
职位：装饰一所所长、副主任工程师
奖项：

2004年，赞比亚政府办公大楼获“红星美凯龙”优秀奖

2005年，济南南郊国宾馆获2005年红星美凯龙宾馆类三等奖

2005年，被评为全国百名优秀室内建筑师

2006年，安徽合肥翡翠湖国宾馆获中国室内设计大奖赛酒店宾馆类优秀奖、中国上海第五届建筑装饰设计大赛入围优胜奖、“现代杯”二等奖

2006年，被评为全国杰出中青年优秀设计师

2007年，上海市十大杰出室内建筑师

A 项目定位 Design Proposition

上海虹桥国际机场作为现代化、国际化和智能化的机场，是一项重要的城市文化设施。

B 环境风格 Creativity & Aesthetics

在设计上，无论从室内环境、空间布局、还是各种软硬件设施都必须考虑满足现代的机场要求。醒目引导标识提供最大程度的便利，同时减少了机场内部的业务分离，体现了〝以人为本〞的设计理念。

C 空间布局 Space Planning

精致、大气、现代、简约是整个机场的室内风格定位。上海虹桥国际机场作为沿海地区经济腾飞新标志的航空门户，对其的塑造将有别于其他城市的机场，应主要体现为：精致——着力体现其室内构思的内涵和生动性。大气——着力与建筑手法上体现现代航空港的宏伟气势。现代——着力体现合肥经济腾飞区域的气象。简约——设计手法上不堆砌、不繁琐，着力体现其现代航空港快速直达的实效性。

D 设计选材 Materials & Cost Effectiveness

机场的设计从建筑到室内都遵循了节能、环保的要求——在建筑的全寿命周期中，最大限度地节约资源：节地、节能、节材、节水，保护环境和减少污染。室内设计在总的设计理念下，表现了现代机场的开放与共享气氛。机场室内公共区是旅客的主要使用空间，量大且面广，因此室内设计必须是：建筑设计原则和理念的延续，功能布局及流程安排的体现和强化。

E 使用效果 Fidelity to Client

集国内大中型航空港室内环境设计之经验，度身打造一个精致、大气、现代、简约，符合区域经济腾飞标志的航空新门户。

F12
F11
F10
F09
F08
F07
EXPO
SHANGHAI CHINA
中国2010年上海世博会
EXPO 2010 SHANGHAI CHINA

JCDecaux
A
A04
A05

Project Name_Huabin Museum
Chief Designer_Chen Qin
Location_Chaoyang District Beijing
Project Area_1,100sqm
Cost_2,000,000RMB

项目名称_华彬博物馆
主案设计_陈勤
项目地点_北京 朝阳
项目面积_1100平方米
投资总额_200万元

Huabin Museum
华彬博物馆

davidlin DESIGN / ASSOCIATES

北京中美圣拓建筑工程设计有限公司

主案设计：陈 勤 *Chen Qin*

博客：http:// 105204.china-designer.com
职位：设计总监
项目：
- 神华黄骅国际大酒店
- 三亚亚龙湾高尔夫球会会所
- 北京华彬高尔夫会所
- 北京花家怡园八爷府餐厅
- 南京嘉业1号公馆会所
- 苏州平江华府酒店
- 晴翠院115别墅样板间
- 香山公馆别墅样板间等

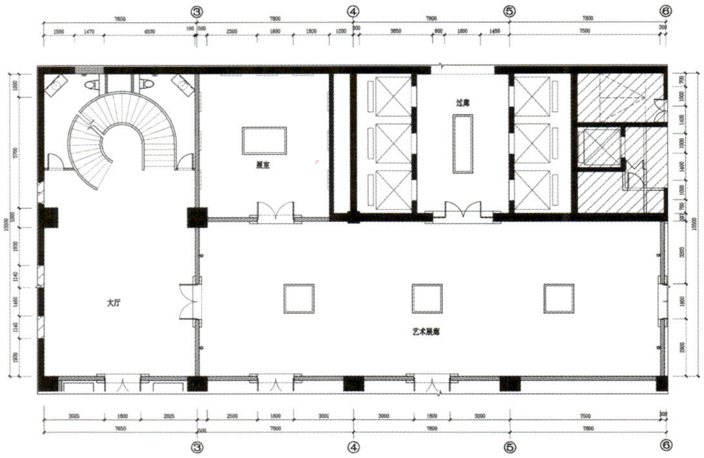

平面图

A 项目定位 Design Proposition
展示企业形象，提高大厦文化交流的氛围。

B 环境风格 Creativity & Aesthetics
现代中式的设计风格，“聚、赏、品、观”是设计的主线。

C 空间布局 Space Planning
环环相扣，动线明晰，展示区和洽谈休息区结合得当。

D 设计选材 Materials & Cost Effectiveness
运用镜面的变化，扩大空间变化，铜质与金箔质感极大提高空间的高级感，稳定的木质墙面给人安静感。

E 使用效果 Fidelity to Client
得到了业主的一致好评。

Public Areas of Africa Pavilion of Expo 2010 Shanghai

上海世博会 非洲联合馆公共区域

Project Name_Public Areas of Africa Pavilion of Expo 2010 Shanghai
Chief Designer_Ma Xiaoxing
Location_Huangpu District Shanghai
Project Area_35,000sqm
Cost_35,000,000RMB

项目名称_上海世博会 非洲联合馆公共区域
主案设计_马晓星
项目地点_上海 黄浦
项目面积_35000平方米
投资总额_3500万元

GOLD MANTIS Construction Decoration 金螳螂

苏州金螳螂建筑装饰股份有限公司

主案设计：马晓星 *Ma Xiaoxing*

博客： http:// 477556.china-designer.com
职位： 副总设计师
职称：
高级室内建筑师
中国室内设计师协会 会员
苏州大学环境艺术系 副教授
江苏省室内设计学会 理事
苏州市勘察设计评标专家库 专家
奖项：
"扬州公安局业务技术用房"获2009年全国建筑工程装饰奖
第三届IFI国际室内设计大赛2007年"华耐•立家杯"中国室内设计大奖赛优秀奖
"中国丝绸博物馆捷克展厅设计"获2007年江苏省第六届室内装饰设计大奖赛特等奖
"常州博物馆设计方案"获2007年江苏省第六届室内装饰设计大奖赛二等奖
"同里湖度假酒店"获2007年江苏省第六届室内装饰设计大奖赛优秀奖
"北京奥体中心祥云小屋"获2008年第四届海峡两岸室内设计大赛设计师组综合类佳作奖
"扬州林溪山庄售楼处"获2008年第四届海峡两岸室内设计大赛设计师组综合类佳作奖
"无锡博物馆室内设计"获2008年第四届海峡两岸室内设计大赛设计师组综合类佳作奖
"北京奥体中心祥云小屋"获2008年中国室内设计大奖赛文教、医疗方案类佳作奖等
项目：
无锡博物馆
宁德君临天下会所室内设计
青岛奥帆博物馆
昆山阳澄湖景观会议室内设计
兴化海德国际售楼处
园区规划馆
福州三盛•南香湖会所室内设计
上海世博非洲联合馆公共区域
苏州吴中港室内设计
山东证监局办公楼
太湖黄金水岸酒店式公寓等

专题展区
CAMEROON
Cameroun

D10
毛里求斯
MAURITIUS
Maurice

A 项目定位 Design Proposition
非洲联合馆位于浦东C片区西北部C04街坊内，C04街坊由浦明路、园一路、北环路与西环路围合而成。

B 环境风格 Creativity & Aesthetics
2010上海世博会非洲联合馆活动和展示主题——“非洲：希望之大陆”。去过非洲的被调查对象普遍认为非洲是极具魅力的、友好的、多彩的大陆，对非洲联合馆比较期待未去过非洲的调查对象普遍对非洲认识比较片面或存在误区，对非洲联合馆期待较低。

C 空间布局 Space Planning
展馆概况：（1）功能组成：单层展厅为主，展览展示面积20848m²。（2）结构形式：空间支撑钢框架结构（部分梁为实腹梁，部分梁为平面桁架梁）。柱网开间：13m～17m。

D 设计选材 Materials & Cost Effectiveness
建筑用材：（1）外墙材料：采用50mm厚彩钢岩棉夹芯板。（2）内墙材料：采用加气混凝土砌块，展位之间的墙体为不燃、难燃或阻燃的轻质墙体。（3）屋面材料：采用0.6mm厚彩钢板，屋面保温采用100mm厚玻璃棉保温层。屋面设电动排烟窗。（4）门窗材料：采用铝合金材料。（5）外部装饰：地面墙面入口雨蓬混凝土彩钢板铝板。（6）内部装饰：地面、墙面、吊顶、展厅为混凝土涂料，彩钢板为办公混凝土涂料，彩钢板为轻钢龙骨矿棉板。

E 使用效果 Fidelity to Client
吸引大量顾客参观。

Project Name_Shenyang City Planning Exhibition Hall
Chief Designer_Li Hui
Location_Shenyang Liaoning
Project Area_7,000sqm
Cost_70,000,000RMB

项目名称_沈阳市城市规划展示馆
主案设计_李晖
项目地点_辽宁 沈阳
项目面积_7000平方米
投资总额_7000万元

风語筑 EXHIBITION

上海风语筑展览有限公司

主案设计：李 晖 *Li Hui*

博客：http:// 505819.china-designer.com
职位：设计总监
职称：
世界华人建筑师协会 创始会员
《时代建筑》杂志 编委
项目：
天津城市规划展览馆
杭州市规划展览馆
石家庄市规划展览馆
呼和浩特市规划展览馆
大庆市规划展览馆等

Shenyang City Planning Exhibition Hall

沈阳市城市规划展示馆

A 项目定位 Design Proposition

沈阳市城市展示馆以人为本、科学规划，将展馆打造成为独具沈阳魅力，彰显大沈阳规划建设优势。

B 环境风格 Creativity & Aesthetics

沈阳市城市规划展示馆基本构思是一个充满梦想的盒子，内部展示大厅纵向贯穿三层，空间气势恢宏。以全景城市模型和大屏幕形式，配合声光电等高科技手段，全方位、多层次地展示沈阳的城市规划和建设成就。

C 空间布局 Space Planning

整个空间充分发挥空间优势，充分展现空间简洁大气、疏朗结合；很好的做到大空间、大视觉、大容量、气势如虹的展示效果。同时合理规避原有部分空间狭长、沉闷的空间。

D 设计选材 Materials & Cost Effectiveness

LED屏幕、木色金属彩铝格栅、不锈钢、黑色烤漆玻璃等现代技术及材质的应用，展现沈阳高速增长的速度与活力。在展示手法上动静结合，虚实呼应。

E 使用效果 Fidelity to Client

运营过程中整体空间效果得到了各界人士的充分肯定和认可。

Vanke Liangzhu Culture Village Children's Club II

万科良渚文化村少儿会所二期

Project Name_Vanke Liangzhu Culture Village Children's Club II
Chief Designer_Yao Kangrong
Location_Hangzhou Zhejiang
Project Area_1,100sqm
Cost_3,000,000RMB

项目名称_万科良渚文化村少儿会所二期
主案设计_姚康荣
项目地点_浙江 杭州
项目面积_1100平方米
投资总额_300万元

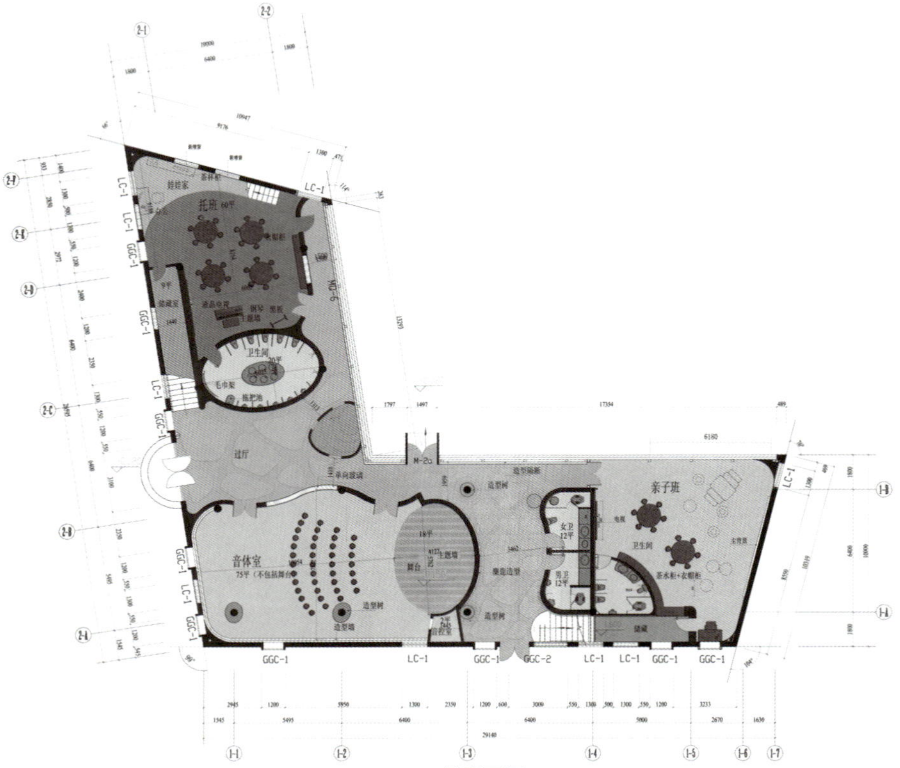

一层平面图

姚康荣 *Yao Kangrong*

博客：http:// 514850.china-designer.com
公司：杭州海天环境艺术设计有限公司
职位：设计总监
职称：高级室内建筑师
奖项：
浙江省优秀中青年室内建筑师
2005"IAID"最具影响力中青年设计师
项目：
大理凤凰温泉度假村
杭州市民卡公司
聚龙大厦售楼中心
江南春城•白云深处会馆
竹海水韵样板房
中都•青山湖畔别墅样板房
金都人居馆
杭州天目山路景观设计
绿城•翡翠城幼儿园
绿城•蓝庭少儿会
万科•良渚玉鸟流苏少儿会所

A 项目定位 Design Proposition

水滴的符号是贯穿本案的主题符号，一个个大小不一的水滴嵌在光滑的墙面，犹如美妙的音符欢快的跳跃，营造了一个充满活力的空间。

B 环境风格 Creativity & Aesthetics

良好的幼儿活动场所使幼儿在认知、交流、行为、色彩、艺术等得到良好的熏陶与锻炼，对幼儿的成长至关重要。

C 空间布局 Space Planning

入口门厅创造一个有特色、令人愉快的入口是室内设计序曲。音体室音体室是整个空间的设计主题。活动室活动室的塑造是为给孩子营造一种家庭般的温馨感。

D 设计选材 Materials & Cost Effectiveness

卫生间卫生间墙面采用抗备特挂墙系统与儿童墙纸的结合，整体色调明快简洁又特别温馨。

E 使用效果 Fidelity to Client

生活操作室生活操作室的设计围绕着〝魔法厨房〞这一设计主题。奇异的曲线造型带给孩子无限的遐想，让孩子在此空间尽情感受、尽情体验。

Project Name_Shanghai Museum of Animation
Chief Designer_Zhao Ying
Location_Pudong District Shanghai
Project Area_8,500sqm
Cost_48,000,000RMB

项目名称_张江动漫博物馆
主案设计_赵樱
项目地点_上海 浦东
项目面积_8500平方米
投资总额_4800万元

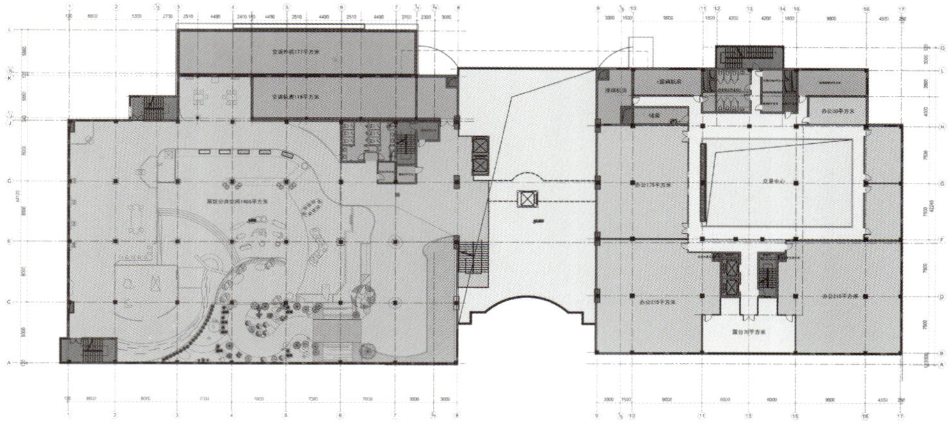

平面图

现代设计
Xian Dai Architectural Design

上海现代建筑装饰环境设计研究院有限公司

主案设计：赵 樱 *Zhao Ying*

博客： http:// 515197.china-designer.com
职位： 主任工程师
奖项：

人民大道200号办公楼改造装修设计——中国上海第四届建筑装饰设计大赛二等奖

基督教圣三一堂修缮及钟楼修复工程——中国上海第五届建筑装饰设计大赛公共建筑设计方案-保护建筑、改造建筑类优秀奖 上海市建筑学会建筑创作奖、优秀奖

中组部事业单位综合楼项目——2009年度上海市优秀工程设计一等奖

Shanghai Museum of Animation

张江动漫博物馆

A 项目定位 Design Proposition

动漫产业作为被高度重视的重点文化产业，政府相继出台了许多鼓励和扶持产业发展的政策，为国内和上海动漫产业的发展提供了良好的机遇和环境。

B 环境风格 Creativity & Aesthetics

本工程位于69号楼北侧三层，将建设上海动画博物馆和漫画博物馆，打造国内高端的动漫展示和体验中心。南侧七层办公区域将打造公共服务平台，吸引要素平台入驻，为文化企业提供良好的配套服务。

C 空间布局 Space Planning

经过反复推敲，我们把漫画形体中提取的造型语言应用到室内设计中，通过有秩序的体量加减法则，来产生有节奏变化的虚实空间节奏。

D 设计选材 Materials & Cost Effectiveness

塑造一个轻快愉悦、具有现代感，符合张江动漫谷文化形象及建筑整体气质的室内空间。

E 使用效果 Fidelity to Client

张江动漫谷将打造为动漫领域中的专业场馆。

Booth of Inspiration Studio Design Co.,Ltd at 2009 Guangzhou Design Week

广州市汤物臣·肯文设计事务所2009广州国际设计周展位

Project Name_Booth of Inspiration Studio Design Co.,Ltd at 2009 Guangzhou Design Week
Chief Designer_Xie Yingkai
Location_Guangzhou Guangdong
Project Area_54sqm
Cost_100,000RMB

项目名称_广州市汤物臣•肯文设计事务所2009广州国际设计周展位
主案设计_谢英凯
项目地点_广东 广州
项目面积_54平方米
投资金额_10万元

湯物臣 · 肯文設計事務所™
InspirationStudio Design Co.,Ltd.

主案设计：谢英凯 *Xie Yingkai*

家园博客：http://158254.china-designer.com
奖项：
2010年“全国优秀设计机构”
2009年“中国最具影响力的室内设计企业”
“中国十大室内设计团队－金羊”
2008年入选“中国最具影响力的室内设计企业十强”
“2007年被评为年度广州最具竞争力创意企业30强”
“会所设计十大最具品牌价值”等
项目：
广东德庆盘龙峡天堂度假区（AAAA）
广东花都王子山休闲生态度假区（AAAAA）
北京顺景园•温泉休闲度假酒店（全球最大SPA度假温泉酒店并被录入英国吉尼斯世界纪录大全）
西安1+1园林式酒吧
西安滚石新天地KTV
北京蓝黛俱乐部等
北京蓝黛俱乐部
西安滚石新天地KTV
广东德庆盘龙峡旅游度假酒店

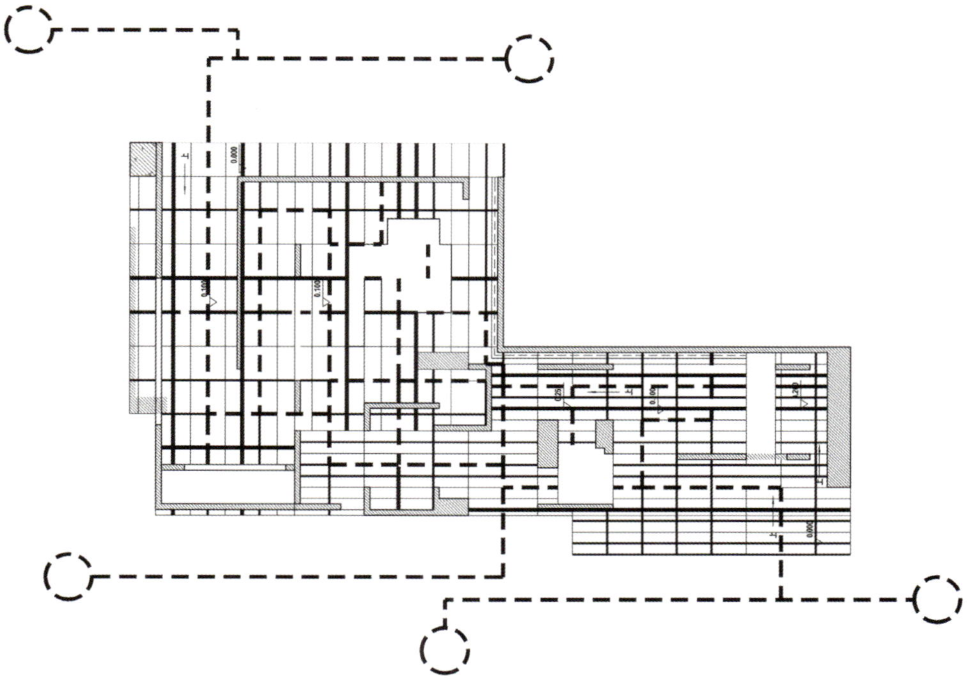

平面图

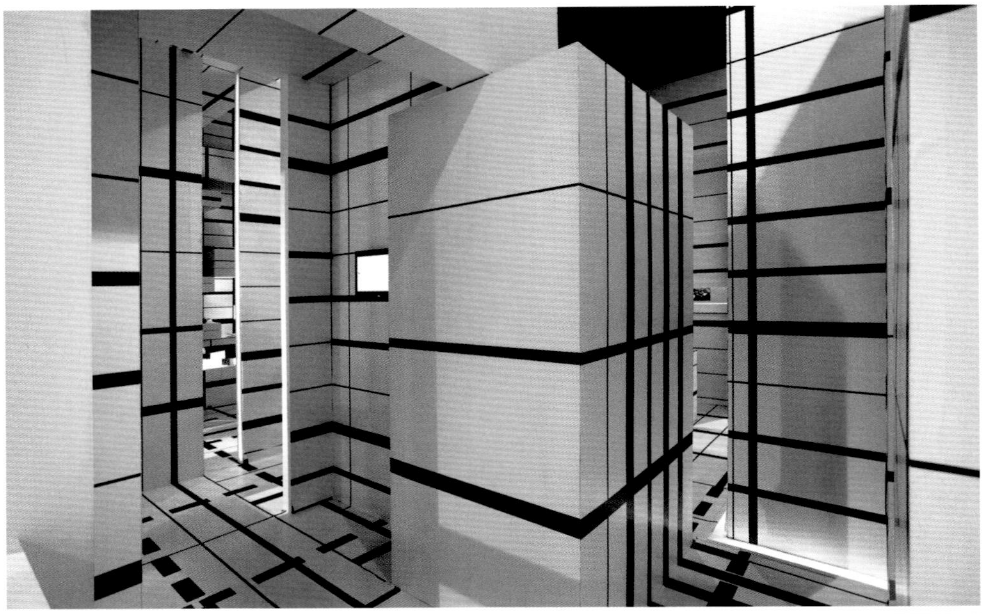

A 项目定位 Design Proposition

从空间的原始概念开始建筑，唤起社会对原创设计的关注及认同。

B 环境风格 Creativity & Aesthetics

用艺术的手法策划Rule的全过程，实现空间引导人体行为的模式。

C 空间布局 Space Planning

空间里，起点是终点，终点也是起点，虽然线条纵横交错，但行走的路线只有一条，使你必能体验途中的任何设置。

D 设计选材 Materials & Cost Effectiveness

地面、墙身到天花布满不同粗细的线条，除可增加视觉冲击外，更重要的是它们还负责引导进入空间的人流。

E 使用效果 Fidelity to Client

规则与规律不会因为空间感而改变，相反一步一景的体验令人仿似进入迷幻魔方,吸引了很多参观者。

Project Name_Taiwan Decoration Art Booth at Beijing ICCIE
Chief Designer_T. K. Chu
Location_Chaoyang District Beijing
Project Area_300sqm
Cost_2,000,000RMB

项目名称_北京文博会台湾陈设艺术中心
主案设计_邱德光
项目地点_北京 朝阳
项目面积_300平方米
投资金额_200万元

Taiwan Decoration Art Booth at Beijing ICCIE

北京文博会 台湾陈设艺术中心

邱德光設計事務所
T.K. CHU DESIGN GROUP

主案设计：邱德光 *T. K. Chu*

博客：http:// 257055.china-designer.com
奖项：
中国室内设计杰出成就奖
亚太室内设计双年奖
广州星河湾酒店——2009年第五届中国饭店业设计装饰大赛：商务型酒店金奖；酒店大堂金奖；酒店餐厅金奖；酒店客房银奖。
项目：
北京•财富公馆
上海•浦东星河湾
北京星河湾
上海•外滩九里
广州星河湾四季酒店等

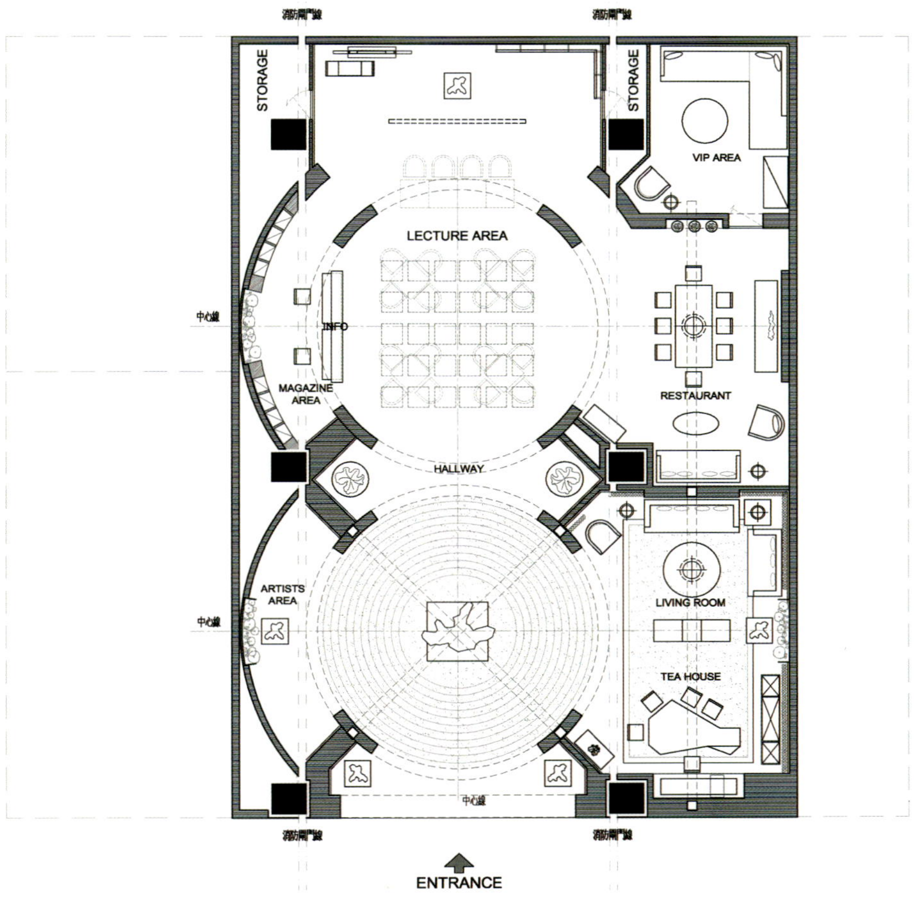
消防闸门线
消防闸门线
STORAGE
STORAGE
VIP AREA
LECTURE AREA
INFO
中心線
MAGAZINE
AREA
RESTAURANT
HALLWAY
ARTISTS
AREA
中心線
LIVING ROOM
TEA HOUSE
中心線
消防闸门线
消防闸门线
ENTRANCE

平面图

A 项目定位 Design Proposition

落实「艺术生活化，生活艺术化」的理念，彰显当代中国人的生活态度与美学文化。陈设艺术不仅仅是自身品味的体现，更是精神的体现，文化的体现。

B 环境风格 Creativity & Aesthetics

在台湾展馆，我所企图表达的不仅仅是空间与装饰，更是生活艺术与哲学。我运用两元对立却又互相包容的世界观：静与动、内敛与外放、虚幻与实体等，以现代的创作手法，具体表现中国人的精神思维与物质文明的荟萃菁华。

C 空间布局 Space Planning

整个展馆空间以放大的牡丹花图腾（由富美家协助），藉由「把空间包起来」的观念艺术概念，塑造现代中国的印象。黄铭哲的创作「台湾土狗在北京」陈列在展馆入口，彷佛门神的序列，切题又别有意旨的趣味。

D 设计选材 Materials & Cost Effectiveness

首先前半部由黑白对比所呈现的展馆，它静态地表达禅的思想与空的概念，李真的雕塑作品「无忧国土」传递道家思想与冥想境界，天花所陈设的9盏来自「台湾天灯」灵感的灯具创作，加上有着细腻纹路的地毯隐喻着枯山水的意境，总体地陈述宗教与中国文人的世界，给人一种和生活很接近却又是飘浮的感觉。

E 使用效果 Fidelity to Client

艺术品与不同的人互动会产生不同的思想，是艺术和空间最极致的表现。吸引大量顾客参观。

Mayor Village of Guangzhou Asian Games Village

广州亚运村"村长院"

Project Name_Mayor Village of Guangzhou Asian Games Village
Chief Designer_Wang He
Location_Guangzhou Guangdong
Project Area_1,200sqm
Cost_10,000,000RMB

项目名称_广州亚运村"村长院"
主案设计_王河
项目地点_广东 广州
项目面积_1200平方米
投资金额_1000万元

王 河 *Wang He*

博客：http:// 497567.china-designer.com
公司：广州大学建筑设计研究院
职位：副院长、建筑总工程师
职称：
高级建筑师
高级室内建筑师
高级环境艺术设计师
奖项：
中国loft办公空间大师赛金奖
全国建筑工程装饰奖
建设部中国建筑文化奖
中国酒店设计优秀奖
第三届海峡两岸四地室内设计大奖赛二等奖
国家优秀工程银质奖等
项目：
WH国际设计事务所项目
广州搬运国际会议中心工程
广东省委松原宾馆西一号楼工程
海南三亚珠江南田温泉度假酒店工程
帽峰沁园酒店工程
香港恒基集团恒荔湾畔工程
香港恒基集团恒宝华庭工程等

A 项目定位 Design Proposition

作为广州亚运会迎接重要嘉宾的场所，既需要给嘉宾带来尊贵舒适的体验，又需要彰显我们民族和广州地域特色，作为展示国家和广州城市形象的重要窗口。

B 环境风格 Creativity & Aesthetics

迎宾区第一进水池中间主宾通道，营造荷塘小桥的渔家风情。经过水池进入到签到处的小房间，虽小但充满地方特色，并辅以广东音乐乐队演奏，营造出独特签到方式，令人难忘。

C 空间布局 Space Planning

中轴线的主宾通道彰显尊贵，多种用户使用通道分布合理。

D 设计选材 Materials & Cost Effectiveness

用环保、节能的理念，为传统中式材料赋予新的含义。

E 使用效果 Fidelity to Client

已投入试运行，得到广州亚运会组委会的好评。

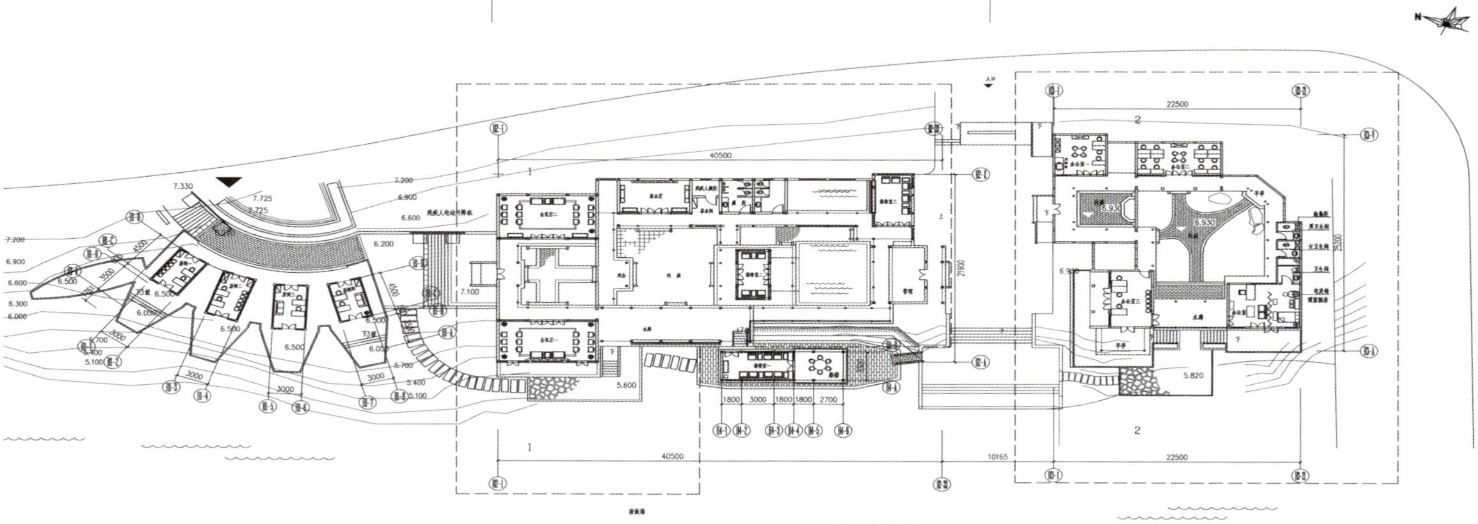

平面图

Project Name_Seagull Watch Museum
Chief Designer_Liu Xiaofeng
Location_Dongli District Tianjin
Project Area_1,200sqm
Cost_5,000,000RMB

项目名称_海鸥表博物馆
主案设计_刘晓峰
项目地点_天津 东丽
项目面积_1200平方米
投资金额_500万元

刘晓峰 *Liu Xiaofeng*

博客： http:// 281164.china-designer.com
公司： 艺峰设计工作室
职位： 设计总监

职称：
高级室内建筑师
中国室内设计师协会 专业会员
奖项： 第一届"照明周刊杯"设计比赛天津赛区三等奖 全国总决赛入围奖
项目：
天津津门一串饭店气象台路店
河南濮阳市华龙商厦
天津华夏经典楼王住宅
天津海逸长洲住宅
欧罗吧酒吧
西班牙餐厅
天津北方集团天津进出口食品公司义聚永酒吧
重庆道4号北方投资公司
大理道20号私人会所
今晚传媒新厦
聚永专卖店
天津河西公安展室
天津庆王府博物馆
西乌旗十年教育展
天津车辆博物馆等

Seagull Watch Museum
海鸥表博物馆

一九五五年三月二十四日 中国第一只手表试制成功 创立「五星」品牌
一九五七年四月二十三日 推出第一批「五一」品牌手表
一九五八年六月 成立天津市五一表厂
一九六一年九月 为中国空军制造计时码表样表
一九六二年十月 更名为天津手表厂并且迁址到复康路十一号
一九六五年 中国第一只电子手表ST4音叉表诞生
一九六六年九月 中国第一只自主设计制造的「东风」牌手表研制成功
一九七三年 中国第一个出口手表的品牌「海鸥」品牌正式创立
一九七五年三月八日 中国第一只符合国际标准的女装机

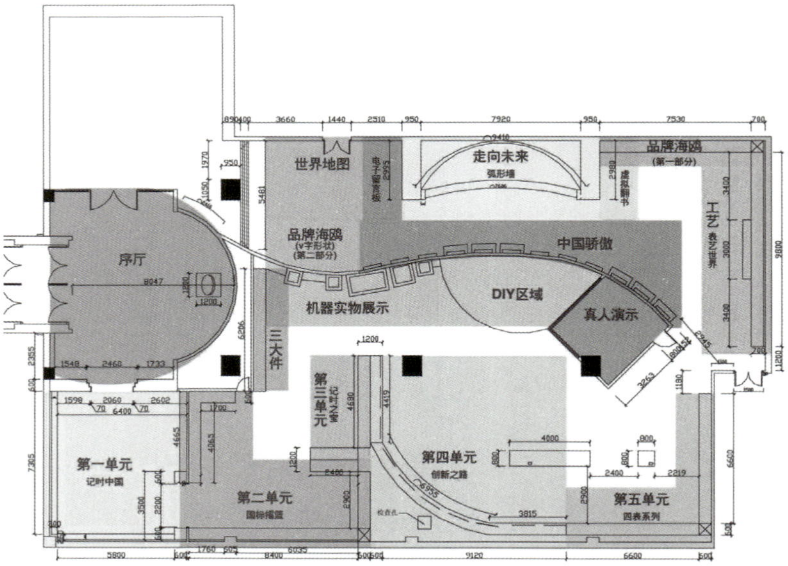
世界地图
走向未来
弧形墙
品牌海鸥
(第一部分)
工艺
品牌海鸥
(V字形状)
(第二部分)
中国骄傲
序厅
DIY区域
真人演示
机器实物展示
三大件
第三单元
第一单元
记时中国
第二单元
第四单元
创新之路
第五单元
四表系列

平面图

天津手表厂

A 项目定位 Design Proposition

按照国际流行的博物馆展示理念，参观过程中人是在运动中体验空间的，要求展示空间序列处理犹如音乐般流畅，轻慢缓急、抑扬顿挫、分明有致的空间节奏，让参观者随着陈列的内容形成有张有弛的空间体验。

B 环境风格 Creativity & Aesthetics

按照展示主题的需要，力求将新颖别致的科技手段与现代时尚的设计思想及现代博物馆陈列展示的创意理念融为一体，力求营造一个集工艺之美、时尚之美与时空之美的海鸥时间之旅。

C 空间布局 Space Planning

从序厅主题墙开始，使参观者（体验者）从主题印象开始，循序渐进地进入展示空间。每一单元设计一至两个亮点，依据陈列内容所具有的内在秩序和逻辑关系，通过对各个单元、共享空间、过渡空间和尾厅等核心展示空间的统控，使整体展示序列左右连贯、有张有弛、富有节奏。

D 设计选材 Materials & Cost Effectiveness

将各种布展元素与声、光、电、多媒体、特殊材料等相结合，通过滚动灯箱、图文展板、大幅照片、投影成像、幻影成像、实体布景、模型装置、电子翻书、艺术雕塑、实物陈列等现代展示形式，给观众以强烈的视觉冲击力和艺术感染力。

E 使用效果 Fidelity to Client

展示民族工业品牌海鸥钟表半个多世纪的辉煌发展历程，展示海鸥表精湛的传统技艺和现代科技成果，展示海鸥未来科学发展的潜力和愿景，使观众直观地感受海鸥表制造技艺的历史文化和工艺之美，使海鸥博物馆成为海鸥集团对外接待、展示、教育、宣传及工业旅游的综合服务平台和品牌宣传窗口。

SEA-GULL
SEA-GULL

SEA-GULL

Kunshan ETD Branch of The First People's Hospital

昆山市第一人民医院开发区分院

Project Name_Kunshan ETD Branch of The First People's Hospital
Chief Designer_Liu Tao
Project Team_Guo Jianhua
Location_Suzhou Jiangsu
Project Area_92,881sqm
Cost_80,000,000RMB

项目名称_昆山市第一人民医院开发区分院
主案设计_刘涛
设计团队_郭建华
项目地点_江苏 苏州
项目面积_92881平方米
投资总额_8000万元

苏州金螳螂建筑装饰股份有限公司

主案设计：刘 涛 *Liu Tao*

博客：http:// 152376.china-designer.com
职位：副总设计师
职称：
美国PMI协会 会员
高级工程师
高级室内建筑师
奖项：
2005年9月荣获全国医院设计金锐设计师称号
2005年10月荣获IAID最具影响力中青年设计师称号
2006年10月荣获全国医院设计优秀设计师称号
2007年2月荣获CIID2004－2006年度全国百名优秀室内建筑师称号
2007年4月荣获江苏省首届十佳青年室内设计师称号
2008年3月荣获全国资深室内建筑师称号
项目：
苏州体育中心体育馆
常熟荷香馆
北京友谊医院
泸州酒城宾馆（五星）
苏州工业园区九龙医院
苏州大学附属第二医院
昆山体育中心体育场等

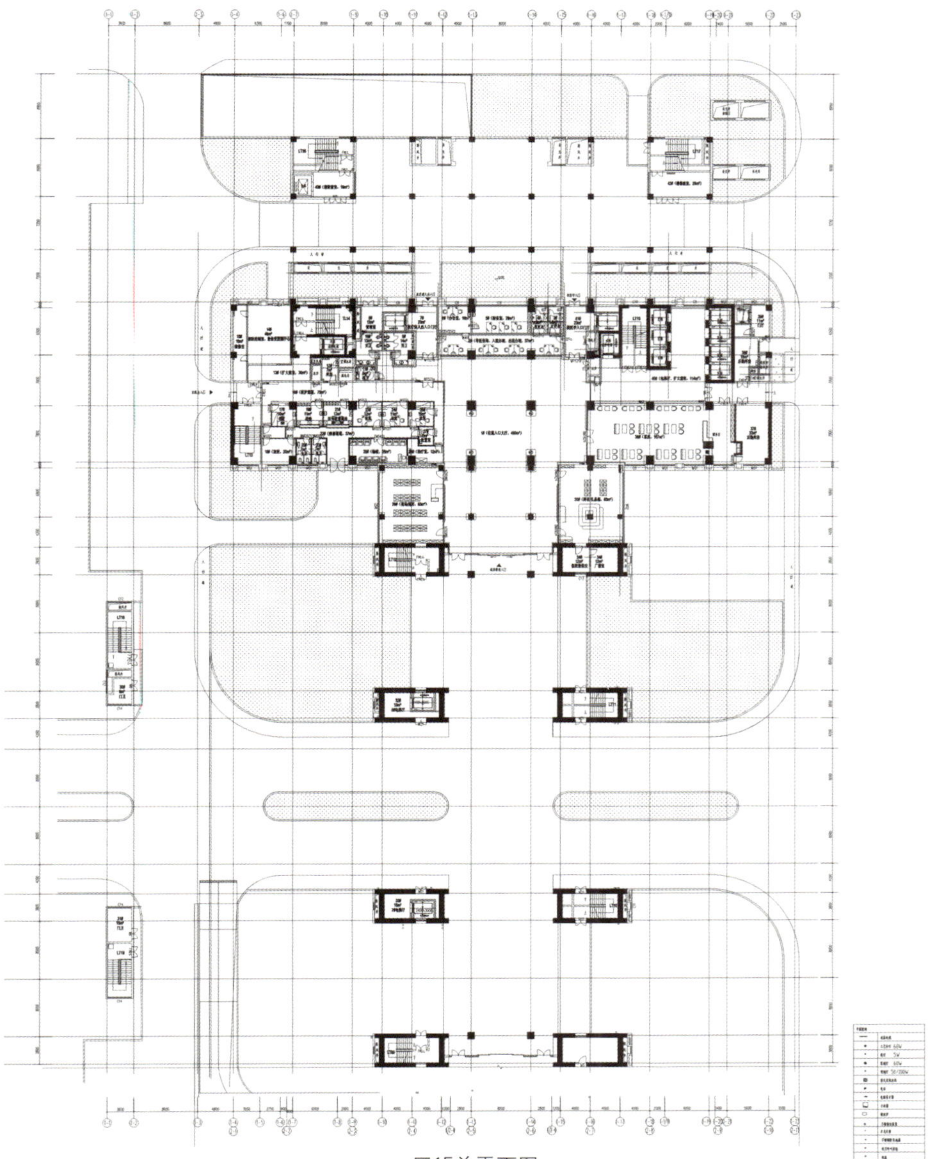

一区1F总平面图

A 项目定位 Design Proposition

设计中采用的元素均可联想到柔和、顺畅、自然以及对生命的关爱，通过环境的塑造试图让患者加深好感，让医患关系更融洽。

B 环境风格 Creativity & Aesthetics

“自然”的主题——细部的圆角设计，大块面的无接缝处理显示出较强的亲和力。“多色彩统一”：色彩设计采用多色彩的统一的理念 采用明亮温暖的基调，舒缓病人的紧张感。

C 空间布局 Space Planning

“化零为整”的空间概念，大空间采用局部围合的方式是空间的界定更明确。

D 设计选材 Materials & Cost Effectiveness

平和，减少表面反射率，控制在40%左右，注重环保，尽量不用天然材料，用复合材料达到环境舒适性。大面积用人造石材形成自由曲面的无接缝处理方式。

E 使用效果 Fidelity to Client

流线清晰，方便使用，色彩明快，自然亲切。

护士站
耳鼻咽喉科
ENT Dept.
3D
3E

120病房

Project Name_Ordos ICEC of Inner Mongolia
Chief Designer_Li Junrui
Project Team_Luan Xuehui / Wang Yuqiong / Xie Li / Yang Chaoran / Wang Xu
Location_Ordos Inner Mongolia
Project Area_12,800sqm
Cost_52,000,000RMB

项目名称_内蒙古鄂尔多斯会展中心
主案设计_李俊瑞
设计团队_栾雪辉 / 王宇琼 / 谢莉 / 杨超然 / 王旭
项目地点_内蒙古 鄂尔多斯
项目面积_12800平方米
投资总额_5200万元

北京市建筑工程装饰有限公司李俊瑞工作室

主案设计：李俊瑞 *Li Junrui*

博客：http:// 198421.china-designer.com
职位：设计总监
奖项：
2005年"太和顺鲍翅宴酒楼"获全国建筑工程装饰设计金奖（公共建筑装饰设计类）
2006年"大唐电力总部"获全国建筑工程装饰设计金奖（公共建筑装饰设计类）
2007年"首都机场3号航站楼"获全国建筑工程装饰设计金奖（公共建筑装饰设计类）等
项目：
上海东方大厦室内设计
北京钓鱼台国宾馆
北京地铁13号线车站
国家奥林匹克场馆
天津滨海国际机场
北京朝阳医院
山东省政协大酒店
鄂尔多斯会展中心等

Ordos ICEC of Inner Mongolia

内蒙古鄂尔多斯会展中心

A 项目定位 Design Proposition

会展中心外观是一个现代的具有蒙古族文化特点的建筑。室内设计延续了原建筑的蒙古族文化特点。

B 环境风格 Creativity & Aesthetics

“草”的图案是地面、墙面以及今后在引导标牌设计中都采用的图案。一个重要图案原素的发掘，保证了今后整体建筑的设计语汇完整性。

C 空间布局 Space Planning

入口大堂是一个圆型空间，二层是跑马廊为环状，与主体建筑四层连接，大厅内设有直通四层的电梯。“风吹草低见牛羊”，草——蒙古族文化独有的符号。

D 设计选材 Materials & Cost Effectiveness

地面和天花图案是主题的延续——草。这个主题图案使这个弧型和直线相交的不规则型地面、天花很自然地组合在一起，为下一步材料加工提供了方便，也使设备管线的走向更自由。墙面采用金属网和大理石两个方案，前者现代，后者材料统一。

E 使用效果 Fidelity to Client

尽展蒙古文化特色，满足要求，满意度高。

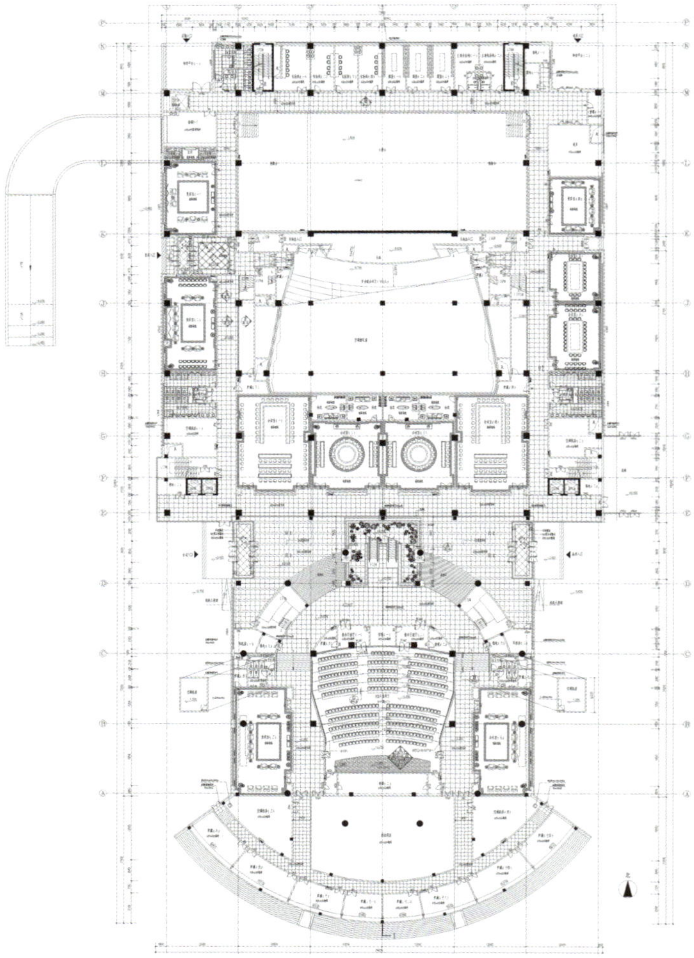

一层平面图

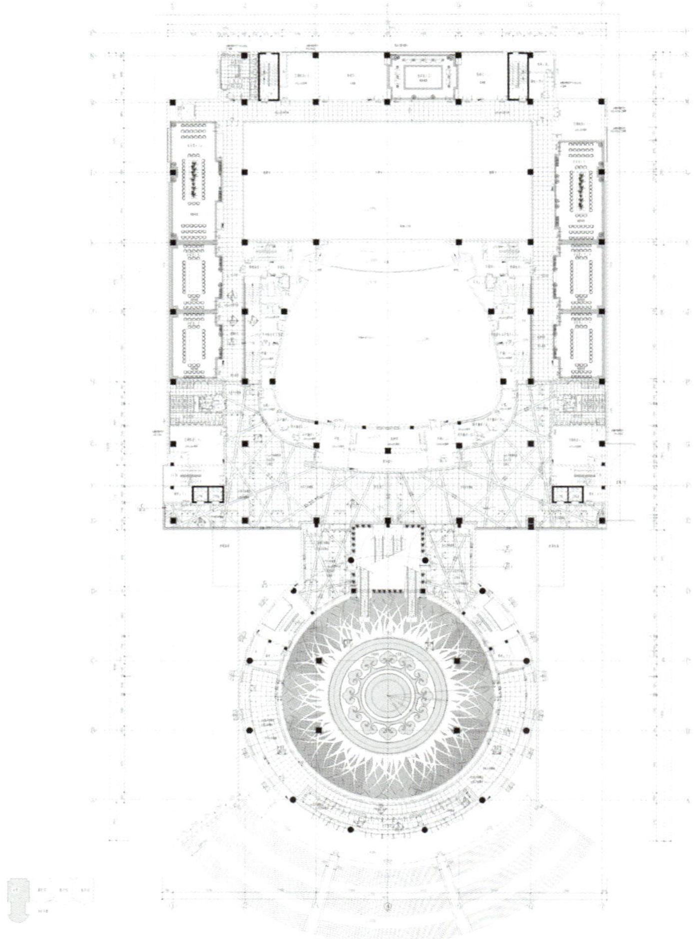

二层平面图

Multi-functional Show Field of SIFC

上海国际时尚中心综合秀场

Project Name_Multi-functional Show Field of SIFC
Chief Designer_Huangfu Lijun
Project Team_Dong Jia / Li Jiafa / Zhang Zhiyao / Xu Huiwen / Zhou Yongdong
Location_Yangpu District Shanghai
Project Area_11,000sqm
Cost_100,000,000RMB

项目名称_上海国际时尚中心综合秀场
主案设计_皇甫丽君
设计团队_董佳 / 李家法 / 张智尧 / 徐慧文 / 周永冬
项目地点_上海 杨浦
项目面积_11000平方米
投资总额_1亿元

STOA
美国STOA建筑规划设计(上海)有限公司

主案设计：皇甫丽君 *Huangfu Lijun*

博客： http:// 490910.china-designer.com
公司名称： 美国STOA建筑规划设计（上海）有限公司
项目：
美国迈阿密索菲特大酒店室内设计
美国莫泊尔市政府室内设计
上海长风生态商务区室内设计
杭州西湖豪庭大酒店室内软装
上海西郊花园别墅室内设计
北京石景山区苹果园交通枢纽商务区策划
上海侨商高新科技产业基地前期策划
开封“美国加州工业城”前期策划
上海金山孵化基地景观设计等

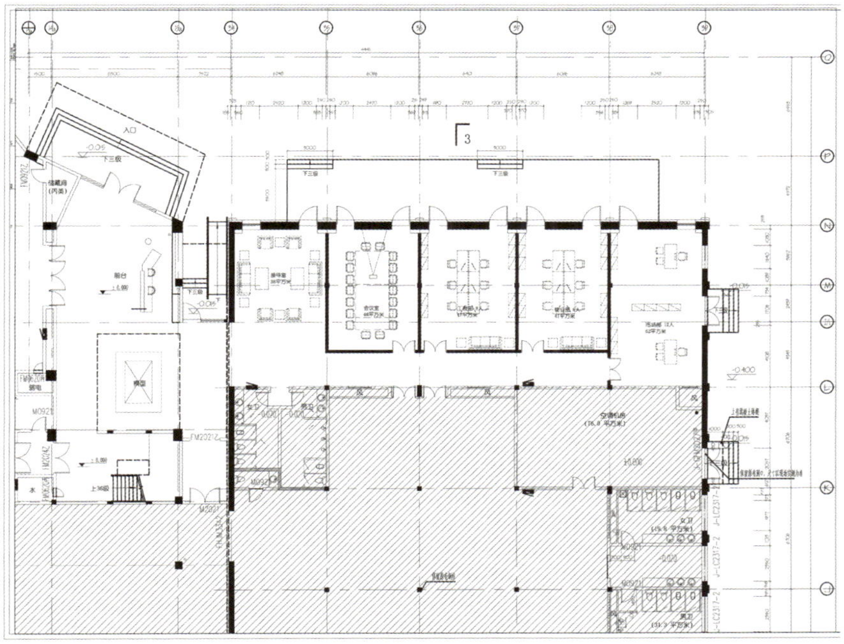

一层办公空间平面图

A 项目定位 Design Proposition

将原上海十七棉厂房基地打造成与国际时尚业界互动对接的地标性载体和营运承载基地。

B 环境风格 Creativity & Aesthetics

在其设计总体设计风格上保留原始建筑的风貌打造简约而现代的国际时尚中心，锯齿形天窗的自然采光和通风是其它建筑所不能媲美的，看似虚无却起到了衬托的作用，白色并非无色，而是光彩夺目，它有如同红色之艳丽，黑色之鲜明。内在的黑白与外墙的砖红之间的反差无论是给游客还是嘉宾带来了强烈的视觉盛宴。

C 空间布局 Space Planning

秀场整体的布局简约，是我们精心考虑的，在任何时候，他能为不同品牌及大师的作品提供非常完美的陈列基地，柱形结构也为将来的合作性展览活动提供了天然的区域分割，空间内尽量保持无光状态，秀台的任意改型更使其更符合不同国际品牌求变求新的要求，符合上海国际时尚中心这一名号。

D 设计选材 Materials & Cost Effectiveness

内立面的红砖和梁柱刷上白色涂料后，他们开始重新演绎着一种现代派的白色基调，当近距离接触它们的时候，人们又会有一些记忆的浮现。还有接待大厅内用纺纱锥子做成的装饰品，重新解构后的它们以一种新的美学形态为世人所接受。白色，无彩色系，但按光混合原理，却意味着全色。

E 使用效果 Fidelity to Client

内部六大功能空间与外部空间和谐统一、相互联系，就像人和人之间的感情。有些感情并不需要宣之于口，而是需要人用心体会。

Macalline VIP Room at Expo 2010 Shanghai

上海世博会 红星美凯龙VIP展厅

Project Name_Macalline VIP Room at Expo 2010 Shanghai
Chief Designer_T. K. Chu
Location_Huangpu District Shanghai
Project Area_33sqm
Cost_800,000RMB

项目名称_上海世博会红星美凯龙VIP展厅
主案设计_邱德光
项目地点_上海 黄浦
项目面积_33平方米
投资金额_80万元

邱德光設計事務所
T.K. CHU DESIGN GROUP

主案设计：邱德光 *T.K.Chu*

博客：http:// 257055.china-designer.com
奖项：
中国室内设计杰出成就奖
亚太室内设计双年奖
广州星河湾酒店——2009年第五届中国饭店业设计装饰大赛：商务型酒店金奖；酒店大堂金奖；酒店餐厅金奖；酒店客房银奖。
项目：
北京•财富公馆
上海•浦东星河湾
北京星河湾
上海•外滩九里
广州星河湾四季酒店等

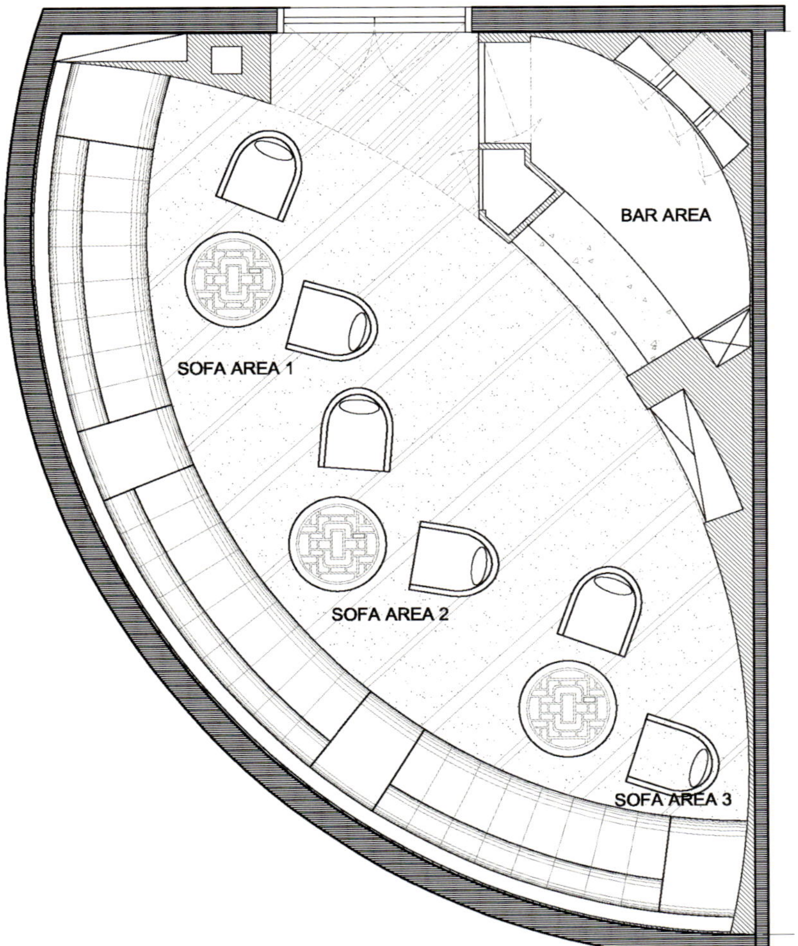

平面图

A 项目定位 Design Proposition

在地球村的今日，每个城市之间的风貌日趋相同，所以我认为城市自身文化的铺陈相当重要，它是与其他城市区隔胜出的关键。

B 环境风格 Creativity & Aesthetics

「中国、生态、艺术」是它设计的重点与精神。首先是中国的文化与概念的置入，它必须蕴含中国文化的精神与灵魂，代表了在空间上是有思想的，生活上也是有思想内涵的。

C 空间布局 Space Planning

「艺术生活化，生活艺术化」是我在设计上向来所主张的，中国的传统图腾和色彩，我运用在红星美凯龙VIP馆，是气韵的捕捉，让古代的艺术语汇，能焕发出时尚的氛围。

D 设计选材 Materials & Cost Effectiveness

当前全球所面临的生态浩劫，使得环保与绿能的议题变得迫切与重要，「自然生态」应该确实地融入到生活中，它不只是一种点缀，要让在文明中迷失的现代人，回归到自然的怀抱中，获得更新与疗愈的能量，在红星美凯龙VIP馆所运用的植生墙，它的色彩与造型为空间增色，也让空间充满生命的气息。

E 使用效果 Fidelity to Client

上海世博会以创新和融合为主轴，与世界各城市共同探讨人类对城市的生活态度，当代中国人的居家之道，也唯有在创新和融合的前提下，才能绽放出全新的东方风华与光彩。

Project Name_Taihu International Conference Center
Chief Designer_Liu Changdong
Location_Suzhou Jiangsu
Project Area_60,000sqm
Cost_140,000,000RMB

项目名称_太湖文化论坛－国际会议中心
主案设计_刘长东
项目地点_江苏 苏州
项目面积_60000平方米
投资金额_1.4亿元

GOLD MANTIS Construction Decoration 金螳螂
苏州金螳螂建筑装饰股份有限公司

主案设计：刘长东 *Liu Changdong*

博客：http:// 477539.china-designer.com
职位：第五设计分院院长
职称：
高级室内设计师
中国建筑学会室内设计分会 会员
IFI国际室内设计师联盟 会员
奖项：
"梁鸿文化交流中心"获"为中国而设计" 第四届全国环境艺术设计大展暨论坛"中国美术奖"提名作品
"梁鸿文化交流中心"获首届中国国际空间环境艺术设计大赛"筑巢奖"金奖
"太湖文化论坛－国际会议中心" 获首届中国国际空间环境艺术设计大赛"筑巢奖"优秀奖
"石家饭店"2009中国室内空间环境艺术大奖赛优秀奖
"北京鹏润建国大酒店"获中国室内设计大奖赛三等奖等
项目：
梁鸿文化交流中心
南京金丝利喜来登酒店改造
无锡洛城锦江花园酒店
九里湖高尔夫俱乐部会馆
恒力集团行政办公楼及餐厅
常州青枫苑酒店（国宾馆）
盐城金陵水城度假酒店
苏州华府－平江会所
浙江三立时代广场酒店等

Taihu International Conference Center

太湖文化论坛－国际会议中心

A 项目定位 Design Proposition

以水为设计意象，以由水衍生出来的、和水相关的各种设计元素为点缀，是我们为了体现太湖文化论坛在文化领域的自主形象而做的努力。

B 环境风格 Creativity & Aesthetics

中国太湖文化论坛——国际会议中心的装饰设计力求表达庄重宏伟、朴素典雅的民族风格和非凡气派，并体现出对多元的世界文化的尊重。力求在追求空间整体统一的风格中体现多元化、多视角的文化内涵，在构造高雅、华贵的国际会议中心室内空间的同时，创造一个高端的、有鲜明个性特征的国际会议中心。

C 空间布局 Space Planning

无论从交通功能或装饰处理上看，它既是国际会议中心大堂空间中人气最旺的区域，也是国际会议中心公共区域的中心。大堂右侧是四条分别直达二层的自动扶梯，电梯朝向大堂。左侧有一个旋转楼梯，人们不论置身于大堂中哪一个位置，都会处于“赏风景”与“被当作风景赏”的有趣的身份转换中。

D 设计选材 Materials & Cost Effectiveness

用纯净、淡雅、明快的米色作主调，衬托高品位的家具、灯具及艺术品陈设，结合突出的立体感与节奏感，烘托出国际会议中心高雅的文化氛围。牌楼的出现，使大堂有了一个严格意义上的视觉中心，无论在灯光下还是在白天都有着绝对的和谐搭配。

E 使用效果 Fidelity to Client

太湖文化的内涵诠释的恰如其分，成为文化交流的中流砥柱。

JINTANG
PRIZE 金堂奖
颁奖典礼

1823

“金堂奖”颁奖盛典

时间：2010年12月10日

地点：广州君悦酒店宴会大厅

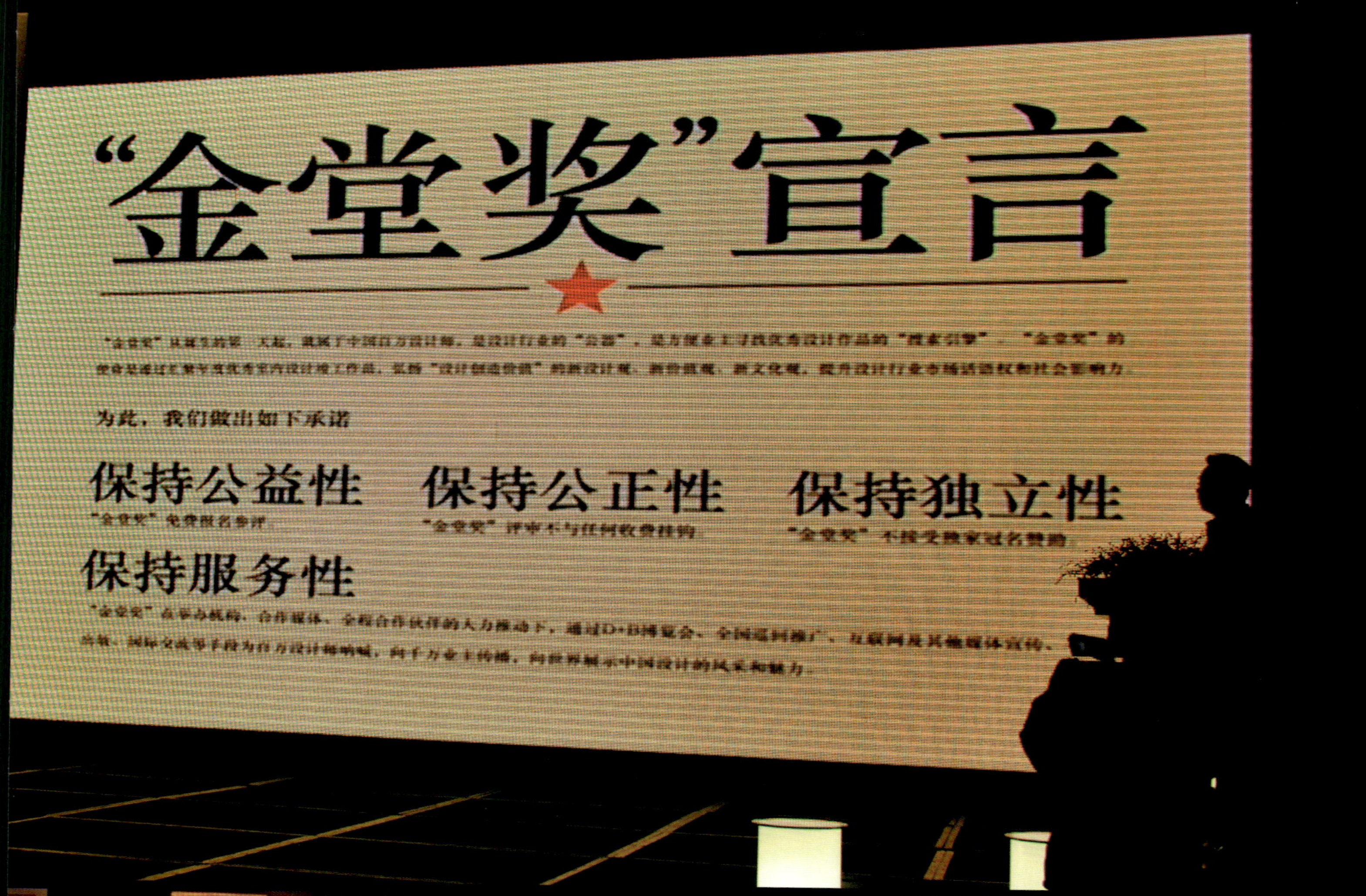

“金堂奖”盛大展示

时间：2010年12月9日－11日

地点：广州琶洲保利世贸博览馆 D+B博览会现场（广州国际设计周同期核心展览）

中国建筑装饰协会副会长、北京市建筑装饰协会会长吴国兴（左九）及“金堂奖”中外评委、各地知名设计师在展会入口合影

中国房地产业协会副会长朱中一（左五）及业主年会参与嘉宾在D+B博览会“金堂奖”展区合影

专 家 评 委

朱中一
中国房地产业协会副会长

蔡　云
中国房地产业协会商业地产
委员会秘书长

王大平
《饭店现代化》杂志社社长
中国公共关系协会常务副会长
兼秘书长

崔　恺
中国建筑设计研究院副院长
总建筑师

邢和平
中国商业联合会购物中心
专业委员会副主任

张青萍
《id+c 室内设计与装修》主编
南京林业大学风景园林学院
副院长、博士生导师

谢海涛
金堂奖发起人
中国建筑与室内设计师网
董事长

Filippo Gabbiani
菲利普　加比亚尼
意大利 Kokai studios 创建人及
设计总监

David Lin
林振中
中华人民共和国外国专家局
特聘室内设计专家（美籍）
清华大学美术学院客座教授

Arturo Dell'Acqua Bellavitis
拜拉维提斯
米兰理工大学时尚与艺术设
计学院（INDACO）院长
米兰三年展（Triennale）基金会
副主席

Francesco Zurlo
弗朗西斯科　祖罗
国际设计管理战略专家
米兰理工设计学院教授、博士

Joachim Bendl
拜恩
德国包豪斯大学继续教育
学院院长
艺术设计专业教授

业 主 评 委

蔡　滨
美国戴斯酒店集团（中国）
集团发展总监

张经邦
君澜酒店集团高级副总裁

设计评委

孟建国
中国建筑设计研究院总监
筑邦建筑装饰设计工程有限公司董事总经理

谭精忠
中国台湾大隐室内设计有限公司董事长

陈德坚
中国香港德坚设计创办人

徐敏聪
澳大利亚 HASSELL 设计公司董事兼室内设计部主脑

Vincent Koh
许维隆
美国威尔逊（Wilson）室内建筑设计公司上海代表处负责人

Mark Lintott
林马克
林马克设计公司（MLD）创建人兼主设计师

Gregor Hoheisel
雷格　霍海塞尔
德国格拉夫特设计公司（Graft Lab）中国合伙人

Luca Scacchetti
卢卡　斯卡凯迪
意大利 Scacchetti 工作室创始主设计师

李　明
远洋地产有限公司总裁

闫　恺
嘉宝商业物业经营管理有限公司总经理

周　政
中粮地产（集团）股份有限公司总经理

刘世春
金融街控股股份有限公司总经理

曲德君
万达商业管理公司总经理

房　超
国华置业有限公司董事长

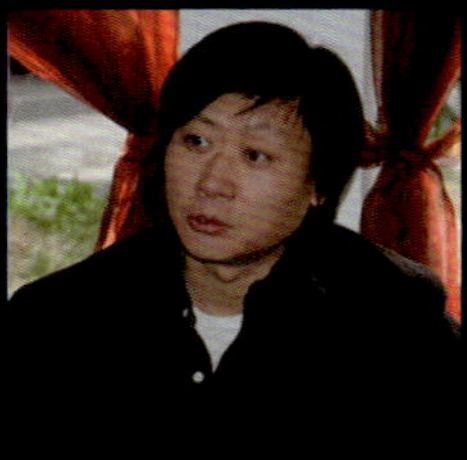

郑　中
北京城建集团国际工程总承包部副总经理

张明武
洲际酒店集团中国区发展总监

“设计感动中国”特别奖

“设计感动中国”特别奖　曾坚

1925年1月28日，曾坚先生生于上海，1947年6月从圣约翰大学毕业后，进入建筑系德国教授Riahard Pauck的事务所，开始亲历并见证中国室内设计行业从无到有的蹒跚历程。

1952年至1970年，曾老先后在华东及北京工业建筑设计院任室主任。在此期间，主持完成了一系列重大设计项目，其中包括：八届七中全会会场的全部家具设计；毛主席北京及杭州住宅的家具设计；周总理专机的室内设计；上海虹桥机场室内及家具设计等。

1979年至1985年，曾老在中国建筑学会任副秘书长。1980年在华森建筑与工程顾问有限公司任总经理，这是中国在港第一个建筑设计单位。1985年与加拿大华人共同创办第一个中外合作的建筑设计事务所——大地建筑事务所。八十年代末，在曾老与张士礼、饶良修等设计界前辈的倡导推动下，中国建筑学会室内设计分会于1989年正式创建，曾老被选为会长，连任三届，直至1999年卸任。今天，室内分会的会员已经超过一万人，遍布全国各地。

作为中国室内设计行业的开创者和奠基人，曾老以治学严谨扎实、无私帮助他人的大师风范享誉设计界。所撰写的各类著述中，尤以对设计行业的观察与思考引人瞩目，其中《室内设计的昨天、今天、明天》等名篇，至今仍对行业发展有着重大指导意义。

作为设计界泰斗，曾老与夫人丁珊女士相伴60余年的爱情经历，也成为业界传颂的一段佳话。1947年，时年19岁的丁珊女士毕业于上海音乐学院，两人结为伉俪，携手走过半个多世纪的风风雨雨。近年曾老病重期间，丁珊女士悉心照料，相濡以沫之情感人至深。

今天，中国室内设计师已有百万之众，成为拉动年产值2万亿元装饰产业前行的龙头。老一辈室内设计工作者的心血和汗水，浇灌出今天的繁花硕果。当我们分享今天果实的时候，有理由对曾坚先生为代表的设计界前辈致以由衷的感激和崇高的敬意！

年度设计人物

年度设计人物奖
姜峰室内设计公司总设计师　姜峰

姜峰所带领的J&A设计团队，与蓝天组、HBA等国际著名设计公司合作设计了大连国际会议中心、深圳丽思卡尔顿酒店、天津圣吉瑞酒店等项目。2009年，姜峰应邀在伦敦设计节发表主题演讲，揭示中国设计公司立足本土、放眼全球的发展道路，展示与国际顶级设计公司合作的辉煌成果，成为推动中国室内设计走向国际舞台的领军人物。

年度设计人物奖
广州城市组(CITYGROUP)总设计师　潘向东

潘向东所带领的城市组设计团队，在2010年完成的项目包括：世博会中国馆室内设计、广州亚运会开幕式场地——海心沙亚运场馆室内设计、华南最高建筑——广州国际金融中心室内设计等，成功诠释了城市组所倡导的设计理念:用国际化的设计语言演绎现代中国，向世界展示出中国室内设计的精彩成就。

年度设计人物提名奖
大木设计(湖北)后象设计顾问机构总经理　陈彬

武汉设计师陈彬凭借敏锐的市场触觉、深厚的设计功力，以作品《赛江南艺术餐厅》入选2010英国Andrew Martin国际室内设计大奖。2009年，他以《兰亭别院》入选德国iF中国设计大奖，夺得APIDA第十七届亚太室内设计大奖银奖等众多国际殊荣，在国际舞台展现出中国设计师的耀眼风采。

年度新锐设计师

年度新锐设计师
厦门三佰舍室内设计公司设计总监　方令加

厦门设计师方令加，生于1981年。在所创办的三佰舍设计公司网站上写到：我们致力于创造实用且具有诗意的物品及清爽、不喧闹的空间。这在其《瀚盛游艇俱乐部》等代表作中发挥得淋漓尽致，并以作品《清汤》一举夺得“2010 APIDA亚太室内设计大奖”金奖，展现出80零后设计师清新脱俗的设计气质和出色才华。

年度新锐设计师提名奖
深圳辛视设计公司设计总监　辛军

深圳设计师辛军，生于1984年。他以80后独有的自由不羁笔触，创作出酒店、餐厅、KTV娱乐会所等众多作品，获得深圳优秀室内设计师、金外滩设计大赛优秀奖等荣誉，2009出版了名为《THEME KTV&CLUB》的娱乐空间个人作品专辑。

年度新锐设计师提名奖
杭州意内雅设计公司创作总监　朱晓鸣

杭州设计师朱晓明，生于1980年。十年来，他所创办的意内雅设计公司已成长为浙江省知名企业。秉承“空间是物质的，也是精神的”设计理念，2009、2010年连续创作出缤纷时代娱乐国际会所、富阳银泰乐K量贩式KTV、意内雅LOFT办公空间等佳作。

年度品牌设计机构

年度品牌设计机构奖
大木设计

“大木设计”以共建设计品牌的创新模式，整合40多个城市的优秀室内设计公司组成设计联盟，立志创建具有全球影响力的中国室内设计品牌。2009－2010年，“大木设计”通过投放公路T柱广告、组团考察交流、推出项目信息门户系统等举措，快速提升品牌竞争力与知名度，并与风投机构签署了投资框架协议。

年度品牌设计机构提名奖
科宝•博洛尼

作为家居业的高端旗舰品牌，科宝•博洛尼首创以设计带动建材家具配饰品销售的“1+N”品牌营销模式。“为中国设计”、“Andrew Martin共享国际室内设计典范”、“抢沙发”、“7个姿势，16种生活方式，我在哪里？”等营销活动被业界誉为年度品牌推广的经典。

年度品牌设计机构提名奖
邱德光设计事务所

在邱德光设计事务所首席运营官袁欣的策划下，2009年末《邱德光的新装饰主义》一书华丽出版，迅速掀起业界、媒体和业主的广泛关注。通过传播设计主张提升品牌的内涵与高度，在极短时间以极小投入，令“邱德光”设计品牌获得了极高的知名度。

年度设计行业推动奖

年度设计行业推动奖

苏州大学金螳螂建筑与城市环境学院

“苏州大学金螳螂建筑与城市环境学院”，是苏州大学与金螳螂公司合作办学的创新成果。学院依托苏州古城千年文脉和金螳螂公司的实践平台，与香港城市大学、意大利多莫斯学院等国际机构深入合作，开创出产、学、研一体化的全新教育模式，为培养有底蕴、重实践、国际化的中国室内设计新生代人才，探索出一条新路。

年度设计行业推动提名奖

辽宁科学技术出版社

辽宁科学技术出版社以中国文化为元素，令中国设计图书进入美、德、法、意等20多个国家。在09年法兰克福书展组织“中国建筑图片展”，荣获由出版总署颁发的“中国主宾国活动一等奖”，架设起中国设计与世界沟通的桥梁。

年度设计行业推动提名奖

香港室内设计协会

成立于1991年的香港室内设计协会，率先将大众视为“装潢”的室内设计赋予文化内涵，建立室内设计能合理消费的理念，使室内设计师在社会中充分发挥创意作用。20年来，其举办的18届“APIDA亚太室内设计大奖”已经成为推动亚太室内设计发展的重要平台。

年度媒体关注奖

年度媒体关注奖

杭州典尚设计公司创意总监　陈耀光

在《摩登绅士》举办的“2009-2010亚洲五十摩登绅士”活动中，著名设计师陈耀光赫然在列。他还以独特的艺术和生活态度，引起了中央电视台“交换空间”栏目、《三联生活周刊》、《南方人物周刊》等众多主流媒体的关注和报道，使得中国室内设计师从狭隘的业内小圈子中走出来，成长为具有社会影响力的公众人物。

年度媒体关注提名奖

SAKO建筑设计工社设计总监　迫庆一郎

日本设计师迫庆一郎在获得2009-2010年度国际设计艺术成就奖的同时，凭借北京冲击、杭州浪漫一身3、苏州JEANSWEST等作品，成为中、日、德等国家众多媒体的宠儿，被《时代楼盘》、《商店建筑》、《AIT》数十家国际顶级专业杂志争相报道。

年度媒体关注提名奖

陈方晓设计事务所创作总监　陈方晓

厦门设计师陈方晓以《隐》、《天书》等作品在“2010亚洲室内设计竞赛”摘得一金两银，作品发表于《设计家》、《顶级样板房》、《时代楼盘》等多家杂志及书籍，中央电视台、新浪网等多家知名媒体对其做专题报道，陈方晓博客在2010年成为众人瞩目的焦点。

年度业主关注奖

年度设计选材奖

深圳市洪涛装饰股份有限公司

2010年6月开业的上海浦东丽思卡尔顿酒店由新加坡BuregaFarnell公司操刀设计。酒店以极致美丽的独特设计，赢得《罗博报告》颁发的“2010极品之选”之“最佳城市酒店”大奖，成为独一无二的时尚社交中心，为上海这个世界大都会注入崭新活力。

年度业主关注提名奖

易和设计

2010年，“易和设计”以设计、软装全方位的服务，在台州玫瑰园、苏州中新置地、宁波维拉小镇等项目中，赢得绿城、城投等知名业主的广泛认可，并在闻名江南的杭州“江南会”，完成“茅台会江南之家”作品，获得马云、丁磊、陈凯歌等社会名流的赞誉。

年度业主关注提名奖

艾迪尔公司

作为办公空间设计领域的领军企业，2010年艾迪尔在腾讯上海办公楼项目中，从大自然提取出海洋、山脉、原野等设计元素，生动诠释了活力无限、创意无限的腾讯理念，精彩演绎出快乐办公的和谐旋律，赢得中国市值最高互联网企业的一致好评和书面推荐。

年度设计选材推动奖

年度业主关注奖

BuregaFarnell公司

在广州大剧院项目中，深圳洪涛装饰公司以6大标准、8个流程，用玻璃纤维加强石膏（GRG）新型材料，将观众厅连结为无缝流动的“环抱形”，给人以完美的视听双重享受。用材料和技术再现了艺术，塑造出极具雕塑感的文化建筑，使其成为广州的新地标。

年度设计选材推动提名奖

何山低碳设计工作室

何山低碳设计工作室，在位于北京朝阳公园北路1500平米的“博恩节能低碳空间体验馆”项目中，应用中纤板喷粉、自然光与人工光综合应用系统、95%可降解装饰材料三大核心技术，有效降碳，比常规装修节能30%。

年度设计选材推动提名奖

上海榕恒建筑包装有限公司

在世博会指定接待基地——上海浦江源生态示范区项目中，榕恒公司引入加拿大“会呼吸的建筑”健康住宅理念，首次以竹为建筑主材，应用太阳能集热器低温发电、全热回收新风系统等新技术，有效实现了项目的低碳、低排、环保。

年度海外设计市场拓展奖

年度海外设计市场拓展奖
北京吴喜腾建筑装饰设计事务所

北京吴喜腾建筑装饰设计事务所自2006年在china-designer开通“设计师家园”后，先后接到来自马来西亚、日、英、美等客户来电，并成功承接到第一个海外项目——吉隆坡一家足疗中心室内设计，通过互联网异地操作完成。至2010年，在马来西亚的设计业务逐年递增量超过20%，设计费价格比国内高出约1倍，项目包括别墅、办公、餐厅等，用互联网开创出中国设计走向海外市场的创新之路。

年度海外设计市场拓展提名奖
大连阳光灿烂建筑室内设计工程有限公司

“大木设计”大连阳光灿烂设计公司总经理张津樑，创建了新加坡SSD国际设计咨询机构，通过国际设计交流、国际设计投标等途经积极开拓海外市场，成功获得新加坡KEAIJI餐饮连锁店、雅筑国际马尼拉总部、马来西亚BEANANG别墅等设计业务，为世界各地用户奉献出独具中国文化魅力的设计服务。

年度中国设计市场拓展奖

年度中国设计市场拓展奖
上海现代建筑装饰环境设计研究院

上海现代建筑装饰环境设计院以全院经营为理念，以市场调研为先导，狠抓技术实力和质量管理，全方位开拓业务，一举完成虹桥枢纽、浦东图书馆、青岛大剧院等标志性项目，2009年8月至2010年9月销售额达2.1亿元，年度销售增长率达106.39%，其增长速度之快，足为业界楷模。

年度中国设计市场拓展提名奖
北京丽贝亚设计研究院

180余人的丽贝亚设计院，通过提升设计师营销能力，打造服务平台，增设分支机构，锁定热点市场，开发标杆项目，2009年9月至2010年8月销售额达6570万元，年度销售增长率达35.18%，成为中国室内设计市场崛起的一支新军，是中国室内设计市场迅猛发展的佐证。

年度中国设计市场拓展提名奖
上海风语筑展览有限公司

“风语筑”由同济和西班牙建筑师挂帅，定位于城市规划馆布展设计专家。依靠专注和专业关发展战略，凭借国际化设计理念和对“体验式”展览模式的研发，2009年9月至2010年8月销售额达1.6亿元，年度销售增长率达23%，快速成长为细分市场中的巨人。

年度最佳出版物

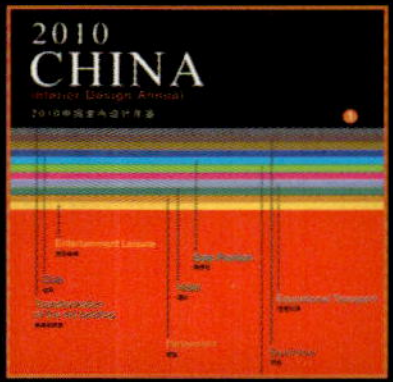

年度最佳设计出版物奖
《中国室内设计年鉴》

2010年，室内设计分会理事赵毓玲女士策划的《中国室内设计年鉴》进入第六个年头。年鉴由辽宁科学技术出版社出版，立足全国，遴选各地上百个设计师的200多个优秀作品入册，成为了解年度中国室内设计水准的一个重要窗口，赢得业界的广泛赞誉。

年度最佳设计出版物提名奖
《中式风格酒店》

中国林业出版社•建筑图书出版中心出版的《中式风格酒店》，收录了北京颐和安缦、杭州西溪悦榕庄、上海绅公馆、广州长隆二期等新近完成的中式酒店项目，对酒店设计与中国文化融合的可能性进行了多层面的分析与总结。图书于2010年9月出版后，不仅在国内设计界受到追捧，更在法兰克福国际书展上获得国际出版界好评。

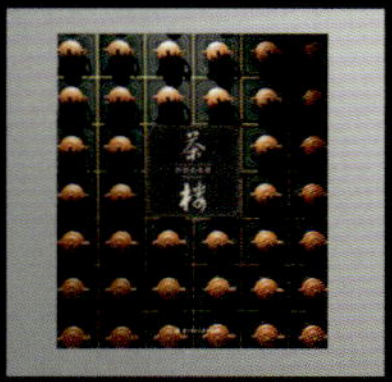

年度最佳设计出版物提名奖
《茶楼：中国式休闲》

深圳创扬文化传播公司出版的《茶楼：中国式休闲》一书，收录的27个茶楼案例，均出自国内知名设计师之手。该书以独特视角，透过展示茶楼空间之“相，揭示出中国茶文化养心明慧、独具魅力之“道”。特别值得一提的是，该书在2010年创下近1万册的销量记录，是设计类书籍中的畅销书。